全国科学技术名词审定委员会

公　布

科学技术名词·工程技术卷（全藏版）

19

海 洋 科 技 名 词

（第二版）

CHINESE TERMS IN MARINE SCIENCE AND TECHNOLOGY

（Second Edition）

海洋科技名词审定委员会

国家自然科学基金资助项目

科　学　出　版　社

北　京

内 容 简 介

本书是全国科学技术名词审定委员会审定公布的第二版海洋科技名词，是在第一版《海洋科学名词》（1989）的基础上修订增补而成，内容包括：总论、海洋科学、海洋技术及其他等四大类，共3126条。本书对每条词都给出了定义或注释。这些名词是科研、教学、生产、经营以及新闻出版等部门应遵照使用的海洋科技规范名词。

图书在版编目（CIP）数据

科学技术名词. 工程技术卷：全藏版 / 全国科学技术名词审定委员会审定.
—北京：科学出版社，2016.01
ISBN 978-7-03-046873-4

I. ①科… II. ①全… III. ①科学技术–名词术语 ②工程技术–名词术语
IV. ①N-61 ②TB-61

中国版本图书馆 CIP 数据核字（2015）第 307218 号

责任编辑：李玉英／责任校对：陈玉凤
责任印制：张　伟／封面设计：铭轩堂

科学出版社 出版
北京东黄城根北街 16 号
邮政编码：100717
http://www.sciencep.com
北京厚诚则铭印刷科技有限公司印刷
科学出版社发行　各地新华书店经销
*
2016 年 1 月第　一　版　　　开本：787×1092 1/16
2016 年 1 月第一次印刷　　　印张：18
字数：443 000
定价：7800.00 元（全 44 册）
（如有印装质量问题，我社负责调换）

全国科学技术名词审定委员会
第五届委员会委员名单

特邀顾问：吴阶平　　钱伟长　　朱光亚　　许嘉璐
主　　任：路甬祥
副 主 任(按姓氏笔画为序)：

于永湛　　朱作言　　刘　青　　江蓝生　　赵沁平　　程津培

常　　委(按姓氏笔画为序)：

马　阳　　王永炎　　李宇明　　李济生　　汪继祥　　张礼和

张先恩　　张晓林　　张焕乔　　陆汝钤　　陈运泰　　金德龙

宣　湘　　贺　化

委　　员(按姓氏笔画为序)：

马大猷　　王　夔　　王大珩　　王玉平　　王兴智　　王如松

王延中　　王虹峥　　王振中　　王铁琨　　卞毓麟　　方开泰

尹伟伦　　叶笃正　　冯志伟　　师昌绪　　朱照宣　　仲增墉

刘　民　　刘　斌　　刘大响　　刘瑞玉　　祁国荣　　孙家栋

孙敬三　　孙儒泳　　苏国辉　　李文林　　李志坚　　李典谟

李星学　　李保国　　李焯芬　　李德仁　　杨　凯　　肖序常

吴　奇　　吴凤鸣　　吴兆麟　　吴志良　　宋大祥　　宋凤书

张　耀　　张光斗　　张忠培　　张爱民　　陆建勋　　陆道培

陆燕荪　　阿里木·哈沙尼　　阿迪亚　　陈有明　　陈传友

林良真　　周　廉　　周应祺　　周明煜　　周明锟　　周定国

郑　度　　胡省三　　费　麟　　姚　泰　　姚伟彬　　徐　僖

徐永华　　郭志明　　席泽宗　　黄玉山　　黄昭厚　　崔　俊

阎守胜　　葛锡锐　　董　琨　　蒋树屏　　韩布新　　程光胜

蓝　天　　雷震洲　　照日格图　　鲍　强　　鲍云樵　　窦以松

蔡　洋　　樊　静　　潘书祥　　戴金星

海洋科技名词审定委员会委员名单

第二届委员（2001～2005）

顾　问：苏纪兰　　管华诗　　秦蕴珊

主　任：杨文鹤

副主任：王　颖　　洪华生　　相建海

委　员（按姓氏笔画为序）：

王世昌	甘子钧	艾万铸	左其华	石中瑗
乐肯堂	冯士筰	刘景昌	关定华	关道明
许乐禹	许昌如	严以新	杜碧兰	李允武
李永祺	李光友	李家彪	吴世迎	吴信忠
吴超羽	沈焕庭	张正斌	张耀江	范元炳
林文翰	林绍花	金翔龙	周明煜	施　平
袁业立	徐　洵	高从堦	高祥帆	曹文熙
蒋兴伟	惠绍棠	曾恒一	蒲书箴	潘德炉

总编组成员

组　长：李允武

成　员（按姓氏笔画为序）：

艾万铸	成晋豫	杜碧兰	李永祺	张　滨
范元炳				

主要编写人员（按姓氏笔画为序）：

王伟元	王国强	王喜年	白　云	白　珊
冯卫兵	曲金良	朱光文	刘建华	寿明德
杨正巳	吴克勤	何汉漪	沈中昌	宋家喜
张树荣	张珞平	张海文	张馥桂	陈立奇
陈清莲	林明森	宗召霞	侯纯扬	郭丰义
葛运国	童裳亮	赖万忠	黎明碧	魏文博

海洋科学名词审定委员会委员名单

第一届委员(1986～2000)

主　　任：曾呈奎

副 主 任：罗钰如　刘瑞玉　严　恺

委　　员（按姓氏笔画为序）：

毛汉礼	文圣常	石中瑗	业治铮	邢至庄
任美锷	刘光鼎	关定华	孙秉一	纪明侯
苏纪兰	李少菁	李允武	吴瑜端	何起祥
张立政	张志南	陈吉余	陈则实	陈国珍
周明煜	周家义	钮因义	秦蕴珊	徐恭昭
黄宗国	巢纪平	管秉贤		

学术秘书：管秉贤(兼)　　钮因义(兼)

秘　　书：穆广志　徐鸿儒

起草组成员（按姓氏笔画为序）：

艾万铸	乐肯堂	齐孟鹗	刘季芳	刘智深
孙秉一	纪明侯	李　延	李日东	杨纪明
沈育疆	张大错	陈　芸	陈	赵一阳
赵绪孔	钮因义	袁晓茂	耿世江	顾传宬
钱佐国	翁学传	高　良	郭玉洁	唐质灿

路甬祥序

    我国是一个人口众多、历史悠久的文明古国,自古以来就十分重视语言文字的统一,主张"书同文、车同轨",把语言文字的统一作为民族团结、国家统一和强盛的重要基础和象征。我国古代科学技术十分发达,以四大发明为代表的古代文明,曾使我国居于世界之巅,成为世界科技发展史上的光辉篇章。而伴随科学技术产生、传播的科技名词,从古代起就已成为中华文化的重要组成部分,在促进国家科技进步、社会发展和维护国家统一方面发挥着重要作用。

    我国的科技名词规范统一活动有着十分悠久的历史。古代科学著作记载的大量科技名词术语,标志着我国古代科技之发达及科技名词之活跃与丰富。然而,建立正式的名词审定组织机构则是在清朝末年。1909 年,我国成立了科学名词编订馆,专门从事科学名词的审定、规范工作。到了新中国成立之后,由于国家的高度重视,这项工作得以更加系统地、大规模地开展。1950 年政务院设立的学术名词统一工作委员会,以及 1985 年国务院批准成立的全国自然科学名词审定委员会(现更名为全国科学技术名词审定委员会,简称全国科技名词委),都是政府授权代表国家审定和公布规范科技名词的权威性机构和专业队伍。他们肩负着国家和民族赋予的光荣使命,秉承着振兴中华的神圣职责,为科技名词规范统一事业默默耕耘,为我国科学技术的发展做出了基础性的贡献。

    规范和统一科技名词,不仅在消除社会上的名词混乱现象,保障民族语言的纯洁与健康发展等方面极为重要,而且在保障和促进科技进步,支撑学科发展方面也具有重要意义。一个学科的名词术语的准确定名及推广,对这个学科的建立与发展极为重要。任何一门科学(或学科),都必须有自己的一套系统完善的名词来支撑,否则这门学科就立不起来,就不能成为独立的学科。郭沫若先生曾将科技名词的规范与统一称为"乃是一个独立自主国家在学术工作上所必须具备的条件,也是实现学术中国化的最起码的条件",精辟地指出了这项基础性、支撑性工作的本质。

    在长期的社会实践中,人们认识到科技名词的规范和统一工作对于一个国家的科技发展和文化传承非常重要,是实现科技现代化的一项支撑性的系统工程。没有这样一个系统的规范化的支撑条件,不仅现代科技的协调发展将遇到极大困难,而且在科技日益渗透人们生活各方面、各环节的今天,还将给教育、传播、交流、经贸等多方面带来困难和损害。

全国科技名词委自成立以来,已走过近20年的历程,前两任主任钱三强院士和卢嘉锡院士为我国的科技名词统一事业倾注了大量的心血和精力,在他们的正确领导和广大专家的共同努力下,取得了卓著的成就。2002年,我接任此工作,时逢国家科技、经济飞速发展之际,因而倍感责任的重大;及至今日,全国科技名词委已组建了60个学科名词审定分委员会,公布了50多个学科的63种科技名词,在自然科学、工程技术与社会科学方面均取得了协调发展,科技名词蔚成体系。而且,海峡两岸科技名词对照统一工作也取得了可喜的成绩。对此,我实感欣慰。这些成就无不凝聚着专家学者们的心血与汗水,无不闪烁着专家学者们的集体智慧。历史将会永远铭刻着广大专家学者孜孜以求、精益求精的艰辛劳作和为祖国科技发展做出的奠基性贡献。宋健院士曾在1990年全国科技名词委的大会上说过:"历史将表明,这个委员会的工作将对中华民族的进步起到奠基性的推动作用。"这个预见性的评价是毫不为过的。

科技名词的规范和统一工作不仅仅是科技发展的基础,也是现代社会信息交流、教育和科学普及的基础,因此,它是一项具有广泛社会意义的建设工作。当今,我国的科学技术已取得突飞猛进的发展,许多学科领域已接近或达到国际前沿水平。与此同时,自然科学、工程技术与社会科学之间交叉融合的趋势越来越显著,科学技术迅速普及到了社会各个层面,科学技术同社会进步、经济发展已紧密地融为一体,并带动着各项事业的发展。所以,不仅科学技术发展本身产生的许多新概念、新名词需要规范和统一,而且由于科学技术的社会化,社会各领域也需要科技名词有一个更好的规范。另一方面,随着香港、澳门的回归,海峡两岸科技、文化、经贸交流不断扩大,祖国实现完全统一更加迫近,两岸科技名词对照统一任务也十分迫切。因而,我们的名词工作不仅对科技发展具有重要的价值和意义,而且在经济发展、社会进步、政治稳定、民族团结、国家统一和繁荣等方面都具有不可替代的特殊价值和意义。

最近,中央提出树立和落实科学发展观,这对科技名词工作提出了更高的要求。我们要按照科学发展观的要求,求真务实,开拓创新。科学发展观的本质与核心是以人为本,我们要建设一支优秀的名词工作队伍,既要保持和发扬老一辈科技名词工作者的优良传统,坚持真理、实事求是、甘于寂寞、淡泊名利,又要根据新形势的要求,面向未来、协调发展、与时俱进、锐意创新。此外,我们要充分利用网络等现代科技手段,使规范科技名词得到更好的传播和应用,为迅速提高全民文化素质做出更大贡献。科学发展观的基本要求是坚持以人为本,全面、协调、可持续发展,因此,科技名词工作既要紧密围绕当前国民经济建设形势,着重开展好科技领域的学科名词审定工作,同时又要在强调经济社会以及人与自然协调发展的思想指导下,开展好社会科学、文化教育和资源、生态、环境领域的科学名词审定工作,促进各个学科领域的相互融合和共同繁荣。科学发展观非常注重可持续发展的理念,因此,我们在不断丰富和发展已建立的科技名词体系的同时,还要进一步研究具有中国特色的术语学理论,以创建中国的术语学派。研究和建立中国特色的术语学理论,也是一种知识创新,是实现科技名词工作可持续发展的必由之路,我们应当为此付出更大的努力。

当前国际社会已处于以知识经济为走向的全球经济时代,科学技术发展的步伐将会越来越快。我国已加入世贸组织,我国的经济也正在迅速融入世界经济主流,因而国内外科技、文化、经贸的交流将越来越广泛和深入。可以预言,21世纪中国的经济和中国的语言文字都将对国际社会产生空前的影响。因此,在今后10到20年之间,科技名词工作就变得更具现实意义,也更加迫切。"路漫漫其修远兮,吾今上下而求索",我们应当在今后的工作中,进一步解放思想,务实创新、不断前进。不仅要及时地总结这些年来取得的工作经验,更要从本质上认识这项工作的内在规律,不断地开创科技名词统一工作新局面,做出我们这代人应当做出的历史性贡献。

2004 年深秋

卢 嘉 锡 序

科技名词伴随科学技术而生,犹如人之诞生其名也随之产生一样。科技名词反映着科学研究的成果,带有时代的信息,铭刻着文化观念,是人类科学知识在语言中的结晶。作为科技交流和知识传播的载体,科技名词在科技发展和社会进步中起着重要作用。

在长期的社会实践中,人们认识到科技名词的统一和规范化是一个国家和民族发展科学技术的重要的基础性工作,是实现科技现代化的一项支撑性的系统工程。没有这样一个系统的规范化的支撑条件,科学技术的协调发展将遇到极大的困难。试想,假如在天文学领域没有关于各类天体的统一命名,那么,人们在浩瀚的宇宙当中,看到的只能是无序的混乱,很难找到科学的规律。如是,天文学就很难发展。其他学科也是这样。

古往今来,名词工作一直受到人们的重视。严济慈先生60多年前说过,"凡百工作,首重定名;每举其名,即知其事"。这句话反映了我国学术界长期以来对名词统一工作的认识和做法。古代的孔子曾说"名不正则言不顺",指出了名实相副的必要性。荀子也曾说"名有固善,径易而不拂,谓之善名",意为名有完善之名,平易好懂而不被人误解之名,可以说是好名。他的"正名篇"即是专门论述名词术语命名问题的。近代的严复则有"一名之立,旬月踟躇"之说。可见在这些有学问的人眼里,"定名"不是一件随便的事情。任何一门科学都包含很多事实、思想和专业名词,科学思想是由科学事实和专业名词构成的。如果表达科学思想的专业名词不正确,那么科学事实也就难以令人相信了。

科技名词的统一和规范化标志着一个国家科技发展的水平。我国历来重视名词的统一与规范工作。从清朝末年的科学名词编订馆,到1932年成立的国立编译馆,以及新中国成立之初的学术名词统一工作委员会,直至1985年成立的全国自然科学名词审定委员会(现已改名为全国科学技术名词审定委员会,简称全国名词委),其使命和职责都是相同的,都是审定和公布规范名词的权威性机构。现在,参与全国名词委领导工作的单位有中国科学院、科学技术部、教育部、中国科学技术协会、国家自然科学基金委员会、新闻出版署、国家质量技术监督局、国家广播电影电视总局、国家知识产权局和国家语言文字工作委员会,这些部委各自选派了有关领导干部担任全国名词委的领导,有力地推动科技名词的统一和推广应用工作。

全国名词委成立以后,我国的科技名词统一工作进入了一个新的阶段。在第一任主任委员钱三强同志的组织带领下,经过广大专家的艰苦努力,名词规范和统一工作取得了显著的成绩。1992年三强同志不幸谢世。我接任后,继续推动和开展这项工作。在国家和有关部门的支持及广大专家学者的努力下,全国名词委15年来按学科共组建了50多个学科的名词审定分委员会,有1800多位专家、学者参加名词审定工作,还有更多的专家、学者参加书面审查和座谈讨论等,形成的科技名词工作队伍规模之大、水平层次之高前所未有。15年间共审定公布了包括理、工、农、医及交叉学科等各学科领域的名词共计50多种。而且,对名词加注定义的工作经试点后业已逐渐展开。另外,遵照术语学理论,根据汉语汉字特点,结合科技名词审定工作实践,全国名词委制定并逐步完善了一套名词审定工作的原则与方法。可以说,在20世纪的最后15年中,我国基本上建立起了比较完整的科技名词体系,为我国科技名词的规范和统一奠定了良好的基础,对我国科研、教学和学术交流起到了很好的作用。

在科技名词审定工作中,全国名词委密切结合科技发展和国民经济建设的需要,及时调整工作方针和任务,拓展新的学科领域开展名词审定工作,以更好地为社会服务、为国民经济建设服务。近些年来,又对科技新词的定名和海峡两岸科技名词对照统一工作给予了特别的重视。科技新词的审定和发布试用工作已取得了初步成效,显示了名词统一工作的活力,跟上了科技发展的步伐,起到了引导社会的作用。两岸科技名词对照统一工作是一项有利于祖国统一大业的基础性工作。全国名词委作为我国专门从事科技名词统一的机构,始终把此项工作视为自己责无旁贷的历史性任务。通过这些年的积极努力,我们已经取得了可喜的成绩。做好这项工作,必将对弘扬民族文化,促进两岸科教、文化、经贸的交流与发展做出历史性的贡献。

科技名词浩如烟海,门类繁多,规范和统一科技名词是一项相当繁重而复杂的长期工作。在科技名词审定工作中既要注意同国际上的名词命名原则与方法相衔接,又要依据和发挥博大精深的汉语文化,按照科技的概念和内涵,创造和规范出符合科技规律和汉语文字结构特点的科技名词。因而,这又是一项艰苦细致的工作。广大专家学者字斟句酌,精益求精,以高度的社会责任感和敬业精神投身于这项事业。可以说,全国名词委公布的名词是广大专家学者心血的结晶。这里,我代表全国名词委,向所有参与这项工作的专家学者们致以崇高的敬意和衷心的感谢!

审定和统一科技名词是为了推广应用。要使全国名词委众多专家多年的劳动成果——规范名词,成为社会各界及每位公民自觉遵守的规范,需要全社会的理解和支持。国务院和4个有关部委[国家科委(今科学技术部)、中国科学院、国家教委(今教育部)和新闻出版署]已分别于1987年和1990年行文全国,要求全国各科研、教学、生产、经营以及新闻出版等单位遵照使用全国名词委审定公布的名词。希望社会各界自觉认真地执行,共同做好这项对于科技发展、社会进步和国家统一极为重要的基础工作,为振兴中华而努力。

值此全国名词委成立15周年、科技名词书改装之际,写了以上这些话。是为序。

卢嘉锡

2000 年夏

钱 三 强 序

科技名词术语是科学概念的语言符号。人类在推动科学技术向前发展的历史长河中,同时产生和发展了各种科技名词术语,作为思想和认识交流的工具,进而推动科学技术的发展。

我国是一个历史悠久的文明古国,在科技史上谱写过光辉篇章。中国科技名词术语,以汉语为主导,经过了几千年的演化和发展,在语言形式和结构上体现了我国语言文字的特点和规律,简明扼要,蓄意深切。我国古代的科学著作,如已被译为英、德、法、俄、日等文字的《本草纲目》《天工开物》等,包含大量科技名词术语。从元、明以后,开始翻译西方科技著作,创译了大批科技名词术语,为传播科学知识,发展我国的科学技术起到了积极作用。

统一科技名词术语是一个国家发展科学技术所必须具备的基础条件之一。世界经济发达国家都十分关心和重视科技名词术语的统一。我国早在1909年就成立了科学名词编订馆,后又于1919年中国科学社成立了科学名词审定委员会,1928年大学院成立了译名统一委员会。1932年成立了国立编译馆,在当时教育部主持下先后拟订和审查了各学科的名词草案。

新中国成立后,国家决定在政务院文化教育委员会下,设立学术名词统一工作委员会,郭沫若任主任委员。委员会分设自然科学、社会科学、医药卫生、艺术科学和时事名词五大组,聘任了各专业著名科学家、专家,审定和出版了一批科学名词,为新中国成立后的科学技术的交流和发展起到了重要作用。后来,由于历史的原因,这一重要工作陷于停顿。

当今,世界科学技术迅速发展,新学科、新概念、新理论、新方法不断涌现,相应地出现了大批新的科技名词术语。统一科技名词术语,对科学知识的传播,新学科的开拓,新理论的建立,国内外科技交流,学科和行业之间的沟通,科技成果的推广、应用和生产技术的发展,科技图书文献的编纂、出版和检索,科技情报的传递等方面,都是不可缺少的。特别是计算机技术的推广使用,对统一科技名词术语提出了更紧迫的要求。

为适应这种新形势的需要,经国务院批准,1985年4月正式成立了全国自然科学名词审定委员会。委员会的任务是确定工作方针,拟定科技名词术语审定工作计划、实施方案和步骤,组织审定自然科学各学科名词术语,并予以公布。根据国务院授权,委员会审定公布的名词术语,科研、教学、生产、经营以及新闻出版等各部门,均应遵照使用。

全国自然科学名词审定委员会由中国科学院、国家科学技术委员会、国家教育委员会、中国科学技术协会、国家技术监督局、国家新闻出版署、国家自然科学基金委员会分别委派了正、副主任担任领导工作。在中国科协各专业学会密切配合下,逐步建立各专业审定分委员会,并已建立起一支由各学科著名专家、学者组成的近千人的审定队伍,负责审定本学科的名词术语。我国的名词审定工作进入了一个新的阶段。

这次名词术语审定工作是对科学概念进行汉语订名,同时附以相应的英文名称,既有我国语言特色,又方便国内外科技交流。通过实践,初步摸索了具有我国特色的科技名词术语审定的原则与方法,以及名词术语的学科分类、相关概念等问题,并开始探讨当代术语学的理论和方法,以期逐步建立起符合我国语言规律的自然科学名词术语体系。

统一我国的科技名词术语,是一项繁重的任务,它既是一项专业性很强的学术性工作,又涉及到亿万人使用习惯的问题。审定工作中我们要认真处理好科学性、系统性和通俗性之间的关系;主科与副科间的关系;学科间交叉名词术语的协调一致;专家集中审定与广泛听取意见等问题。

汉语是世界五分之一人口使用的语言,也是联合国的工作语言之一。除我国外,世界上还有一些国家和地区使用汉语,或使用与汉语关系密切的语言。做好我国的科技名词术语统一工作,为今后对外科技交流创造了更好的条件,使我炎黄子孙,在世界科技进步中发挥更大的作用,做出重要的贡献。

统一我国科技名词术语需要较长的时间和过程,随着科学技术的不断发展,科技名词术语的审定工作,需要不断地发展、补充和完善。我们将本着实事求是的原则,严谨的科学态度做好审定工作,成熟一批公布一批,提供各界使用。我们特别希望得到科技界、教育界、经济界、文化界、新闻出版界等各方面同志的关心、支持和帮助,共同为早日实现我国科技名词术语的统一和规范化而努力。

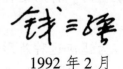

1992 年 2 月

第 二 版 前 言

海洋科学技术是一门新兴交叉学科。随着世界人口的迅速增加、陆地资源的日渐短缺和人类生存环境的不断恶化,海洋科学的研究和海洋资源开发利用的技术探索,已经成为当代科学技术发展的重大领域。海洋科学是研究海洋的自然现象、变化规律及其与大气圈、岩石圈、生物圈相互作用的知识体系;而海洋技术又是研究开发利用海洋资源和保护海洋环境所使用的各种方法、技能和设备的总和。因此,海洋科学技术综合性强、涉及面广、发展迅速,多年来产生和形成了大量专有的科技名词。

1985 年,中国海洋湖沼学会和中国海洋学会受全国自然科学名词审定委员会(后改名为全国科学技术名词审定委员会)的委托,组织专家审定了海洋科学名词 1536 条(附对应英文名),并由全国自然科学名词审定委员会于 1989 年批准公布。1989 年版《海洋科学名词》的颁布,有力地改变了我国海洋科学名词混乱和定名不准确的状况,促进了海洋科学名词的统一和规范化。但是,15 年来,随着我国海洋科学研究的深入、国际海洋科学技术交流与合作的扩大以及海洋开发规模和环境保护力度的不断增强,不但出现了一些新的分支学科,更涌现了一批新的科技名词。因此,在《海洋科学名词》基础上,扩大收编和审定海洋科学技术名词并注释其定义,既是科技名词统一和规范化的需要,又是海洋科学技术发展的必然需求。由于海洋技术名词的比例增加,因此,第二版的书名改为《海洋科技名词》。

2001 年 5 月,中国海洋学会受全国科学技术名词审定委员会的委托,成立了由 40 余位专家组成的海洋科技名词审定委员会。具体任务是:为 1989 年版《海洋科学名词》的词条加注定义;收编、注释和审定 1989 年以来新出现的海洋科学技术名词。三年多来,海洋科技名词审定委员会制订了《海洋科技名词》学科框架体系,成立了《海洋科技名词》分支学科编写组和总编组,并在各分支学科编写组收编的 6241 条词目的基础上,经过 9 次总编组会议的查重、修改和补充以及《海洋科技名词》审定委员会 3 次会议的审议,编辑了《海洋科技名词》第 11 稿。2004 年 10 月底,经总编组专家的复审,完成了《海洋科技名词》的审定,共计名词 3126 条。

本次审定收编的词条分 4 大类、29 个一级分支学科、85 个二级分支学科。它不但涵盖了海洋科学和技术的绝大多数分支学科、体现了当代国际海洋科学技术的最新进展和国内的发展水平,而且还包含了海洋管理、海洋经济、海洋法规和海洋文化等方面的科技名词。这些名词的审定、公布对海洋科技名词规范化、推动我国的海洋科研、教学和国内外学术交流,将会起到十分有益的作用。

在这次名词收编和审定过程中,海洋科技界和教育界的专家给予了热情的支持,尤其是刘瑞玉院士对名词的审定提供了很大的帮助。其他参与组织和提出修改意见的还有王涛、兰友昌、段佩潜、韩忠南等。我们在此一并表示衷心感谢,感谢他们对国家海洋公益事业的热心奉献。由于种种原因,海洋科技名词不足之处在所难免,希望广大海洋科技工作者和国内外同行在使用这本名词过程中,提出更多宝贵意见,以便今后修订补充,使之日臻完善。

海洋科技名词审定委员会

2004 年 11 月

第 一 版 前 言

我国的海洋科学是在中华人民共和国成立以后才建立发展起来的。海洋科学研究和海洋开发近年来突飞猛进,海洋科学名词术语大量增加,使用很不一致,亟待统一。

中国海洋湖沼学会和中国海洋学会受全国自然科学名词审定委员会的委托,于1985年春开始筹备海洋科学名词的审定工作。由于海洋科学名词涉及领域较广,与不少基础学科互相交叉重叠,使用与翻译中问题较多,审定工作量较大,因此在考虑海洋科学名词审定委员会组成人员名单的同时,还聘请了知识面较广的部分中年科学家组成名词起草小组,协助委员会工作。于1986年4月提出了第一批海洋科学名词草案4473条。

海洋科学名词审定委员会于1986年5月在青岛正式成立,同时召开了海洋科学名词第一次审定会,会上讨论了"海洋科学名词审定工作条例",明确了收词范围,讨论了第一批名词草案,审查确定海洋学名词1835条。会后经过整理、协调,重新编排调整,提出二审稿,共有名词2138条。1987年4月召开第二次审定会议,着重讨论框架体系,共审定海洋科学名词1527条,作为征求意见稿,于5月底分送全国几十个单位及有关专家征求意见。三审会议于1987年底召开,共审定出名词1539条。最后,分别在广州地区海洋界专家中及中国海洋湖沼学会第五次全国代表大会期间召开了海洋科学名词座谈会,对少数词条的订名与正确使用,作了必要的改动,确定了第一批上报公布的海洋科学名词1536条,报全国自然科学名词审定委员会。曾呈奎、严恺、任美锷、胡敦欣、余国辉等先生受全国自然科学名词审定委员会的委托,对上报的名词进行复审后,由全国自然科学名词审定委员会批准公布。

海洋科学名词共6部分:1. 海洋学,2. 物理海洋学,3. 海洋地质学,4. 海洋化学,5. 海洋生物学,6. 海洋工程与技术。其中海洋工程与技术方面由于涉及面广,发展迅速,收词标准很难掌握,收词条数每次会议前后都有较大变动。属于海洋开发管理的少数名词,安排在海洋学部分;属于地理学范畴的边缘海名称、海流名称等,除少数世界性的,如五个大洋和中国四海的名称及使用很多的洋流、黑潮、亲潮、湾流……等外,仅收中国近海的主要海流或水团,如台湾暖流、黄海冷水团等。

随着海洋科学研究的发展,近年来关于物理海洋学与海洋物理学;海洋地质学与地质海洋学;海洋化学与化学海洋学;海洋生物学与生物海洋学等分支学科的订名及其内涵有不同的理解,这次审定时虽经多次研究探讨,仍未能在海洋学界求得统一认识,故在此次公布中暂依传统分类方法处理,这个问题有待今后我国海洋科学不断发展的进程中逐步得到统一。

有的海洋科学名词几个专业都用,但译名不同。如:海洋环境的宏观划分中地质专业将"bathyal"和"abyssal"两词分别译为"半(次)深海带"和"深海带",而物理海洋学和海洋生物学专业则惯用"深海带"和"深渊带"。由此派生的词也难统一。经反复讨论和协调终于取得一致为:bathyal为深海带,abyssal为深渊带。"间隙水"interstitial water与"孔隙水"pore water本为同义语,但海洋地质学专业惯用前者,海洋化学专业惯用后者,故三审时两词并用而分列两处。复审后根据专家建议予以统一,只保留"间隙水"列入地质学部分,附注栏中加注又称"孔隙水",解决了长期存在的矛盾。又如:biofouling曾译为"污着生物"、"附着生物"及"污损生物"。经反复讨论推敲,认为:"污着生物"是由于这类生物是附着生活,同时造成对基底的污染,但它不一定损害基底,而"附着生物"的译法又与"sessile organism"混淆。因此不用"污损"也不用"附着",而用"污"和"着"字表示,定名为"污着生物"。海洋科学名词与主学科或已公布学科的名词不统一时,则服从主学科和已公布学科的定名。如:"El Niño"海洋科学名称原为"埃尔尼诺",大气科学已公布为"厄尔尼诺",海洋科学最后也改称为"厄尔尼诺";"lagoon"海洋科学原为"泻湖",后依地理学名词改为"潟湖"。又如:"tidal flat"地质学称"潮滩",海洋科学以副科服从主科的原则,把原称为"潮坪"改称"潮滩",同样将 bar 的订名"堤"改为"坝"。"offshore"一词地质学中常用"滨外",而物理海洋学及海洋工程中常用"离岸",最后定名为"滨外"。

在三年多的海洋科学名词审定过程中,海洋科学界专家及有关学科的专家曾给予热情支持,提出了许多有益的意见和建议,在此深表感谢。希望各界使用者继续提出宝贵意见,以便讨论修订。

海洋科学名词审定委员会

1989 年 1 月

编 排 说 明

一、本书公布的是海洋科技名词。

二、全书分4部分:总论、海洋科学、海洋技术及其他。

三、正文按汉文名所属学科的相关概念体系排列,汉文名后给出了与该词概念相对应的英文
名。

四、每个汉文名都附有相应的定义或注释。当一个汉文名有两个不同的概念时,则用"(1)"、
"(2)"分开。

五、一个汉文名对应几个英文同义词时,英文词之间用","分开。

六、凡英文词的首字母大、小写均可时,一律小写。英文除必须用复数者,一般用单数。

七、"[ ]"中的字为可省略的部分。

八、主要异名和释文中的条目用楷体表示,"又称"一般为不推荐用名;"简称"为习惯上的缩
简名词;"曾称"为被淘汰的旧名。

九、正文后所附的英汉索引按英文字母顺序排列;汉英索引按汉语拼音顺序排列。所示号码
为该词在正文中的序码。索引中带"＊"者为规范名的异名和在释文中的条目。

目　　录

附录

01. 总 论

01.01 一级分支学科名词

01.0001 海洋科学 marine science, ocean science
研究海洋的自然现象、变化规律及其与大气圈、岩石圈、生物圈的相互作用以及开发、利用、保护海洋有关的知识体系。

01.0002 海洋学 oceanography, oceanology
研究海洋的起源、演变、地理分布、自然现象及其变化规律的科学。

01.0003 物理海洋学 physical oceanography
狭义：运用物理学的观点和方法研究海洋中的力场、热盐结构以及因之而产生的各种运动的时空变化，海洋中的物质交换、能量交换和转换的学科。广义：以物理学的理论、方法和技术，研究海洋中的物理现象及其变化规律，并研究海洋水体与大气圈、岩石圈和生物圈的相互作用的学科。

01.0004 海洋物理学 marine physics, ocean physics
研究海洋的声、光、电、磁学现象及其变化规律的学科。

01.0005 海洋气象学 marine meteorology
研究海洋的天气现象及海洋与大气相互作用的学科。

01.0006 海洋生物学 marine biology
研究海洋中生命现象、过程及其规律的学科。

01.0007 海洋化学 marine chemistry
研究海洋各部分的化学组成、物质分布、化学性质和化学过程的学科。

01.0008 环境海洋学 environmental oceanography
研究人类社会发展与海洋环境演化规律的相互作用，寻求人与海洋协调发展的学科。

01.0009 海洋地质学 marine geology
研究地球被海水覆盖部分的特征及其演变规律的学科。主要研究海岸与海底的地貌、沉积、岩石、构造、地质历史和矿产资源等。

01.0010 海洋地球物理学 marine geophysics
研究地球被海水覆盖部分的物理性质及其与地球组成、构造关系的学科。

01.0011 海洋地理学 marine geography
研究海洋自然现象、人文现象及其之间的相互关系和区域分异的学科。

01.0012 区域海洋学 regional oceanography
综合研究一个海区中各种海洋现象的学科。

01.0013 极地科学 polar science
研究南北极地区的冰雪、地质、地球物理、海洋水文、气象、化学、生物、环境等的学科。

01.0014 海洋技术 marine technology, ocean technology
研究海洋自然现象及其变化规律、开发利用海洋资源和保护海洋环境所使用的各种方法、技能和设备的总称。

01.0015 海洋工程 ocean engineering
应用海洋学、其他有关基础科学和技术学科开发利用海洋所形成的综合技术学科。包括海岸工程、近海工程和深海工程。

01.0016　海洋矿产资源开发技术　technology of marine mineral resources exploitation

开发蕴藏在海底的石油、天然气及其他矿产资源所使用的方法、装备和设施。

01.0017　海水资源开发技术　technology of sea water resources exploitation

由海水中提取溶存的食盐和其他化学物质，将海水脱盐得到淡水，以及直接利用海水等的技术。

01.0018　海洋生物技术　marine biotechnology

又称"海洋生物工程"。运用海洋生物学与工程学的原理和方法，利用海洋生物或生物代谢过程，生产有用物质或定向改良海洋生物遗传特性所形成的高技术。

01.0019　海洋能开发技术　technology of ocean energy exploitation

将蕴藏于海洋中的可再生能源转换成电能及其他便于利用与传输的能量的技术。

01.0020　海洋水下技术　undersea technology

研究和发展在海洋水下环境条件下的工程技术的学科。包括潜水技术、水下作业施工、潜水器开发、打捞技术等。

01.0021　海洋观测技术　ocean observation technology

观察和测量海洋各种要素所用的技术。

01.0022　海洋遥感　ocean remote sensing

用装载在远离目标的平台上的遥感仪器对海洋的要素进行非接触测量的技术。

01.0023　海洋环境预报预测　marine environmental forecasting and prediction

对未来海洋环境的变化和海洋灾害预先做出公示所用的技术。

01.0024　海洋信息技术　marine information technology

对海洋信息进行科学管理、统计分析及综合服务的技术。

01.0025　海洋环境保护技术　marine environmental protection technology

解决海洋环境污染和海洋生态破坏，维持人类与环境协调发展的技术。

01.0026　海洋管理　ocean management

政府对海洋及其环境和资源的研究和开发利用活动的计划、组织、控制和协调活动。

01.0027　海洋法规　law and regulation of sea

立法机关和政府制定的管理海洋的法律和规章制度。

01.0028　海洋经济　marine economy

人类在开发利用海洋资源过程中的生产、经营、管理等活动的总称。

01.0029　海洋灾害　marine disaster

海洋自然环境发生异常或激烈变化，导致在海上或海岸带发生的严重危害社会、经济和生命财产的事件。

01.02　公 用 名 词

01.0030　洋　ocean

海洋的主体部分；深度较大，面积广阔的咸水水体。

01.0031　太平洋　Pacific Ocean

位于亚洲、大洋洲、美洲和南极洲之间的世界上最大、最深、边缘海和岛屿最多的大洋。

01.0032　大西洋　Atlantic Ocean

位于欧洲、非洲、南极洲和南、北美洲之间的世界第二大洋。

01.0033　印度洋　Indian Ocean
位于亚洲、大洋洲、非洲和南极洲之间的世界第三大洋。

01.0034　北冰洋　Arctic Ocean
位于亚洲、欧洲和北美洲之间,地球最北端,且面积最小、最浅的大洋。

01.0035　南大洋　Southern Ocean
曾称"南冰洋"。环绕南极大陆,北边无陆界,而以副热带辐合带为其北界的独特水域。

01.0036　海　sea
半封闭的海域或大洋边缘部分。可分为边缘海、陆间海和陆内海三种类型。

01.0037　渤海　Bohai Sea
中国大陆东部由辽东半岛与山东半岛所围绕的、近封闭的浅海;中国的内海。

01.0038　黄海　Yellow Sea
位于中国大陆与朝鲜半岛之间的西太平洋边缘海。

01.0039　东海　East China Sea
位于中国大陆与九州岛、琉球群岛和台湾岛之间的西太平洋边缘海。

01.0040　南海　South China Sea
位于中国大陆南部与菲律宾群岛、加里曼丹岛、苏门答腊岛、马来半岛和中南半岛之间的太平洋边缘海。

01.0041　日本海　Japan Sea
位于日本群岛和亚洲大陆之间,太平洋西北部的边缘海。

01.0042　鄂霍茨克海　Sea of Okhotsk
位于亚洲大陆、萨哈林岛与千岛群岛、北海道岛之间,太平洋西北部的边缘海。

01.0043　白令海　Bering Sea
位于亚洲大陆与北美洲阿拉斯加、阿留申群岛之间,经白令海峡与北冰洋相通,太平洋北部的边缘海。

01.0044　北海　North Sea
位于大不列颠岛和欧洲大陆之间,大西洋东北部的边缘海。

01.0045　阿拉伯海　Arabian Sea
位于印度洋西北部,亚洲阿拉伯半岛和印度半岛之间,印度洋的边缘海。

01.0046　地中海　Mediterranean Sea
位于欧、亚、非三大洲之间,世界上最大的陆间海;大西洋的附属海。

01.0047　加勒比海　Caribbean Sea
位于南美大陆、安的列斯群岛、中美地峡之间的陆间海;大西洋的附属海。

01.0048　黑海　Black Sea
欧洲东南部与小亚细亚半岛之间的陆内海。

01.0049　波罗的海　Baltic Sea
位于欧洲北部斯堪的纳维亚半岛和日德兰半岛以东的大西洋的陆内海;世界上最大的半咸水水域。

01.0050　红海　Red Sea
位于亚洲与非洲之间,印度洋西北的陆内海。

01.0051　海湾　bay, gulf
海或洋伸入大陆或大陆与岛屿之间的一部分水域。

01.0052　北部湾　Beibu Gulf
位于南海西北部,并向西凸出的半封闭海湾。

01.0053　孟加拉湾　Bay of Bengal
位于缅甸与印度之间开口向南的印度洋的附属海。

01.0054　墨西哥湾　Gulf of Mexico
位于美国、墨西哥和古巴之间,北美洲东南

边缘的大西洋的附属海。

01.0055　波斯湾　Persian Gulf
又称"阿拉伯湾"。阿拉伯海北部的海湾。

01.0056　泰国湾　Gulf of Thailand
位于南海西南部,中南半岛和马来半岛之间开口向南的海湾。

01.0057　海峡　strait, channel
两块陆地之间连通两个海或洋的宽度较狭窄的水道。

01.0058　渤海海峡　Bohai Strait
位于中国辽东半岛与山东半岛之间,沟通渤海与黄海的惟一通道。

01.0059　台湾海峡　Taiwan Strait
位于中国福建省和台湾省之间,沟通东海和南海的惟一通道。

01.0060　琼州海峡　Qiongzhou Strait
位于中国海南岛与雷州半岛之间,沟通北部湾与南海的重要通道。

01.0061　巴士海峡　Bass Strait, Bashi Channel
位于中国台湾岛与菲律宾巴坦群岛之间,连接南海与太平洋的重要通道。

01.0062　巴林塘海峡　Balintang Channel
位于菲律宾巴坦群岛与巴布延群岛之间,沟通南海与太平洋的重要通道。

01.0063　朝鲜海峡　Korea Strait
位于朝鲜半岛东南与对马岛之间,沟通日本海和黄海的重要通道。

01.0064　对马海峡　Tsushima Channel
位于日本对马岛与九州、本州岛之间沟通日本海和黄海的重要通道。

01.0065　英吉利海峡　English Channel
位于英国和法国之间,沟通大西洋与北海的重要国际航运水道。

01.0066　马六甲海峡　Strait of Malacca
位于马来半岛与苏门答腊岛之间,沟通太平洋与印度洋的重要国际航运水道。

01.0067　莫桑比克海峡　Mozambique Channel
位于非洲大陆与马达加斯加岛之间,世界上最长的海峡。

01.0068　直布罗陀海峡　Strait of Gibraltar
位于欧洲伊比利亚半岛南端与非洲大陆西北角之间,沟通大西洋与地中海的惟一水道。

02. 海 洋 科 学

02.01　物理海洋学

02.0001　海洋水文学　marine hydrography, marine hydrology
研究海水起源、分布、循环、运动等变化规律的学科。

02.0002　海洋热力学　marine thermodynamics, ocean thermodynamics
研究海水运动的热力过程及其变化规律的学科。

02.0003　动力海洋学　dynamical oceanography
研究海水运动的动力过程及其变化规律的学科。

02.0004 海洋环境流体动力学 marine environmental hydrodynamics

研究海洋环境中的流体动力过程及其演变规律的学科。

02.0005 近海海洋动力学 coastal ocean dynamics

研究发生在近海中的海水动力学和热力学过程,其中包括不同类型和不同时空尺度的海水运动规律、海水的温盐度和密度等海洋水文状态参数的分布和变化,以及它们之间相互作用机制等的学科。

02.0006 微海洋学 micro-oceanography

研究海水及海底沉积物的微细结构及其形成过程和演变规律的学科。

02.0007 海冰学 marine cryology

研究海洋中冰[雪]的生消过程、分布、运动、类型及其物理、化学性质的学科。

02.0008 海域 sea area

海洋中特定的水体范围。

02.0009 海水 seawater

构成海洋水体的水。

02.0010 层化海洋 stratified ocean

海水的物理、化学和生物等特性,尤指温度、盐度和密度具有垂向分层结构的海洋。

02.0011 海洋层化 ocean stratification

海水的温度、盐度和密度等热力学状态参数随深度分布的层次结构。

02.0012 微层化 microstratification

垂向尺度在分子耗散尺度至 1m 之间的海洋要素分层结构。

02.0013 海洋细微结构 fine and microstructure of ocean

垂向尺度在分子耗散尺度至 100m 之间的海洋要素分层现象。

02.0014 上层 upper layer, epipelagic zone

大洋中被太阳辐射加热的温度较高、密度较小、垂向混合较均匀、厚约 100m 的水层。

02.0015 中层 middle layer, mesopelagic zone

大洋上层以下,厚度约为 1000~1500m,其温度、盐度、密度具有一个或多个跃层的水层。

02.0016 深层 deep layer, bathypelagic zone

又称"下均匀层"。大洋中中层以下的温度、盐度、密度较均匀的水层。

02.0017 海洋断面 marine [observational] section, marine transect

在调查海域中布设的垂直观测剖面。

02.0018 现场温度 temperature *in situ*

表征海水特定点冷热程度的物理量。

02.0019 海面水温 sea surface temperature

表征海面冷热程度的物理量。

02.0020 位温 potential temperature

海洋中某一等压面(深度)处的海水微团绝热上升到海面时所具有的温度。

02.0021 等温线 isotherm

在海洋水温分布图上,水温相等各点的连线。

02.0022 暖水舌 warm water tongue

在海洋水温分布图上,等温线从高到低呈舌状分布的暖水。

02.0023 冷水舌 cold water tongue

在海洋水温分布图上,等温线从低到高呈舌状分布的冷水。

02.0024 氯度 chlorinity

每千克海水中,以氯置换溴和碘后当量氯离子的总克数。

02.0025 盐度 salinity

海水中含盐量的标度。每千克海水中在碳

酸盐转化为氧化物、溴和碘被等当量的氯置换、有机物全部被氧化后,所含固体物质的总克数。

02.0026 1978 年实用盐标 practical salinity scale of 1978
1978 年国际专家组提出的以在 15℃ 温度,一个标准大气压下,其电导率与盐度为 35 的标准海水精确相等的,质量比为 32.4356× 10^{-3} 的高纯氯化钾溶液做参考的盐度标准。

02.0027 等盐线 isohaline
在盐度分布图上,表征盐度相等各点的连线。

02.0028 等深线 isobath, isobathymetric line
在水深分布图上,深度相等点的连线。

02.0029 盐舌 salinity tongue
在盐度平面或垂向分布图上,盐度呈舌状分布的现象。

02.0030 盐指 salt finger
热而高盐的水层位于冷而低盐的水层之上时,在界面处发生盐度向下呈指状分布的现象。

02.0031 海水密度 seawater density
海水单位容积的质量。

02.0032 现场密度 density in situ
海水特定点的密度。

02.0033 位密 potential density
某一等压面[深度]处的海水微团绝热上升到海面时所具有的密度。

02.0034 密度超量 density excess, density anomaly
又称"条件密度(sigma-t)"。现场密度的量值减去 1000 后的剩余值。符号:σt。

02.0035 现场比容 specific volume in situ
海洋特定点单位质量海水的体积,为密度的

倒数。

02.0036 比容偏差 specific volume anomaly
现场比容与盐度为 35,温度为 0℃,压力为 p 时的海水比容之偏差。

02.0037 热比容偏差 thermosteric anomaly
表面海水的比容与盐度为 35,温度为 0℃ 和压力为 0 时的表面海水比容的偏差。

02.0038 垂直稳定度 vertical stability
表示海洋水层稳定程度的量,为相邻两层海水的密度差与该两层海水之间的垂直距离之比值。

02.0039 双扩散 double diffusion
由热量和盐量的分子扩散系数差异而引起的微尺度海水运动现象。

02.0040 对流混合 convective mixing
海水在垂直方向上做相向运动造成不同水层的海水混合现象。

02.0041 热盐对流 thermohaline convection
海水在垂直方向上由于温度与盐度的显著差异而引起的双向运动。

02.0042 潮混合 tidal mixing
不同水体因潮流而产生的混合现象。

02.0043 [混合]增密 [mixing] caballing
不同水体混合后的密度大于参与混合水体的平均密度的现象。

02.0044 温跃层 thermocline
海水温度垂直梯度突变的水层。

02.0045 主温跃层 main thermocline
永久存在的温跃层。

02.0046 季节性温跃层 seasonal thermocline
随季节变化生消的温跃层。

02.0047 通风 ventilation
由于埃克曼抽吸而使大洋表层产生辐聚,从

而导致表层海水沿着等密度面向下运动的过程。

02.0048 通风温跃层 ventilated thermocline
由于通风过程而在大洋某些区域升至表层的温跃层。

02.0049 潜沉 subduction
大洋上混合层中的水下沉到永久密度跃层并与周围的水团进行交换的现象。

02.0050 潜涌 obduction
大洋中永久密度跃层的水涌升到上混合层并与周围的水团进行交换的现象。

02.0051 盐跃层 halocline, salinocline
海水盐度垂直梯度突变的水层。

02.0052 密度跃层 pycnocline
海水密度垂直梯度突变的水层。

02.0053 逆置层 inversion layer
在层化海洋中海洋要素的逆向分布层。如温度随深度递增的逆温层和盐度随深度递减的逆盐层。

02.0054 均匀层 homogeneous layer
海水温度盐度不随深度变化的水层。

02.0055 大洋对流层 oceanic troposphere
由大洋热力过程产生的对流混合层。

02.0056 冷涡 cold eddy
较周围海水温度低的冷中心涡旋。

02.0057 暖涡 warm eddy
较周围海水温度高的暖中心涡旋。

02.0058 温-盐图解 T-S diagram
又称"温-盐关系图","T-S关系图"。在温-盐坐标系中,由同一测站或不同测站各层的水温与盐度值绘成的点聚图。

02.0059 水型 water type
性质完全相同的水体元的集合。通常是指温盐度均匀,在温-盐图解中仅用一个单点表示的水体。

02.0060 水团 water mass
源地和形成机制相近,具有比较均匀的物理、化学和生物特征及大体一致的变化趋势,而与周围海水存在明显差异的宏大水体。

02.0061 暖水圈 warm water sphere
又称"暖水层"。在大洋主温跃层以上,南北极锋之间的水域。

02.0062 冷水圈 cold water sphere
又称"冷水层"。在大洋主温跃层以下,与极锋向极一侧的全部水域。

02.0063 水系 water system
符合一定条件的水团的集合。

02.0064 [大洋]冷水团 [ocean] cold water mass
较周围水体温度低的水团。

02.0065 [大洋]表层水 [oceanic] surface water
大洋暖水圈中具有高温、相对低盐特性、来源于低纬海区密度最小的表层暖水本身。

02.0066 [大洋]次表层水 [oceanic] subsurface water
大洋暖水圈中具有独特的高盐特征和相对高温、来源于副热带辐聚区下沉的表层海水,分布在表层水之下与大洋温跃层以上、南北极锋之间的水层。

02.0067 [大洋]上层水 [oceanic] upper water
表层水与次表层水的总称。

02.0068 [大洋]中层水 [oceanic] intermediate water
大洋冷水圈中在高盐次表层水以下的低盐水层,源自西风漂流辐聚区表层海水下沉而形成的水层。深度在 1000 ~ 2000m 之间。

02.0069 [大洋]深层水 [oceanic] deep water
大洋冷水圈中在中层水以下盐度稍有升高的水层,来自北大西洋上部低温高盐贫氧的冷却下沉水。深度在 2000 ~ 4000m 之间。

02.0070 [大洋]底层水 [oceanic] bottom water
大洋冷水圈中在大洋底层的温度最低、盐度最大的水层,源地主要是南极海域的威德尔海盆。

02.0071 [大洋]中央水 [oceanic] central water
在世界大洋次表层中的夹于极地水之间的水团(大西洋、印度洋)或赤道水与极地水之间的水团(太平洋)。

02.0072 副热带模态水 subtropical mode water
副热带环流区垂向温、盐皆较均匀的水团,来自冬季表层水降温下沉。

02.0073 海洋锋 oceanic front
海洋要素水平分布的高梯度带。

02.0074 副热带辐合带 subtropical convergence zone
表层水温 12 ~ 15℃,呈现明显不连续性,平均地理位置随季节不同而变化,环绕南纬 38°~42°之间的海水沉降带。

02.0075 热带水域 tropical waters
赤道两侧南北回归线之间的海区。

02.0076 暖池 warm pool
在热带西太平洋和东印度洋常年存在着的上层海水温度超过 28℃ 的宽广的水域,占全球热带海洋面积的 35% ~ 45% 。

02.0077 黄海冷水团 Huanghai Cold Water Mass, Yellow Sea Cold Water Mass
又称"黄海底层冷水"。在夏季黄海的深水区域,核心区水温在 10℃ 以下的水团。

02.0078 长江冲淡水 Changjiang Diluted Water, Changjiang River Plume
长江口外核心区的盐度在 26 以下的混合水团。

02.0079 沿岸水 coastal water
沿岸海域的水体。

02.0080 海水状态方程 seawater state equation
海水密度与海水状态参数温度、盐度、压力之间的关系式。

02.0081 洋流 ocean current
又称"海流"。大洋中海水沿一定流路流动的现象。

02.0082 流向 current direction
水流的去向,以方位角表示。

02.0083 流速 current speed, current velocity
水流在单位时间内流过的距离。

02.0084 惯性流 inertia current, inertial current
在科氏力作用下具有惯性周期的海水流动。

02.0085 地转流 geostrophic current, geostrophic flow
水平压强梯度力和科氏力平衡条件下的海流。

02.0086 准地转流 quasi-geostrophic current, quasi-geostrophic flow
近似地满足水平压强梯度力和科氏力平衡条件下的海流。

02.0087 大洋环流 ocean circulation
大洋中大尺度的海水循环流动。

02.0088 海洋总环流 general ocean circulation

又称"海洋基本环流"。全球海洋环流的总体,一般尤指较大范围内海水运动的整体状态。

02.0089 风生环流 wind-driven circulation
又称"风海流(wind-driven current)","埃克曼漂流(Ekman drift current)"。海洋中由海面风应力驱动的大尺度环流。

02.0090 热盐环流 thermohaline circulation
海洋中纯粹由水温和盐度分布差异引起的大尺度环流。它是大洋深层和底层环流的基本组成部分,也是形成全球海洋层化结构的根本原因。

02.0091 深渊环流 abyssal circulation
大洋深渊[区]的海洋环流。

02.0092 赤道流 equatorial current
又称"信风海流(trade wind current)"。在大洋赤道附近由信风驱动的自东向西流动的海流。如南赤道[信风]流和北赤道[信风]流。

02.0093 西风漂流 west wind drifting current
海水在盛行西风驱动下产生的自西向东的流动。如北太平洋海流、北大西洋海流和南极绕极流。

02.0094 季风[海]流 monsoon current
在季风驱动下产生的海水流动。

02.0095 密度流 density current
海水在密度水平梯度力的作用下形成的流动。

02.0096 坡度流 slope current
由于海面倾斜而形成的水平压强梯度流。

02.0097 补偿流 compensation current
一处海水流失,它处海水流来补充形成的海流。

02.0098 动力[计算]方法 dynamic [computation] method
基于地转平衡关系计算地转流的方法。

02.0099 位势高度 potential height
曾称"动力高度(dynamic topography)"。动力计算中由某参考[零]面(重力位势零面)至计算等压面之间的位势差。

02.0100 位势深度 potential depth
曾称"动力深度(dynamic depth)"。动力计算中等压面至参考零面的位势差深度。

02.0101 逆流 countercurrent
与主流邻近的方向相反的流动。

02.0102 赤道逆流 equatorial countercurrent
在南、北赤道流之间与其流向相反的由西向东流动的表层海流。

02.0103 潜流 undercurrent
在大洋中表层主流之下与主流方向不一致或相反的海流。

02.0104 赤道潜流 equatorial undercurrent
在大洋南赤道流下方的温跃层内与其方向相反的东向海流。

02.0105 太平洋赤道潜流 Pacific Equatorial Undercurrent
曾称"克伦威尔海流(Cromwell Current)"。在太平洋南赤道流下方的温跃层内与其方向相反的东向海流。

02.0106 大西洋赤道潜流 Atlantic Equatorial Undercurrent
曾称"罗蒙诺索夫海流(Lomonosov Current)"。在大西洋南赤道流下方的温跃层内与其方向相反的东向海流。

02.0107 印度洋赤道潜流 Indian Equatorial Undercurrent
在印度洋南赤道流下方的温跃层内与其方向相反的东向海流。

02.0108　上升流　upwelling, upward flow
海水从下层向上涌升的流动。

02.0109　下降流　downwelling, downward flow
海水从上层下沉的流动。

02.0110　沿岸流　coastal current
沿海岸流动的与海浪无直接关系的海流。

02.0111　近岸流系　nearshore current system, nearshore currents
由海浪变形破碎产生的近岸海水环流系统。

02.0112　顺岸流　longshore current
近岸流系中的沿岸水流。

02.0113　裂流　rip current
近岸流系中因波浪增水而形成的离岸水流。

02.0114　向岸流　onshore current
由近岸波浪破碎形成的向岸水流。

02.0115　渤海沿岸流　Bohai Coastal Current
沿山东半岛北岸与辽东湾沿岸流动的沿岸流。

02.0116　黄海沿岸流　Huanghai Coastal Current, Yellow Sea Coastal Current
沿山东半岛南岸和江苏东岸流动的沿岸流。

02.0117　东海沿岸流　Donghai Coastal Current, East China Sea Coastal Current
沿浙江和福建东岸流动的沿岸流。

02.0118　南海沿岸流　Nanhai Coastal Current, South China Sea Coastal Current
由珠江、红河、湄公河、湄南河等入海径流与周围海水混合形成的沿岸流。

02.0119　暖流　warm current
自暖水区向冷水区流动的洋流。

02.0120　黑潮　Kuroshio
北太平洋的一支强大的西边界暖流。

02.0121　湾流　Gulf Stream
北大西洋的一支强大的西边界暖流。

02.0122　黄海暖流　Huanghai Warm Current
由济州岛西南进入黄海,沿着黄海槽向北流动的暖流。

02.0123　台湾暖流　Taiwan Warm Current
在浙江福建外海、台湾附近北向流动的暖流。

02.0124　南海暖流　Nanhai Warm Current, South China Sea Warm Current
在南海北部海区终年由西南向东北流动的暖流。

02.0125　对马海流　Tsushima Current
通过对马海峡进入日本海的暖流。

02.0126　西边界流　western boundary current
大洋西部边界附近的强流(如黑潮、湾流等)的统称。

02.0127　东边界流　eastern boundary current
沿大洋东部边界自高纬向低纬流动的兼有上升流性质的寒流。

02.0128　[大洋环流]西岸强化　westward intensification [of ocean circulation]
在大洋低、中纬度的副热带流涡中,西边界处海流的流幅变窄,流层加厚和流速增大的现象。

02.0129　寒流　cold current
自冷水区向暖水区流动的洋流。

02.0130　亲潮　Oyashio
沿千岛和北海道东侧海域南下,直达本州东北的低温、低盐海流。

02.0131　余流　residual current
实测海流中滤去潮流及其他周期性流动成分后的剩余部分。

02.0132　中尺度涡　mesoscale eddy

水平尺度约为 100 ~ 500km,时间尺度约为 20 ~ 200d,且以(0.01 ~ 0.05)m/s 的速度移动着的涡旋。

02.0133　流涡　gyre
海洋中大中尺度的海水闭合环流。

02.0134　风增水　wind set-up
由于强风对水面的作用而引起的近岸水位升高现象。

02.0135　摩擦深度　frictional depth
又称"埃克曼深度(Ekman depth)"。埃克曼漂流流向随深度增加而偏转至与表层相反时的深度。

02.0136　埃克曼层　Ekman layer
埃克曼漂流从海面(或海底)至摩擦深度的水层。

02.0137　埃克曼螺旋　Ekman spiral
埃克曼漂流流速的矢量端点在空间所构成的垂向螺旋形曲线。

02.0138　埃克曼输送　Ekman transport
用埃克曼理论推算出来的垂向平均风生海水水平净输送量。

02.0139　埃克曼抽吸　Ekman pumping
由埃克曼漂流总流量的辐聚或辐散产生的在埃克曼层底部与其下层的近似地转流之间的向下或向上的铅直流动。

02.0140　底摩擦层　bottom frictional layer
又称"底埃克曼层"。流速以埃克曼螺旋方式随水深增加而减小至海底处为零,其螺旋方向与近表层埃克曼层相反的海底边界层。

02.0141　正压海洋　barotropic ocean
等压面与等密面平行的一种模式海洋。

02.0142　斜压海洋　baroclinic ocean
等压面与等密面不平行的一种模式海洋。

02.0143　卷入　entrainment [in ocean]
海洋跃层中的水进入混合层中并与之交换的过程。

02.0144　卷出　detrainment [in ocean]
海洋中混合层的水进入跃层中并与之交换的过程。

02.0145　波致流　wave-induced current
由波动导致的海流。

02.0146　强制波　forced wave
在强制力作用下产生的波动。

02.0147　自由波　free wave
不受强制力作用的波动。

02.0148　船行波　ship wave
船舶航行时产生的水面波动现象。

02.0149　海啸　tsunami
由海底地震、火山爆发或巨大岩体塌陷和滑坡等导致的海水长周期波动,能造成近岸海面大幅度涨落。

02.0150　[海洋]表面波　[marine] surface wave
海面上发生的波动。

02.0151　[海洋]内波　[marine] internal wave
在层化海洋内界面发生的波动。

02.0152　海浪　ocean wave, sea wave
海面由风引起的波动现象。主要包括风浪和涌浪。

02.0153　风浪　wind wave
海面在风力直接作用下产生的波动现象。

02.0154　涌浪　swell
风浪离开风区后或风速风向等风要素突变后,继续按原风力作用方向传播的周期为数秒的波浪。

02.0155　风时　wind duration
状态相同的风持续作用于海面的时间。

02.0156 风区 fetch
受状态相同的风持续作用的海域范围。

02.0157 最小风时 minimum duration
对应于某一风区,风浪成长至理论上最大尺度所经历的最短时间。

02.0158 最小风区 minimum fetch
对应于某一风时,风浪成长至理论上最大尺度所需要的最短距离。

02.0159 等效风时 equivalent duration
在风场改变的情况下,产生原风场引起的波浪尺度所需要的最小风时。

02.0160 等效风区 equivalent fetch
在风场改变的情况下,产生原风场引起的波浪尺度所需要的最小风区长度。

02.0161 波剖面 wave profile
垂直于波峰线或沿波向线切割波浪的铅直剖面。

02.0162 波高 wave height
波剖面上相邻的波峰与波谷间的垂直距离。

02.0163 波向 wave direction
波浪传来的方向。

02.0164 1/10 大波[平均]波高 [average] height of highest one-tenth wave
将某一时段连续测得的所有波高按大小排列,取总个数中的 1/10 个大波波高的平均值。

02.0165 1/3 大波[平均]波高 [average] height of highest one-third wave
又称"有效波波高(height of significant wave)"。将某一时段连续测得的所有波高按大小排列,取总个数中的 1/3 个大波波高的平均值。

02.0166 波长 wave length
波剖面上相继两波峰间的距离。

02.0167 波周期 wave period
波剖面上相继两波峰通过某一点的时间间隔。

02.0168 波陡 wave steepness
用波高与波长之比表示波形的物理量。

02.0169 波龄 wave age
表征风浪成长情况的物理量,用风浪传播速度与引起风浪的风速之比表示。

02.0170 波候 wave climate
某一海域的波浪状况的长期统计特征。如平均值、方差、极值概率等。

02.0171 毛细波 capillary wave
又称"表面张力波"。主要恢复力为表面张力的波动。

02.0172 涟[漪]波 ripple
周期小于一秒波长只有几厘米的毛细波。

02.0173 孤立波 solitary wave
波长为无限大,只有单个波峰且在传播过程中波形不变的波动。

02.0174 浅水波 shallow water wave
波要素在波浪传播过程中受水深影响的表面波。一般指水深小于等于 1/2 波长的涌浪。

02.0175 极浅水波 very shallow water wave
在水深小于波长的 1/25 的海区传播的波动。

02.0176 深水波 deep water wave
波要素在波浪传播过程中不受水深影响的表面波。一般指水深大于 1/2 波长的海域中的波动。

02.0177 浅水系数 shoaling factor
波浪由深水向浅水传播过程中,受水深影响而变化的波高与原始波高之比。

02.0178 规则波 regular wave

波面近似于正弦波的一种波形。

02.0179　不规则波　irregular wave
海面呈杂乱不规则状态的一种波形。

02.0180　前进波　progressive wave
波形沿波向线传播的波。

02.0181　驻波　standing wave
波形不向前传播,仅在平衡位置振动的一种波动。

02.0182　入射波　incident wave
向着障碍物传播而来的波浪。

02.0183　反射波　reflected wave
被地形或障碍物反射回去的波浪。

02.0184　折射波　refracted wave
波浪在传播过程中,受水深变浅的影响而改变传播方向的波浪。

02.0185　爬升波　uprush, swash
又称"上冲波"。从水边线沿岸坡上冲的波动水流。

02.0186　波浪爬高　run-up, swash height
波浪或破波水流沿斜坡爬升的高度。

02.0187　长波　long wave
波长大于 25 倍水深的波。

02.0188　惯性周期　inertia period
量值为科氏参数倒数的周期。

02.0189　[海洋]惯性重力波　inertia gravitational wave [in ocean]
以科氏力和重力为恢复力的海洋波动。

02.0190　[海洋]斜压波　barocline wave [in ocean]
斜压海洋基本流动的垂直切变引起的海洋波动。

02.0191　[海洋]正压波　barotropic wave [in ocean]
正压海洋基本流动的水平切变引起的海洋波动。

02.0192　波峰线　crest line
与波向线垂直的波脊线。

02.0193　峰速　wave crest velocity
波峰传播的速度。

02.0194　边缘波　edge wave
能量显著集中在岸边的沿岸传播的频率高于惯性频率的波动。

02.0195　[大]陆架波　shelf wave
能量显著集中在[大]陆架上的沿岸传播的频率低于惯性频率的波动。

02.0196　[海洋]开尔文波　[ocean]Kelvin wave
又称"边界开尔文波"。在边界上(包括科氏力等于零的赤道)产生的一种周期为惯性周期,振幅在横向上呈指数衰减的波动。

02.0197　[海洋]罗斯贝波　[ocean] Rossby wave
科氏参量随纬度改变引起的向西传播的低频长波。

02.0198　地形罗斯贝波　topographic Rossby wave
在水深变化条件下传播的低频长波。

02.0199　正压模[态]　barotropic mode
正压海洋中波动的统称。

02.0200　斜压模[态]　baroclinic mode
斜压海洋中波动的统称。

02.0201　俘能波　trapped wave, trapped mode
又称"陷波"。在边界处聚集能量的长周期波。

02.0202　泄[能]波　leaky wave, leaky mode
能从边界处向外海散逸能量的长周期波。

02.0203 余摆线波 trochoidal wave
波剖面形状呈余摆线状传播的一种模式波。

02.0204 椭圆余弦波 cnoidal wave
波剖面形状呈椭圆余弦状传播的一种模式波。

02.0205 椭圆余摆线波 elliptical trochoidal wave
波剖面形状呈椭圆余摆线状传播的一种模式波。

02.0206 破碎波 breaker
波浪在向浅水传播过程中,受水深、底坡及内摩擦等因素的影响,波要素发生变化,波陡逐渐变陡,直至破碎的现象。

02.0207 破碎波高 breaker height
波浪破碎的极限波高。

02.0208 破碎波带 breaker zone
破碎波的分布范围。

02.0209 崩碎波 spilling breaker
波浪在向浅水传播过程中,逐渐从峰顶至波峰前侧崩破的一类碎波。

02.0210 激碎波 surging breaker
波浪在传播过程中,波前侧从下部开始破碎(波峰基本不破碎)的一类碎波。

02.0211 卷碎波 plunging breaker
波浪在向浅水传播过程中,波形显著不对称,波前侧逐渐变陡,后侧逐渐变缓,直至前侧变为直立并向前卷倒,形成向前方飞溅破碎的一类碎波。

02.0212 白浪 whitecap
风浪波陡超过极限时,波峰破碎出现的白色浪花现象。

02.0213 波群 wave group
波动在传播方向上,振幅由小到大,又由大到小,成群分布的现象。

02.0214 群速度 group velocity
波群传播的速度。

02.0215 未充分成长风浪 not fully developed sea
在风浪成长过程中,由风摄取的能量大于由内摩擦等原因所消耗能量的风浪。

02.0216 充分成长风浪 fully developed sea
在风浪成长过程中,由于内摩擦等原因所消耗的能量与由风摄取的能量达到平衡时的风浪。

02.0217 先行涌 forerunner
由远地风暴造成的先于风暴到达某地的涌浪。

02.0218 海况 sea state, sea condition
在风力作用下的海面的外貌特征。按有无波浪及波峰形状、峰顶的破碎情况和浪花出现的多少分为10级。

02.0219 海浪[能]谱 ocean wave spectrum
描述海浪内部能量相对于组成波的频率和方向分布的结构模式,可分为海浪的频率谱和方向谱。

02.0220 风浪[能]谱 wind-wave spectrum
描述风浪内部能量相对于组成波的频率和方向分布的结构模式,可分为风浪的频率谱和方向谱。

02.0221 周期谱 period spectrum
描述波浪内部能量相对于组成波的周期分布的结构模式。

02.0222 波[浪]反射 wave reflection
波浪遇到陡峭的障碍物后向相反方向传播的现象。

02.0223 波[浪]折射 wave refraction
波浪传入浅水后,由于波速受地形的影响,导致波向发生转折的现象。

02.0224 波[浪]散射 wave scatter
波浪在粗糙界面上,向各个方向反射的现象。

02.0225 波[浪]衍射 wave diffraction
波浪绕过障碍物后的传播现象。

02.0226 海浪的弥散 ocean waves dispersion
海浪在传播过程中,因其组成波的波速不同而分散开来的现象。

02.0227 海浪的角散 ocean waves angular spreading
海浪组成波的传播方向不一致时,在传播过程中向不同方向分散开来的传播现象。

02.0228 潮汐 tide
在天体引潮力作用下产生的海面周期性涨落现象。

02.0229 潮汐学 tidology
研究潮汐现象及其过程的形成原因、变化规律和对其进行预报的学科。

02.0230 平衡潮 equilibrium tide
从静力学平衡的角度出发,假设地球表面都被海水覆盖,而且海面在任何时刻都能够保持与重力和引潮力的合力处处垂直的理想化的海洋潮汐。

02.0231 潮汐调和分析 harmonic analysis of tide, tidal analysis
把任一点的潮位变化按引潮势(力)展开式的谐波项分解为许多分潮,并根据潮位观测数据计算各分潮的振幅和相位的方法。

02.0232 潮汐调和常数 harmonic constant of tide
根据潮汐调和分析方法计算得到的某一地点各分潮的振幅和迟角。

02.0233 潮汐非调和常数 nonharmonic constant of tide
不是直接由潮汐调和分析方法计算得到的某些潮汐特征常数。如潮汐间隙、潮升等。

02.0234 潮龄 tidal age
朔、望日到大潮来临的时段,约1~3天。

02.0235 基准面 datum level
观测和推算水位变化的起算面。

02.0236 海图[水深]基准面 chart datum
海图上标注水深的起算面。一般采用理论深度基准面(由潮汐调和分析推算的最大低潮面)或低于多年观测到的最低低潮面的水平面作为海图水深基准面,以保证航行安全。

02.0237 潮汐基准面 tidal datum
潮高起算面。一般取多年最大低潮面为潮汐基准面。

02.0238 平均海平面 mean sea level
某观测时段的潮位平均值。可分为日平均、月平均、年平均和多年平均海平面等。

02.0239 潮位 tide level
某点潮汐海面相对于某一基准面的铅直高度。

02.0240 半潮面 half-tide level
位于高潮面与低潮面中间的水平面。

02.0241 海平面变化 sea level change
由于气候变化和地壳的构造运动等原因引起的海面高度变化。

02.0242 高潮 high water
又称"满潮"。在一个潮周期内海面升到最高时的潮位。

02.0243 低潮 low water
又称"干潮"。在一个潮周期内海面降到最低时的潮位。

02.0244 涨潮 flood, flood tide
潮位从低潮到高潮的上升过程。

02.0245 落潮 ebb, ebb tide
潮位从高潮到低潮的下降过程。

02.0246 停潮 stand of tide, water stand
潮汐涨落过程中低潮时出现的水位短时间
不动现象。

02.0247 平潮 still tide
潮汐涨落过程中高潮时出现的水位短时间
不动现象。

02.0248 大潮 spring tide
潮差大的潮汐现象。如与月亮引潮力有关
的朔望潮等。

02.0249 小潮 neap tide
出现在上、下弦时潮差小的潮汐。

02.0250 双高潮 double flood
一个潮汐周期过程中出现两次高潮的现象。

02.0251 双低潮 double ebb
一个潮汐周期过程中出现两次低潮的现象。

02.0252 高高潮 higher high water
不正规半日潮的两次高潮中的潮高大者。

02.0253 高低潮 higher low water
不正规半日潮的两次高潮中的潮高小者。

02.0254 潮差 tide range
相邻的高潮和低潮的潮位高度差。

02.0255 半潮差 semi-range
相邻的高潮和低潮的潮位高度差之半。

02.0256 大潮差 spring range
大潮高低潮位之差。

02.0257 日不等[现象] diurnal inequality
天文潮潮差变化逐日不等的现象。其周期
为 27.3216 天。

02.0258 潮升 tide rise
高潮位的平均高度。包括大潮升和小潮升。

02.0259 大潮升 spring rise
大潮高潮位的平均高度。

02.0260 小潮升 neap rise
小潮高潮位的平均高度。

02.0261 引潮力 tide-generating force, tide-producing force
月球、太阳或其他天体对地球上单位质量物
体的引力和对地心单位质量物体的引力之
差,或地球绕地–月(日)质心运动所产生的
惯性离心力与月(日)引力的合力。

02.0262 引潮[力]势 tide potential
自地心(引潮力为零)移动单位质量物体至
地面任一点克服引潮力所做的功。

02.0263 天文潮 astronomical tide
由天体引潮力所引起的潮汐现象。

02.0264 最高天文潮位 highest astronomical tide
天体引潮力最大时引发的最高潮位。

02.0265 最低天文潮位 lowest astronomical tide
天体引潮力最小时引发的最低潮位。

02.0266 太阳全日潮 solar diurnal tide
周期为一个太阳日的潮汐现象。

02.0267 太阴潮 lunar tide
由月球引潮力引起的潮汐现象。

02.0268 太阳潮 solar tide
由太阳引潮力引起的潮汐现象。

02.0269 朔望潮 syzygial tide
朔望期间出现的大潮。

02.0270 分潮 tidal component, tidal constituent
潮汐调和分析中的各个谐波分量。

02.0271 浅海分潮 shallow water component

潮汐调和分析中出现的与水深有关的分潮。

02.0272　分潮日　constituent day
以平太阳日为单位的分潮周期。

02.0273　分潮时　constituent hour
以平太阳时为单位的分潮周期。

02.0274　K_1 分潮　K_1-component，K_1-constituent
太阴–太阳赤纬全日分潮，其周期为 23.934 平太阳时。

02.0275　K_2 分潮　K_2-component，K_2-constituent
太阴–太阳半日分潮，其周期为 11.967 平太阳时。

02.0276　M_2 分潮　M_2-component，M_2-constituent
太阴主要半日分潮，主要由月球的引潮力引起的半日潮，其周期为 12.421 平太阳时。

02.0277　S_2 分潮　S_2-component，S_2-constituent
太阳主要半日分潮，主要由太阳的引潮力引起的半日潮，其周期为 12.000 平太阳时。

02.0278　N_2 分潮　N_2-component，N_2-constituent
太阴椭率主要半日分潮，其周期为 12.658 平太阳时。

02.0279　O_1 分潮　O_1-component，O_1-constituent
太阴主要全日分潮，主要由月球的引潮力引起的全日分潮，其周期为 25.819 平太阳时。

02.0280　P_1 分潮　P_1-component，P_1-constituent
太阳主要全日分潮，主要由太阳的引潮力引起的全日分潮，其周期为 24.066 平太阳时。

02.0281　Q_1 分潮　Q_1-component，Q_1-constituent
太阴椭率主要全日分潮，其周期为 26.868 平太阳时。

02.0282　O_4 分潮　O_4-component，O_4-constituent
太阴浅水 1/4 日分潮，其周期为 6.210 平太阳时。

02.0283　M_6 分潮　M_6-component，M_6-constituent
太阴浅水 1/6 日分潮，其周期为 6.140 平太阳时。

02.0284　MS_4 分潮　MS_4-component，MS_4-constituent
太阴、太阳浅水 1/4 分潮，其周期为 6.103 平太阳时。

02.0285　[正规]半日潮　semi-diurnal tide
在一个太阴日(24 小时 25 分)中有两次低潮和两次高潮，相邻的低潮或相邻的高潮的潮高大体相等的潮汐现象。

02.0286　[正规]全日潮　diurnal tide
在一个太阴日内出现一次高潮和一次低潮的潮汐现象。

02.0287　不正规半日潮　irregular semi-diurnal tide
在一个朔望月的大多数日子里，每个太阴日内一般有两次高潮和两次低潮，但有少数日子里，第二次高潮很小，半日潮特点不显著的潮汐现象。

02.0288　不正规全日潮　irregular diurnal tide
在一个朔望月中的大多数日子里具有全日潮特征，但有少数日子则具有半日潮特征的潮汐现象。

02.0289　月潮间隙　lunitidal interval
又称"太阴潮间隙"。某点月中天时刻到该点出现大潮时刻的时间间隔。

02.0290 平均高潮间隙 mean high water interval

某点月中天时刻到该点出现高潮时的时间间隔的多年平均值。

02.0291 混合潮 mixed tide

全日潮占优势的不正规全日潮或半日潮占优势的不正规半日潮的潮汐现象。

02.0292 无潮区 amphidromic region

又称"无潮点(amphidromic point)"。海面无潮位升降的海域。

02.0293 潮流 tidal current

伴随潮汐涨落的海水周期性的水平流动。

02.0294 涨潮流 flood current

涨潮时的潮流。

02.0295 落潮流 ebb current, ebb-tide current

落潮时的潮流。

02.0296 大潮潮流 spring tidal current

海水伴随大潮的水平流动。

02.0297 半日潮流 semi-diurnal current

海水伴随半日潮的水平流动。

02.0298 潮流椭圆 tidal ellipse

在一个潮周期内随时间变化的潮流矢量矢端的连线构成的椭圆。

02.0299 旋转流 rotary current

用潮流椭圆表示的周期性流动。

02.0300 往复流 alternating current, rectilinear current

潮流椭圆蜕化为直线的周期性流动。

02.0301 转流 turn of tidal current

涨、落潮流相互转换的过程。

02.0302 憩流 slack, slack water

往复潮流转向时潮流暂停的现象。

02.0303 潮波 tidal wave

由引潮力所引起的海水波动现象。

02.0304 旋转潮波系统 amphidromic system, amphidrome

潮波波面绕无潮点旋转传播的潮波系统。

02.0305 内潮 internal tide

具有潮汐周期的内波。

02.0306 假潮 seiche

又称"静振"。在封闭或半封闭水域中具有该水域固有振荡周期的驻波。

02.0307 涌潮 tidal bore

潮波在河口传播过程中产生的波陡趋于极限而破碎的潮水暴涨现象。

02.0308 钱塘江涌潮 Qiantang River tidal bore

发生在中国杭州湾钱塘江口的潮水暴涨现象。

02.0309 潮[致]余流 tidal residual current, tide-induced residual current

由湍流摩擦、底形和岸界形状等因素的非线性效应导致在近岸和河口区域,做潮汐运动的水质点经过一个潮周期后并不回到原先的起始位置而产生水平位移的运动。

02.0310 等潮差线 corange line

又称"同潮差线"。在潮汐(或分潮)分布图上,潮差(或振幅)相等点的连线。

02.0311 等潮时线 cotidal line

又称"同潮时线"。在潮汐(或分潮)分布图上,具有相同潮汐位相点的连线。

02.0312 海冰 sea ice

海水冻结而成的咸水冰。广义指海洋上所有的冰,包括咸水冰、河冰、冰山等。

02.0313 固定冰 fast ice

与海岸、岛屿或海底部分冻结在一起的冰。

02.0314 流冰 drift ice
又称"浮冰(floe ice)"。浮于水面的能随风、水流漂浮的运动冰。

02.0315 冰山 iceberg
冰架冰断裂、崩塌后入海形成的高出海面5m 以上的巨大流冰。

02.02 海洋物理学

02.0316 浅海声传播 shallow water acoustic propagation
声在浅海中的传播,规律由声速垂直剖面、海面及海底反射决定。

02.0317 深海声传播 deep sea acoustic propagation
声在深海中的传播,规律主要由声速垂直剖面决定。

02.0318 声传播异常 acoustic propagation anomaly
实际声传播损失超过相同距离按球面或柱面波发散所算出的传播损失的分贝数。

02.0319 声道 sound channel
以声速垂直剖面极小值为轴形成的水层,能集中大部分传播的声能,声波在其中能传播至较远距离。

02.0320 浅海声道 shallow sea sound channel
浅海中由于声速垂直剖面为正梯度所形成的声道。

02.0321 深海声道 deep sea sound channel, SOFAR channel
深海中由于声速剖面有极小值所形成的声道。

02.0322 混合层声道 mixed layer sound channel
由于风浪搅拌而在海面下形成一层有一定厚度的等温层,在海水静压力作用下声速剖面呈正梯度的水层。

02.0323 多途效应 multipath effect
声波在水中传播时,由于水介质的折射及声波在水面、水底的反射,自发射点至接收点存在多个传播途径的现象。

02.0324 会聚区 convergence zone
声场中存在焦散线的海域,其中声强较其他海域中的声强大得多。

02.0325 海底声反射 bottom reflection
声波由海水射向海底时在海水与海底的分界面上产生的反射。

02.0326 海洋混响 marine reverberation
声波传播过程中,在起伏海面、不平整海底及海水介质内部随机不均匀体上反向散射在接收点所产生的信号。

02.0327 海面声散射 surface scattering
由于海面波浪起伏、气泡等产生的声散射。

02.0328 海底声散射 bottom scattering
由于海底不平整、底质不均匀产生的声散射。

02.0329 体积声散射 volume scattering
由于海水中鱼类等各种不均匀体产生的声散射。

02.0330 深海声散射层 deep scattering layer, DSL
海洋中聚集有数量众多并能造成强烈声散射的生物群(浮游生物和鱼)的水层。

02.0331 海洋噪声 sea noise
由于自然原因,如波浪、降雨、湍流、生物活动、分子热运动等在海洋中产生的噪声。

02.0332 海洋环境噪声 ambient noise of the sea

在海洋中由水听器接收到的除自噪声以外的一切噪声。包括海洋噪声、生物噪声、地震噪声、雨噪声和人为噪声(航海、工业、钻探等噪声)。

02.0333　海洋生物噪声　marine biological noise

海洋中生物发出的噪声。

02.0334　海洋流体动力噪声　marine hydrodynamic noise

海洋中由流体动力效应产生的噪声。

02.0335　风生海洋噪声　wind-generated noise

由于风对海面作用产生的噪声。

02.0336　回声测距　echo ranging

利用目标反射的回波到达时间测定水下目标距离的方法。

02.0337　声呐　sonar, sound navigation and ranging

利用水声技术测定海中物体的存在、运动方向、位置或性质的设备。

02.0338　声遥感　acoustic remote sensing

利用声波,不直接接触被观察对象而在远处感知事物,以探测和度量其性质的方法。

02.0339　海洋声层析技术　ocean acoustic tomography

利用声速与海水温度、盐度、海流等的关系,根据声波在大范围海域传播时间或其他参数反演测量大范围海洋要素的一种声遥感技术。

02.0340　海洋生物声学　marine bioacoustics

研究海洋生物的声学行为和特性等的科学。

02.0341　海水声吸收　sound absorption in sea water

声波在海水中传播时,由于海水及其中溶质的黏滞性、热传导、弛豫效应等使声能转化为热能,从而出现声能随距离而减少的现象。

象。

02.0342　声传播起伏　fluctuation of transmitted sound

声传播中由于界面起伏和介质的随机变化产生的声强振幅和相位的起伏。

02.0343　水声换能器　underwater sound transducer

将其他形式的能量转换为声能向水下辐射或将接收的水声信号转换为其他能量形式的信号的换能器件。

02.0344　水声发射器　underwater sound projector

向水中辐射声波的水声换能器。

02.0345　水听器　hydrophone

接收水声信号的水声换能器。

02.0346　声学海洋学　acoustical oceanography

用声学方法研究海洋的物理参数和海中生物活动的海洋学的分支学科。

02.0347　海洋声学　marine acoustics, ocean acoustics

研究声在海洋中传播和海洋声现象的海洋物理学的分支学科。

02.0348　海洋光学　marine optics, ocean optics

海洋物理学的分支学科。主要研究海洋中的光学现象、光学过程。

02.0349　光学海洋学　optical oceanography

用光学原理和方法研究海洋现象和海洋过程的海洋学的分支学科。

02.0350　海洋生物光学　oceanic biooptics

海洋光学的一个研究方向,对上层海洋中受生物过程影响的光学过程的研究,或对受光学过程影响的生物过程的研究。

02.0351 海水光学特性 optical properties of sea water

海水固有光学特性和表观光学特性的总称。

02.0352 生物光学区域 biooptical province

其海水生物光学特性相似,而且明显地不同于邻近海域的特定的地理和时间范围。

02.0353 固有光学特性 inherent optical properties

只与水体成分有关,而不随光照条件变化而变化的海水光学特性,主要有海水吸收系数、散射系数等。

02.0354 表观光学特性 apparent optical properties

随光照条件变化而变化的海水光学特性。

02.0355 光束衰减系数 beam attenuation coefficient

沿光束传输方向单位传输距离内因水体的散射和吸收而损失的辐射通量与入射到该介质的辐射通量的比值。

02.0356 漫射衰减系数 diffuse attenuation coefficient

某一被测量(如辐照度或辐亮度等)的自然对数在水中的垂直梯度。

02.0357 光学深度 optical depth

光程的几何长度乘以该光程的光束衰减系数(有时也表示为光程的几何长度乘以该光程的漫射衰减系数)。

02.0358 海水透明度 seawater transparency

用海水透明度盘观测的描述海水水质的一个量。

02.0359 海水透过率 seawater transmittance

透过单位长度海水的光通量与入射到该水体的光通量之比。

02.0360 反射率 reflectance

反射的辐射通量与入射的辐射通量之比。

02.0361 吸收率 absorptance

又称"吸收比"。光束被海水吸收损失的辐射通量与入射的辐射通量之比。

02.0362 散射率 scatterance

又称"散射比"。光束被海水散射损失的辐射通量与入射的辐射通量之比。

02.0363 衰减率 attenuance

又称"衰减比"。光束被海水吸收和散射损失的辐射通量与入射的辐射通量之比。

02.0364 吸收系数 absorption coefficient

垂直于光束方向的水层元内单位厚度的吸收。

02.0365 比吸收系数 specific absorption

单位质量的物质的吸收系数。

02.0366 散射系数 scattering coefficient

又称"总散射系数(total scattering coefficient)"。垂直于光束方向的水层元内单位厚度的散射。

02.0367 体散射函数 volume scattering function

散射体元内在给定方向单位体积和入射到该散射体元的单位辐照度的散射辐射强度。

02.0368 散射相函数 scattering phase function

体散射函数与散射系数之比。

02.0369 前向散射率 forward scatterance

0°~90°角内光束散射的辐射通量与入射辐射通量之比。

02.0370 后向散射率 backward scatterance

90°~180°角内光束散射的辐射通量与入射辐射通量之比。

02.0371 单次散射比 single scattering albedo

又称"光子存活概率(probability of photon survival)"。散射系数与光束衰减系数之比。

02.0372　辐照度比　irradiance reflectance
给定深度的向下辐照度和向上辐照度之比,是一种特定条件下的反射率。

02.0373　离水辐亮度　water-leaving radiance
上行辐亮度经海气界面传输到海面上表面的值。

02.0374　归一化离水辐亮度　normalized water-leaving radiance
离水辐亮度除以大气层外日地平均距离处太阳辐照度的平均值与海面入射辐照度的比值。

02.0375　遥感反射率　remote-sensing reflectance
离水辐亮度与海面入射辐照度的比值。

02.0376　生物光学算法　biooptical algorithm
根据遥感数据或现场观测数据计算反演有关水色要素的数学表达式。

02.0377　水下光辐射分布　underwater radiance distribution
某波长的辐亮度在某一深度处沿某一方向的分布。

02.0378　Q 因子　Q factor
光谱辐亮度角度分布的因子,数值上等于海面下侧上行光谱辐照度与上行光谱辐亮度之比。对于朗伯体,Q 因子为 π。

02.0379　平均余弦　average cosine
通过某一面元的净辐照度与标量辐照度之比,用于描述光场的方向特性。

02.0380　辐射通量　radiation flux, radiant flux
又称"辐射能通量(radiant energy flux)"。单位时间内以辐射的形式发射、传播或接收的能量。

02.0381　辐射强度　radiation intensity, radiant intensity
在给定方向的立体角元内,单位立体角离开点辐射源的辐射功率。

02.0382　辐照度　irradiance
照射到包含所述点的无限小面元上辐射通量除以该面元的面积。

02.0383　光谱辐照度　spectral irradiance
由波长 λ 处的单位波长间隔内的光辐射产生的辐照度。

02.0384　辐亮度　radiance
又称"辐射度"。表面一点处的面元在给定方向上的辐射强度除以该面元在垂直于给定方向平面上的正投影面积。

02.0385　光谱辐亮度　spectral radiance
由波长 λ 处的单位波长间隔内的光辐射产生的辐亮度。

02.0386　下行辐照度　downwelling irradiance, downward irradiance
入射到包含所述点的水平面的上表面无限小面元上的辐射通量与该面元面积之比。

02.0387　上行辐照度　upwelling irradiance, upward irradiance
入射到包含所述点的水平面的下表面无限小面元上的辐射通量与该面元面积之比。

02.0388　标量辐照度　scalar irradiance
某一点的辐亮度分布沿包含该点的所有方向的积分。

02.0389　球照度　spherical irradiance
当球半径趋近于零时,入射到球表面的辐射通量与球表面面积的比值的极限,数值等于标量辐照度的四分之一。

02.0390　净辐照度　net irradiance
又称"向下矢量辐照度(downward vector irradiance)"。某一参考平面的向下辐照度与向上辐照度的差值。

02.0391 海面入射辐照度 sea surface irradiance

太阳光辐射入射到海面产生的辐照度,通常包括太阳直射光和漫射天空光辐照度的总和。

02.0392 水下光辐射传输方程 radiative transfer equation for sea water

描述光辐射在海水中传输规律的一组数学表达式。

02.0393 二流方程 two-flow equation

又称"双流方程"。用近似方法展开辐亮度传输方程,只取前两项,由此得到的关于平行平面海水介质中向上和向下辐照度传输的一组微分方程组。

02.0394 光学无限深水体 optically infinite-depth water

来自海底边界的反射光辐射对水下光场的贡献可以忽略的水体。

02.0395 光学浅水体 optically shallow water

来自海底边界的反射光辐射对水下光场的贡献不能忽略的水体。

02.0396 光学分层水体 optically stratified water

在垂直方向上海水光学特性分布成层不均匀的水体。

02.0397 海色 color of the sea

在岸边或船上的观察者所看到的海洋的颜色,与天空状况和海面状况有关。

02.0398 水色 ocean color, water color

由海水、水中溶解物、水中悬浮物的光学特性决定的海水的颜色,与天空状况和海面状况无关。

02.0399 光学水型 optical water types

根据海水光学特性划分的海水类型。如 Jerlov 根据海水的辐照度透过率把大洋水体分

为三类,近岸水体分为五类。

02.0400 一类水体 case 1 water

水体光学特性主要由叶绿素及与其共变的碎屑色素决定的水体。

02.0401 二类水体 case 2 water

叶绿素及不与叶绿素共变的其他物质均影响光学特性的水体。

02.0402 水中对比度 contrast in water

水中物体辐亮度与背景辐亮度的差值与背景辐亮度的比值。

02.0403 水中对比度传输 contrast transmission in water

水中目标物对比度随观测距离而变化的规律。

02.0404 水中视程 sighting range in water

标准视力的人从水中背景中能识别出具有一定大小目标物的距离。

02.0405 海水电导率 seawater conductivity

表征海水导电性能的物理量,与其电阻率互为倒数。

02.0406 海水电阻率 seawater resistivity

表征海水导电性能的物理量,与其电导率互为倒数。

02.0407 海水磁导率 seawater permeability

反映海水磁性的物理常数。

02.0408 海底沉积物电导率 submarine deposit conductivity

表征海底沉积物导电性能的物理量,与其电阻率互为倒数。

02.0409 海底沉积物电阻率 submarine deposit resistivity

表征海底沉积物导电性能的物理量,与其电导率互为倒数。

02.0410 海底沉积物磁导率 submarine deposit permeability

反映海底沉积物磁性的物理常数。

02.0411 海洋电流 sea electric current
电荷在海水中作规则运动形成的传导电流。

02.0412 海洋电场 sea electric field
分布在海洋中由各种电磁现象产生的电场。

02.0413 海洋磁场 sea magnetic field
分布在海洋中由各种电磁现象产生的磁场。

02.0414 海底电场 submarine electric field
分布在海底由各种电磁现象产生的电场。

02.0415 海底磁场 submarine magnetic field
分布在海底由各种电磁现象产生的磁场。

02.0416 海底自然电位 submarine self potential
在海底由不同电化学势的导电体相互接触产生的电流引起的电位分布。

02.0417 海底大地电磁场 submarine magnetotelluric field
由高空大气层中电流系统与地磁场相互作用,以及地球内部电流运动等因素产生的一种频带很宽的交变电磁场在海底的分布。

02.0418 海洋电磁噪声 sea electromagnetic noise
海洋中各种尺度的海水运动切割地磁场产生的电磁场信号,海洋表面引力波、微地震波、海底隆起、风波等原因在海底引起速度和压力的涨落产生的电磁场信号,以及由大陆地下传播过来的游散电流等信号的统称。

02.0419 海洋地磁异常 marine geomagnetic anomaly
从海洋表面上各测点的地磁场观测数据中减去该点位置上地磁场正常值(理论计算值)所得的差值。

02.0420 海上磁测 seaborne magnetic survey

用装配有磁力仪的地球物理勘探船在海面测量点上观测地磁场数据的过程。

02.0421 海底磁测 sea bed magnetic survey
把磁力仪布设在海底观测海底测点上的磁场数据的过程。

02.0422 海底电场测量 sea bed electric field survey
把电位仪布设在海底观测海底测点上的电场数据的过程。

02.0423 海洋电磁法 marine electromagnetic method
通过在海上或海底测量人工发射或天然发生的电磁场分布规律探测海底以下的地质结构,或用于海洋学研究的地球物理方法。包括海底可控源电磁法、海底大地电磁测深、海洋直流电阻率法等。

02.0424 海底可控源电磁法 sea bed controlled source electromagnetic method
在海底采用可控制的人工场源发射电磁信号,并在远离场源的地方测量相互正交的电场和磁场,计算出视电阻率,以探测海底以下介质电性分布的方法。

02.0425 海洋大地电磁测深 marine magnetotelluric sounding
用投放到海底的仪器观测海底相互正交的电场水平分量和三维磁场分量的时间序列,计算出地下介质的频率响应,探测地球内部导电性结构的方法。

02.0426 海洋自然电位法 marine self-potential method
把 Ag-AgCl 接收电极放在海底,通过电缆连接到船上水平电场记录器,记录海底自然电位,寻找埋藏在海底之下的硫化矿床、热泉或用于海洋物理研究的方法。

02.0427 海洋直流电阻率法 marine DC resistivity method

由布设在船附近与海底深钻井底部的电极供直流电,用测量电极观测海底的电位分布,计算出视电阻率,用于圈定海底硫化矿床,探测海底永久冻土层的范围、厚度,考查海洋地壳的孔隙结构的方法。

02.0428　海洋激发极化法　marine induced polarization method
一对不锈钢供电极和一对 Ag-AgCl 测量电极组成拖曳式系统,供电极沿海底发送直流脉冲,测量电极在脉冲间隔时间在海底接收

激发的极化场,用于寻找埋藏在海底的良导电性矿床的方法。

02.0429　磁电阻率法　magnetometric resistivity method
又称"磁测近岸电测深(magnetometric offshore electrical sounding)"。用布设在船附近与海底钻井底部的电极供直流电,用布置在海底的高灵敏度磁通门磁力仪观测海底磁场,可以求得海底介质的视电阻率,以了解地下电性结构分布。

02.03　海洋气象学

02.0430　天气系统　synoptic system
具有某种天气特点的大气运动形式,诸如气旋、反气旋、锋和切变线等。

02.0431　气团　air mass
在水平方向上温度、湿度等物理属性的分布大致均匀的大范围内的空气。

02.0432　极地气团　polar air mass
在高纬度地区形成的气团。

02.0433　热带气团　tropical air mass
在热带和副热带地区形成的气团。

02.0434　赤道气团　equatorial air mass
赤道附近洋面上形成的气团。

02.0435　海洋气团　marine air mass
广大海面及洋面上形成的气团。

02.0436　热带海洋气团　tropical marine air mass
在热带和副热带海洋上形成的气团。

02.0437　气旋　cyclone
大气流场中,在北(南)半球呈反(顺)时针旋转的大型涡旋。在气压场表现为低压。

02.0438　低压槽　trough of low pressure
水平气压场上,气压比两旁偏低的狭长区

域。

02.0439　季风槽　monsoon trough
夏季季风期间,出现在印度半岛到南海上空的低槽。

02.0440　东亚大槽　East Asia major trough
冬季位于亚洲大陆东岸附近的中纬度西风大槽。

02.0441　温带气旋　extratropical cyclone
中纬度西风带锋区上形成的天气尺度气旋。

02.0442　江淮气旋　Changjiang-Huaihe cyclone
发生在长江中下游和淮河流域的温带气旋。

02.0443　渤海低压　Bohai Sea low
中心出现在渤海的温带气旋。

02.0444　东海气旋　East China Sea cyclone
中心出现在东海的温带气旋。

02.0445　南海低压　South China Sea depression
生成于南海的风力不超过 6 级的热带低气压。

02.0446　东北低压　Northeast China low
中心出现在中国东北地区的温带气旋。

02.0447 阿留申低压 Aleutian low
冬半年中心出现在阿留申群岛附近的半永久性低压。

02.0448 冰岛低压 Icelandic low
中心出现在冰岛附近的半永久性低压。

02.0449 海龙卷 waterspout
发生在海上的强积雨云中小直径剧烈旋转，以云底下垂的漏斗云形式出现的风暴。

02.0450 反气旋 anticyclone
大气流场中，在北（南）半球呈顺（反）时针旋转的大气涡旋。在气压场表现为高压。

02.0451 高[气]压 high [pressure]
水平气压场上，气压比周围高的区域。

02.0452 副热带高压 subtropical high, subtropical anticyclone
中心位于副热带地区的暖性高压。

02.0453 太平洋高压 Pacific high
中心位于南、北太平洋副热带地区的暖性高压。

02.0454 鄂霍次克海高压 Okhotsk high
中心常稳定于鄂霍次克海地区的高空暖高压。

02.0455 亚速尔高压 Azores high
中心位于北大西洋亚速尔群岛附近的副热带高压。

02.0456 热带气旋 tropical cyclone
发生在热带海洋上的气旋性环流，是热带低压、热带风暴、台风或飓风的统称。

02.0457 热带扰动 tropical disturbance
热带地区较集中的对流单体群和南半球洋面上的热带气旋。

02.0458 热带低压 tropical depression
发生在热带海洋上中心附近最大风力在8级以下的热带气旋。

02.0459 热带风暴 tropical storm
中心附近最大风力为8~9级的热带气旋。

02.0460 强热带风暴 severe tropical storm
中心附近最大风力为10~11级的热带气旋。

02.0461 台风 typhoon
中心附近最大风力达12级或以上，发生在西北太平洋和南海的热带气旋。

02.0462 双台风 binary typhoons
相距较近且互相影响的两个台风。

02.0463 台风眼 typhoon eye
在台风中心少云、微风、大浪的区域。

02.0464 孟加拉湾风暴 storm of Bay of Bengal
发生或经过孟加拉湾海域的热带气旋。

02.0465 风暴中心 storm center
伴有强风、降水等强烈天气的天气系统中心。

02.0466 飓风 hurricane
发生在热带或副热带东太平洋和大西洋上中心附近风力达12级或以上的热带气旋。

02.0467 极锋 polar front
极地气团与热带气团之间形成的锋。

02.0468 北极锋 Arctic front
北极气团与北极极地气团之间形成的锋。

02.0469 南极锋 Antarctic front
南极气团与南极极地气团之间形成的锋。

02.0470 寒潮 cold wave
冬半年引起大范围强烈降温、大风天气，常伴有雨雪的大规模冷空气活动。

02.0471 热带辐合带 intertropical convergence zone, ITCZ
又称"赤道辐合带（equatorial convergence

belt)"。南、北半球副热带高压之间的信风汇合带,或北(南)半球的信风与南(北)半球过赤道气流形成的西南(北)风的汇合带。

02.0472 东风波 easterly wave
低纬地区稳定深厚的东风带内向西移动的波状扰动。

02.0473 赤道东风带 equatorial easterlies
南、北半球的信风在赤道附近汇合后形成的东风带。

02.0474 赤道西风带 equatorial westerlies
在热带辐合带附近低纬一侧,有时出现西风的地区。

02.0475 赤道无风带 equatorial calms
在南、北半球信风之间,无风或风向多变的地区。

02.0476 咆哮西风带 brave west wind
在南纬40°~65°之间,几乎全年持续有强劲西风的海域。

02.0477 回流天气 returning flow weather
在亚洲大陆东岸,冷高压(或脊)入海,潮湿的偏东气流在沿海地区形成的阴天降水天气。

02.0478 海风 sea breeze
由于海陆热力性质的差异,白天陆地温度高于海洋,而引起从海面吹向陆地的风。

02.0479 陆风 land breeze
由于海陆热力性质的差异,夜间陆地温度低于海洋,而引起从陆地吹向海面的风。

02.0480 海陆风 sea-land breeze
由于海陆热力性质的差异,而引起白天风从海面吹向陆地和夜间风从陆地吹向海面的现象。

02.0481 向岸风 on-shore wind
沿岸地区,由海域吹向陆地的风。

02.0482 离岸风 offshore wind
沿岸地区,由陆地吹向海域的风。

02.0483 海雾 sea fog
春末夏初暖湿空气流经较冷的海面,冷却并凝结而成的雾。

02.0484 冰雾 ice fog
由悬浮在空中的大量微小冰晶组成的雾。

02.0485 平流雾 advection fog
暖湿空气流动到较冷的下垫面上空后而冷却,使空气中的水汽凝结形成的雾。

02.0486 辐射雾 radiation fog
由于下垫面夜间辐射冷却,使空气降温水汽凝结形成的雾。

02.0487 混合雾 mixing fog
两种温度不同的未饱和气团混合后,使空气中水汽凝结形成的雾。

02.0488 蒸发雾 evaporation fog
冷空气流动到暖水面上时,由暖水面蒸发形成的雾。

02.0489 北冰洋烟状海雾 Arctic smoke
极地冷空气流经较暖海面而形成的蒸发雾。

02.0490 海洋气象要素 marine meteorological element
海洋表征一定地点和特定时刻海上天气状况的大气变量和现象,如温、压、湿、风和降水等。

02.0491 能见度 visibility
视力正常者能将一定大小的黑色目标物从地平线附近的天空背景中区别出来的最大距离。

02.0492 近海面层 sea surface layer
发生主要海气交换过程的离海面约几十米的海洋大气边界层最下层。

02.0493 夹卷 entrainment

混合层内的湍流气团与混合层顶之上的自由大气气团之间发生的上下交换过程。

02.0494 蒸发波导 evaporation duct
因海上蒸发过程而产生的大气波导现象。

02.0495 感热 sensible heat
在不伴随水的相变的情况下,有温差存在时,物质间可输送或交换的热量。

02.0496 潜热 latent heat
水在相变过程中吸收或释放的热量。主要指水汽凝结成水或凝华成冰时所释放的热量。

02.0497 湍流通量 turbulent flux
又称"涡动通量(eddy flux)"。表示湍涡输送流体属性的通量。

02.0498 海气通量 air-sea flux
单位时间内单位面积上海洋和大气间发生的物质(水汽、CO_2 等)及能量(动量、感热及潜热)交换的量。

02.0499 海洋飞沫 sea spray
由海浪破碎而形成的海上细小浪滴和盐水沫。

02.0500 海气界面 air-sea interface
海洋与大气相接的面,在此面上出现海气相互影响、相互制约、彼此适应的作用。

02.0501 海气交换 air-sea exchange
海洋和大气间能量、热量、动量和物质的交换。

02.0502 海气热交换 ocean-atmosphere heat exchange
海洋和大气间的热量交换。

02.0503 海面粗糙度 sea surface roughness
表示海洋表面粗糙程度并具有长度量纲的特征参数。

02.0504 气溶胶 aerosol
悬浮在大气中的固态粒子或液态小滴物质的统称。

02.0505 辐射平衡 radiation balance
物体或系统吸收的辐射能量与发出的辐射能量相等时的状态。

02.0506 辐射收支 radiation budget
又称"辐射差额"。物体或系统吸收的辐射能量减去发出辐射能量后的差值。

02.0507 有效辐射 effective radiation
物体或系统的发射辐射与吸收辐射的差额,等于净辐射的负值。

02.0508 海面辐射 sea surface radiation
海面向大气发射的长波辐射。

02.0509 海面反照率 sea surface albedo
海面反射辐射与入射到海面的总辐射之比。

02.0510 蜃景 mirage
又称"海市蜃楼"。空气中光线穿过密度梯度足够大的近地气海面层而使光线发生显著折射时,在空中出现的奇异幻景。

02.0511 海岸夜雾 coastal night fog
夜间发生于海岸附近的雾。

02.0512 海岸锋 coastal front
分隔来自海洋的湿润空气与来自陆地的干冷空气的狭长的中尺度边界带。

02.0513 大气潮 atmospheric tide
发生于低纬度地区的周期为半天、振幅约为 2hPa 的周期性气压变化。

02.0514 海气相互作用 air-sea interaction
海洋与大气之间互相影响、互相制约、彼此适应的物理过程。如动量、热量、质量、水分的交换,以及海洋环流与大气环流之间的联系,海面风场对海洋的强迫、海洋对大气的加热作用等。

02.0515 厄尔尼诺 El Niño

赤道中东太平洋海面温度异常升高的现象。

02.0516 拉尼娜 La Niña
又称"反厄尔尼诺(anti El Niño)"。与厄尔尼诺相反的现象,即赤道中东太平洋海面温度异常降低的现象。

02.0517 南方涛动 southern oscillation,SO
热带太平洋气压与热带印度洋气压的升降呈反向相关联系的振荡现象。

02.0518 恩索 El Niño and southern oscillation,ENSO
厄尔尼诺现象和南方涛动现象的合称。

02.0519 越赤道气流 cross-equatorial flow
从某一半球越过赤道进入另一半球的气流。

02.0520 开尔文波 Kelvin wave
赤道地区,在经向风为零、纬向风和气压以赤道为轴呈对称分布的情况下,自西向东传播的行星尺度大气重力波。

02.0521 罗斯贝波 Rossby wave
由于地转参数随着纬度的变化而产生的大尺度大气波动。

02.0522 重力波 gravity wave
在重力场作用下,稳定层结流体中的流体质点偏离平衡位置后所引起的一种波动,分为重力外波和重力内波。

02.0523 北大西洋涛动 Northern Atlantic Oscillation,NAO
北半球冬季副热带高压与极地低压之间的"跷跷板"现象。

02.0524 北太平洋涛动 Northern Pacific Oscillation,NPO
北太平洋区两个大气活动中心(阿留申低压和北太平洋高压)共同增强或减弱的振荡现象。

02.0525 太平洋十年际振荡 Pacific decadal oscillation,PDO
热带中东太平洋与北太平洋海面温度十年际时间尺度变化的"跷跷板"现象。

02.0526 北极涛动 Arctic Oscillation,AO
北半球中纬度和高纬度两个大气环状活动带之间大气质量变化的一种全球尺度"跷跷板"结构。35°N 和 65°N 上的标准化纬向平均海平面气压差可作为度量北极涛动变化的指数。

02.0527 南极涛动 Antarctic Oscillation,AAO
南半球中纬度和高纬度两个大气环状活动带之间大气质量变化的一种全球尺度的"跷跷板"结构。40°S 和 70°S 上的标准化纬向平均海平面气压差可作为度量南极涛动变化的指数。

02.0528 波导 wave guide
实际大气和海洋中,由于边界或者由于介质的不均匀性对波能的折射或反射,使得波能被局限在有限区域或通道内,这样的区域或通道称为波导。

02.0529 赤道波导 equatorial wave guide
沿赤道的特征宽度为赤道罗斯贝变形半径的纬度带。

02.0530 海洋响应 ocean response
海洋因受海面风场变化的动力强迫而发生的变化。

02.0531 西风爆发 west burst
赤道西太平洋海面出现西风异常的现象。

02.0532 气团变性 air mass transformation
气团在源地形成后,离开它的源地移动到新的地区,随着下垫面性质以及大范围空气的垂直运动等情况的改变,其性质发生相应改变的现象。

02.0533 气候 climate

某地或某地区的多年平均天气状况、特征及其变化规律。

02.0534　气候带　climatic belt, climatic zone
根据气候要素或气候因子带状的分布特征划分的纬向或高度带。

02.0535　气候因子　climatic factor
形成气候的基本因素。主要包括辐射因子、环流因子以及地理因子(如地理纬度、海陆分布、洋流、地形和植被等)。

02.0536　气候系统　climatic system
决定气候形成、分布、特征和变化的物理子系统。包括大气圈、水圈(海洋、湖泊等)、岩石圈(平原、高山、高原和盆地等地形)、冰雪圈(极地冰雪覆盖和冰川等)和生物圈(动、植物群落和人类)。

02.0537　气候监测　climatic monitoring
利用各种气象仪器对全球气候系统进行动态的常规和特殊项目观测。

02.0538　气候指数　climatic index
由两个或多个气候要素组成的表示某种气候特征的量。主要包括干燥指数、湿润指数和季风指数等。

02.0539　气候分析　climatic analysis
根据气候资料分析研究气候特征及其变化规律。

02.0540　气候诊断　climatic diagnosis
根据气候监测结果,对气候变化、气候异常的特征及其成因进行的分析研究。

02.0541　气候评价　climatic assessment
对气候、气候异常和气候变化产生的自然环境、经济和社会影响做出评价的工作。

02.0542　气候变化　climatic change
长时期内气候状态的变化,是气候振动、气候振荡、气候演变和气候变迁的总称。

02.0543　气候突变　abrupt change of climate
气候从一种稳定状态转变为另一种稳定状态的现象。

02.0544　气候异常　climatic anomaly
气候要素的距平达到一定数量值(如 $1 \sim 3$ 个均方差以上)的气候状态。

02.0545　气候模拟　climatic simulation
用数值计算方法模拟气候,研究气候形成和变化原因,预测气候的变化趋势。

02.0546　海洋气候学　marine climatology
研究与海洋有关的特定气候的形成、分布、特征和变化的学科。

02.0547　海洋性气候　marine climate
受海洋影响显著地区的气候类型,其主要特征为降水较多,气温变化和缓。

02.0548　冰雪气候　nival climate
下垫面终年为冰雪覆盖地区的气候。

02.0549　滨海气候　coastal climate
又称"海岸带气候"。陆地沿海和海岛具有海陆风特征的气候。

02.0550　南极气候　Antarctic climate
南纬 66°33′以南的南极圈内的终年严寒、极夜和极昼最长可达半年的气候。

02.0551　北极气候　Arctic climate
北纬 66°33′以北的北极圈内的终年严寒、极昼和极夜最长可达半年的气候。

02.0552　副极地气候　sub-polar climate
又称"亚寒带气候"。南、北半球纬度50°至极圈之间的副极地带所具有的特征为冬季长而寒冷,夏季短而凉爽的气候。

02.0553　季风　monsoon
大范围区域冬季、夏季盛行风向相反或接近相反的现象。如中国东部夏季盛行的东南风,冬季盛行的西北风。

02.0554　夏季风　summer monsoon
季风区夏季盛行的风。如印度半岛的西南季风,我国东部的东南季风。

02.0555　冬季风　winter monsoon
季风区冬季盛行的风。如我国南部和日本北部的东北风。

02.0556　东亚季风　East Asian monsoon
东亚地区季风的统称。

02.0557　季风爆发　monsoon burst
印度夏季风的突然来临现象。

02.0558　季风气候　monsoon climate
季风地区的气候。夏季一般受海洋气流影响,冬季受大陆气流影响。季风气候的主要特征是冬干夏湿。

02.0559　气候反馈　climate feedback
气候系统(包括大气圈、水圈、岩石圈、冰雪圈、生物圈等分系统)中,一个分系统影响另一个或几个分系统发生变化,后者的这种变化反过来又影响前者的过程。

02.0560　温室气体　greenhouse gas
在地球大气中,能让太阳短波辐射自由通过,同时吸收地面和空气放出的长波辐射(红外线),从而造成近地层增温的微量气体。包括二氧化碳、甲烷、氧化亚氮、氯氟烃等。

02.0561　温室效应　greenhouse effect
由温室气体所导致的近地层增温作用。

02.04　海洋生物学

02.0562　生物海洋学　biological oceanography
研究海洋生物发生发展、运动变化和海洋水体、基底结构及各种动态过程间相互关系的学科。

02.0563　海洋生态学　marine ecology
研究海洋生物的生存、发展、消亡规律及其与理化、生物环境间相互关系的学科。

02.0564　水生生物学　hydrobiology
研究水域环境中的生命现象和生物学过程及其与环境因子间相互关系的学科。

02.0565　海藻学　marine phycology
研究海藻的形态构造、生理功能、繁殖方式、系统发育、生态和分类等方面的学科。

02.0566　软体动物学　malacology
又称"贝类学(conchology)"。研究软体动物的分类、形态、繁殖、发育、生态、生理、生化、地理分布及其与人类关系的学科。

02.0567　甲壳动物学　carcinology
研究甲壳动物的分类、形态、繁殖、发育、生态、生理、生化、地理分布及其与人类关系的学科。

02.0568　鱼类学　ichthyology
研究鱼类的分类、形态、生理、生态、系统发育和地理分布的学科。

02.0569　浮游生物学　planktology, planktonology
研究浮游生物的组成、分布、繁殖、发育、数量变动、生产力、营养关系、种群动力学、赤潮、生物发光、声散射等以及它们与其他生物和非生物过程的关系的学科。

02.0570　底栖生物学　benthology
研究水域底内和底上生物的分类、分布、数量变动、种群动态、群落结构和繁殖、发育、摄食等生命现象,及其生物与环境因子间相互关系的学科。

02.0571　湿地生态学　wetland ecology

研究各种类型沼泽湿地生态系统的群落结构、功能、生态过程和演化规律及其与理化因子、生物组分之间的相互作用机制的学科。

02.0572　潮间带生态学　intertidal ecology
研究海岸带高低潮线间自然环境,特别是在潮汐变化和干湿交替条件与生物群落及个体活动相互关系的学科。

02.0573　深海生态学　deep sea ecology
研究在大陆架以外深层水域及海底生活的生物在高压、无光、低温条件下栖息活动及其与环境因子间相互关系的学科。

02.0574　海洋微生物生态学　marine microbial ecology
研究海洋生态系统中微生物与环境(包括生物与非生物环境)之间相互作用的学科。

02.0575　实验海洋生物学　experimental marine biology
对海洋生物的形态发生、生理、生态、遗传等的生命现象,用活体和离体的组织、细胞进行实验研究,以探索生物的生命活动规律的学科。

02.0576　海洋生态系统动力学　marine ecosystem dynamics
研究海洋生态系统在海洋动力条件驱动下动态变化的学科。

02.0577　海洋生态系统生态学　marine ecosystem ecology
研究海洋生态系统内的结构及其功能的物理过程、化学过程和生物过程的相互作用和相互制约的学科。

02.0578　近海生物　neritic organism
生活在近海水域和海底区的生物。

02.0579　大洋生物　pelagic organism
又称"远海生物"。生活在远海大洋水层区

和海底区的生物。

02.0580　大洋上层生物　epipelagic organism
生活在海洋上层(从水表面至大约200m水深)的生物。

02.0581　大洋中层生物　mesopelagic organism
生活在大洋中层(水深200~1000m)的生物。

02.0582　大洋深层生物　bathypelagic organism
生活在大洋深层(水深1000~4000m)的生物。

02.0583　大洋深渊水层生物　abyssopelagic organism
生活在大洋深渊水层(水深4000~6000m)的生物。

02.0584　陆架动物　shelf fauna
生活于潮间带至水深大约200m以内[大]陆架的动物。

02.0585　沿岸动物　littoral fauna
生活在水域沿岸边、潮间带与潮下带浅水区底部的动物。

02.0586　浅海动物　shallow water fauna
生活于浅水区的水层和海底区的动物。

02.0587　深海动物　bathyal fauna
生活于深海底带(200~4000m的底栖带)的动物。

02.0588　深渊动物　abyssal fauna
生活于深渊底带(水深4000~6000m的底栖带)的动物。

02.0589　超深渊动物　hadal fauna, ultra-abyssal fauna
生活于超深渊底带(水深超过6000m的大洋)的动物。

02.0590 水生生物 hydrobiont
全部或部分生活在各种水域中的动物和植物。

02.0591 浮游生物 plankton
浮游于水层中,没有或仅有微弱游泳能力随波逐流的水生生物。

02.0592 巨型浮游生物 megaplankton
个体在 2cm 以上的浮游生物。

02.0593 大型浮游生物 macroplankton
个体在 2~20mm 之间的浮游生物。

02.0594 中型浮游生物 mesoplankton
个体在 0.2~2mm 之间的浮游生物。

02.0595 小型浮游生物 microplankton
个体在 20~200μm 之间的浮游生物。

02.0596 微型浮游生物 nannoplankton
个体在 2~20μm 之间的浮游生物。

02.0597 超微型浮游生物 picoplankton
个体小于 2μm 的浮游生物。

02.0598 终生浮游生物 holoplankton
又称"永久性浮游生物"。终生在水层中营浮游生活的生物。

02.0599 偶然浮游生物 tychoplankton
原非浮游生物,仅因海况变化或生殖季节等原因短时期营浮游生活的生物。

02.0600 阶段浮游生物 meroplankton
生活史中只有某个阶段营浮游生活的生物。

02.0601 网采浮游生物 net plankton
用浮游生物网采集到的浮游生物。

02.0602 大洋浮游生物 oceanic plankton
生活在远离海岸大洋区盐度较高的海域中的浮游生物。

02.0603 大洋上层浮游生物 epipelagic plankton
生活在大洋上层区(从表面至 200m)的浮游生物。

02.0604 大洋中层浮游生物 mesopelagic plankton
生物在水深 200~1000m 间的大洋水层区的浮游生物。

02.0605 深层浮游生物 bathypelagic plankton
生活在水深 1000~4000m 间的深水层中的浮游生物。

02.0606 深渊浮游生物 abyssopelagic plankton
生活在水深 4000~6000m 之间的深渊层中的浮游生物。

02.0607 嫌光浮游生物 koto-plankton
栖息于 200m 以下无光海水中的浮游生物。

02.0608 胶质浮游生物 gelatinous plankton
身体为胶质而无任何外骨骼支持的浮游生物。

02.0609 浮游生物消长 plankton pulse
由于各种生态因子的影响,在任一特定水域中,浮游植物与浮游动物生物量所出现的周期性波动。

02.0610 浮游植物 phytoplankton
具有色素或色素体能吸收光能和二氧化碳进行光合作用制造有机物,营浮游生活的微小藻类的总称,是水域的初级生产者。

02.0611 浮游动物 zooplankton
营浮游生活、摄食浮游植物、多有昼夜垂直移动习性的动物。

02.0612 温带浮游动物 temperate zooplankton
生活在温带海洋上层海水中的浮游动物。

02.0613 热带浮游动物 tropical zooplankton
生活于热带海洋的上层海水中的浮游动物。

02.0614 游泳生物 nekton
生活在水层中、具有抗逆流的自由游动能力的动物。包括真游泳生物、浮游游泳生物、底栖游泳生物和陆缘游泳生物四类。

02.0615 真游泳生物 eunekton
游泳能力强、速度快、雷诺系数大于 10^5 的游泳生物。

02.0616 上层鱼类 epipelagic fish
生活在水深 200m 以内的鱼类。

02.0617 中层鱼类 mesopelagic fish
生活在 $200 \sim 1000m$ 水层的鱼类。

02.0618 底层鱼类 demersal fish
栖于水底和近底水层的鱼类。

02.0619 生物碎屑 biological detritus
生物体死亡后分解过程中的中间产物,未完全被摄食和消化的食物残余,浮游植物在光合作用过程中产生分泌在细胞外的低分子有机物,以及陆地生态系输入的颗粒性有机物。

02.0620 漂浮生物 neuston
生活在海水最表层和表面膜上的一类生物。

02.0621 水漂生物 pleuston
生活于海水、大气界,身体部分在水中,部分露于大气中,具浮体的生物。

02.0622 表上漂浮生物 epineuston
生活于海水表面膜上面,受水的表面张力支持的漂浮生物。

02.0623 表下漂浮生物 hyponeuston
终生生活于海水最表层的生物,以及阶段性生活于海水最表层的各类动物的浮性卵和漂浮性幼体。

02.0624 浮游性表下漂浮生物 plankto-hy-poneuston
夜间出现于最表层的一些昼夜垂直移动的水层浮游动物。

02.0625 阶段性表下漂浮生物 mero-hypo-neuston
日、夜均出现于最表层的浮游幼体。

02.0626 底栖性表下漂浮生物 bentho-hypo-neuston
夜间出现于表层的浅海底栖动物。

02.0627 虫黄藻 zooxanthellae
在造礁石珊瑚和某些软珊瑚体内营共生生活、能行光合作用的微藻。

02.0628 管栖动物 tubicolous animal
在自身分泌物构筑的栖管内生活的动物。

02.0629 底栖生物 benthos, benthic organism
生活在水域底上或底内、固着或爬行的生物。现在一般只用于表示底栖动物。

02.0630 钻孔生物 borer, boring organism
又称"钻蚀生物"。海中穿凿木、竹、石等建筑物、设施和船只的有害生物。

02.0631 穴居生物 burrowing organism
在自身活动造成的洞穴中生活的水生生物,通常指底栖动物。

02.0632 石内生物 endolithion
生活于岩石内的底栖生物。

02.0633 泥内生物 endopelos
生活在泥质沉积物内的底栖生物。

02.0634 沙内生物 endopsammon
生活在沙质沉积物内的底栖生物。

02.0635 石面生物 epilithion
生活在岩石表面的底栖生物。

02.0636 泥面生物 epipelos

生活在泥质沉积物表面的底栖生物。

02.0637 沙面生物 epipsammon
生活在沙质沉积物表面的底栖生物。

02.0638 底表动物 epifauna
生活在海底表面的底栖动物。

02.0639 底内动物 infauna
穴居或埋栖于沉积物内生活的底栖动物。

02.0640 大型底栖生物 macrobenthos
个体较大一般不能通过 0.5mm 孔径网筛的底栖生物。

02.0641 小型底栖生物 meiobenthos
能通过孔径 0.5mm 的网筛,但不能通过 0.042mm 网孔的底栖生物。

02.0642 微型底栖生物 microbenthos
能通过筛网网孔为 0.042mm 的底栖生物。

02.0643 游泳底栖生物 nektobenthos
生活于海底但又常能游泳于底上水层中的底栖动物。

02.0644 漫游底栖生物 vagile benthos
在水底生活又能在底表漫游活动的底栖动物。

02.0645 沿岸底栖生物 littoral benthos
生活于沿岸带水域底内和底表的生物。

02.0646 浮游性底栖生物 planktobenthos
在底表上覆水中营浮游生活的底栖动物。

02.0647 底栖动物 zoobenthos
生活在水底(底内或底表)的动物。

02.0648 周丛生物 periphyton
又称"水生附着生物"。附着在水底各种基质表面上的生物群落。

02.0649 沉积生物 sedimentary organism
生活于海底沉积物颗粒间个体微小的有壳

底栖生物和浮游生物死后遗骸沉于海底的生物总称。

02.0650 非造礁珊瑚 ahermatypic coral
体内无共生虫黄藻,不能造礁的珊瑚虫类。

02.0651 造礁珊瑚 hermatypic coral
体内有共生虫黄藻、能造礁的珊瑚虫类。

02.0652 幼体 larva
许多无脊椎动物和鱼类胚后(早期)发育阶段,外部形态和习性不同于成体。经过变态后,与成体相似(同)。

02.0653 耳状幼体 auricularia larva
又称"短腕幼体"。系海参纲棘皮动物的前期幼体。其体背腹平扁,两侧对称,环绕身体边缘有一纤毛带,借鞍状深窝形成两对突起,朝向身体的前端和后端,将口前区和肛口区分开。

02.0654 苔藓虫幼体 cyphonautes larva
膜孔苔虫(*Membranipora*)、帐苔虫(*Conopeum*)和琥珀苔虫(*Electra*)三属的苔藓虫所特有具两枚三角形外壳和一些完整功能消化管、以浮游生物为食物的幼体。

02.0655 腺介幼体 cypris larva
又称"金星幼体"。蔓足甲壳类附着前的幼体阶段。由后期无节幼体发育而成。其身体左右侧扁,头胸甲为两枚薄的介壳,第一触角为用于固着的吸盘,第二触角退化,大颚仅具基片,具六对有游泳刚毛的胸肢,有复眼。

02.0656 瓣鳃类幼体 lamellibranchia larva
瓣鳃类纲个体生活史经历两个幼体阶段——担轮幼体期和面盘幼体期,均营浮游生活。

02.0657 无节幼体 nauplius larva
甲壳动物的早期幼体。其身体椭圆形,不分节,具 3 对用于游泳的附肢。随着其进一步发育,体节和其他附肢雏形逐渐出现,即成为后无节幼体或溞状幼体。

02.0658 桡足幼体 copepodite, copepodid larva
甲壳动物桡足类的后无节幼体经最后一次蜕皮后变成的幼体。形状与成体相似,但腹部尚未完全分化,胸肢也未完全发育完好。

02.0659 原溞状幼体 protozoea larva
十足目甲壳动物的发育经无节幼体期后进入溞状幼体第一期,幼体的头、胸、腹区别明显,胸部分节,腹肢未发育。

02.0660 溞状幼体 zoea larva
十足目甲壳动物的幼体,由原溞状幼体发育而成。幼体的腹部开始分节,但腹肢尚未发育。

02.0661 大眼幼体 megalopa larva
蟹类已具成蟹雏形的幼后期。其身体平扁,头胸部宽大,腹部分节,可以自由屈伸,腹肢具刚毛,能游泳。大眼幼体再蜕皮一次即为底栖的仔蟹。

02.0662 糠虾期幼体 mysis larva
十足目甲壳动物的幼体,由溞状幼体发育而成,形似糠虾。幼体具额角和能活动的眼柄,在颚足之后出现其余各对双枝型胸枝。蜕皮后变态为幼后期。

02.0663 磁蟹幼体 porcellana larva
异(歪)尾十足磁蟹科甲壳动物的幼体,分为二期:①溞状幼体,头胸甲发达,向前有一特长刺,向后有一对长刺,腹部较短。②大眼幼体,背腹扁平,头胸部发达,具一对大复眼,腹部短小,分节。

02.0664 蛇尾幼体 ophiopluteus larva
棘皮动物海蛇尾纲的浮游幼体,身体左右对称,有4对细长的腕。

02.0665 海胆幼体 echinopluteus larva

棘皮动物海胆纲的浮游幼体,身体左右对称,有4对细长的腕。

02.0666 羽腕幼体 bipinnaria larva
海星纲棘皮动物的浮游幼体,两侧对称,体表披纤毛,具两个纤毛带,体表两侧有6对腕。

02.0667 具足面盘幼体 pediveliger larva
双壳类和腹足类面盘幼体形成壳顶和足时的幼体。

02.0668 叶状幼体 phyllosoma larva
甲壳动物龙虾类的幼体,身体扁平,呈叶片状。附肢细长分叉。

02.0669 帽状幼体 pilidium larva
纽形动物的幼体期。形似钢盔,口旁两侧各有一下垂的瓣状构造,体表具刚毛,顶端有纤毛囊,消化管有口而无肛门。

02.0670 浮浪幼体 planula larva
海洋刺胞动物受精卵经卵裂、囊胚而形成实心的原肠胚。其表面有纤毛,能在水中自由游泳。

02.0671 碟状幼体 ephyra larva
钵水母纲刺胞动物的一种自由游泳水母幼体期。由螅状幼体借横裂生殖形成水母迭生体,长大后逐一脱离母体变成。

02.0672 三叶幼体 trilobite larva
鲎的初孵化的幼体。整个身体分为中央和左右两侧叶三部分,与三叶虫相似,腹部8节,附肢仅4对,无尾剑。

02.0673 担轮幼体 trochophore larva
多毛类环节动物、某些软体动物和苔藓动物等发育过程中的幼体阶段。均具有游泳功能的纤毛冠和纤毛带。

02.0674 疣足幼体 nectochaeta larva
多毛类环节动物的幼体期。由后期担轮幼体发育而成,在沙蚕的疣足幼体刚毛已伸出体外,疣足突起并逐渐分化为疣足叶,顶纤毛束和端纤毛束均消失,在虫体前端出现触手、触角等。

02.0675 面盘幼体 veliger larva
部分海洋软体动物个体发育必经的幼体阶段之一。幼体有一环形纤毛面盘,具有贝壳、足以及其他器官,消化管末端有肛门,经后期面盘幼体期发育成为与成体相似的仔贝。

02.0676 蝌蚪幼体 tadpole larva
海鞘和海樽两类尾索动物的幼体,形似蝌蚪,其身体分为躯干和尾部两部分,变态后尾部消失。

02.0677 生物黏着 bioadhesion
干净的物体置于海中,短期内即有细菌和硅藻等附着。数小时内细菌和硅藻等分泌黏液,在物体表面形成黏膜的现象。

02.0678 生物测定 bioassay
利用某些生物对某些物质(如维生素、氨基酸)的特殊需要,或对某些物质(如激素、抗生素、药物等)的特殊反应来定性、定量测定这些物质的方法。

02.0679 生物降解 biodegradation
通过细菌或其他微生物的酶系活动分解有机物质的过程。

02.0680 恒化培养 chemostatic culture
一种在长时间内保持微生物指数生长的培养方法,可以连续加入新鲜的培养基,并连续去除溢流而使培养的体积保持恒定。

02.0681 菌株 strain
可以通过从自然界中纯种分离、或通过在实验中诱变而获得的、具有较稳定遗传性的同一菌种的变异类型。

02.0682 同域分布 sympatry
一种群在分布区内由于生态位分离而逐渐

建立若干子种群,群间由于逐步建立的生殖隔离而形成基因库的分离,形成新物种的分布。

02.0683 异域分布 allopatry
通过大范围地理分隔,两个分开的种群各自演化,形成生殖隔离机制和新物种;另有少数个体从原种群中分离出去,在它处经地理隔离和独立演化而形成新物种的分布。

02.0684 北方两洋分布 amphi-boreal distribution
某些海洋生物可同时分布于北温带北大西洋和北太平洋水域的现象。

02.0685 生物区系 biota
生存在某海域内各个种、属和科等生物的自然综合。

02.0686 两极分布 bipolarity, bipolar distribution
又称"两极同源"。海洋生物中某一种或种与单元只分布在南北两极附近海域,而不出现在低纬度热带海洋的隔离分布现象。

02.0687 广布种 cosmopolitan species
能广泛分布于世界各大洋或淡水各区域中的生物种。

02.0688 生态障碍 ecological barrier
原属同一类群的种类,在同一地区中因生活在环境条件不同的场所而产生的限制生物种分布使其难以越过的生态因子。

02.0689 地理障碍 geographical barrier
隔断一个种生物连续的栖息地或分布圈,导致形成相隔离的两个群的因子。

02.0690 地方种 endemic species
分布范围局限于某一地区而不见于其他地区的特有种。

02.0691 狭分布种 stenotopic species
分布范围种局限于一定海域的种。其中仅

分布在某一有限海域的种称为地方种;系本海域原先有的叫固有种;该海域内原先没有,由他区迁入的为迁入种。

02.0692 热带沉降 tropical submergence
某些在两极或南北温带海域浅水区生活的冷水性动物,在热带海域沉降到较深的低温水层的扩大分布现象。

02.0693 温带种 temperate species
一般生长于生殖适温范围较广(4~20℃)、其自然分布区月平均水温变化幅度较宽(0~25℃)的海洋生物,包括冷温带种和暖温带种。

02.0694 半咸水种 brackish water species
只分布于低盐度的河口及附近等半咸水域的生物种。

02.0695 冷水种 cold water species
一般生长于生殖适温为4℃、其自然分布区平均水温不高于10℃的海洋生物,包括寒带种和亚寒带种。

02.0696 暖水种 warm water species
一般生长于生殖适温范围高于20℃、其自然分布区月平均水温高于15℃的海洋生物,包括亚热带和热带种。

02.0697 浅水种 shallow water species
只分布于近岸浅水区的生物种类。

02.0698 寒带种 cold zone species
生长生殖适温范围为0℃左右的冷水种。

02.0699 亚寒带种 subcold zone species
适温范围为0~4℃左右的冷水种。

02.0700 冷温带种 cold temperate species
适温范围为4~12℃的温水种。

02.0701 暖温带种 warm temperate species
适温范围为12~20℃的温水种。

02.0702 亚热带种 subtropical species

适温范围为高于20℃的暖水种。

02.0703 热带种 tropical species
适温范围高于25℃的暖水种。

02.0704 特征种 characteristic species
又称"代表种"。仅限于分布在某一生物群落内的,并在数量上占有一定优势的物种。每个生物群落的名称常以特征种命名。

02.0705 习见种 common species
某一海区或群落中,分布很广,但数量不如优势种大的种类。

02.0706 优势种 dominant species
某一海区内动植物区系或群落结构中数量最多的优势物种。

02.0707 指示种 indicator species
对环境条件有着极其狭小幅度要求的生物种(狭适应种),由于它的存在,可表示生活环境的条件处于狭小的幅度中。

02.0708 关键种 key species
在生态系统的功能群中起主导和关键作用的种。

02.0709 机会种 opportunistic species
具有在短期内利用适宜环境迅速繁殖能力的种。

02.0710 稀有种 rare species
在群落中出现频率很低的种。

02.0711 水生生态系统 aquatic ecosystem
又称"水域生态系统"。水域系统中生物与生物、生物与非生物成分之间相互作用的统一体。

02.0712 海洋生态系统 marine ecosystem
海洋生物群落与海底区和水层区环境之间进行不断物质交换与能量传递所形成的统一整体。

02.0713 微生态系统 microecosystem

在特定的空间和时间范围内,由个体 20 ~ 200μm 不同种类组成的生物群与其环境组成的整体。

02.0714 控制生态系统实验 controlled ecosystem experiment，CEPEX
又称"围隔式生态系统实验"。运用建立的实验生态系统装置,在人为控制条件下,研究某一自然海洋生态系统的结构、功能及其变化规律的一种实验方法。

02.0715 大海洋生态系统 large marine ecosystem，LME
面积超过 200 000km² 具有独特的水文、海底地形、生产力,以及适于种群繁殖、生长和取食的接近大陆宽广海域的生态系统。

02.0716 上升流生态系统 upwelling ecosystem
在上升流海域由特定的生物及周围的环境构成,食物链较短、生产力很高的生态系统。

02.0717 深海生态系统 deep sea ecosystem
大陆架以外深水水域的海底区和水层区所有海洋生物群落与其周围无光、低温、压力大而无植物分布的环境进行物质交换和能量传递所形成的统一整体。

02.0718 陆架生态系统 shelf ecosystem
[大]陆架内海底区和水层区所有海洋生物群落与其周围环境进行物质交换、能量传递和流动所形成的统一整体。

02.0719 生态位 niche
又称"小生境"。一种生物在生物群落中的生活地位、活动特性以及它与食物、敌害的关系等的综合境况,是一种生物在其栖息环境中所占据的特定部分或最小的单位。

02.0720 生物带 biozone
海洋生物水平和垂直的带状分布,各带具有独特的动物和植物群落。

02.0721 真光带 euphotic zone
又称"透光层"。光线较充足的海洋表层。该水层植物光合作用固定的有机碳量超过呼吸消耗的量。

02.0722 弱光带 dysphotic zone
又称"弱光层"。介于真光带和无光带之间的水层。该水层植物光合作用固定的碳量少于呼吸消耗的量。

02.0723 无光带 aphotic zone
又称"无光层"。弱光带下方至海底之间日光照射不到的水层。

02.0724 垂直分布 vertical distribution
生物种或群落随水深增减而出现的分布差异。

02.0725 临界深度 critical depth
从海表面到某一深度水体中,浮游植物光合作用总生产量恰好等于该深度其总呼吸作用所消耗能量的深度。

02.0726 斑块分布 patchiness
海洋生物种群个体非均匀地聚集为大小疏密不同、斑块状的分布格局。

02.0727 群落 community
栖息于一定地域或生境中各种生物种群通过相互作用而有机结合的集合体。

02.0728 水生生物群落 aquatic community
生长在一定水域中彼此相互作用并与环境有一定联系的不同种类生物的集合体。

02.0729 底栖生物群落 benthic community
又称"底栖群落"。水域底上、底内和接近底上的动植物构成的生物群落。

02.0730 平底生物群落 level bottom community
在浅海沉积物颗粒较细的泥质和泥沙质等软底内和底上,营底埋和穴居和匍匐、漫游生活的底栖生物所形成的群落。

02.0731 红树林生物群落 mangrove community

以红树植物为主体及其伴生的动物和其他植物共同组成的集合体,是热带亚热带海岸特有的生物群落。

02.0732 珊瑚礁生物群落 coral reef community

由造礁珊瑚和造礁藻类形成的珊瑚礁以及丰富多样的礁栖动物和植物共同组成的集合体,是热带浅海特有的生物群落。

02.0733 浅海生物群落 neritic community

水深在 20~60m 之间浅海生活的漂泳生物群落。

02.0734 底上固着生物群落 sessile epifaunal community

在潮间带和潮下带海底的硬相底质上以营固着生活的动、植物为主体的生物群落。

02.0735 海底热液生物群落 hydrothermal vent community, sulphide community

生活于海底热泉口和冷渗口,与硫氧化细菌共生,利用 H_2S、CH_4 以化学合成作用进行初级生产,制造有机物的海洋生物群落。

02.0736 泥滩群落 ochthium, polochthium

潮间带软泥滩的海洋生物群落。

02.0737 群落结构 structure of the biotic community

群落间物种的构成。包括营养结构(食物链)、空间结构(垂直分布和水平分布)、时间结构(昼夜节律和季节变化)和物种结构等各个方面。

02.0738 种群 population

在特定时间内占据特定空间的同种有机体的集合群。

02.0739 种群动态 population dynamics

研究种群数量、结构和分布的时空动态变化

的受控因素和受控机制,定量地描述其变动规律及其相关的物理因子和生物学因子之间的相互关系。

02.0740 亚种群 subpopulation

又称"种下群"。鱼类在物种分布区内非均匀地形成的多少被隔离开并相对独立的群体。

02.0741 共栖 commensalism

两种都能独立生存的生物以一定的关系生活在一起的现象。

02.0742 共生 symbiosis

两种生物或两种中的一种由于不能独立生存而共同生活在一起,或一种生活于另一种体内,各能获得一定利益的现象。

02.0743 寄生 parasitism

一种生物生活于另一种生物的体内或体表,并从后者摄取营养以维持生活的现象。前者称"寄生物",后者称"宿主"或"寄主"。

02.0744 演替 succession

某一生物群落被另一生物群落所替代的发展过程。

02.0745 季节变化 seasonal variation

生物群体或生物量在不同海区、不同水层、不同季节发生的季节性变动。

02.0746 双周期 dicycle

北温带海域浮游生物的季节分布现象。

02.0747 单周期 monocycle

在寒带海域,浮游生物一年中只在夏季出现一个短暂高峰的现象。

02.0748 昼夜垂直移动 diurnal vertical migration

水层种类在 24h 内周期性垂直迁移的现象。

02.0749 附生植物 epiphyte

附着于其他植物体表面,彼此间无营养上联

系的植物。

02.0750 固着生物 sessile organism
在水下基质表面营固着或附着生活的生物
之总称。营固着生活者终生不移动位置,营
附着生活者有时可做短距离位移。

02.0751 污损生物 fouling organism
又称"污着生物"。附着在海洋结构物表面
或船舶底部能损坏材料的海洋生物。

02.0752 适盐生物 halophile organism
只在中盐度或高盐度的溶液中生长的生物。

02.0753 广盐种 euryhaline species
能忍受盐度大幅度变化的生物。这类生物
是沿岸或河口的典型生物。

02.0754 寡盐种 oligohaline species
只能在含盐低于 0.5g/L 水中生活的生物种
类。

02.0755 狭盐种 stenohaline species
只能耐受含盐量变化范围不大的生物种类。

02.0756 低狭盐种 oligostenohaline species
只能在变化范围不大的低含盐量水中生活
的生物种类。

02.0757 高狭盐种 polystenohaline species
只能在变化范围不大的高含盐量水中生活
的生物种类。

02.0758 适温生物 thermophilic organism
体温相对比较稳定,对外界环境温度的适应
范围很广的生物。

02.0759 广温种 eurythermal species
能耐受温度变化范围很大的生物种类。

02.0760 狭温种 stenothermal species
只能耐受很窄温度变化范围的生物种类。

02.0761 变温动物 poikilotherm
又称"冷血动物"。体温随环境温度的改变

而变化的动物。

02.0762 广深生物 eurybathic organism
能耐受大幅度深度变化而垂直分布范围广
的生物种类。

02.0763 狭深生物 stenobathic organism
只能耐受很窄深度变化范围的生物种类。

02.0764 广压生物 eurybaric organism
能耐受因深度变化而压力也有很大变化的
生物种类。

02.0765 发光生物 luminous organism
自身具有发光器官、细胞(包括发光的共生
细菌),或具有能分泌发光物体腺体的海洋
生物的统称。

02.0766 趋光性 phototaxis, phototaxy
某些水生生物在光的刺激下所产生的移动
反应。朝向或背离光源的移动分别称为正
趋光性(向光性)或负趋光性(背光性)。

02.0767 光饱和 light saturation
在一定的光强范围内,植物的光合作用效率
与光强成正比,光强继续上升,光合作用效
率不再继续升高的现象。

02.0768 补偿深度 compensation depth
又称"补偿层"。光合作用固定的有机碳量
与 24h 内植物消耗量相等的深度。

02.0769 趋化性 chemotaxis, chemotaxy
生物对化学物质所起的反应。朝向或背离
化合物浓度高的方向移动分别称为正趋化
性或负趋化性。

02.0770 趋温性 thermotaxis
生物对温度所起的趋避行为反应。

02.0771 趋流性 rheotaxis
某些海洋生物对水流保持一定姿态的反应。
朝向反应称为正趋流性,背行反应称为负趋
流性。

02.0772 趋触性 thigmotaxis
某些动物对固体表面具有的主动接触的定向作用。

02.0773 渗透压调节 osmoregulation
在一定范围内,生物维持体内盐分和体液平衡而使之能适应不同盐度环境的机制。

02.0774 丰度 abundance
在某一区域或群落内,某种或某一类群生物的个体数量的估量。

02.0775 生物量 biomass
单位面积或体积内生物的量,一般以湿重或干重计。广义:生物的密度、体积厚度、覆盖面积等也都是生物量的一种表示方法。

02.0776 生产者 producer
生态系统中能从简单的无机物制造食物的自养生物。

02.0777 消费者 consumer
不能从无机物质制造有机物质,而是直接或间接依靠生产者所制造的有机物质生存的生物。

02.0778 初级生产力 primary productivity
自养生物利用太阳能进行光合作用,或利用化学能进行化能合成作用,同化无机碳为有机碳的能力。

02.0779 初级生产量 primary production
自养生物通过光合作用或化能合成作用产物的数量。初级生产量分总初级生产量和净初级生产量。后者是总初级生产量减去自养生物在光合作用或化能合成作用的同时因呼吸作用所消耗的量。

02.0780 次级生产力 secondary productivity
在生态系统中,食物链初级消费者的生产能力。

02.0781 终级生产力 ultimate productivity
又称"三级生产力"。指肉食性鱼类和其他海洋肉食性生物的生产能力。

02.0782 次级生产量 secondary production
植食性浮游动物或植食及碎屑食性底栖动物的产量,可以用现场测定法(产卵率法)、种群动力学模型方法,以及 P/B 法测定和估算。

02.0783 营养级 trophic level
生态系统的能量流动过程中生产者和各级消费者的营养水平等级。

02.0784 营养结构 trophic structure
一个群落(或生态系)的生物,营养结构可分为生产者、消费者和分解者,能量、物质从植物转到植食者,再转到肉食者的过程。

02.0785 生产率 production rate
生物生产过程中物质或能量转移的速度。

02.0786 同化效率 assimilation efficiency
摄食的食物中被动物同化的百分比。

02.0787 同化数 assimilation number
单位时间内单位叶绿素 a 固定的碳量。

02.0788 碳同化作用 carbon assimilation
自养植物吸收二氧化碳转变成有机物质的过程,包括光合作用和化能合成作用。

02.0789 转换效率 conversion efficiency
一个营养级的生产量与较低一个营养级的生产量之比。

02.0790 浮游生物当量 plankton equivalent
浮游生物在生态学换算中所运用的等量关系。

02.0791 脱镁叶绿素 phaeophytin
叶绿素的一种在低 pH 值下脱镁的主要降解产物。

02.0792 黑白瓶法 light and dark bottle technique
将装有测样点的水和光合植物的黑、白瓶置

于不同水层中,测定单位时间内溶解氧含量的变化,借以估计水柱初级生产力的测定海洋植物光合作用速率的一种传统方法。

02.0793　斜拖　oblique haul
在调查船航行中从一定水深至表面斜行拖网采取浮游生物样品的操作方式。

02.0794　垂直拖　vertical haul
在调查船上从水底或一定水深至表层垂直拖网采取浮游生物定量样品的操作方式。

02.0795　连续培养　continuous culture
在恒定条件下连续培养细菌及单细胞藻类等生物的方法。

02.0796　自养生物　autotroph
在同化作用过程中,能够直接把从外界环境摄取的无机物转变成为自身的组成物质,并储存了能量的一种新陈代谢生物类型。

02.0797　光能自养生物　photoautotroph
自养生物中能够借助于色素,利用日光能把二氧化碳、水和其他无机物质合成自身的有机物的生物。

02.0798　化能自养生物　chemoautotroph
自养生物中,不需要光能而能利用某些化学反应放出的能量,将烷、硫化氢和无机物质合成自身的有机物质的浮游生物。

02.0799　异养生物　heterotroph
生物体在同化作用的过程中,只能从外界摄取的现成有机物制成为自身的组成物质的生物。

02.0800　混合营养生物　mixotroph
同时进行无机营养与有机营养的生物。

02.0801　全植型营养　holophytic nutrition
只依靠无机营养物质的完全植物性营养。

02.0802　单食性　monophagy
狭食性的一种。动物仅以一种植物或动物为食物的习性。

02.0803　多食性　polyphagy
动物以多种不同类群的植物或动物为食物的习性。

02.0804　广食性动物　euryphagous animal
食谱较广,食物由多种不同生物类群的种类组成的动物。

02.0805　食植动物　herbivore
主要摄食活的植物,包括摄食植物的叶、种子和果实,吸取植物叶汁及真菌的动物。

02.0806　食肉动物　carnivore
主要摄食动物为生的动物。

02.0807　杂食动物　omnivore
其食物组成比较广泛,多摄食两种或两种以上性质不同的食物的动物。

02.0808　食底泥动物　deposit feeder
生活在水底主要以水底有机沉积物为食物的底栖动物。

02.0809　食碎屑动物　detritus feeder
滤食或管食有机碎屑的动物。绝大多数深海动物是食碎屑动物。

02.0810　滤食性动物　filter feeder
靠特有的滤食器官滤取水中的悬浮有机物为食的动物。

02.0811　捕食　predation
某种动物捉取食用另一种动物的行为。同种个体间的互食,食虫植物吃动物等也都包括在内。

02.0812　饵料生物　food organism
海域中生长、繁殖及用人工培养的各种可供水产动物幼体或成体食用的生物。

02.0813　食物链　food chain
又称"营养链"。生物群落中,各种生物彼此之间由于摄食的关系所形成的一种线状联系。

02.0814　食物网　food web
在生态系统中,各种食物链相互交错,互相联系,形成的错综复杂的网状结构。

02.0815　生长效率　growth efficiency
每单位摄食食物所得的生长量(总生长效率)或单位同化食物所得的生长量(净生长效率)。

02.0816　海底–水层耦合　benthic-pelagic coupling
海洋生态系统中颗粒有机物通过理化和生物的迁移转化作用使底栖生物与水层生物产量之间发生相互连接与耦合的过程。

02.0817　副轮　accessory mark
因环境因子或生理非周期性变化在鱼类鳞片和耳石等硬组织上形成的类似年轮的印记。

02.0818　鱼类年龄组成　fish age composition
渔获物中同种鱼群各龄鱼数与同种鱼总个数的比率。

02.0819　鱼类体长组成　fish length composition
渔获物中同种鱼群各体长组鱼数与其总个体数的比率。

02.0820　鱼类年龄鉴定　fish age determination
根据鱼类鳞片、耳石、脊椎骨、鳍条上的年轮以及体长组成等确定鱼类年龄,为分析鱼类生长速度、环境条件和捕捞策略提供参考。

02.0821　现存量　standing crop
鱼类种群中具有实际或潜在开发价值的个体所形成的组合。

02.0822　性腺成熟系数　coefficient of maturity
鱼类生殖腺重占鱼类总体重或净体重的百

分率。

02.0823　生殖力　fecundity
又称"产卵量"。即产卵繁殖的能力。

02.0824　孵化　hatching
卵生生物的受精卵,在一定的环境条件下(包括温度和湿度),经过一系列的胚胎发育,破卵膜孵出幼体的过程。

02.0825　孵化率　hatchability
孵出苗数所占受精卵数的百分比。

02.0826　洄游　migration
水生动物为了繁殖、索饵或越冬的需要,定期、定向地从一个水域迁移到另一个水域的运动。

02.0827　洄游鱼类　migratory fishes
在完成其生命活动过程中,有周期性、定向性和集群性的迁徙运动的鱼类。

02.0828　洄游路线　migration route
某些鱼类、海洋哺乳类洄游所经过的路线。

02.0829　产卵洄游　spawning migration, breeding migration
又称"生殖洄游"。鱼类等海洋动物性成熟临近产卵前离开越冬场或索饵场沿一定路线和方向到产卵场的集群迁移。

02.0830　索饵洄游　feeding migration
鱼类等海洋动物从越冬场和产卵场到饵料生物丰富的索饵场的集群迁移。

02.0831　溯河鱼类　anadromous fishes
在海洋中生长,成熟后上溯至江河中上游繁殖的鱼类。

02.0832　降河洄游　catadromous migration
又称"降海繁殖"。在淡水中生长的鱼类、性成熟时到海洋产卵繁殖的集群迁移。

02.0833　越冬洄游　overwintering migration
又称"冬季洄游"。鱼类离开索饵场到温度、地形适宜的越冬场的集群迁移。

02.0834 非生殖洄游 amphidromous migration

鱼类在生命的某个阶段不为产卵而有规律地从淡水到海洋或从海洋到淡水的集群迁移。

02.0835 产卵 oviposition, egg laying

卵生动物的卵子或胚胎从母体中排出的过程。

02.0836 鱼怀卵量 fish brood amount

雌鱼怀卵的数量。

02.0837 黏性卵 viscid egg

卵膜表面有黏液或黏丝的鱼卵。卵沉性，产后常黏附丁水草、海藻或岩礁上。

02.0838 浮性卵 pelagic egg

大多数海洋鱼类所产的透明、内有油球、密度比水小、产后漂浮在水中的卵。大部分浮性卵没有黏性，卵粒分离，能自由浮动。

02.0839 沉性卵 demersal egg

密度大于水，产出授精后下沉水底或黏附在水底基质上的卵。

02.0840 漂流卵 drifting egg

密度与水相近、无黏性、彼此分离、产出授精后随水漂流到一定距离后完成孵化的卵。

02.0841 休眠卵 dormant egg, resting egg, diapause egg

卵壳厚而硬、具丰富卵黄、能深入水底度过不良环境直到条件适宜再孵化的卵。

02.0842 冬卵 winter egg

环境条件恶化时枝角类等水生动物出现雌雄个体并进行有性生殖所产出的授精卵。

02.0843 夏卵 summer egg

又称"单性卵"。环境温度升高以及食物丰富时枝角类等水生动物产出不需授精即可孵化出幼体的卵。

02.0844 变态 metamorphosis

多细胞动物个体发育过程中，在胚胎期之后先变成与成体不同的形态、生理和生态的一个幼体阶段，然后再由幼体变为成体的过程。

02.0845 幼期 young stage, immature stage

又称"未成熟期"。动物外形与成体相似但性腺尚未发育成熟的发育阶段。

02.0846 成熟期 mature stage, adult stage

又称"成体期"。配子开始成熟、出现第二性征、具繁殖能力的发育阶段。

02.0847 亚成体 subadult, adolecent

又称"次成体"。动物幼体经过变态后外形与成体完全相似但性腺尚未成熟的发育阶段。

02.0848 休眠孢子 resting spore, resting cell

某些单细胞藻类在不良环境下形成不动的处于休眠状态的细胞。

02.0849 幼生生殖 paedogenesis

腔栉水母（*Coeloplana*）和贝氏侧腕水母（*Pleurobranchia bachei*）在幼体时期，性便成熟，并进行生殖的现象。

02.0850 蕴藏量 standing stock

水域中蕴藏的可供采捕和利用的水产经济动、植物总量。

02.0851 资源评估 stock assessment

根据鱼类生物学特性资料和渔业统计资料建立数学模型，对鱼类的生长、死亡规律进行研究；考察捕捞对渔业资源数量和质量的影响，同时对资源量和渔获量做出估计和预报，为制定渔业政策和措施提供科学依据。

02.0852 资源增殖 stock enhancement

人为补充群体数量、丰富海上鱼虾类等经济动物资源的措施。

02.0853　周转率　turnover rate
在特定的时间中,新增加的生物量与原生物量的比率。

02.0854　补充群体　recruitment stock
初次达到性成熟的所有鱼虾类个体的总称。

02.0855　存活率　survival rate
在某一定时间的终止时和起始时生物个体数量之比所占的百分比。

02.0856　死亡率　mortality
动物种群中单位时间内,死亡的个体数占整个种群总个数的百分比率。死亡率又分自然死亡率和捕捞死亡率。

02.0857　密度制约死亡率　density-dependent mortality
随着种群的密度升高而升高的死亡率。

02.0858　瞬间捕捞死亡系数　instantaneous fishing mortality coefficient
用微分表示的瞬间捕捞所致的生物死亡数量。

02.0859　越冬　overwintering
海洋中某些动物具有的洄游越冬生活习惯。

02.0860　育幼场　nursing ground
在一年中的某个季节生物饵料丰富又与某些生物的繁殖季节相吻合的海区。

02.0861　生物侵蚀　bioerosion
各类生物对基底的分解,如对珊瑚礁碳酸钙的分解。

02.0862　生物扰动　bioturbation
软底沉积物层次和化学成分被底内动物运动和摄食活动所搅和的现象。

02.0863　生物噪声　biological noise
海洋中一些动物发出的噪声。

02.0864　多态现象　polymorphism
同种生物的个体对某些形态、形质等所表现的多样性状态。

02.0865　生物多样性　biodiversity
遗传基因、物种和生态系统三个层次多样性的总称。

02.0866　异质性　heterogeneity
群落环境的非均匀性。

02.0867　特异性　specificity
某生物存在其他生物所不具备的某些特征的现象。

02.0868　水生植物　hydrophyte, aquatic plant
至少有一部分生命阶段是在水中度过的植物。

02.0869　水生大型植物　aquatic macrophyte
又称"大型水生植物"。肉眼能看得见的水生植物。

02.0870　水生微型植物　aquatic microphyte
又称"微型水生植物"。肉眼看不见的单细胞藻类和自养性细菌。

02.0871　底栖植物　benthophyte, phytobenthos
又称"水底植物"。生长在水底的植物。

02.0872　微型底栖植物　microphytobenthos, benthic microphyte
生活在水底的小型藻类和自养性细菌等。

02.0873　漂流藻　drifting weed
又称"漂流杂草"。漂流在水中的某些高等水生植物和大型藻类。

02.0874　大型藻类　macroalgae
多细胞藻类,由固着器固着在岩石或其他水底基质上,最大体长可达 1m 以上。

02.0875　小型藻类　microalgae
单细胞藻类,体长在 100μm 以下,包括一般浮游植物和固着藻类。

02.0876 浮游藻类 planktonic algae
具有光合色素和单细胞生殖器官而无根茎叶分化的悬浮在水中的小型水生植物。

02.0877 固氮藻类 nitrogen fixing algae
能固定空气中游离氮或借助于藻体外固氮细菌固定水中氮气的藻类。

02.0878 海藻床 kelp bed, sea-weed bed
中、高纬度海域潮间带下区和潮下带数米浅水区硬相海底大型海藻(褐藻)繁茂丛生的场所。

02.0879 海草场 sea grass bed
中、低纬度海域潮间带中、下区和低潮线以下数米乃至数十米浅水区海生显花植物(海草)和草栖动物繁茂生长的软相平坦海底场所。

02.0880 微食物环 microbial food loop, microbial loop
海洋中溶解有机物被微型异养浮游细菌摄取形成微生物型次级生产量,进而被原生动物和桡足类所利用而形成的微型生物摄食关系。

02.0881 微食物网 microbial food web
海水中微型蓝细菌原核生物、微型光合真核生物和微型异养浮游细菌及其与原生动物、桡足类的网状摄食关系。

02.0882 次生环境 secondary environment
由于人类社会生产活动,导致原生自然环境的改变后形成的环境。

02.0883 生产率金字塔 pyramid of production rate
在一个稳定的生态系统中,由最低层生产率最大的自养植物、上一层的植食性动物和最上层生产率最小的肉食性动物形成的金字塔状的营养层。

02.0884 生活型 life form
生物对于特定生境长期适应而表现出的类型。

02.0885 生物泵 biological pump
由有机体所产生的,经过消费、传递和分解等一系列生物学过程构成的碳从海洋表层向深层转移或沉降的整个过程。

02.0886 生物季节 biological season
依据生物种类组成和数量变动同水文特性相结合划分的季节。

02.0887 生物地球化学循环 biogeochemical cycles
环境中的无机物通过自养生物合成有机物,后者经过食物链最终又进入环境,再被循环利用的过程。

02.0888 系统树 genealogical tree, phylogenetic tree
生物进化过程中,形成各种类群的系统关系。根据它们之间的亲缘进化关系绘出的树形图。

02.0889 新生产力 new productivity
由真光带之外提供的新生氮源支持的初级生产力。

02.0890 再生生产力 regenerated productivity
由真光带中再循环的再生氮源支持的初级生产力。

02.0891 海洋微生物学 marine microbiology
研究生活在海洋中的微生物的形态、分类、生理、生态的学科。

02.0892 海洋细菌学 sea bacteriology
研究海洋细菌的形态、分类、生理、生态的学科。

02.0893 海洋细菌 marine bacteria
生存于海中或海底沉积物中的细菌。

02.0894 浮游细菌 planktobacteria

营浮游生活的细菌。有可动性和不可动性两种。前者在水中的含量与深度、季节、水温及光照有关;后者多附着于浮游生物体上,一般有螺菌、球菌和杆状菌。

02.0895 光合细菌 photosynthetic bacteria
利用光能和二氧化碳维持自养生活的有色细菌。

02.0896 发光细菌 photobacteria
有生物发光能力的细菌。多数为海生,与发光浮游生物同时引起海面发光。

02.0897 嗜温细菌 mesophilic bacteria
最适生长温度在 20~45℃ 范围的细菌。大多数的细菌均属此类。

02.0898 嗜冷细菌 psychrophilic bacteria
最适温度在 0℃ 或者低于 20℃ 的细菌。

02.0899 嗜热细菌 thermophilic bacteria
最适生长温度为 45~60℃ 的细菌。嗜热细菌可分为专性高温菌和兼性高温菌。前者的最适生长温度在 55℃ 以上,低于 37℃ 即不生长;后者的最适生长温度为 45~55℃。

02.0900 嗜压细菌 barophilic bacteria
在高水压下仍能适应生活的细菌。

02.0901 嗜盐细菌 halophilic bacteria
能在含有百分之十几到饱和的食盐培养基

中生长的细菌。

02.0902 溶菌 lysis
破坏细胞使细胞内容物消失的过程。

02.0903 小菌落 microcolony
细菌繁殖早期或较难培养的细菌在固相载体上所形成的仅能用显微镜观察到的微小菌落。

02.0904 陈海水 aged seawater
把从不被陆上污物污染的或很少混有淡水的地方取来的海水装入玻璃瓶储放在暗处数星期后形成的海水。

02.0905 滑行运动 gliding motility
一些细菌靠菌体本身的弯曲或屈挠在固体物表面或液面进行的运动。

02.0906 超滤膜萌发法 ultrafiltration membrane culture method
把过滤水样或过滤其他液体后的超滤膜放到适当的固体培养基上进行微生物细胞培养的一种方法。

02.0907 附生玻片法 slide adhesion method
将玻片放于不同水深的海中,停留一定时间后取出晾干,用火焰固定,藻红溶液染色后进行镜检,分别计算玻片上单个分布的每种形态类群的微生物细胞数的方法。

02.05 海 洋 化 学

02.0908 化学海洋学 chemical oceanography
用化学的理论和方法研究海洋各组成部分的化学组成、物质分布和海洋生物地球化学过程的学科。

02.0909 海洋地球化学 marine geochemistry
又称"海洋元素地球化学(marine elemental geochemistry)"。用物理学、生物学、化学和地学的理论和方法综合地研究海洋中发生

的一切化学过程的学科。

02.0910 海洋生物地球化学 marine biogeochemistry
强调海洋地球化学与生物学交叉结合的新学科。

02.0911 海洋资源化学 marine resource chemistry
研究从海洋中提取和开发利用化学资源的

方法所涉及的理论与技术问题的学科。

02.0912　海水分析化学　analytical chemistry of seawater

研究海水中各种组分的分析方法和测定技术的学科。

02.0913　海洋有机化学　marine organic chemistry

研究海洋中有机物质的来源、组成、性质、分布、通量、循环及测定方法的学科。

02.0914　海洋物理化学　marine physical chemistry

运用物理化学的理论和方法研究海洋中的化学和生物地球化学问题的学科。

02.0915　海洋界面化学　marine interfacial chemistry

研究海洋中各种界面上发生的化学反应和生物地球化学过程的学科。

02.0916　河口化学　estuarine chemistry

研究河口化学物质的种类、性质、形态、化学物种存在形式、通量、迁移变化过程和机理以及用化学理论与方法研究河水–海水相互作用的学科。

02.0917　海洋藻类化学　marine algae chemistry

研究海藻的化学组成及其利用的学科。

02.0918　液态水结构　structure of liquid water

在液态水和冰的物理–化学性质和 X 射线衍射及中子散射法等实验基础上提出的液态水结构模型。

02.0919　液态水笼合体模型　clathrate model of liquid water

由 20 个水分子构成的 5 边 12 面体形成笼子,笼子与笼子又结合成笼合体,笼子间空间中包着自由的水分子的模型。

02.0920　液态水簇团模型　cluster model of liquid water

把液态水看成由氢键结合的闪动簇团和自由水两者组成的一种混合模型。

02.0921　海水电泳　electrophoresis of seawater

在外加电场的作用下,悬浮粒子或胶体粒子在海水中的运动现象。

02.0922　电缩作用　electro-striction

因海水中离子与水偶极子之间的静电作用,使海水的体积比溶质体积和溶剂(水)体积之和小的现象。

02.0923　阳极溶出伏安法　anodic stripping voltammetry

预先在恒定的电位(相当于该离子的阴极上产生极限电流的电位)下将被测物富集在电极上,然后使微电极的电位由负向正的方向移动,富集的物质反向溶出(阳极溶出),并通过伏安曲线进行测定的方法。

02.0924　标准海水　standard seawater

氯度值被精确测定的用作测定氯度标准的天然海水。

02.0925　标准平均大洋水　standard mean ocean water

采自大洋深处用作天然海水中 D/H 和 $^{18}O/^{16}O$ 比率的同位素测定的参考水样。

02.0926　人工海水　artificial seawater

根据 Marcet-Dittmar 的海水常量元素恒比定律,在实验室中利用化学试剂和蒸馏水配制的与天然海水成分接近的混合物溶液。

02.0927　海水中常量元素　major elements in seawater

又称"海水中保守元素(conservative components in seawater)"。海水中占海水所有溶解成分的 99.9% 以上的 Na^+、Mg^{2+}、Ca^{2+}、K^+、Cl^-、Sr^{2+}、SO_4^{2-}、HCO_3^-、CO_3^{2-}、F^-、Br^-、H_3BO_3 等成分。

02.0928 海水中常量元素恒比定律 constant principle of seawater major component

无论海水中所溶解的盐类的浓度大小如何，其中常量元素离子间浓度之比值恒定的规律。

02.0929 克努森表 Knudsen's table

包括氯度与盐度的换算表，根据滴定结果求氯度值的查算表和海水比重表等的海洋化学常用表。

02.0930 非保守元素 non-conservation elements

与海洋生物地球化学过程和生物生长有密切关系的一些元素。如氮、磷、硅和一些微量金属元素锰、铁、铜等。

02.0931 海水中溶解营养盐 dissolved nutrients in seawater

海洋生物赖以生存的溶解于海水中的磷酸盐、硝酸盐、亚硝酸盐、铵盐和硅酸盐等。

02.0932 海水中溶解氮 dissolved nitrogen in seawater

溶解在海水中的无机氮化合物（NO_3^-，NO_2^-，NO，N_2O，N_2，NH_4^+）和有机氮化合物等。

02.0933 海水中硝酸盐 nitrate in seawater

主要无机离子中的最高氧化态 NO_3^- 的化合物，以 NO_3^-–N 表示。

02.0934 海水中氨氮 amino-nitrogen in seawater

主要无机离子的氮化合物中的还原态 NH_4^+ 的化合物，以 NH_4^+–N 表示。

02.0935 海水中一氧化氮 nitric oxide in seawater

海水中无机离子氮化合物中最不稳定的氮氧化合物，以 NO–N 表示。

02.0936 海水中总氮 total nitrogen in seawater

海水中的溶解无机氮、溶解有机氮、颗粒氮和胶体氮的总和。

02.0937 海水中有机氮 organic nitrogen in seawater

存在于海水中含有一个或多个氮原子的有机化合物。

02.0938 海水中颗粒氮 particulate nitrogen in seawater

海水中以颗粒态存在的有机氮。

02.0939 海水中胶体氮 colloidal nitrogen in seawater

海水中以胶体粒子形态存在的氮化合物。

02.0940 海水中磷酸盐 phosphate in seawater

狭义:海水中存在的营养磷酸化合物和溶解态的无机磷，主要以 HPO_4^{2-} 和 PO_4^{3-} 以及 $H_2PO_4^-$ 和 H_3PO_4 形式存在。广义:也包括颗粒态(包括胶态)磷酸盐。

02.0941 海水中有机磷 organic phosphorus in seawater

存在于海水中的溶解有机磷(DOP)、颗粒有机磷(POP)和胶态有机磷(COP)等有机磷化合物。

02.0942 海水中胶体磷 colloidal phosphorus in seawater

海水中以胶体粒子形态存在的无机磷和有机磷。

02.0943 海水中总磷 total phosphorus in seawater

存在于海水中的溶解无机磷(DIP)、溶解有机磷(DOP)、颗粒有机磷(POP)和胶体有机磷(COP)以及活性有机磷(LOP)的总和。

02.0944 海水中氮磷比 ratio of nitrogen to phosphorus in seawater

海洋中氮和磷含量的比率,大洋中的比值为

15 ~ 16。

02.0945 海水中硅酸盐 silicate in seawater
以溶解态、颗粒态和胶体态形式存在于海水中的硅酸化合物。

02.0946 海水中微量元素 minor elements in seawater
海水中含量在 0.05 ~ 100μmol/kg 的元素，有 Li，N，P，Rb，Mo，I，Ba 7 个元素。

02.0947 海水中痕量元素 trace elements in seawater
海水中浓度<0.05μmol/kg 的元素。

02.0948 海洋中稳定同位素 stable isotopes in ocean
海水所含元素中不发生或极不易发生放射性衰变的同位素，包括 ^1H，^2H，^3He，^6Li，^{10}B，^{13}C，^{15}N，^{18}O 等。

02.0949 海洋中放射性元素同位素 radioactive isotopes in ocean
海水中的锝(Tc)、锔(Cm)和钋(Po)以及元素周期表中钋以后的所有元素。

02.0950 海洋中化学元素垂直分布 vertical distribution of chemical elements in ocean
海洋中元素浓度随深度变化的现象。通常分成积聚型、中间最大型、中间最小型、表面富集和深海清除型、表面耗竭和深海富集型等类型。

02.0951 海洋中化学元素水平分布 horizontal distribution of chemical elements in ocean
海洋中元素浓度随水平位置(通常用经纬度表示)变化的现象。

02.0952 海洋中化学元素时间分布 temporal distribution of chemical elements in ocean

海洋中化学元素在同一位置上的浓度随时间变化的现象。

02.0953 海水 pH seawater pH
海水氢离子活度 a_{H^+} 的负对数。海水通常呈弱碱性，其 pH 值一般在 8.2 左右。

02.0954 海水碱度 seawater alkalinity
每升海水中所含的弱酸根离子都转化为游离酸的形式所需要的氢离子的量(mol/L)。

02.0955 海水中溶解二氧化碳 dissolved carbon dioxide in seawater
以气体二氧化碳、碳酸、碳酸根离子、碳酸氢根离子等几种化学形式存在，一般情况下，碳酸氢根占大多数。

02.0956 海水中溶解温室气体 dissolved greenhouse gas in seawater
有二氧化碳(CO_2)、甲烷(CH_4)、氧化氮(N_2O)和其他微量温室气体。

02.0957 海水化学模型 chemical model of seawater
研究海水中常量元素的化学存在形式而提出的离子对模型。

02.0958 海水中化学存在形式 substance species in seawater
海水中元素的化学存在形式，通常通过元素的化学式或它与海水中无机和有机配位体生成的络合物来表达。

02.0959 海水中物质无机存在形式 inorganic species in seawater
溶存在海水中的化学元素与其无机配位体相结合的形式。

02.0960 海水中物质有机存在形式 organic species in seawater
溶存在海水中的化学元素与其有机配位体相结合的形式。

02.0961 海水中物质胶体存在形式 colloidal

species in seawater

存在于海水中的化学元素与固体微粒(无机或有机聚合物)配位作用而形成胶体的形式。

02.0962　海水中物质形态　chemical substance forms in seawater

海水中元素或化学物质存在的物理形态,一般分成溶解态、颗粒态和胶态。

02.0963　海水中颗粒态　particulate forms in seawater

海水中一些元素或化学物质的物理形态呈颗粒态状的现象。颗粒大小一般在几至几百微米之间,通常称为海水中的悬浮物。

02.0964　海水中溶解态　dissolved forms in seawater

海水中一些元素或化学物质的物理形态呈溶解态的现象。通常可通过 $0.45\mu m$ 的过滤膜而溶解在海水中。

02.0965　海水中胶态　colloidal forms in seawater

一些海水中元素或化学物质的物理形态呈胶体状的现象,胶体粒子的粒径大小在 10^{-6} ~ $10^{-9}m$ 范围内。

02.0966　海水中纳米粒子　nano-particle in seawater

海水中存在的粒径大小在 $1\sim100nm$ 尺度的粒子。

02.0967　海水中无机胶体　inorganic colloid in seawater

海水中的无机物胶体粒子,最常见的是水合金属氧化物和黏土矿物等。

02.0968　海水中有机胶体　organic colloid in seawater

海水中的有机物或高分子化合物胶体粒子。

02.0969　海水中离子对　ion pair in seawater

在高离子强度的海水中由正、负离子间的一种较弱静电吸引力作用而形成的广义络合物。

02.0970　海水中络合物　complex in seawater

又称"海水中配位化合物"。在海水中形成的一类有特征化学结构的化合物,由中心原子或离子(统称中心原子)和围绕它的称为配位体的分子或原子,完全或部分由配位键结合形成。

02.0971　络合作用　complexation

中心原子与配位体之间的反应和作用。

02.0972　海水中金属络合配位体浓度　metal complexing ligand concentration in seawater

又称"海水络合容量"。与海水中金属发生络合作用的配位体的总量。

02.0973　海水中胶体表面电荷　surface electric charge of colloid in seawater

海水中胶体粒子表面因表面基团的解离或自溶液中选择性吸附某种离子而带的电。

02.0974　海水缓冲容量　buffer capacity of seawater

加入酸或碱调节海水使其 pH 不发生明显变化的能力的一种量度。

02.0975　海水中氧化-还原作用　oxidation-reduction reaction in seawater

海水中一种原子失去电子、发生氧化,另一种原子则得到电子、发生还原的化学作用。

02.0976　海水 pE-pH 图　pE-pH figure of seawater

表示海洋环境中若干元素的 pE-pH 之间的关系图。

02.0977　海水中沉淀-溶解作用　precipitation-dissolution reaction in seawater

海水中产生可分离固相的过程称为沉淀,其

逆过程为溶解。

02.0978　共沉淀　coprecipitation
一种沉淀物从溶液中析出时,引起某些可溶性物质一起沉淀的现象。

02.0979　海洋界面　interface in seawater
海水中相与相之间的交界面,包括固-气,固-液,固-固,液-液,液-气界面。

02.0980　海洋界面作用　interface reaction in seawater
海洋界面上发生的吸附、催化、物质交换和迁移、扩散、聚沉、起泡、乳化等作用。

02.0981　河口化学物质保守行为　conservative behavior of chemical substance in estuary
河水与海水在河口交汇混合过程中化学组分没有溶失和转移的行为。

02.0982　河口化学物质非保守行为　non-conservative behavior of chemical substance in estuary
河水与海水在河口交汇混合过程中化学组分因化学变化或生物吸收等作用而转移和溶出的行为。

02.0983　海水-沉积物界面作用　seawater-sediment interface reaction
海水与各种海底沉积物之间的液-固界面上发生的物理的、化学的和生物学的过程。

02.0984　海水-悬浮粒子界面作用　seawater-suspended particle interface reaction
海水与各种悬浮粒子之间的液-固界面上发生的物理的、化学的和生物学的过程。

02.0985　海水-生物界面作用　seawater-biology interface reaction
海水与活的生物体中间的液-固界面上发生的交换、吸附、络合等作用及特有生物过程。

02.0986　海水中液-固界面三元络合物　liquid-solid interface ternary complex in seawater
海水中比较复杂的液-固界面体系,包括固体粒子-有机或无机配体-金属之间的相互作用生成的三元络合物。

02.0987　双电层理论　theory on electrical double layer in seawater
阐述在海水中,固体表面因表面基团的解离或自溶液中选择性吸附某种离子而带电,带电表面与反离子构成双电层的理论。

02.0988　表面电位　surface potential
由于电荷分离而造成的固液两相内部的电位差或在气-液界面上由于不溶膜的存在而引起水面电位的变化。

02.0989　表面络合物　surface complex
在固-液界面上或固-气界面上由配位键结合形成的化合物。

02.0990　螯合物　chelates
在固-液界面上或固-气界面上由多齿配体键结合形成的化合物。

02.0991　表面吸附　surface adsorption
在固-液,固-气和液-气界面上发生的吸附作用。

02.0992　表面离子交换　surface ion exchange
在固-液,固-气和液-气界面上发生的离子交换作用。

02.0993　表面自由能　surface free energy
在恒温恒压条件下使体系增加单位表面积,外界必须对体系做的功。

02.0994　表面双性解离　surface comphoteric ionigation
在液-固、气-固界面上既能表现出酸性解离,又能表现出碱性解离的作用。

02.0995　海水微表层模型　surface microlayer

model of seawater

描述海-气界面微表层结构的模型。主要有气体交换薄层模型或双相模型和气相-海水微表层-物理化学性质突变层-海水次表层-本体海水多层模型等。

02.0996　海水活度系数　activity coefficient of seawater

衡量海水实际浓度与理想浓度的偏差程度的系数值。

02.0997　德拜-休克尔理论　Debye-Hückel theory

用离子氛模型静电相互作用理论和玻耳兹曼分布定律定量地说明电解质稀溶液的活度系数的理论。

02.0998　皮策理论　Pitzer theory

活度系数的远程力＋近程力的一种综合理论。

02.0999　海洋化学的化学平衡　chemical equilibrium of marine chemistry

海洋中各物质之间发生的不随时间改变的化学反应状态。

02.1000　海洋稳态　steady state of marine chemistry

海洋中发生连续反应,反应物的减少速率与产物的生成速率相等时的状态。

02.1001　物质全球生物地球化学循环　substance global biogeochemical circulation

物质或元素在海洋、大气、生物、岩石四大储圈之间的全球性的分布、运移、通量和生物地球化学循环。

02.1002　水循环　water circulation

水在地球系统中的循环。

02.1003　碳循环　carbon circulation

碳及其化合物在全球海洋生物地球化学过程中的循环。

02.1004　氮循环　nitrogen circulation

氮及其化合物在全球海洋生物地球化学过程中的循环。

02.1005　磷循环　phosphate circulation

磷及其化合物在全球海洋生物地球化学过程中的循环。

02.1006　硫循环　sulfur circulation

硫及其化合物在全球海洋生物地球化学过程中的循环。

02.1007　重金属循环　heavy metal circulation

重金属及其化合物在全球海洋生物地球化学过程中的循环。

02.1008　海洋中通量　flux in ocean

单位时间通过海洋给定界面的物质或能量。

02.1009　海洋中元素逗留时间　residence time of elements in seawater

海洋中某元素的总量与该元素每年向海洋输入的量或从海水中输出的量之比。

02.1010　海水中元素清除作用　scavenging action of element in seawater

从海水中把溶解物质吸附在沉降于海底的固体粒子上的除去作用。

02.06 海洋地质学、海洋地球物理学、海洋地理学和河口海岸学

02.1011 海洋地貌学 marine geomorphology
研究海岸及海底表面形态（地形）特征、物质结构及其形成、演化和分布规律的学科。

02.1012 海洋沉积学 marine sedimentology
研究现代海底沉积物和沉积岩特征及其形成环境和沉积作用的学科。

02.1013 海洋地层学 marine stratigraphy
研究海底地层相互关系及其时空分布规律的学科。

02.1014 沉积动力学 sediment dynamics
从动态变化观点研究沉积物侵蚀、搬运、堆积过程、机制及沉积环境效应的学科。

02.1015 海岸海洋科学 coastal ocean science
研究海陆过渡带的相互作用过程，探索海岸带、大陆架、大陆坡发展演变规律及其环境资源可持续开发利用的学科。

02.1016 海底构造学 submarine tectonics
研究海底、地壳与岩石圈结构，构造特征及其形成、演化规律的学科。

02.1017 海岸动力学 coastal dynamics
研究海岸带波浪、潮汐、海流和河流等动力现象、变化规律及与海岸演变、泥沙运动相互作用的学科。

02.1018 海岸地貌学 coastal geomorphology
研究在海陆相互作用下，海岸地貌的发育过程及演变规律的学科。

02.1019 河口学 estuarine science
研究河口区的动力、地貌、沉积和生物地球化学过程及开发利用的学科。

02.1020 河口动力学 estuarine dynamics
研究河口区径流、潮汐潮流、波浪和咸淡水混合等动力过程及变化规律的学科。

02.1021 河口沉积动力学 estuarine sediment dynamics
研究河口地区泥沙等物质的起动、运移、沉降和沉积的动力学机制的学科。

02.1022 河口生物学 estuarine biology
研究河口区动植物以及各种浮游生物及微生物的分布、性质、演化等的学科。

02.1023 河口生物地球化学 estuarine biogeochemistry
研究河口系统中营养物质、痕量元素、有机物及稳定同位素在河口中的行为及迁移等的学科。

02.1024 半岛 peninsula
伸入海洋或湖泊，三面被水域包围的陆地。

02.1025 ［海］岛 island
分布在海洋中被水体全部包围的较小陆地。

02.1026 群岛 archipelago, islands
又称"列岛"。海洋中彼此距离较近的成群分布的岛屿。

02.1027 峡湾 fjord
冰川谷地被海水淹没而成的狭长、水深、两岸陡峭的海湾。宽浅的 U 形海湾称为"峡江"。

02.1028 岬角 headland, cape
沿岸陆地向海或河、湖突出的，形态不规则的高陡基岩陆地。

02.1029 河口 estuary, river mouth
河流注入受水体（海、湖、水库、干流）的出口。

02.1030 分流比 ratio of current distribution
在河槽分汊的情况下,分流入各汊道的水量占所有各汊道总水量的百分比,可分为潮流分流比和径流分流比。

02.1031 分沙比 ratio of sediment distribution
在河槽分汊的情况下,分流入各汊道的沙量占所有各汊道总输沙量的百分比。

02.1032 浮泥 fluid mud
在淤泥质海岸及河口由悬沙絮凝沉降形成的、近底层具有一定的流动性的高浓度细颗粒悬浮沉积体。

02.1033 河口锋 estuarine front
河口地区不同性质水体或水团之间形成的较为明显的界面,界面附近往往存在一种或多种水文化学要素(盐度、温度、浊度、密度等)的最大梯度。

02.1034 河口最大浑浊带 turbidity maximum
又称"河口最大浊度带"。在河口区内的某一区段,其含沙量比上下游高几倍乃至几十倍,尤其是近底层含沙量特别大,且有规律地在一定范围内迁移的浑浊水体。

02.1035 河口羽状锋 estuarine plume front
河口锋的一种,通常把河流向外海扩散的形似羽毛状的冲淡水叫羽状流水,外海水与羽状流水的界面叫羽状锋。

02.1036 流速切变锋 current shear front
河口口门内由滩、槽流速切变产生的锋,锋面一般平行于河口轴。

02.1037 岬角锋 cape front, promontory front
因岬角对潮流的阻挡作用,使潮流的近岸水体分离和收束,流速流向发生变化而产生的锋。

02.1038 高盐水入侵锋 hyperhaline intrusion front
又称"基底锋"。发生在水域近底部由外海高盐水入侵形成的锋。多在河口区发生。

02.1039 河口环流 estuarine circulation
在部分混合型河口存在的底层余流向陆,表层余流向海的垂向环流;在有潮分汊河口存在的涨潮槽余流向陆,落潮槽余流向海的平面环流。

02.1040 河口余流 estuarine residual current
河口水流中滤去周期性流动之后的剩余流动。

02.1041 河口泥沙运动 estuarine sediment movement
河口区泥沙在径流、潮流、风浪、咸淡水混合、化学和生物作用下产生的各种运动。

02.1042 河口沙波 estuarine sand wave
在河口沙质床面上起伏不平的波状形态。

02.1043 河口射流理论 estuarine jet flow theory
将河口比作喷嘴,对河口外泄水流作为射流处理的理论。

02.1044 强潮河口 macrotidal estuary
潮差大于 4m 的河口。

02.1045 中潮河口 mesotidal estuary
潮差大于或等于 2m,小于或等于 4m 的河口。

02.1046 弱潮河口 microtidal estuary
潮差小于 2m 的河口。

02.1047 河口通量 estuarine flux
一定时间内经过河口某一横断面的某种物质的质量或体积。

02.1048 河口界面 estuarine interface
在河口区由盐度、温度、浊度、速度、密度等变化形成的梯度带。

02.1049 潮区界 tidal limit
又称"感潮河段上界"。海洋潮波进入河口

向上游传播至潮差为零的上界。

02.1050 潮流界 tidal current limit
涨潮流沿河槽上溯的上界,即涨潮流流速为零的位置。

02.1051 盐水入侵界 saline water intrusion
河口地区水流中盐水上溯的最远点。

02.1052 优势流 dominant flow
河口某测点、某层次落潮流程除以落潮流程和涨潮流程之和的百分比值或某断面、某垂线、某单宽、单高水层的落潮流量除以落潮流量和涨潮流量之和的百分比值,大于50%者称落潮优势流,小于50%者称涨潮优势流。

02.1053 高度分层河口 salt wedge estuary
又称"盐水楔河口"。径流作用强,潮流作用弱,宽深比较小,盐度垂向梯度大的河口。

02.1054 部分混合河口 partially mixed estuary
径流和潮流作用都较明显,咸淡水混合程度中等,咸淡水间无明显交界面,因而盐度在垂直和水平方向都存在梯度变化的河口。

02.1055 垂向均匀河口 full mixed estuary
潮差大、潮流作用较强而径流作用较弱,咸淡水之间存在强烈混合,在水平方向有密度梯度,在垂直方向密度梯度甚小的河口。

02.1056 拦门沙 river mouth bar, river mouth shoal
河流流入受水体(如海洋、湖泊、水库)后,由于水动力和生物地球化学条件的变化而在河口口门处形成的泥沙堆积体。

02.1057 絮凝[作用] flocculation
在入海河口当电解性质强弱不同的咸淡水相互交融时,河水中所带的胶体颗粒(一般小于2.0mm)上吸附的离子与海水中的离子发生交换,并使泥沙颗粒之间发生吸引,凝聚成絮状团块发生沉降的现象。

02.1058 潮棱体 tidal prism
河口感潮河段内,介于高潮位与低潮位之间的较小的半封闭区域内的水体。

02.1059 河口上升流 estuarine upwelling
在河口区,因表层流体的水平辐散导致表层以下的海水铅直上升进行对流补充的流动。

02.1060 三角洲 delta
河流在入海或入湖时,因河床比降减小,水流分汊,动能减弱,挟带的泥沙堆积下来形成的扇形堆积体。

02.1061 古三角洲 fossil delta
形成于第四纪以前的三角洲。

02.1062 水下三角洲 subaqueous delta
三角洲平原的水下延续部分。包括三角洲前缘和前三角洲。

02.1063 河控三角洲 river-dominated delta
在河流入海或入湖处,主要由河流作用形成的三角洲。

02.1064 波控三角洲 wave-dominated delta
又称"浪成三角洲"。波浪能输移绝大部分径流带来的泥沙,并控制三角洲海岸线发育,使沙体沿岸线平行分布,前缘均匀向海推进形成的三角洲。

02.1065 潮控三角洲 tide-dominated delta
径流带来的泥沙在三角洲前缘的扩散与沉积主要受潮流作用控制形成的三角洲。

02.1066 鸟足[形]三角洲 bird-foot delta
大河汇入深陡的海湾,沿河道多处分汊堆积的天然堤向海延伸形成的形似鸟足状的三角洲。

02.1067 扇形三角洲 fan delta, fan-shaped delta
在河床坡度平缓,河流含沙量较大,汊河较

多的河口,沉积体和汊河呈放射状向海延伸的形似扇形的三角洲。

02.1068 尖[形]三角洲 cuspate delta
以一个明显的尖嘴向海凸出的三角洲,或由一个河道及两旁的河口沙嘴所组成的三角洲。

02.1069 海岸带 coastal zone
海洋和陆地相互作用的地带。范围从激浪能够作用到的海滩或岩滩开始,向海延伸至最大波浪可以作用到的临界深度处(1/2 最大波长)。

02.1070 海岸 seacoast, coast
自多年平均低潮线向陆到达波浪作用上界之间的狭长地带。

02.1071 海岸线 coastline
海陆分界线,在我国系指多年大潮平均高潮位时的海陆分界线。

02.1072 海岸阶地 coastal terrace
在波浪侵蚀作用或堆积作用下在海岸形成的阶梯形地貌。

02.1073 海岸沙丘 coastal dune
由海风向岸吹积而形成的波状起伏的沙质垄岗。

02.1074 海滨 seashore
又称"滨(shore)"。从低潮线向上直至波浪所能作用到的陆上最远处之间的海岸范围。包括前滨和后滨。

02.1075 后滨 backshore
从大潮平均高潮位到风暴潮期间为海水覆盖的陆上地带。

02.1076 前滨 foreshore
介于一般高潮线与低潮线之间的地带。

02.1077 内滨 inshore
从低潮线向海至破波带的外界之间的地带。

02.1078 外滨 offshore
自破波带的外界延伸到大陆架边缘的地带。

02.1079 近滨 nearshore
从低潮水边线到越过破波带的地带,包括内滨及部分外滨。

02.1080 近海区 nearshore zone
离海岸较近,水深较浅的区域。

02.1081 大洋区 oceanic zone
远离大陆,深度较大,面积广阔的区域。

02.1082 海底区 benthic division
海水覆盖区域的海床和底土。

02.1083 浅海带 neritic zone
在海岸带以内,海水深度较小的区域。

02.1084 深海带 bathyal zone
远离大陆,海水深度在 2000 ~ 6000m 的地带。

02.1085 深渊带 abyssal zone
深度超过 6000m,轮廓清楚的深海凹地区。

02.1086 超深渊带 hadal zone, ultra-abyssal zone
在深渊带中凹陷深度最大的地带。

02.1087 潮上带 supralittoral zone, supratidal zone
平均高潮位与较大潮或风暴潮时海浪所能作用到的陆上最远处之间的地带。

02.1088 潮间带 intertidal zone
介于平均大潮高低潮位之间的地带。

02.1089 潮下带 subtidal zone
介于平均大潮低潮位与波浪所能作用到的水下最深处之间的地带。

02.1090 海滩剖面 beach profile
与岸线垂直的海滩的横断面。

02.1091 海滩 beach
在潮间带,由波浪作用形成的向海平缓倾斜的砂砾质堆积体。

02.1092 滩肩 beach berm
后滨上由风暴堆积而成的、向陆地倾斜的平缓阶地或台地。

02.1093 滩面 beach face
海滩的表面。

02.1094 滩脊 beach ridge
在开阔的海岸,激浪流将水下岸坡物质带到海滩高潮水位线上堆积成的与岸平行的沿岸堤。

02.1095 滩角 beach cusp
砂砾质海滩上呈尖角形向海突出的小沙脊和向岸凹入的小湾组合成的一列或多列微地貌。

02.1096 海滩旋回 beach cycle
在潮汐和波浪作用下,海滩周期性地发生侵蚀后退和堆积前进的现象。

02.1097 平衡剖面 equilibrium profile
剖面上任一点的侵蚀作用和堆积作用均达到平衡的理想剖面。

02.1098 尖角坝 cuspate bar
海岸沙嘴被浪流折弯向陆与岸相连的尖角形坝,或由两个沙嘴向海延伸交汇而成的沙坝。

02.1099 滨外坝 offshore bar
与海岸平行的一列或数列低平、长条形的,由海水与岸隔离,高潮时部分淹没的沙脊。

02.1100 水下坝 submarine bar
低潮时也淹没在水下的沿岸沙坝。

02.1101 沙坝 barrier
出露于水面的平行于海岸的长条形沙脊。

02.1102 滨外沙堤 shore barrier

又称"障碍海滩(barrier beach)"。沿海岸延伸,被潟湖或沼泽分离的,微露于高潮水面的狭长形沙质堆积体。

02.1103 障壁岛 barrier island
狭长的与海岸平行的沙岛。

02.1104 沙嘴 spit, sand spit
一端连接陆地,另一端伸入海中的狭长堤坝状堆积地形。

02.1105 连岛坝 tombolo
受岸外岛屿掩护的波影区内形成的连接陆地与岛屿或岛屿与岛屿的沙砾堆积体。

02.1106 陆连岛 land-tied island
又称"陆系岛"。以连岛坝与陆地相连的岛屿。

02.1107 湾坝 bay bar
海湾区的沙坝,由波浪进入海湾发生折射,能量降低,使泥沙流容量也降低,在波能降为零处形成的堆积体。

02.1108 潟湖 lagoon
海岸沙坝或沙嘴后侧与海隔离的浅海水域,常与海有狭窄的通道相连。

02.1109 冲刷带 wash zone
遭受潮流、波流侵蚀的沙滩或泥滩带。

02.1110 [波]浪基面 wave base
波浪侵蚀作用达不到的临界深度面。

02.1111 岩滩 bench
在岩石海岸潮间带由海蚀作用形成的石质平台。

02.1112 海蚀崖 sea cliff
由海蚀作用形成的基岩海岸陡崖。

02.1113 海蚀台[地] abrasion platform
在基岩海岸海蚀崖前,由海浪冲刷、磨蚀作用所形成的微微向海倾斜、稍向上凸的基岩平台。

02.1114 海蚀作用 marine erosion
海浪和潮流动力冲蚀作用、岩屑之间的磨蚀作用、海水与生物的溶蚀作用的总称。

02.1115 海蚀穴 sea cave
又称"海蚀[壁]龛(sea notch)"、"海蚀洞"。海岸基岩被波浪长期侵蚀形成的凹穴或洞道。

02.1116 海蚀柱 sea stack
基岩海岸海蚀后退,较坚硬的蚀余岩体残留在岩石滩地上形成突立的石柱或石峰。

02.1117 礁滩 reef flat
在珊瑚海岸潮间带,由珊瑚碎屑、沙砾与珊瑚礁体胶结而成的海滩。

02.1118 礁前 reef front
珊瑚礁的前缘和向海一侧的外部礁体。

02.1119 点礁 patch reef
大珊瑚礁体的组成部分,跨度小于1km的土墩状或平顶状的珊瑚礁。

02.1120 岸礁 fringing reef, shore reef
又称"裙礁"。沿大陆或岛屿的边缘生长发育的珊瑚礁。

02.1121 堡礁 barrier reef
又称"离岸礁"。由潟湖或浅海水域同陆地隔开的带状珊瑚礁。

02.1122 环礁 atoll
大洋中呈环状、椭圆状或马蹄状生长的围绕潟湖发育的珊瑚礁。古称"石塘"。

02.1123 礁湖 atoll lake, atoll lagoon
由珊瑚礁围成的潟湖。

02.1124 裂流水道 rip channel
由裂流切割海岸或沙岛造成的向海通道。

02.1125 沙纹 sand ripple
在沉积层面上形成的类似于水波纹的微小的沙波。

02.1126 沙波 sand wave
又称"沙浪"。在海床或河床底上起伏不平的较大型的波状沙质堆积体。

02.1127 浅滩 shoal, bank
不出露海面或河面的水下沙脊或滩。

02.1128 潮汐通道 tidal channel
由海伸向湿地或潮滩的潮流通道。

02.1129 潮汐汊道 tidal inlet
从海洋伸向陆地的由涨落潮流往复运动保持水流畅通的汊道。

02.1130 潮滩 tidal flat
又称"潮坪"。在潮间带,由潮汐作用形成的平缓宽坦的淤泥粉砂质堆积体。

02.1131 潮沟 tidal creek
潮滩上由潮流侵蚀作用形成的沟谷系统。

02.1132 大西洋型海岸 Atlantic-type coast
又称"横向海岸(latitudinal coast, transverse coast)"。海岸线延伸方向与沿岸构造线横交的海岸。

02.1133 太平洋型海岸 Pacific-type coast
又称"纵向海岸(longitudinal coast)"。海岸线延伸方向与沿岸构造线略呈一致的海岸。

02.1134 达尔马提亚型海岸 Dalmatian coast
以达尔马提亚海岸为代表的狭窄海湾与岛屿海岸相间的太平洋型海岸。

02.1135 复合滨线 compound shoreline
具有明显上升型和下沉型海岸线特征的海岸类型。

02.1136 里亚[型]海岸 Ria coast
以里亚海岸为代表的山谷与海岸垂直或斜交的大西洋型海岸。

02.1137 斜向海岸 insequent coast
海岸线延伸方向与海岸构造线斜交的海岸。

02.1138　喀斯特海岸　karst coast
海水淹没岩溶发育区山地所形成的海岸。

02.1139　平原海岸　plain coast
在沿海冲积平原和潟湖平原地区发育的海岸。

02.1140　溺谷海岸　lionan coast
在平原海岸中海水淹没大河口而形成的口部有沙嘴的海岸。

02.1141　三角洲海岸　delta coast
在平原河口三角洲发育而成的海岸。

02.1142　峡湾海岸　fjord coast
山地冰槽谷被海水浸没而成的海岸。

02.1143　上升海岸　coast of emergence, elevated coast
海平面下降或地壳上升,原海底出露地面所形成的海岸。

02.1144　下沉海岸　coast of submergence, sinking coast, submerged coast
又称"海侵海岸"。海平面上升或地壳下降,海水淹没陆地而形成的海岸。

02.1145　港湾海岸　embayed coast
又称"多湾海岸"。岬角和小海湾交错分布的海岸。

02.1146　断层海岸　fault coast
沿断层或断层崖分布的海岸。

02.1147　低平海岸　flat coast, low coast
沿平原或沉溺陆地发育的岸坡低缓、波浪作用轻微的海岸。

02.1148　低能海岸　low-energy coast
受海岬等保护而免受强浪作用,平均破波高小于10cm,主要受陆地风或其他海岸动力因子影响的底坡宽缓的海岸。

02.1149　[淤]泥质海岸　muddy coast
沿平原外缘发育的由陆源粉砂和淤泥质组成的低缓平坦的海岸。

02.1150　红树林海岸　mangrove coast
热带、亚热带泥质潮滩上生长红树林植物的海岸。

02.1151　珊瑚礁海岸　coral reef coast
由珊瑚礁(珊瑚、石灰藻及有孔虫等造礁生物的灰质骨骼残体)堆积而成的海岸。

02.1152　湿地　wet land
界于水体与陆地之间过渡的多功能的生态系统,包括低潮线以下不超过 6m 深的海水区。

02.1153　海岸沼泽　coastal marsh
生长着高等水生植物的滨海湿地,有盐沼和红树林沼泽两种类型。

02.1154　红树林沼泽　mangrove swamp
有大量红树林生长的热带或亚热带的滨海湿地。

02.1155　盐沼　salt marsh
在潮汐影响下生长耐盐、喜水植物的滨海湿地。

02.1156　沿岸泥沙流　longshore drift
在波浪、水流作用下长时期沿海岸有稳定移动方向的泥沙运动。

02.1157　水动型海平面变化　eustasy
由于海水水量变化引起的全球性海面升降。

02.1158　海侵　transgression
又称"海进"。由海平面上升或地壳构造下沉等引起的海水缓慢地从海岸入侵陆地的过程。

02.1159　海退　regression
由于海面下降或地壳上升等使海水逐渐退出陆地的过程。

02.1160　海岸滑坡　coast landslide
由于水力掏蚀或人工开采海岸基部所形成

的海岸上部滑塌的现象。

02.1161　盐[水]楔　salt water wedge
在弱混合潮汐河口,含盐的海水随涨潮流沿河口河床呈楔形上溯的现象。

02.1162　边缘海　marginal sea
位于大陆边缘,一侧以大陆为界,另一侧以半岛、岛弧与大洋分隔的海域。

02.1163　边缘盆地　marginal basin
分布于边缘海内的具大洋型或过渡型地壳的构造盆地。

02.1164　[大]陆[边]缘　continental margin
位于大陆和大洋盆地之间,由大陆架、大陆坡、大陆隆等地貌单元组成的过渡地带。

02.1165　大陆架坡折　continental shelf break
大陆架外缘向大陆坡转折处坡度显著增大,介于1°~3°之间的地带。

02.1166　大陆坡　continental slope
大陆架坡折至大陆隆或海沟间的坡度较大的海底斜坡。

02.1167　大陆隆　continental rise
大陆坡与深海盆地之间,主要由陆源粉砂和黏土堆积而成的倾斜平缓的海底扇或沉积裙。

02.1168　大陆阶地　continental terrace
从低潮线至大陆坡基脚之间的阶状海底,由大陆架和大陆坡构成。

02.1169　岛架　island shelf
环绕岛屿的陆架。

02.1170　岛坡　island slope
环绕岛屿的陆坡。

02.1171　洋盆　ocean basin
位于大洋中脊与大陆边缘之间,水深一般在4000~6000m,具有大洋型地壳的盆地。

02.1172　海底峡谷　submarine canyon
连续或部分切割大陆架、大陆坡或大陆隆,两壁陡峭并呈V字形的海底谷地。

02.1173　深海扇　deep sea fan
又称"海底扇"。大陆坡麓海底峡谷前缘的扇形堆积体。

02.1174　海槛　sill
把两个海盆或海盆与边缘海分隔开的海脊或隆起部。

02.1175　海底高原　sea plateau, submarine plateau
深海底部的大范围高地。

02.1176　海[底]山　seamount
具有圆形或椭圆形顶面,高出周围海底1000m以上的孤立或相对孤立的水下山。

02.1177　平顶海山　guyot
又称"海台"。一般呈圆形或椭圆形顶部平坦的海山。

02.1178　深海平原　abyssal plain
位于大陆隆和深海丘陵之间或海底山系环绕的非常平坦的海底区域,坡度一般小于1/1000。

02.1179　深海丘陵　abyssal hill
平均比高100~250m,宽度数百米至数千米的起伏平缓的海底隆起。

02.1180　礁　reef
接近海面的海底突起。

02.1181　珊瑚礁　coral reef
以珊瑚骨骼为主骨架,辅以其他造礁及喜礁生物的骨骼或壳体所构成的钙质堆积体。

02.1182　牡蛎礁　oyster reef
主要由牡蛎等生物遗骸堆积而成的钙质堆积体。

02.1183　藻礁　algal reef

主要由藻类生物遗体堆积而成的礁。

02.1184　海滩岩　beach rock
海滩上砂、砾等碎屑物质经碳酸盐胶结作用而形成的岩石。

02.1185　沉积物　sediment
从水体向水底沉降的各种颗粒物。

02.1186　悬浮体　suspended matter
又称"悬移质(suspended load)"。在水流搬运过程中能较长时间保持悬浮状态移动的黏土、粉砂和砂或有机碎屑等物质。

02.1187　河源物质　river-born substance
由河流输送入海的物质。

02.1188　砾石　gravel
粒级介于 2 ~ 256mm 的沉积物。分为粗砾(64 ~ 256mm)、中砾(8 ~ 64mm)和细砾(2 ~ 8mm)三种。

02.1189　砂　sand
粒级在 0.063 ~ 2mm 的沉积物。分为粗砂(0.5 ~ 2mm)、中砂(0.25 ~ 0.5mm)和细砂(0.063 ~ 0.25mm)三种。

02.1190　粉砂　silt
粒级在 0.004 ~ 0.063 mm 的沉积物,分为粗粉砂(0.016 ~ 0.063 mm)和细粉砂(0.004 ~ 0.016 mm)两种。

02.1191　黏土　clay
又称"泥(mud)"。粒级在 0.001 ~ 0.004 mm 的沉积物。

02.1192　潮坪沉积物　tidal flat sediment
又称"潮滩沉积"。由潮流作用形成潮间带的泥质、粉砂质堆积体。

02.1193　风暴沉积[物]　storm deposit
由风暴作用起动、悬浮、搬运和堆积而成的沉积物。

02.1194　浅海沉积[物]　neritic sediment
在低潮线至大陆架边缘的海底上形成的陆源或生物源沉积物。

02.1195　再悬浮　resuspension
已发生沉积的泥沙物质在波、流等作用下被再次悬浮搬运的现象。

02.1196　浊流　turbidity current
由沉积物和水混合而成的密度大于周围水体,沿着大陆架、大陆坡和海底谷移动的阵发性强劲的重力潜流。密度为 1.03 ~ 1.3g/ cm^3。

02.1197　推移质　bed load
在河、海床表面以滑动、滚动、跳跃或层移方式运动的泥沙。

02.1198　深海沉积[物]　deep sea sediment
大陆边缘外水深大于 2000m 的洋底的沉积物。

02.1199　远洋沉积[物]　pelagic deposit
远离大陆的开阔大洋底的沉积物,包括深海黏土和生物软泥。

02.1200　半远洋沉积[物]　hemipelagic deposit
近海和远洋之间的半深海沉积物,主要由陆源沉积物组成。

02.1201　软泥　ooze
主要由生物残骸组成的大洋松散沉积物,包括钙质软泥和硅质软泥。

02.1202　钙质软泥　calcareous ooze
$CaCO_3$ 含量大于30%的生物软泥,包括有孔虫软泥、颗石软泥和翼足类软泥。

02.1203　有孔虫软泥　foraminiferal ooze
主要由有孔虫组成的钙质软泥。

02.1204　抱球虫软泥　globigerina ooze
由抱球虫类占主导地位的特殊的有孔虫软泥。

02.1205　颗石软泥　coccolith ooze
又称"白垩软泥"。颗石藻含量大于30%的钙质软泥。

02.1206　翼足类软泥　pteropod ooze
主要由浮游软体动物的翼足类壳体组成的钙质软泥。

02.1207　硅质软泥　siliceous ooze
所含硅质生物骨屑超过30%的深海沉积物。

02.1208　硅藻软泥　diatom ooze
主要由硅藻形成的硅质软泥。

02.1209　放射虫软泥　radiolarian ooze
主要由放射虫组成的硅质软泥。

02.1210　深海黏土　deep clay
又称"远洋黏土(abyssal clay)","褐黏土(brown clay)","红黏土(red clay)"。呈褐红色、棕红色,分布在深海的黏土。

02.1211　深海砂　deep sea sand
深海底的砂质沉积物。

02.1212　混杂堆积　melange
地层中由成分、时代、来源不同的沉积岩、岩浆岩、变质岩块体混杂堆积在一起的堆积体。

02.1213　沉积速率　sedimentation rate
沉积物在一定地质时期内堆积的厚度。

02.1214　沉积物通量　sediment flux
单位时间内通过某一断面水体中的沉积物的量。

02.1215　年代地层学　chronostratigraphy
又称"时间地层学"。用同位素测年等技术方法测定岩石和沉积物地质年代研究地层时序的学科。

02.1216　陆源沉积[物]　terrigenous sediment
陆地岩石风化碎屑物质或生物碎屑,通过河流、风和海洋动力等营力搬运至海洋中堆积形成的沉积物。

02.1217　生物沉积[物]　biogenic sediment
由生物遗体或生物分泌物堆积而成的沉积物。

02.1218　火山沉积[物]　volcanic sediment
由火山喷发物(主要是火山灰)堆积而成的沉积物。

02.1219　宇宙沉积[物]　cosmogenous sediment
宇宙物质(包括陨石和宇宙尘埃)进入大气层后落入海洋形成的沉积物。

02.1220　自生沉积[物]　authigenic sediment
由于海水中的化学、生物化学作用所形成的沉积物。

02.1221　浊积物　turbidite
在浊流作用下形成的分选较差的沉积物。

02.1222　事件沉积[物]　event deposit
由风暴潮、浊流等异常事件产生的沉积物。

02.1223　大洋拉斑玄武岩　oceanic tholeiite
产生在海岭、海山等处的富含铝、钠,而钛、钾含量较少的玄武岩。

02.1224　堆积作用　accumulation
颗粒物进行堆积的过程。

02.1225　沉积作用　sedimentation, deposition
物质在风、水和冰川等各种营力作用下进行悬浮、搬运、堆积或沉淀的过程。

02.1226　残留沉积[物]　relict sediment
暴露在海底表层的未被现代沉积所覆盖的第四纪低海面时期形成的沉积物。

02.1227　变余沉积　palimpsest sediment, metarelict sediment
又称"准残留沉积"。被改造过的残留沉积物,但仍保留残留沉积主要特点的残留沉积和现代沉积间的过渡类型。

02.1228 进积作用 prograzation
在海滩、三角洲或冲积扇的前缘,河流携带的泥沙或波浪、潮汐带来的物质在近岸带不断向海一侧堆积增进的过程。

02.1229 退积作用 retrogradation
由于海进,海岸上的物质不断向陆一侧堆积增长的过程。

02.1230 海解作用 halmyrolysis
又称"海底风化作用"。组成海底的各种物质,在海洋环境中不断地发生的物理的、化学的或生物地球化学的变化过程。

02.1231 方解石溶解指数 calcite dissolution index
指示某种方解石溶解作用与各种方解石溶解作用程度的相对含量。

02.1232 碳酸盐旋回 carbonate cycle
大洋沉积层中存在的碳酸盐沉积量的周期性变化。

02.1233 溶解旋回 dissolution cycle
大洋沉积层中存在的碳酸盐溶解量的周期性变化。

02.1234 稀释旋回 dilution cycle
溶液中由于某种组分(如溶剂)的增加,使相应组分(如溶质)的相对含量降低的周期性变化现象。

02.1235 碳酸盐溶跃面 carbonate lysocline
大洋中碳酸盐(钙质生物骨屑)的溶解速率梯度发生急剧变化的深度面。

02.1236 方解石补偿深度 calcite compensation depth,CCD
海洋中方解石生物壳体的沉降速率等于溶解速率时的深度。

02.1237 等深流 contour current
沿大陆坡基脚海底等深线流动的相对稳定的底层流。

02.1238 等深流沉积[岩] contourite
大陆隆上由于等深水流而沉积的具有交错纹层的粉砂沉积物。

02.1239 静海环境 euxinic environment
水循环受到限制而导致的水中含氧量降低或缺氧条件的死水环境。

02.1240 滞流事件 stagnant event
造成静海环境的缺氧事件。

02.1241 缺氧事件 anoxic event
由于海底缺氧,在沉积物中形成黑色、富含有机碳、一般无底栖生物扰动,常含黄铁矿和重金属的海相纹层状沉积层事件。

02.1242 孔隙水 interstitial water, pore water
又称"间隙水","软泥水"。在岩石和沉积物颗粒之间的水溶液。

02.1243 海底热泉 submarine hot spring
又称"洋底热泉"。从海底岩石裂隙喷涌出的热水泉。

02.1244 [海底]热液循环 hydrothermal circulation
在热液活动地区,海水沿着裂隙渗入到围岩,经过岩浆房或其他热源附近时被加热并与围岩进行化学反应而改变其成分后,再从海底岩石喷涌出来的过程。

02.1245 海底热液 submarine hydrothermal solution
在大洋中脊和边缘海扩张轴等位置产生的一种富含多种金属元素(以重金属元素为主)的高温热水。

02.1246 低温溢口 low temperature vent
因热液活动引起的冒溢出初始温度在几度至100℃之间的清澈流体的岩石裂隙。

02.1247 热液流体 hydrothermal fluid
由热液活动喷溢出的水体。

02.1248 热液流体位温 potential temperature of hydrothermal fluid
又称"势温度"。海底热液水柱中某一深度的海水微团绝热上升到海面时所具有的温度。

02.1249 热液交换 hydrothermal exchange
热液流体中金属或非金属浓度随温度、深度、压力的变化,在热力驱动下发生的物质交换过程。

02.1250 热液羽状流 hydrothermal plume
又称"热液柱"。从海底热液喷口喷出,上升到中性浮力面后不再上升,基本局限在一个层面上扩散的热液流体。

02.1251 热液颈 hydrothermal neck
热液羽状流或热液柱自海底热液喷口至中性浮力面之间的部分。

02.1252 热液透镜 hydrothermal lens
热液羽状流或热液柱到达中性浮力面后的水平扩展部分,因呈宽扁透镜状而得名,下部与热液颈连接。

02.1253 海底热液硫化物 submarine hydrothermal sulfide
由高温黑烟囱喷发构成的富含金属元素的硫化物、硫酸盐等矿物集合体。

02.1254 硫化物堆积体 sulfide deposit
主要由黄铁矿、黄铜矿、闪锌矿及方铅矿等硫化物矿物组成的热液沉积物集合体。

02.1255 热液矿化作用 hydrothermal mineralization
热液中成矿物质运移、富集、沉淀成矿的作用。

02.1256 多金属硫化物 polymetallic sulfide
又称"金属硫化物(metal sulfide)"。含 Cu、Zn、Pb、Mn、Fe、Ag、Au 等多种有色金属和贵金属元素的硫化物。

02.1257 块状硫化物 massive sulfide
由热液成矿作用形成的呈块状堆积的金属硫化物。

02.1258 层状硫化物 stratiform sulfide
在海底呈层状分布的热液多金属软泥。

02.1259 浸染状硫化物 disseminated sulfide
由海底热液成矿作用产生的沉积物中呈浸染状分布的矿物沉淀物。

02.1260 网状脉硫化物 stock work sulfide
沿着岩石裂隙呈网状脉分布的热液硫化物。

02.1261 颗粒状硫化物 particulate sulfide
经海底物理化学风化破坏,原来的烟囱倒塌或侵蚀而产生的呈颗粒状分布的硫化物。

02.1262 海底烟囱群 group of smoker
发生在海底同一地点成群分布的多个烟囱的集合体。

02.1263 烟囱体 smoker body
海底热液烟囱的直立部分或产生时曾是直立的部分。

02.1264 残留烟囱 relict smoker
经海底物理化学风化破坏,呈枯树桩状、倒伏状或残存碎片状熄灭的烟囱。

02.1265 先期沉淀 antecedent precipitation
海底烟囱形成过程中,金属含量高的热液硫化物早期沉淀的过程。

02.1266 后期沉淀 epigenetic precipitation
海底烟囱形成过程中,金属含量偏低的热液硫化物晚期沉淀的过程。

02.1267 热液沉积物 hydrothermal sediment
以热液来源为主的海洋沉积物。

02.1268 热液[来]源 hydrothermal source
产生海底热液的源地。

02.1269 黑烟囱 black smoker

自热液喷口喷出黑烟的烟囱,喷口初始温度一般在 250 ~ 350℃。

02.1270　黑烟囱复合体　black smoker complex
由多个或多期黑烟囱喷发形成的构筑物。

02.1271　白烟囱　white smoker
自热液喷口冒出白烟的烟囱,喷口初始温度一般在 100 ~ 250℃。

02.1272　白烟"雪球"　white smoker "snowball"
由白烟囱喷出物构成的白色球状物。

02.1273　硅质烟囱　siliceous chimney
以硅质物为主要组成部分的烟囱。

02.1274　热液丘　hydrothermal mound
由热液产物构成的高度一般不超过 50cm 的土堆。

02.1275　闪微光水　shimmering water
从热液丘的底坡或其他部位冒溢出的闪烁微光的水体。

02.1276　热卤　hydrothermal brine
富含盐类的热液流体。

02.1277　热液矿物　hydrothermal mineral
由热液活动产生的矿物。如高温的黄铁矿、黄铜矿、闪锌矿、方铅矿,中温的黄铁矿、重晶石及低温的蛋白石、绿脱石等。

02.1278　热液自生绿脱石　hydrothermal nontronite
通过热液作用沉淀而成的绿脱石。

02.1279　热液蚀变　hydrothermal alteration
因热液活动引起岩石矿物成分、化学成分及物理化学特性的变化过程。

02.1280　快速扩张　fast spreading
半扩张速率大于 2cm/a 的扩张过程。

02.1281　慢速扩张　slow spreading
半扩张速率小于 2cm/a 的扩张过程。

02.1282　水合物　hydrate
气体或挥发性液体与水相互作用过程中形成的固态结晶物质。

02.1283　水合系数　hydration numbers
天然气水合物晶体中水分子数与气体分子数的比值。

02.1284　笼形包合物　clathrate
小分子物质充填在另一种物质的笼形结构的空间中形成的化合物。

02.1285　天然气水合物　natural gas hydrate, gas hydrate
又称"可燃冰"。天然气与水在高压低温条件下形成的类冰状结晶物质。

02.1286　甲烷水合物　methane hydrate
以甲烷为主要成分的天然气水合物。

02.1287　海洋天然气水合物　marine gas hydrate
分布于海洋的天然气水合物,通常见于水深大于 500m 的深海沉积物中。

02.1288　Ⅰ型结构水合物　structure Ⅰ hydrate
单位晶胞为立方体心结构,分子式为 $6X \cdot 2Y \cdot 46H_2O$,分子通式为 $Gas \cdot 5.75\ H_2O$。

02.1289　Ⅱ型结构水合物　structure Ⅱ hydrate
单位晶胞为菱形立方结构,分子式为 $8X \cdot 16Y \cdot 136H_2O$,分子通式为 $Gas \cdot 5.83\ H_2O$。

02.1290　H 型结构水合物　structure H hydrate
单位晶胞为六方晶系,分子式为 $1X \cdot 3Y \cdot 2Z \cdot 34H_2O$,分子通式为 $Gas \cdot 5.80\ H_2O$,比Ⅰ型和Ⅱ型结构水合物能包容更大的分子,除了 C_1–C_4 烃类气体,还包含一般的原油分子 iC_5 和其他大分子气体的天然气水合物。

02.1291 水合物栓塞 hydrate plugs
低温高压条件下,在天然气输气管道或井孔中形成的、可引起输气管道或井孔堵塞的天然气水合物团块。

02.1292 天然气水合物储层 gas hydrate reservoir
含天然气水合物的沉积物层。

02.1293 天然气水合物稳定带 gas hydrate stability zone, GHSZ
海底沉积物中温度和压力条件适合于天然气水合物形成和稳定分布的沉积物层段。

02.1294 天然气水合物稳定带底界 base of gas hydrate stability zone, BGHSZ
适合于天然气水合物形成和稳定分布的天然气水合物稳定带的下界面。

02.1295 块状天然气水合物 massive hydrate
以块状形式分布于沉积层中富集程度较高的天然气水合物。

02.1296 浸染状天然气水合物 disseminated hydrate
以分散细粒状分布于沉积物孔隙中或以网络状充填于沉积物裂隙中的富集程度较低的天然气水合物。

02.1297 层状水合物 layered hydrate
在沉积物中呈层状分布的富集程度很高的天然气水合物。

02.1298 结核状水合物 nodular hydrate
在沉积物中呈结核状分布的富集程度介于浸染状和块状之间的天然气水合物。

02.1299 天然气水合物相图 gas hydrate phase diagram
表示在稳定存在的温度压力范围内,天然气水合物与气体、水三相之间的物理化学平衡关系图。

02.1300 氯离子浓度异常 chloride anomaly
由于天然气水合物分解产生的淡水的稀释作用,而使地层水出现氯离子浓度降低的异常现象。

02.1301 微生物成因甲烷 microbial methane
沉积物中的有机质在微生物作用下降解产生的甲烷气体。

02.1302 热解成因甲烷 thermal origin methane, thermogenic methane
沉积物中的有机质由于受热,裂解产生的甲烷气体。

02.1303 甲烷碳含量 methane-carbon content
又称"甲烷碳当量"。甲烷气体中碳元素的质量。

02.1304 麻坑 pockmark
海底表面麻点状凹坑状的气体逸出构造。

02.1305 泥底辟 mud diapir
在差异重力作用或挤压作用下,深部沉积物向上拱起并刺穿上覆沉积层,形成穹隆状隆起的一种地质构造。

02.1306 泥火山 mud volcano
地表下的天然气或火山气体沿着地下裂隙上涌,沿途混合泥砂与地下水形成泥浆,涌出地表堆积所形成的地形。

02.1307 碳酸盐岩隆 carbonate rise
天然气水合物的成矿流体在沉积作用、成岩作用以及后生作用过程中与海水、孔隙水和沉积物相互作用所形成的自生碳酸盐矿物组成的隆起。

02.1308 气柱 gas plume
海底沉积物中的气体从喷口大量喷出,在海洋水体中形成的气体柱。

02.1309 自生碳酸盐岩[壳] authigenic carbonate[crust]
天然气水合物的成矿流体在沉积作用、成岩

作用以及后生作用过程中与海水、孔隙水和沉积物相互作用所形成的自生碳酸盐矿物组成的结壳。

02.1310 化学礁体系 chemoherm complexes
由与天然气水合物形成和分布有关的自生碳酸盐岩及其伴生的化学自养生物群落的生物体所形成的礁体系。

02.1311 甲烷喷口 methane vent
在海底天然气水合物分布区或海底热液活动区的一系列喷出富甲烷气体的喷口。

02.1312 冷喷口 cold vent
在海底的喷出温度较低的冷气体的喷口。

02.1313 游离气 free gas
地层中以游离或自由状态存在的天然气。

02.1314 原地微生物生成模式 microbial-gas-generation model *in situ*
在天然气水合物稳定带中天然气水合物的甲烷主要是由原地的微生物作用生成，然后在合适的温度和压力等条件下形成天然气水合物的一种形成模式。

02.1315 孔隙-流体模式 pore-fluid model
甲烷气体来源为原地生物气、从深海向上迁移的生物气和热解气，通过孔隙、断层、泥底辟等运移或渗漏，扩散迁移到水合物稳定带，形成天然气水合物的一种形成模式。

02.1316 陆坡失稳 slope destabilized
由于陆坡沉积物物理性质变化或外来因素（如地震、海啸等）触发而导致的陆坡沉积物稳定性降低的现象。

02.1317 天然气水合物丘 hydrate mound
天然气水合物或含天然气水合物的沉积物在海底形成的丘状体。

02.1318 古深度 paleodepth
某一地质时期的海水深度。

02.1319 古海流 paleocurrent
某一地质时期存在的海流。

02.1320 古盐度 paleosalinity
某一地质时期的海水盐度。

02.1321 古温度 paleotemperature
某一地质时期的地层或海水的温度。

02.1322 古生产力 paleoproductivity
某一地质时期的海洋生物生产力。

02.1323 转换函数 transfer function
在化石群各属种含量定量分析的基础上，通过数理统计技术确定的生物组合与古温度之间的定量函数关系。

02.1324 海因里希事件 Heinrich event
1988 年海因里希（H. Heinrich）根据北大西洋 3 个深海岩芯，发现末次冰期地层中有大于 150μm 冰漂碎屑含量和冷水浮游有孔虫（左旋）*Neogloboquadrina pachyderma* 含量增多的现象所定出的 H1 ～ H6 的变冷事件。

02.1325 新仙女木事件 Younger Dryas event，YD event
又称"YD 事件"。约在 11 ～ 10 千年 BP（^{14}C 年龄）期间的一次气温骤降的短暂事件。

02.1326 氧同位素期 oxygen isotope stage
根据海洋中方解石的氧同位素 $^{18}O/^{16}O$ 比值与水温和同位素成分相关关系划分的地质时阶。

02.1327 氧同位素地层学 oxygen isotope stratigraphy
以氧同位素期作为理论和方法划分地层的学科。

02.1328 古地磁地层学 paleomagnetic stratigraphy
又称"磁性地层学"。根据古地磁学的原理和研究方法划分和对比地层，并研究地层形成的学科。

02.1329 威尔逊旋回 Wilson cycle
加拿大学者威尔逊提出的大洋盆地从生成到消亡的演化循环。

02.1330 地体 tectonostratigraphic terrane
又称"构造地层地体"。豪威尔和琼斯等于20世纪70年代末定义的构造和地层与毗邻区迥异，以断层与毗邻区分割，由远处原生地迁移到目前分布位置的地块。

02.1331 瓦因-马修斯假说 Vine-Matthews hypothesis
英国学者瓦因和马修斯于1963年提出的利用海底扩张和地磁倒转解释海洋条带状磁异常成因的假说。

02.1332 大洋层 oceanic layer
大洋型地壳的第三层，由辉长岩、蛇纹岩化橄榄岩等岩类构成。

02.1333 大洋化假说 oceanizational hypothesis
别洛乌索夫提出的关于海洋地壳形成的一种假说，认为硅镁质大洋地壳是由硅铝质大陆地壳经基性岩化或玄武岩化作用形成的。

02.1334 大陆漂移说 continental drift hypothesis
原由魏格纳提出的，现今的大陆是由古生代时全球惟一的"泛大陆"，于中生代时开始分裂，轻的硅铝质大陆在重的硅镁层上漂移，逐渐达到现今位置的一种大地构造假说。

02.1335 板块构造学 plate tectonics
认为岩石圈的构造单元是板块，板块的边界是洋中脊（或洋隆）、转换断层、俯冲带和地缝合线；由于地幔对流，板块在洋中脊分离、增生，在俯冲带和地缝合线俯冲、消亡、碰撞；板块运动及其相互作用引发了地震、火山和构造运动的地球构造学说。

02.1336 蛇绿岩套 ophiolite suite
包括超基性岩类以及辉长岩、岩墙群、枕状熔岩和燧石在内的一套复杂岩体。

02.1337 泛大陆 pangaea
又称"联合古陆"。一个假定的，曾在古生代晚期和中生代早期存在的，将地球上所有大陆联合为一体，并被原始大洋围绕着的超级大陆。

02.1338 泛大洋 panthalassa
古生代晚期和中生代早期围绕泛大陆的原始大洋。

02.1339 冈瓦纳古[大]陆 Gondwana
又称"南方古陆"。泛大陆的南半球部分，包括现在的印度半岛、阿拉伯半岛、非洲（除阿特拉斯山脉）、南美洲（除西北部）、澳大利亚和南极大陆。

02.1340 劳亚古[大]陆 Laurasia
又称"北方古陆"。泛大陆的北半球部分，包括现在的北美（除西部）和除现在印度半岛、阿拉伯半岛之外的欧亚大陆。

02.1341 微大陆 microcontinent
又称"微型大陆"。分布于海洋中的由大陆型地壳构成的孤立陆块。

02.1342 板块 plate
地球岩石圈层被洋中脊、海沟、转换断层等构造活动带分割形成的不连续板状岩石圈块体。

02.1343 大洋板块 oceanic plate
由大洋型地壳组成的板块。

02.1344 欧亚板块 Eurasian Plate
包括欧亚大陆大部和东北大西洋的板块。西部以大西洋海岭同美洲板块相邻，北达北冰洋，东达亚洲东部海沟带，南部分别与菲律宾板块、澳大利亚板块、印度板块、阿拉伯板块、非洲板块相接的板块。

02.1345 印度洋板块 Indian Plate
又称"印度-澳大利亚板块"。西、北、东、南四界分别为中印度洋海岭、雅鲁藏布缝合线、爪哇海沟、东南印度洋海岭，包括印度半岛和澳大利亚及其邻近海域的板块。

02.1346　非洲板块　Africa Plate
包括大西洋中脊南段以东、印度洋中脊以西、北至地中海、南抵南大洋的板块。

02.1347　太平洋板块　Pacific Plate
东以太平洋海隆为界，北、西、西南都为深海沟，与阿留申岛弧、日本岛弧、菲律宾板块和印度板块接界，南部以海岭同南极洲板块相接的板块。

02.1348　南极洲板块　Antarctic Plate
围绕地球南极分布，并分别与印度–澳大利亚板块、非洲板块、南美洲板块、太平洋板块相接的板块。

02.1349　美洲板块　American Plate
以大西洋中脊为东界，东太平洋海隆为西界的板块。后来被划分为南美洲板块和北美洲板块。

02.1350　南美洲板块　South American Plate
包括南美洲和南大西洋的西部，东以大西洋中脊的南段与非洲板块接界，西界为南美滨太平洋海沟，北部与加勒比板块接触，南部与南极洲相接的板块。

02.1351　北美洲板块　North American Plate
包括北美洲和北大西洋西部的板块，东界为大西洋中脊北段，西界为北美洲西部的太平洋海岭。南北以小安得列斯北端的东西向转换断层和南森—加凯尔海岭与南美洲板块和欧亚板块相接的板块。

02.1352　板内火山活动　intraplate volcanism
发生于板块内部的火山作用。

02.1353　大陆增生　continental accretion
丹纳在 19 世纪提出来的一种假说，认为大陆是在大洋盆地中由逐渐增加的大陆物质围绕着原始的陆核生长起来的。

02.1354　主动大陆边缘　active continental margin
又称"太平洋型大陆边缘(Pacific-type continental margin)"。发生板块俯冲作用，发育海沟、火山弧，有强烈的地震和火山活动的大陆边缘，可分为发育海沟–岛弧–弧后盆地系统的西太平洋型大陆边缘和仅发育海沟–火山弧系统的南美安第斯型大陆边缘。

02.1355　被动大陆边缘　passive continental margin
又称"大西洋型大陆边缘(Atlantic-type continental margin)"。拉张裂离作用显著，断陷盆地发育，缺乏海沟俯冲带，无强烈的地震、火山和造山运动的大陆边缘。

02.1356　板块边界　plate boundary
岩石圈板块之间的接触边界，可分为以洋中脊为代表的离散边界，以岛弧海沟系为代表的汇聚边界和以转换断层为代表的转换边界。

02.1357　离散边界　divergent boundary
又称"建设性板块边界(constructive boundary)"。可以产生新洋壳的板块边界、板块运动彼此分离的界线。在大陆上表现为裂谷带，在大洋中表现为洋中脊。

02.1358　会聚边界　convergent boundary
又称"破坏性板块边界(destructive boundary)"。板块运动彼此会合的界线。在大洋，会聚边界表现为深海沟和俯冲带。

02.1359　转换边界　transform boundary
由转换断层构成的板块界线。

02.1360　安山岩线　andesite line
又称"马绍尔线"。太平洋周围以安山岩分布来划分中酸性和基性两系列岩石的岩相地理界线。

02.1361 转换断层 transform fault
横切洋中脊或俯冲带的一种巨型水平剪切断裂。

02.1362 洋中脊 mid-ocean ridge
在大洋中部线状延伸的海底山脉。

02.1363 大西洋中脊 Mid-Atlantic Ridge
纵贯大西洋中部,与大西洋两岸轮廓平行,呈现 S 形弯曲的巨型海底山脉。

02.1364 印度洋中脊 Central Indian Ridge
大体位于印度洋中部,整个形状歧分三支,成为倒置的"Y"字形延伸的海底山脉。

02.1365 东经 90°海岭 Ninety East Ridge
位于印度洋东部东经 90°的一条近南北走向的海底山脉。

02.1366 海隆 rise
由于构造运动造成的海底隆起。

02.1367 东太平洋海隆 East Pacific Rise
位于太平洋东南部,两坡平缓,相对高度较小,并呈快速扩张的海隆。

02.1368 澳大利亚-南极海隆 Australia-Antarctic Rise
位于澳大利亚与南极洲之间的海隆。

02.1369 无震海岭 aseismic ridge
在大洋中呈线状伸展,地震活动微弱或很少,无中央张裂作用发育的火山性海岭。

02.1370 裂谷系 rift system
有一定联系的裂谷组合,可分为分布于陆壳上的大陆裂谷系、分布于过渡型地壳上的陆间裂谷系和分布在洋壳上的大洋裂谷系。

02.1371 中央裂谷 central rift,median valley
沿洋中脊轴部延伸的巨大的断裂谷。

02.1372 海[底]谷 submarine valley
切割海底而成的伸长谷形凹地。

02.1373 破裂带 fracture zone
海底的一种巨型线性断裂构造。

02.1374 海底扩张 seafloor spreading
由于地幔对流,玄武岩浆由洋中脊涌出、冷却,形成新的洋壳,推动早期形成的洋壳向两侧移动;同时老的洋壳在海沟处俯冲并返回软流圈的洋壳物质循环的过程。

02.1375 大洋型地壳 oceanic crust
简称"洋壳"。分布于大洋盆地之下的地壳,自上而下由沉积层和硅镁层组成,缺失硅铝层(花岗岩层),厚度较薄,平均约 5km,平均密度 $3.0g/cm^3$。

02.1376 [大]洋中脊玄武岩 mid-ocean ridge basalt
在大洋中脊形成的构成洋壳第二层上部的拉斑玄武岩。

02.1377 沟弧盆系 trench-arc-basin system
是西太平洋主动大陆边缘的重要构造体系,海沟-岛弧-弧后盆地系统的简称。

02.1378 海沟 trench
位于大陆边缘或岛弧与深海盆地之间、两侧边坡陡峭的狭长洋底巨型凹地。

02.1379 海渊 abyss
海沟中轮廓清楚的深沟。

02.1380 海槽 trough
一般比海沟浅而小,两侧边坡较缓,剖面呈 U 字形的长椭圆状深海凹地。

02.1381 弧后盆地 back-arc basin
发育于岛弧或火山弧后侧,与岛弧-海沟系有生成关系的扩张盆地。

02.1382 俯冲带 subduction zone
大洋板块和大陆板块相撞时,大洋板块俯冲于大陆板块之下的地带。

02.1383 仰冲带 obduction zone

大洋壳岩片上冲到过渡型地壳和大陆型地壳之上的地带。

02.1384　俯冲板块　subduction plate
两个板块相遇时,向下俯冲的板块。

02.1385　仰冲板块　obduction plate
仰冲到大陆型地壳和过渡型地壳之上的洋壳板块。

02.1386　板块碰撞　plate collision
两个板块之间相向碰撞的过程。

02.1387　碰撞带　collision zone
主动大陆边缘两个大陆、两个岛弧或大陆与岛弧相碰撞的构造带。

02.1388　贝尼奥夫带　Benioff zone
自海沟向岛弧或大陆倾斜的震源带。

02.1389　增生楔　accretionary prism
又称"增生棱柱"。大洋板块在海沟向大陆板块下俯冲时,上部物质被大陆板块刮下来堆积在海沟底部形成的楔状堆积体。

02.1390　岛弧　island arc
大陆与海洋盆地之间呈弧形分布的群岛。

02.1391　火山弧　volcanic arc
由火山岛组成的岛弧。一般是双列岛弧的内弧。

02.1392　环太平洋岛弧　Circum-Pacific Island Arc
由太平洋板块俯冲作用形成的沿太平洋边缘分布的岛弧系列。

02.1393　火山链　chain of volcano
由热点、火山喷发和板块移动形成的呈链条状分布的火山。

02.1394　环太平洋火山带　Circum-Pacific Volcanic Belt
围绕太平洋边缘分布的火山体系。

02.1395　环太平洋地震带　Circum-Pacific Seismic Zone
沿太平洋边缘分布的地震带。

02.1396　弧前　fore-arc
火山弧(内弧)向洋一侧的构造地带,包括弧前盆地等构造单元。

02.1397　弧后　back-arc
火山弧(内弧)向陆一侧的构造地带,包括弧后盆地等构造单元。

02.1398　弧前盆地　fore-arc basin
发育于海沟坡折点与火山弧之间的盆地。

02.1399　弧后扩张　back-arc spreading
岛弧向大陆一侧张裂形成的浅海或弧后盆地扩张的过程。

02.1400　地缝合线　suture zone
两个会聚大陆(或岛弧)板块间碰撞导致的岩石高度变形、变质的线性构造带。

02.1401　特提斯海　Tethys
又称"古地中海"。中生代两个超级大陆——劳亚古大陆和冈瓦那古大陆之间的近东西向延伸的巨大古海洋。

02.1402　磁平静带　magnetic quiet zone
大洋的缺失磁异常条带的分布区。

02.1403　地幔对流　mantle convection
地幔物质由于放射性物质蜕变等原因,热量增加密度减小,形成热物质流上升,到达岩石圈底部再向不同方向分别流动,随着温度的下降,又转向地幔内部运动的过程。

02.1404　地幔隆起　mantle bulge
上地幔软流层相对隆起的部位。

02.1405　地幔柱　mantle plume
呈柱状的热地幔上升流。

02.1406　热点　hot spot
地幔柱在海底的显露点。

02.1407 岩浆热源 magma heat source
地壳某部分来源于岩浆活动或靠近它的岩浆房的热传导的热量。

02.1408 水–岩反应带 water-rock interaction zone

地壳中水分沿岩石裂隙下渗到靠近热源的上方产生的一系列水和岩石的物理化学反应带。通常位于地壳(或海底)以下2km,最大5~6km之上的深度范围。

02.07 极 地 科 学

02.1409 北冰洋气团 Arctic air mass
在北冰洋上形成的极寒且干燥的气团。

02.1410 北冰洋表层水 Arctic surface water
在北冰洋水深200m以浅的上层中,30~50m水层内温盐度在垂直方向上相对均匀,50m以深盐度随深度逐渐增加的水团。

02.1411 北冰洋深层水 Arctic Ocean deep water
又称"北冰洋底层水"。位于北冰洋中层水之下直至洋底,具有几乎不变的盐度(34.93~34.99)和温度的水团。

02.1412 北磁极 North magnetic pole
又称"磁北极"。磁轴的北极方向与地面的交点。

02.1413 北极 North Pole, Arctic Pole
地球表面与地球自转轴北端的交点,泛指北极圈内所包含的地区。

02.1414 北极光 Aurora borealis, northern polar light
来自太阳的高速粒子撞击北极地区上空的气体分子时产生的各种颜色光。

02.1415 北极霾 Arctic haze
来自中纬度的污染物质通过长距离大气输送,在北极冬季形成的长久烟雾层。

02.1416 北极气旋 Arctic cyclone
在北极地区出现的呈反时针方向转动的大气涡旋。

02.1417 北极圈 Arctic Circle
北纬66°33′的纬圈。

02.1418 北极群岛地区 Arctic archipelago region
在北冰洋存在的由多个岛屿组成的具有特殊的海况、冰情和大气环境的地区。

02.1419 冰缘线 ice edge
开阔海域与固定冰区或流冰区间的分界线。

02.1420 冰盖 ice cap, ice cover
地表大范围的常年不融化的冰雪覆盖。

02.1421 冰架 ice shelf
又称"陆缘冰"。大陆冰盖自陆地向海洋伸展,与海岸相连的相当厚的漂浮冰原,高出海面2~50m或更高。

02.1422 冰架水 ice shelf water
由冰架的冰融化后生成的水。

02.1423 冰间湖 polynya
海冰中间因受风和海流的作用或因断裂而形成的封闭水域。

02.1424 冰瀑布 ice fall
一种冰蚀地貌,冰川移动所形成的大的瀑布状冰阶。

02.1425 冰碛 moraine
由冰川携带并最后沉积下来的砾石、石块等的堆积。

02.1426 冰水沉积 glacio-aqueous sediment

冰河沉积、冰湖沉积和冰海沉积的总称。

02.1427　冰心　ice core
钻探冰盖所取得的柱状冰样。

02.1428　冰映光　ice blink
光线在冰面上反射后在低云层底呈现的一种白色或微黄色的闪光。

02.1429　冰原反气旋　tundra anticyclone
暖季存在于北极冰原地区的浅薄的、顺时针大气涡旋。

02.1430　冰沼土　tundra soil
极圈内或高山寒带苔原植被下形成的土壤。

02.1431　长城站　Great Wall Station
1985 年中国在南极建立的第一个科学考察站,位于南设得兰群岛的乔治土岛的法尔兹半岛南端,南纬 62°13′、西经 58°58′。

02.1432　中山站　Zhongshan Station
1989 年 2 月中国在东南极拉斯曼丘陵地区建立的第二个南极科学考察站,位于南纬 69°22′、东经 76°27′。

02.1433　中国北极黄河站　Arctic Yellow River Station, China
2004 年 7 月中国在北极地区的斯匹次卑尔根群岛的新奥尔松建立的科学考察站,位于北纬 78°55′、东经 11°56′。

02.1434　地下冰　ground ice
地壳岩土内所含冰的统称。主要分布在岩石圈 10～30m 以深。按其成因分为埋藏冰、洞脉冰和构造冰三类。

02.1435　东南极　East Antarctica
东半球的南极大陆。

02.1436　西南极　West Antarctica
西半球南极半岛所在一侧的南极大陆。

02.1437　东南极冰盖　East Antarctic Ice Sheet

南极两部分冰盖之一,位于横贯南极山脉以东,占南极冰盖全部冰量的 80% 以上。覆盖于东南极地盾之上构成巨大的冰盾。

02.1438　东南极地盾　East Antarctic Shield
位于东半球横贯南极山脉以东的近盾形区域,由前寒武纪高级变质岩组成,是东南极所具有的地球上最古老的地质构造。

02.1439　东南极克拉通　East Antarctic Craton
东南极的构造稳定区。

02.1440　横贯南极山脉　Trans-Antarctic Mountains
又称"南极横断山脉"。东南极与西南极之间高达 4000m 以上的山脉,是与南极与西南极的分界线。

02.1441　极地　polar region
位于地球南北两极极圈以内的陆地与海域。

02.1442　极地冰川　polar glacier
在南极大陆、北极地区格陵兰等极地发育的冰川。

02.1443　极盖[区]　polar cap
地球两极比极光卵(环带状)纬度更高的区域(磁纬 64°以上)。

02.1444　极盖吸收　polar cap absorption
在强烈的太阳耀斑爆发时,喷射出来的高能质子流沿着地磁力线沉降在极盖区上层大气中,使极盖地区 D 层(高度约 60～90km)的电离急剧增大,通过极盖地区电离层的无线电波被强烈吸收,常使无线电通信中断的现象。

02.1445　极光带电集流　auroral electrojet
极光爆发时出现的电流。

02.1446　极区冰川学　polar glaciology
研究极区冰川运动、冰的流动规律等的学科。

02.1447 极区大气科学 polar atmospheric science

研究极区大气组成、成分及其变化等的学科。

02.1448 极[地]涡[旋] polar low

又称"极地低压"。终年存在于北极地区上空的低气压系统。

02.1449 极夜 polar night

在南北极圈内所发生的太阳终日不升出地平线,夜长达24h的现象。

02.1450 极昼 polar daytime

在南北极圈内所发生的太阳终日不落,昼长达24小时的现象。

02.1451 季节性冰带 seasonal ice zone

随季节消长变化的海冰区。

02.1452 拉森冰架 Larsen Ice Shelf

南大洋威德尔海西北部的广阔长条形冰架。

02.1453 龙尼冰架 Ronne Ice Shelf

南大洋威德尔海顶部西侧较大的冰架。

02.1454 陆缘海冰带 marginal ice zone

南大洋靠近南极大陆边缘的近海海冰带。

02.1455 罗斯冰架 Ross Ice Shelf

南大洋罗斯海的大型冰架。

02.1456 埃默里冰架 Amery Ice Shelf

南大洋普里兹湾南部的大型冰架。

02.1457 密集浮冰区 pack ice zone

浮冰密集分布堆积的海区。

02.1458 南磁极 south magnetic pole

又称"磁南极"。地磁轴南极与地面的交点。

02.1459 南大西洋海流 South Atlantic Current

与南极绕极流的北缘连接在一起的南大西洋中的西风漂流。

02.1460 南极 South Pole, Antarctic Pole

地球表面与地球自转轴南端的交点,泛指南极圈内所包含的陆地与海洋。

02.1461 南极半岛 Antarctic Peninsula

南极洲的主要半岛,位于西南极。

02.1462 南极表层水 Antarctic Surface Water, AASW

在南极辐合带与南极大陆坡之间50~200m上层的低温(−1.9~2.0℃)和相对低盐(<33.0~34.5)的水团。

02.1463 南极冰盖 Antarctic Ice Sheet

覆盖在南极大陆上厚重的冰雪,其平均厚度为2450m,占世界陆地冰量的90%,淡水总量的70%。

02.1464 南极臭氧洞 Antarctic ozone hole

由于平流层的臭氧层损耗而在南极上空形成的臭氧浓度过低的区域。

02.1465 南极底层水 Antarctic Bottom Water, AABW

位于3000~4000m以深的南极海盆底部,由流过狭窄陆架的南极陆架水与绕极深层水以约1:1的比例混合,下沉到海底形成的低温(−1.7~0.0℃),高盐(34.64~34.70)的水团。

02.1466 南极冬季[残留]水 Antarctic Winter [Residual] Water, AAWW

夏季南极水团中未经充分混合并保留着冬季水团性质的水。位于南极表层水之下水温达极小值的水层,其盐度小于34.4。

02.1467 南极辐合带 Antarctic Convergence

又称"南极[海洋]锋(Antarctic Polar Front)"。位于南纬50°~60°之间,向北流动的寒冷南极水下沉至较温暖的亚南极水层之下,而形成环绕南极的表层海水沉降带,并且有明显的海洋锋特征。一般作为划分南大洋中的南极海区和亚南极海区水团的边界。

02.1468 南极辐散带 Antarctic Divergence
位于南纬 60°~65°,除德雷克海峡以东海域外,环绕南极大陆的深层海水涌升带。

02.1469 南极光 Antarctic aurora, Antarctic lights
南极地区来自太阳的高速粒子撞击地球上空的气体分子而产生的各种颜色光。

02.1470 南极烟状海雾 Antarctic sea smoke
南极海面受稳定的冷气团控制而形成的雾。

02.1471 南极角 Antarctic Point
位于南纬 54°04′、西经 36°58′,南乔治亚岛北岸南极湾入口西侧的岬角。

02.1472 南极磷虾 Antarctic krill
生活在南大洋中的小型甲壳动物,主要以浮游植物为饵料,是南大洋生态系统食物链中的关键种类。

02.1473 南极陆架水 Antarctic Shelf Water
位于南极陆架之上季节跃层之下的水团,其温度小于–1.7℃,盐度通常为 34.6,当盐度大于等于此值时称为南极高盐陆架水,小于此值时称为南极低盐陆架水。

02.1474 南极陆坡锋 Antarctic slope front
在南极大陆坡附近绕级深层水与南极表层水之间在次表层(200~600m)形成的锋面。

02.1475 南极圈 Antarctic Circle
南纬 66°33′的纬圈。

02.1476 南极绕极流 Antarctic Circumpolar Current
自西向东穿过太平洋、大西洋、印度洋等大洋,环绕南极大陆流动的强劲海流。

02.1477 绕极深层水 Circumpolar Deep Water, CDW
在海面以下几百米到 3000~4000m 之间的南大洋水团,温度为 0.0~2.0℃,盐度为 34.65~34.80。

02.1478 南极沿岸流 Antarctic coastal current
沿着南极大陆边缘自东向西流动的海流。

02.1479 南极中间水 Antarctic Intermediate Water, AAIW
以南极辐合带为其北界,处于南极表层水与绕极深层水之间的水团,其温度为 2.2~3.0℃,盐度为 33.8~34.3。

02.1480 南极洲 Antarctica, Antarctic Continent
地球七大洲之一,位于地球最南端,在南极点四周,为冰雪覆盖的大陆,总面积约 1400 万 km^2。

02.1481 南极洲陨石 Antarctic meteorites
存在于南极洲地区的陨石。

02.1482 斯科特冰川 Scott Glacier
源于丹吉洛陡崖和豪山附近的极地高原上的长 120n mile 的大冰川。

02.1483 威尔克斯冰下盆地 Wilkes Subglacial Basin
位于东南极的一个冰下大盆地。

02.08 环境海洋学

02.1484 城市污水 municipal sewage
城市地区的生活污水、工业废水和径流污水的总称。

02.1485 持久性有机污染物 persistent organic pollutant, POP
毒性极高,在海洋环境中持久存在,能通过食物链在生物体内富集并危害人体健康的有机污染物。

02.1486　大气输入　atmosphere input
物质通过干沉降、降水和直接交换由大气进入海洋的过程。

02.1487　点源污染　point source pollution
具有固定排放口和地点的环境污染。

02.1488　二次污染　secondary pollution
进入海洋环境中的污染物在物理、化学和生物作用下对环境产生的再次污染。

02.1489　放射性废物　radioactive waste
放射性核素活性超过国家规定限值的固体、液体和气体废弃物的统称。

02.1490　海洋放射性污染　marine radioactive pollution
由放射性物质造成的海洋环境破坏。

02.1491　放射性污染物　radioactive pollutant
造成放射性污染的各种放射性核素。

02.1492　非点源污染　non-point source pollution
又称"面源污染"。狭义:各种没有固定排放口或地点的环境污染。广义:难于按点污染源进行管理的污染源的统称。

02.1493　富营养化　eutrophication
水体中氮、磷等营养物质含量过高的现象。

02.1494　工业废水　industrial wastewater
各类工矿企业生产过程中排出的一切液态废弃物的总称。

02.1495　固体废物　solid waste
人类在生产过程和社会生活活动中产生的不再需要或没有利用价值而被遗弃的固体或半固体物质。

02.1496　固体废物污染　solid waste pollution
固体废物排入环境所引起的环境质量下降而有害于人类及其他生物的正常生存和发展的现象。

02.1497　海洋环境　marine environment
地球上海和洋的总水域,按照海洋环境的区域性可分为河口、海湾、近海、外海和大洋等,按照海洋环境要素可分为海水、沉积物、海洋生物和海面上空大气等。

02.1498　海洋环境沾污　marine environmental contamination
人类直接或间接地把物质或能量引入海洋环境,以致发生减损海洋环境质量,但尚未达到所定义的污染的程度。

02.1499　海洋倾倒　ocean dumping
利用船舶、航空器、平台或其他运载工具向海洋处置废弃物及其他物质的行为。包括向海洋弃置船舶、航空器、平台和海上人工构造物的行为。

02.1500　海洋石油污染　marine petroleum pollution
石油及其产品在开采、炼制、储运和使用过程中进入海洋环境而造成的有害影响。

02.1501　海洋污染　marine pollution
人类直接或间接地把物质或能量引入海洋环境,以致发生损害生物资源、危害人类健康、妨碍包括渔业在内的海洋活动、损害海水使用素质和降低或毁坏环境质量等有害影响。

02.1502　海洋污染物　marine pollutant
由于人类活动而直接或间接进入海洋环境,并能产生有害影响的物质或能量。

02.1503　海水养殖污染　marine aquaculture pollution
残存的饵料、排泄的废物、施用的化肥以及消毒剂和其他药物等污染了养殖水体及邻近水域,使污染物含量超过正常水平,从而使水体生态功能受到影响的现象。

02.1504　海洋化学污染物　chemical pollutant in the sea
引起海洋环境污染的各类化学物质。

02.1505　焦油球　tar ball
又称"沥青球"。溢入海洋的石油经过长期的风化作用变成的一种黑色或褐色的形状不一的油球。

02.1506　海洋农药污染　marine pollution of pesticide
因施用农药对海洋环境和生物产生的危害。

02.1507　海洋热污染　marine thermal pollution
人类生产活动向海洋排放高于周围海水温度的废水引起的危害环境的现象。

02.1508　生活污水　domestic sewage
人们日常生活中产生的各种污水的总称。

02.1509　生物污染物　biological pollutant
对人类有害的病毒、细菌、寄生虫等病原体和变应原等。

02.1510　污染源　pollution source
造成环境污染的污染物发生源。

02.1511　海洋无机污染　marine inorganic pollution
由于自然或人为活动产生的无机物质在海洋环境中造成的危害。

02.1512　无机污染源　inorganic pollution source
对环境造成污染的无机物发生源。

02.1513　溢油　oil spill
由于油的生产、提炼、装卸、储存、运输、使用和处置等不当造成油的流失,从而对水生生物及其他生物造成损害,并且影响视觉和美学的现象。

02.1514　营养盐污染　nutrient pollution
过量氮和磷等植物营养物质对海水环境造成的危害。

02.1515　海洋有机污染　marine organic pollution
由于自然或人为活动等原因产生的有害有机物质在海洋环境中聚集所造成的危害。

02.1516　有机污染源　organic pollution source
进入环境并且污染环境的有机化合物发生源。

02.1517　海面油膜　oil slick
油类在海水表面上形成的薄膜。

02.1518　油膜扩散　oil slick spread
油膜面积随水体运动扩大的现象。

02.1519　油污染　oil pollution
工业生产过程中排出的油类物质及其衍生物进入环境后所造成的环境质量下降,影响人群和生物正常生存的现象。

02.1520　原油污染　crude oil pollution
原油进入海洋后降低了海洋的自净能力造成一定范围的海水、海滩和海底污染的现象。

02.1521　海洋重金属污染　marine heavy metal pollution
由于重金属而引起的海洋大气、水质、沉积物及生物污染等的统称。

02.1522　赤潮毒素检测　detection of red tide toxin
通过化学、生物等方法对海洋藻类、贝类及鱼类体内由赤潮藻类产生的毒素的分析测定。

02.1523　海水水质标准　seawater quality standard
按照海水用途所规定的海水水质污染最高容许限度。

02.1524 海洋环境科学 marine environmental science

研究自然和人类活动引起海洋环境变化,造成的影响和保护海洋环境的学科。

02.1525 海洋污染化学 marine pollution chemistry

应用化学原理研究海洋污染中各种问题的学科。

02.1526 海洋污染物的迁移转化 transport and fate of marine pollutant

在海洋环境中,污染物通过参与物理、化学或生物过程而产生空间位置的移动,或由一种地球化学相向另一种化学相转移的现象。

02.1527 海洋无机物环境化学 environmental chemistry of marine inorganic matter

研究无机物质在海洋环境中所发生的化学现象以及对环境和生态系统产生影响的学科。

02.1528 海洋有机物环境化学 environmental chemistry of marine organic matter

研究有机物质在海洋环境中所发生的化学现象以及对环境和生态系统产生影响的学科。

02.1529 化学需氧量 chemical oxygen demand, COD

水体中易被强氧化剂氧化的还原性物质所消耗氧化剂折算成氧的量。

02.1530 陆源污染物 terrigenous pollutant

由陆地进入海洋的污染物。

02.1531 陆源有机物 terrigenous organic matter

通过径流、大气输送和其他途径由陆地进入海洋的有机物质。

02.1532 缺氧水 anoxic water

交换受到限制,耗氧速率大于复氧速率的水体。

02.1533 溶解氧饱和度 dissolved oxygen saturation

现场的溶解氧与相同条件下饱和溶解氧的比值。

02.1534 生化需氧量 biochemical oxygen demand, BOD

水中有机污染物在好氧微生物作用下,进行好氧分解过程中所消耗水中溶解氧的量。

02.1535 安全浓度 safe concentration

又称"容许浓度"。污染物质对生物不产生有害作用的含量值。

02.1536 半数效应浓度 median effective concentration, EC_{50}

化学物质在毒性实验中能引起50%海洋生物产生某种效应的浓度值。

02.1537 贝类传染病毒 shellfish contagious virus

水生贝类所携带的传染性病毒。

02.1538 残毒含量 residual level

有毒物质在生物体内残留的量。

02.1539 残毒积累 residue accumulation

有毒污染物在人和生物体内残留和蓄积的现象。

02.1540 海洋生物毒性试验 test of marine organism toxicity

通过受试生物检验污染物对海洋生物毒性大小或效应的方法。

02.1541 浮游植物水华 phytoplankton bloom

由于水温、盐度、营养盐、光照等环境条件适宜,浮游植物以很大密度和生长速度突然出现的现象。

02.1542 海洋病原体污染 marine pathogenic

pollution

由于人类活动使致病性细菌、病毒和寄生虫等进入海洋水体、底质和生物体所带来的危害。

02.1543　海洋放射生态学　marine radioecology

研究放射性污染物与海洋生物相互作用规律的海洋生态学的分支学科。

02.1544　海洋石油降解微生物　marine petroleum degrading microorganism

又称"海洋烃类氧化菌"。广泛存在于海洋环境中,以石油烃类作为碳源,从中获取能量进行生长繁殖的各类异养微生物的总称。

02.1545　海洋污染累积种　accumulation species of marine pollution

用来指示海洋环境污染状况的对污染物质有高的浓缩或累积能力的生物种。

02.1546　海洋污染评价种　critical species of marine pollution

用于评价海洋污染程度的生物种。

02.1547　海洋污染生态学　marine pollution ecology

研究海洋生物与受污染环境之间产生相互作用的机理和规律的学科。

02.1548　海洋污染生物监测　biological monitoring for marine pollution

利用海洋生物个体、种群或群落对环境变化所产生的效应,从生物学的角度来阐明环境污染状况,为环境质量的评价提供依据的测试。

02.1549　海洋污染生物效应　biological effects of marine pollution

海洋污染对生物的个体、种类、群落乃至生态系统造成的有害影响。

02.1550　海洋污染指示种　indicator species of marine pollution

对海洋环境污染非常敏感,可用以反映海洋环境污染的性质和程度的生物种。

02.1551　生态毒理学　ecotoxicology

研究化学物质对生态系统中生物群落所产生的毒性毒理学影响,污染物在环境中的行为及其与环境因素相互作用的学科。

02.1552　生态压力　ecology pressure

生态系统所承受的来自人类活动的压力。

02.1553　生物半排出期　semi-drain time for lives

某种放射性元素自生物体内排出一半所需的时间。

02.1554　生物标志物　biomarker

用于监测和评价能够导致生物有机体的生物化学和生理学改变的化学污染物。

02.1555　生物放大　biomagnification

生物有机体内污染物质的浓度随食物链的延长和营养等级的增加而增加的现象。

02.1556　生物净化　biological purification

通过生物类群的代谢作用使环境中污染物质的数量减少、浓度下降、毒性减轻甚至消失的过程。

02.1557　生物累积　bioaccumulation

海洋生物从周围环境中蓄积某些元素或难分解的化合物,并随生物的生长发育,浓缩系数不断增加的过程。

02.1558　生物敏感性　bio-sensitivity

生物对环境的敏感程度。

02.1559　生物浓缩　biological concentration

生物机体或在同一营养级上的多种生物种群,从所栖息的环境中蓄积化学物质使生物体内化学物质浓度大于环境中浓度的过程。

02.1560　生物清除　biological scavenging

利用微生物和藻类等生物的新陈代谢作用将海洋污染物质降解或转化成低毒或无毒物质的过程。

02.1561　生物输入　biological input
由生物体携带到海水和沉积物中的物质。

02.1562　生物整治　bioremediation
又称"生物修复"，"生物改良（bioreclamation）"。用生物方法在污染现场将有机污染物质降解转化为无害的物质，从而改善环境质量的方法。

02.1563　污染生物指标　pollution organism indicator
在海洋污染生物监测中，利用所选指示生物种类因海洋污染而引起自身某些生物学变化来判断污染程度的一种标志。

02.1564　污染指数　pollution index
又称"环境质量综合指数"。综合地描述海洋环境污染程度或环境质量等级的指数。

02.1565　营养负荷　nutrient loading
环境能够承纳的营养物的水平。

03. 海 洋 技 术

03.01　海 洋 工 程

03.0001　海岸工程　coastal engineering
为海岸资源开发利用，针对各种海岸环境所采取的措施及构建的相应的建筑物。

03.0002　海岸防护工程　coastal defences
保护海岸、抵御海岸动力侵蚀的设施的总称。

03.0003　护岸[工程]　shore protection engineering
保护岸坡、防止波浪和海流侵蚀的工程设施。

03.0004　海堤　seawall, sea dike
用于挡潮、防浪，保护海岸或河口海滨的水工建筑物。

03.0005　丁坝　groin
与海岸成一定角度向外伸出，具有保滩和挑流作用的护岸建筑物。

03.0006　顺坝　longitudinal dike, parallel dike
大致与岸平行布设的护岸建筑物。

03.0007　潜堤　submerged dike
堤顶低于水面的护岸建筑物。

03.0008　护坡　side-slope protection work
防止堤岸坡面遭受冲刷侵蚀而铺筑的设施。

03.0009　保滩建筑物　beach protection structure
保护滩面，防止波浪、海流等侵蚀的工程措施。

03.0010　植物护滩　beach protection by plantation, beach protection by vegetation
利用植物使滩涂免受波浪、海流侵蚀的一种措施。

03.0011　人工育滩　beach nourishment
采用机械或水力方法供沙的技术，恢复原有沙滩或形成新沙滩的工程措施。

03.0012　旁通输沙　sand bypassing
把海滩淤积处的泥沙用管道跨越水工建筑物输移到被侵蚀的海滩或形成新海滩的措施。

03.0013　土工织物　geotextile, geofabric
用合成纤维纺织或经胶结、热压针刺等无纺工艺制成的，供土木工程用的具有透水性的卷材。

03.0014 挡潮闸 tide sluice
建于滨海地段或感潮河口附近,用于挡潮、蓄淡、泄洪、排涝的水闸。

03.0015 港口 port, harbor
有水、陆域及各种设施,供船舶进出、停泊以进行货物装卸存储、旅客上下或其他专门业务的地方。

03.0016 海港 seaport, sea harbor
滨海的港口,广义包括入海河口港。

03.0017 商港 commercial port
主要供商船进出靠泊和进行货物装卸、旅客上下的港口。

03.0018 渔港 fishery port, fishing harbor
为渔业生产服务,供渔船靠泊装卸,设有水产加工、冷藏、储运等设施的港口。

03.0019 侵蚀 erosion
在风、浪、流作用下,岸滩表面物质被逐渐剥落分离的过程。

03.0020 港口工程 port engineering, harbor engineering
兴建、扩建或改建港口的建筑物的工程活动及相关设施。

03.0021 港界 port boundary, port limits
港口管理机构管辖的水、陆域的边界线。

03.0022 港区 port area
港界以内的区域,包括陆域和水域。

03.0023 港址 harbor site
拟建港口或已建港口所在的地点。

03.0024 港口水域 waters of port
港界以内的水域。包括进港航道、制动水域、回旋水域、码头前停泊水域、港池、连接水域及港内航道、锚地等。

03.0025 开阔海域 exposed waters, open waters
无任何天然屏障或人工建筑物掩护、直接承受风浪作用的水域。

03.0026 掩护水域 sheltered waters
有半岛、海岛或防波堤等水工建筑物阻挡外海风浪直接作用的水域。

03.0027 航道 navigation channel
供船舶航行或进出港区水域的水上通道。

03.0028 锚[泊]地 anchorage area, anchorage
供船舶停泊(抛锚或系浮筒)和进行各种水上作业(例如联检、编解队、过驳等)的水域。

03.0029 港口陆域 port land area, port terrain
港界线以内的陆地区域。

03.0030 港口腹地 harbor hinterland, port back land
港口吞吐货物和旅客集散所及的地区范围。

03.0031 港口淤积 harbor siltation
在港口水域(港池、航道、回旋水域、锚泊地等)内发生的泥沙沉积的现象。

03.0032 港口设施 harbor accommodation
港界内的水工建筑物、陆上建筑物及所有装卸机械等的总称。

03.0033 码头 wharf, pier, quay
供船舶停靠并装卸货物和上下旅客的建筑物,广义还包括与之配套的仓库、堆场、道路、铁路和其他设施。

03.0034 顺岸码头 parallel wharf, marginal-type wharf
前沿线平行于岸线的码头。

03.0035 浮式码头 floating-type wharf, floating pier, pontoon wharf

由趸船和活动引桥(或再接一段固定引桥)组成的码头。

03.0036 岛式码头 detached wharf, offshore terminal

修建在大陆架内,离岸线较远,一般不具防浪设施的水域中的码头。

03.0037 栈桥 trestle

在桩上或墩柱上设置梁板系统而组成的连接码头与陆域的排架结构物。

03.0038 泊位 berth

港区内供船舶安全停泊并进行装卸作业所需要的水域和相应设施。

03.0039 港口堆场 storage yard

又称"港区堆场"。在港区内堆存货物的露天场地。

03.0040 港区仓库 warehouse

设于港区供装船货物集结及卸船货物临时和短期储存的建筑物,包括陆上和水上仓库。

03.0041 沉箱 caisson

有底的矩形或其他形状舱板的薄壁钢筋混凝土箱形结构物。

03.0042 沉井 sinking well, open caisson

各种形状的无底筒式结构物,用于浇筑混凝土的基础工程。

03.0043 管柱 tubular pile

打入地基内把荷载及上部结构重量传入地基的圆形薄壁空心结构物。

03.0044 板桩 sheet pile

打入地基内把荷载及上部结构重量传入地基的板型结构物。

03.0045 群桩 pile group

由多根桩组成的人工基础,用以承受荷载及建筑物重量,并传至地基。

03.0046 基床 foundation bed, bedding

直接支承建筑物、构筑物并扩散上部结构荷载传给地基的持力层。

03.0047 地基承载能力 foundation capability

地基单位面积上容许承受的荷载。

03.0048 防波堤 breakwater

建在港口水域或其某部分外围,阻挡波浪直接侵入港内,使港内水面相对平静、船舶能安全靠泊和装卸的建筑物。

03.0049 防沙堤 sediment barrier

又称"拦沙堤"。防止或减少泥沙侵入港口或航道的水工建筑物。

03.0050 导[流]堤 jetty, training mole

用于改变水流流向或调整流量分配的水工建筑物。

03.0051 突堤 mole

一端与岸连接,一端伸入海中的实体防浪建筑物。

03.0052 岛式防波堤 detached breakwater, isolated breakwater

不与岸连接的防波堤。

03.0053 斜坡式防波堤 sloping breakwater, mound breakwater

两边为斜坡,由抛筑(有时局部砌筑)块石、混凝土块体或其组合而成的防波堤。

03.0054 直立式防波堤 vertical-wall breakwater, upright breakwater

两边迎水面直立或近于直立的墙体构成的防波堤。

03.0055 混合式防波堤 composite breakwater

部分为直立式、部分为斜坡式防波堤。

03.0056 浮式防波堤 floating breakwater

由浮体和锚泊系统组成的防波堤。

03.0057 护面块体 armor unit, armor block
安放在防波堤面层,起抵御波浪的作用,保护堤心块石不被冲淘滚落的各种形式的预制构件。

03.0058 港作船 harbor boat
不直接参加客货运输,专门为港口生产服务的水上运输工具。包括引水船、港作拖轮、供应船、消防船、交通船等。

03.0059 集装箱船 container ship
专门运载集装箱的特种水上运输工具。

03.0060 滚装船 ro-on/ro-off ship
用于运输由集装箱连同滚车底盘组成的单元的专门水上运输工具。装卸货物时,用拖车或叉车直接带动货物单元进、出船舱。

03.0061 引航船 pilot vessel
专门用于接送引航员的水上运输交通工具。

03.0062 船厂 shipyard
用于修造船舶的陆上和水上建筑物及有关设备的总称。

03.0063 修船码头 repairing quay
供船修理时停靠的水上建筑物。

03.0064 船台 ship-building berth
专门用于修造船舶的场地。

03.0065 滑道 slipway
船舶上墩下水用的轨道。

03.0066 船坞 dock
建造或检修船舶的大型水工建筑物。包括干船坞和浮船坞。

03.0067 舾装码头 equipment quay
专供船体下水后,安装船机、管系、电气设备以及船舶上部建筑等工作的水工建筑物。

03.0068 整治工程 training works
为使船舶能顺利安全通航所采取的改善航道及有关水域的工程措施。包括修建水工建筑物、疏浚、炸礁等。

03.0069 河口治理 estuary improvement
为改善河口航运、排洪等,所进行的改造、加固、治理或稳定河流的工程。包括疏浚和修建整治建筑物。

03.0070 疏浚工程 dredging engineering
采用机械或人工方法进行的水下土石方挖除工程的活动。

03.0071 导航设备 navigation equipment
供船舶定位、确定航线、避免危险,使船舶在航道或预定航线顺利航行的仪器装置。

03.0072 航标 navigation aid
以特定的实体标志(形状、颜色)、灯光、音响、无线电信号等表示自身位置,用以帮助船舶定位,引导船舶航行,或表示警告、指示碍航物的助航设施。

03.0073 灯塔 light house
装有发光灯的目标显著的塔形巨型航标建筑物。

03.0074 灯船 light vessel
具有船体外形的较大的锚泊发光浮动航标。

03.0075 卫星导航系统 satellite navigation system
利用人造地球卫星进行导航的系统。整个系统由多个导航卫星、地面站和卫星导航定位设备组成。

03.0076 全球定位系统 global positioning system, GPS
一种覆盖全球的精确的卫星导航系统,已为全球普遍使用。

03.0077 围海工程 sea reclamation works
为围圈岸滩、河口或河口汊道、海湾,形成可供资源综合开发的陆域所采取的措施及相应建筑物。

03.0078 围堰 cofferdam
围护水工建筑物的施工场地,使其免受水流或波浪影响的临时挡水建筑物。

03.0079 水下爆破 underwater blasting
对水下介质进行爆破的技术。

03.0080 起重船 floating crane craft
又称"浮吊"。装有起重设备,供筑港、水工建筑物、水下打捞和港口装卸等需要,在水上吊移重物的船舶。

03.0081 打桩船 floating pile driver
在甲板端部或中部设有打桩或压桩设备,专为水上工种打桩的船舶。

03.0082 挖泥船 dredger
装有挖泥机械设备,专门用于挖取水下泥沙的船舶。

03.0083 抛泥区 mud dumping area
经划定批准,供抛卸疏浚工程中所挖取的泥沙的水域。

03.0084 扫海 bed sweeping
对使用水域的底部进行扫测的作业。有软扫海、硬扫海。

03.0085 海洋工程物理模型 ocean engineering physical model
将研究对象原型如波浪、水流、泥沙、结构等按一定的相似准则缩制而成供模型试验研究的实体模型。

03.0086 海洋工程复合模型 ocean engineering hybrid model
数学模型和物理模型相结合的海洋工程模型。

03.0087 造波机 wave generator, wave maker
用以模拟波浪的整套系统。

03.0088 波浪水槽 wave flume, wave tank
一种波浪断面模型试验用的、长形的基本设备。它装有可产生模型波浪的造波机,有时还有产生水流和风的设备。

03.0089 波浪水池 wave basin
一种较浅的、长宽比较小的波浪模型试验用的基本设备。它装有可产生模型波浪的造波机,有时还有产生水流的设备。

03.0090 海洋土工试验 marine geotechnical test
所有测定海底岩土的物理、力学指标的室内外试验的总称。

03.0091 重现期 return period
大于等于或小于等于某一水平的随机事件在较长时期内重复出现的平均时间间隔,常以多少年一遇表达。

03.0092 近海工程 offshore engineering
又称"离岸工程"。在近海水域(通常指大陆架范围以内)进行海洋资源开发和空间利用所采取的各种工程设施和技术措施。

03.0093 海洋环境荷载 marine environmental load
由海洋的风、波浪、海流、冰等水文和气象要素在海洋工程设施上引起的作用力。

03.0094 海洋工程水文 engineering oceanology, engineering oceanography
为海洋工程规划、设计、施工、管理、运行、决策提供水文依据的学科。

03.0095 海洋工程地质 marine engineering geology
研究与海洋工程活动有关的地质环境及其评价、合理利用和保护的学科。

03.0096 人工岛 artificial island
在近岸浅海水域中人工建造的陆地和海上建筑物。

03.0097 固定式人工岛 fixed artificial island
用人工填海或桩基结构物构成的固定在海

底的人工岛。

03.0098   浮动式人工岛   floating artificial island
用浮式结构物构成的锚泊在海底的人工岛。

03.0099   横摇   roll
船舶或漂浮状态的海洋结构物在波浪等外力的作用下产生的绕纵轴倾斜的周期性运动。

03.0100   纵摇   pitch
船舶或漂浮状态的海洋结构物在波浪等外力的作用下产生的绕横轴倾斜的周期性运动。

03.0101   艏摇   yaw
船舶绕垂直轴在水平面内所做的周期性摆动。

03.0102   垂荡   heave
船舶或漂浮状态的海洋结构物沿垂直轴的上下升降运动。

03.0103   横荡   sway
船舶或漂浮状态的海洋结构物沿其横轴的周期性左右运动。

03.0104   纵荡   surge
船舶或漂浮状态的海洋结构物沿其纵轴的周期性前后运动。

03.0105   浮力沉垫   buoyant mat
沉垫自升式钻井平台和座底式钻井平台为减小坐落海底时对海床地基的压力所采用的具有巨大底面积的水密箱型结构。

03.0106   水下信标   subsea beacon
设置在水下发射声学信号以标识位置的装置。

03.0107   动力定位   dynamic positioning
用声波测量偏移,借助于推力器来自动保持船舶或浮动平台位置的技术。

03.0108   固定式结构   fixed structure
上部结构伸出海面、借助桩基结构物固定或依靠自身重量座落于海床,并在较长时间内保持固定位置的结构。

03.0109   导管架桩基平台   jacket pile-driven platform
工作甲板在导管架的顶部,高于海面以上,并用钢桩穿过导管固定于海底的平台。

03.0110   重力式平台   gravity platform
利用自身的重力稳坐于海底的平台。

03.0111   顺应式结构   compliant structure
利用拉索、张力装置、万向接头等构件对海上结构物在外荷载作用下产生的 6 个自由度的运动加以某种限制与约束,以达到对定位的要求的一种半固定结构。如拉索塔平台、张力腿平台、铰结柱式平台等。

03.0112   拉索塔平台   guyed-tower platform
由垂直的塔形结构支承于海底,顶部的工作甲板高于海面以上,用多根锚索向周围拉紧,使塔不易倾斜并吸收风浪向它袭击的载荷的平台。

03.0113   浮式结构   floating structure
用各种方式约束,漂浮于海面上的结构物。

03.0114   锚泊结构   anchored structure
用链(或缆)系泊于海底锚体而漂浮于海面的结构物。

03.0115   系泊设施   mooring facilities
狭义:供船舶停靠并通过它来对船舶完成石油、天然气、水或其他管道系统传送货物装卸作业的锚泊浮式结构。广义:使浮体约束于海上某位置的结构。

03.0116   单点系泊   single-point mooring, SPM
狭义:在海上设置单个浮筒,供船舶停靠并进行装卸作业的系统。广义:在海上提供一个点来约束浮体的一种方式。

03.0117　多点系泊　multipoint mooring
狭义:在海上设置多个浮筒,供船舶停靠并进行装卸作业的系统。广义:在海上提供多个点来约束浮体的一种方式。

03.0118　叉臂系泊系统　yoke mooring system
用以连接单点系泊系统和船舶的刚性结构系统。

03.0119　单锚腿　single anchor leg
一根打入海底深处的固定锚缆(链)用的桩,用以约束浮体。

03.0120　万向接头　knuckle joint
在水平面内有相互垂直轴线的铰接装置,可作任意方向运动,用以联接相对做摇摆式倾斜运动的近海工程构件。

03.0121　海底管道　submerged pipeline, undersea pipeline
布设在海底用于输送液体、气体或者松散固体的管道及其支撑结构。

03.0122　水下结构　underwater structure
处于水下的油气生产设施和设备。

03.0123　支承结构　supporting structure
用于支承甲板装置的海洋工程基础结构。

03.0124　甲板装置　deck unit
又称"平台上部结构"。包括上部设施与设备的支撑结构在内的所有建筑结构。

03.0125　井口装置　cellar connection
海上石油钻采井口高出泥面以上的井口盘、隔水导管及防喷器的统称。

03.0126　管汇系统　manifold system
海上油气开发工程中多根油气管道交汇的集合体。

03.0127　立管　riser
连接海底管道与海洋工程结构物上生产设备之间的管道。

03.0128　隔水套管　drill conductor
海上钻井时从甲板井口至水下井口的管柱。

03.0129　模块　module
在海洋工程中专指整个系统的设备和设施按工艺要求组装在钢构架内,可整体运输和吊装的集装块。

03.0130　火炬臂　flare boom
外形类似于起重机吊臂,在顶端装有试油燃烧器的桁架式转臂。

03.0131　浮式软管　floating hose
漂浮在水面或水下的柔性管道。

03.0132　管状构件　tubular element
具有管形断面的构件。

03.0133　管结点　tubular joint
由一个或多个作为撑杆的圆管焊接到作为弦杆的圆管表面而形成的导管架平台结点。

03.0134　裙板　skirt plate
沉垫自升式钻井平台和座底式钻井平台为在风浪中防止水流淘空现象的发生而在沉垫底部四周和中央设置的垂直的网格状钢板。

03.0135　深海工程　deep sea engineering
在深海水域进行的海洋资源开发和空间利用所采取的各种工程设施和技术措施。

03.0136　陆上预制　land fabrication
安装在外海自然条件比较恶劣的海域的海洋工程结构不能在海上制造,其大部分组件在陆上预先制造的工作。

03.0137　下水　launching
海洋结构物从平台滑道上滑入水中的过程。

03.0138　海上拖运　marine towage
将陆上预制好的结构组件(模块)采用驳船或利用组件自身的浮力装置由拖轮拖航至

海上安装地点的过程。

03.0139 海上安装 marine installation
各种海洋工程陆上预制的组件在海上预定
作业地点组装的过程。

03.0140 水下机器人 undersea teleoperator, underwater robot
由水面遥控或有人工智能,能在水下进行综
合作业的机电装置。

03.0141 水下通信 underwater communication
在水下进行数据、语言、文字、图像、指令等
信息传递的技术。

03.0142 水下切割 underwater cutting
在水下切割金属的工艺。

03.0143 水下焊接 underwater welding
在水下焊接金属的工艺。

03.0144 水下铺管 underwater pipeline laying
在水底铺设输送淡水、石油和天然气管道的
施工技术。

03.0145 海上定位 marine positioning
确定海洋结构物在海上位置的过程。

03.0146 海上起重 marine crane
在海上由载有起重设备的专用船吊起海洋
工程组件,以进行海洋工程设施安装、维修、
搬运作业的工程。

03.0147 海底平整 undersea leveling
用工程方法把计划构建海上建筑物的海底
修平的措施。

03.0148 水下勘探 underwater exploration
水下工种在设计和施工之前进行选址以及
了解地貌、地质和海洋环境条件的准备工
作。

03.0149 破坏概率 failure probability

又称"危险率"。按某一重现期海况设计的
海洋工程建筑物在使用年限内可能遭受超
过设计海况袭击而损坏的概率。

03.0150 疲劳断裂 fatigue break
结构物在使用过程中,由于交变应力的长期
作用,局部引起裂纹,并不断扩展直至断裂
的现象。

03.0151 海难救助 marine salvage
外来力量对遭受海难的船舶、货物或人员所
进行的救助行为。

03.0152 救生载具 survival craft
用以承载受难落水人员,使其不致浸泡于水
中的一种救生设备。

03.0153 救生浮具 buoyant apparatus
能支持额定人员在水中漂浮,且在结构上能
保持形状和性能的一种救生设备。

03.0154 打捞 salvage
用浮力装置和起重设备使沉没在海底的船
舶或设备浮出水面以便回收的过程。

03.0155 沉船勘测 wreck surveying
由潜水员对沉船进行探摸和丈量尺度的作
业。

03.0156 沉船打捞 wreck raising
对沉船采取各种措施使其浮出水面的施工
过程。

03.0157 工程船 working craft
装有成套专用机械设备,专门从事水上、水
下各种工程技术业务的船舶的统称。

03.0158 敷管船 pipe-laying vessel
专供敷设海底管线用的船舶。

03.0159 气举 air lifting
用高压气体将海底颗粒状物体压至海面以
上的过程。

03.0160 气密 air-tight

用密封材料阻隔,不使容器内气体逸出或容器外气体进入的工艺。

03.0161　水密　water-tight

用密封材料阻隔,不使容器外的水进入的工艺。

03.0162　海底电缆　undersea electric cable

在海底通电报、电话的通信电缆和输电电缆。

03.0163　海底光缆　undersea light cable

在海底通电报、电话的通信光缆。

03.0164　海底隧道　subbottom tunnel

在解决跨海峡、海湾等的交通问题时,为不妨碍船舶通航而建在海底之下供行人及车辆通行的地下建筑物。

03.0165　拖曳船模试验池　ship model towing tank

进行船模试验用的条状水池,由拖车带动船模前进,供船模的阻力、自航、螺旋桨敞水及耐波性等试验用。

03.0166　潜水器　submersible

有动力,能在水下航行,执行观测、作业任务的运载体。

03.0167　遥控潜水器　remote-operated vehicle, ROV

由水面用电缆或声信号遥控的无人潜水器。

03.0168　载人潜水器　manned submersible

在水下有人操纵,并能携带乘员的水密潜水器。

03.0169　自治式潜水器　autonomous underwater vehicle, AUV

有人工智能,能按预定程序或适应环境变化运行的无人潜水器。

03.0170　海上港口　marine artificial port

建在海上人工岛或平台上的港口。

03.0171　海上城市　maritime city

建在海上人工岛上或漂浮式的城市,具有新型城市功能。

03.0172　海上工厂　maritime factory

建在海上人工岛上或平台上利用海洋能源及海水资源生产的工厂。

03.0173　海上机场　seadrome

建在海上的固定式或漂浮式飞机场。有人工岛式、桩基式、围海式、漂浮式等形式。

03.0174　海上桥梁　maritime bridge

跨越海面、海峡、海湾两岸供车辆、行人、管道通过的架空建筑物。

03.0175　海底仓库　subsea storehouse

建在海底用以储藏民用或军用物资的场所。

03.0176　海底军事基地　undersea military base

建在海底表面或海底以下用于军事目的的设施。如海底导弹发射基地、水下指挥控制中心、潜艇水下补给基地、海底兵工厂、水下武器试验场等。

03.0177　海底电站　undersea power station

建在海底发电的热电站或核电站。

03.02　海洋矿产资源开发技术

03.0178　滨海矿产资源　beach mineral resource

分布在离岸较近的滨海地区海底,可以被人类利用的矿物、岩石和沉积物。主要有海滨砂矿、石油、天然气、砂、砾石、磷灰石、硫酸钡结核、钙质贝壳、煤、铁、硫、岩盐、钾盐、重晶石、锡矿等。

03.0179　海滨砂矿　beach placer, littoral

placer

在海滨地带由河流、波浪、潮汐、潮流和海流作用,使重矿物富集于海底松散沉积物中而形成的矿产。包括海滨金属砂矿和非金属砂矿两种类型。

03.0180　海滨金属砂矿　beach metal placer
含有金属矿的海滨砂矿。有钛铁矿、锆石、金红石、独居石、锡石、磁铁矿、铬铁矿、锐钛矿、铌铁矿、钽铁矿、磷钇矿、砂金、砂铂等。

03.0181　海滨非金属砂矿　beach nonmetal placer
含有非金属矿的海滨砂矿。有金刚石、石英砂、石榴子石、矽线石、琥珀砂等。

03.0182　海底磷灰石矿　phosphorite of the sea floor
海底岩层中经生物和生物化学作用形成的五氧化二磷含量大于20%的矿床。

03.0183　海底硫酸钡结核　barium sulfide nodule of the sea floor
海底岩层中硫酸钡含量大于75%、呈结核状的矿床。

03.0184　海底硫矿　submarine sulfur mine, submarine sulfur deposit
海底岩层中含有硫的矿床。

03.0185　海底岩盐矿　undersea rock salt mine, undersea rock salt deposit
海底岩层中含有呈固结层状的氯化钠的矿床。

03.0186　海底钾盐矿　undersea potassium salt mine, undersea potassium salt deposit
海底岩层中含有呈固结层状的钾盐的矿床。

03.0187　海底铁矿　undersea iron mine, undersea iron deposit
海底岩层中含铁的矿床。

03.0188　海底煤矿　undersea coal mine

又称"海底煤田(undersea coal field)"。海底岩层中含有煤的矿床。

03.0189　海底锡矿　undersea tin mine
海底岩层中含有锡矿脉的矿床。

03.0190　海底重晶石矿　undersea barite mine
海底岩层中含有重晶石矿脉的矿床。

03.0191　海滨砂矿勘探　beach placer exploration
应用海洋地质、地球物理方法和钻探等手段,探测海滨砂矿的类型、分布范围、形成过程、矿床成因和储量的活动。

03.0192　海滨砂矿开发　beach placer exploitation
应用一定的力法和设备,开采海滨砂矿的整个活动。

03.0193　海底采矿　submarine mining
从海底表层沉积物和海底岩层中获取矿产资源的整个过程。

03.0194　海上链斗式采矿船　marine chain-bucket mining dredger
由许多带戽斗的环链构成采矿机械,用于开采水深40m以浅的海底松散沉积矿的船舶。

03.0195　海上吸扬式采矿船　marine suction mining dredger
装有吸扬采矿装置,用于开采水深60m以浅的海滨砂矿的船舶。

03.0196　海上空气提升式采矿船　marine air lift mining dredger
靠压缩空气来提升和开采水深300m以浅的海滨砂矿的船舶。

03.0197　海上钢索采矿船　marine wire mining ship
用钢索悬吊采矿工具放到海底开采水深150m以浅的海底松散沉积矿的船舶。

03.0198 海上采金船 marine gold dredger
用于开采海滨金矿砂的专用船舶。

03.0199 海上采锡船 marine tin dredger
用于开采海滨锡矿砂的专用船舶。

03.0200 海上铁矿砂开采船 marine iron ore sand dredger
专门开采海滨铁矿砂的船舶。

03.0201 海底岩盐和钾盐矿开采 undersea rock salt and potassium salt mining
利用岸口竖井,采用硐室挖掘法或溶解采矿法获取海底岩盐和钾盐矿的整个过程。

03.0202 海底采硫 submarine sulfur mining
采用井下加热熔融提取法获取海底硫矿的整个过程。

03.0203 海底基岩矿开采 subsea bedrock ore mining
在海岸、海岛或人工岛上打竖井,通过海底巷道开采海底煤、铁、锡、重晶石等矿床的整个过程。

03.0204 海滨采矿技术 shore mining technology
开采海滨矿产资源所使用的方法、装备和设施。

03.0205 海洋油气盆地 offshore oil-gas bearing basin
富集石油和天然气资源、有沉积物堆积的海底低地。

03.0206 海泛面 sea flooding surface
将海底新老地层分开,并有沉积间断标志的界面。

03.0207 体系域 system tract
与海平面升降有关的同期沉积体系。

03.0208 层序 sequence
相对整合的成因上有联系的地层序列。

03.0209 海上圈闭 offshore trap
海底地层中,能够阻止流体在储集层中继续运移,并将其聚集起来的任何岩石的几何排列。

03.0210 海上预探井 offshore wildcat well
为在海底寻找油气藏而在某一构造、圈闭或地段钻的井。

03.0211 海上评价井 offshore appraisal well
在海洋勘探已获工业油气流面积上,为评价油气藏,并探明其特征及含油气边界和储量变化,提交探明储量,获取油气田开发方案所需资料而钻的井。

03.0212 海洋油气藏评价 offshore hydrocarbon reservoir evaluation
从油气藏早期评价到提交探明储量期间对海上预探目标的地质、工程和经济评价的全过程。

03.0213 海洋油气资源评价 offshore oil-gas resource evaluation
对海洋油气资源有无、储量、聚集方式和潜在经济效益等问题进行预测的工作。

03.0214 海洋油气资源 offshore hydrocarbon resource
由地质作用形成的具有经济意义的海底烃类矿物聚集体。

03.0215 海洋油气总资源量 gross volume of offshore hydrocarbon resource
在原始地层条件下,储藏在已发现的和未发现的储集体的有效孔隙中的所有海洋油气资源的总量。

03.0216 海洋油气藏早期评价 early stage evaluation for offshore hydrocarbon reservoir
对海上预探井获得商业性油气流的圈闭所做的油气藏的评价工作。

03.0217 海洋油气探明储量 offshore proved hydrocarbon reserve

在现行经济条件、操作方法和政府法规允许下,根据地质和工程资料分析,能以较高把握估算的,可从已知油气藏中商业开采出来的海洋油气的数量。

03.0218 海洋油气控制储量 offshore probable hydrocarbon reserve

在海上圈闭获得油气流后,已钻有少数评价井,查明了圈闭类型,大体可控制含油气面积和厚度变化,对油气藏复杂程度、产能大小和油气质量已作初步评价后计算出的储量。

03.0219 海洋油气预测储量 offshore possible hydrocarbon reserve

对经过预探井钻探已获得油气流、油气层或油气显示的海上圈闭,根据区域地质条件分析和类比估算出的可能存在的油气藏地质储量。

03.0220 海上油气田开发 offshore oil-gas field development

在认识和掌握海上油气田地质、油气藏特征的基础上,利用先进技术,通过开发井和海上工程设施,把地下油气资源采到地面的全过程。

03.0221 海上油气田早期评价 early stage evaluation of offshore oil-gas field

海洋有利圈闭经钻探后有油气发现,对其进行初步的开发评价,证实含油气圈闭有无商业性开发价值的工作。

03.0222 海上油气田开发可行性研究 feasibility study of offshore oil-gas field development

海洋油气田经早期评价,确定有一定的商业开发价值后,利用评价井的各种资料对油气田的地质、钻完井、采油工艺、开发工程、投资估算和经济评价等进行的研究工作。

03.0223 海上油气藏 offshore oil-gas pool

具有独立的压力系统和统一的油水界面,且同时聚集有海洋石油和游离天然气的单一圈团。

03.0224 海上油气田 offshore oil-gas field

在同一个二级构造带内,若干海上油气藏的集合体。

03.0225 海上油气田开发方案 overall development plan of offshore oil-gas field

针对海上油气田的地质、油藏特点,根据海上油气田的开发原则、开发方式,同时考虑海上工程设施和工艺的技术条件和安全环保的要求所制订的海上油气田总体开发方案。

03.0226 海上油气田群联合开发 combined development of offshore oil-gas field group

把相邻的、地质、油藏特征相似的几个海洋油气田联合起来,用一套生产设施进行经济有效开发的一种海上油气田开发模式。

03.0227 海上油气田开发区块 development block of offshore oil-gas field

根据海上油气田的地质、油藏特征、平台分布、油气田的开发程序所划分的油气田生产的基本单元。

03.0228 海上油气开发井 offshore oil-gas development well

在将要开发或已经开发的海洋油气田上,用于开采油气田,并按油气田开发方案的注采井网格布局所钻的井。包括生产井、注入井和水源井三类。

03.0229 海上油气水平井 offshore oil-gas horizontal well

海上钻井井眼倾斜角大于85°以上的、钻开油气层的钻井。

03.0230 多底井 multilateral well

又称"分支井"。在一个主干井眼中按钻井工程设计要求,向预定方向钻出两个以上分支井眼的钻井。

03.0231 海洋油气采收率 offshore oil-gas recovery

开采出来的海洋油气的数量占油气藏原始地质储量的百分率。

03.0232 海洋油气最终采收率 offshore oil-gas ultimate recovery

海洋油气藏经过各种方法开采后,最终采出的总油气量占原始地质储量的百分率。

03.0233 海上采油 offshore production

对海洋油气藏进行开采的整套工艺技术和油气处理及输送的全过程,包括平台采油、平台和浮式生产系统采油及水下采油。

03.0234 全海式海上生产系统 offshore production system

油田的井口设施、油气水处理装置、储存与外输系统均设在海上,处理后的合格原油(液化气)由穿梭油轮(液化气运输船)运走的一种海上油田生产系统。

03.0235 半海半陆式海上生产系统 offshore production system with onshore terminal

油田的井口设施及部分油气水处理装置设在海上,油气通过海底管道送往陆上终端进行处理、储存与外输的一种海上油气田生产系统。

03.0236 海上采油平台 offshore production platform

为开发海上油田所建造的、其上安装有各种采油设施的海洋工程结构。

03.0237 水下采油 subsea production

井口、采油阀组、部分处理设施、增压装置等均位于海底,采出的油气通过海管及立管系统连接到海面平台上进行处理及储存的采油方式。

03.0238 水下采油控制系统 submarine production control system

安装在附近海面平台上或浮式生产设施上,通过脐带管缆对水下各种设施、装置进行遥控操作,并对运行状态进行监测的控制系统。

03.0239 海上油田生产设施 offshore production facilities

建立在海上、用于海洋石油开发的建筑物,分海上固定式生产设施、浮式生产设施及水下生产设施三大类。

03.0240 海上浮式生产储油装置 floating production storage and offloading

设有油气水处理装置、生活与动力设施、储油舱及外输系统,用单点系泊或多点系泊方式系泊于海上的全海式海上油气生产系统装置。

03.0241 浮式天然气液化装置 floating liquid natural gas unit, FLNG

设有天然气处理与液化装置、生活与动力设施、液化天然气储存舱及外输系统,用单点系泊或多点系泊方式系泊于海上的全海式海上天然气生产装置。

03.0242 海上油气水处理设备 offshore oil-gas-water processing plant

安装在浮式装置或生产平台上,用于海上油气水分离、加热、污水及天然气处理与排放的装置。

03.0243 海水处理系统 seawater treatment system

海水经过粗滤器、细滤器、脱氧塔逐级过滤和脱氧处理后,送至各生产平台,再进入注水管汇,并分配至各注水井的整个过程。

03.0244 海底输油气管道 subsea oil-gas pipeline

铺设在海底用于海上生产设施之间、海上生产设施与陆上终端之间油气输送的设施。

03.0245 海洋石油地球物理勘探 offshore petroleum geophysical prospecting

用物理的手段寻找海底石油和天然气资源的方法。包括海上重力勘探、海上磁力勘探和海上地震勘探三种。

03.0246 海上油气勘探 offshore exploration for oil and gas

应用海洋地质、地球物理方法和钻探等手段,查清海底石油和天然气的分布与储量的整个过程。

03.0247 单源单缆海上地震采集 offshore single-source and single-streamer seismic acquisition

在一条海上地震作业船上拖一条电缆和一个震源的地震波采集方式。

03.0248 多源多缆海上地震采集 multi-source and multi-streamer offshore sesmic acquisition

在一条海上地震作业船上拖多条电缆(2~10 条)和两个震源的地震波采集方式。

03.0249 水下定位系统 subsea positioning system

用以实时确定沉放在水中的震源、等浮电缆的确切位置的所有的水中定位设备的总称。

03.0250 面元均化 bin homogenize

在海上地震采集中,为适应扩大面元范围,从相邻的范围内选出面元内所缺少的反射点道,使不同面元的共中心点基本相同的处理方法。

03.0251 海洋测井 offshore well logging

把各种地球物理方法(声、光、电、磁、放射性测井等)应用到井下地质剖面中去,研究海底地层的性质,寻找油气及其他矿产资源的方法。

03.0252 近海钻井 offshore drilling

在水深 300m 以浅的海域进行油气勘探或开发所钻的钻井。

03.0253 深海钻井 deepwater drilling

在水深超过 300m 以深的海域进行油气勘探或开发所钻的钻井。

03.0254 海上钻井平台 offshore drilling rig

为实施海上油气勘探或开发而建造的海上钻井作业平台状的结构物。

03.0255 坐底式钻井平台 submersible drilling platform

海上作业时,平台的沉垫(或沉箱)下降座到海底,而仅平台甲板高出海面的钻井装置。

03.0256 自升式钻井平台 jack-up drilling rig

使用平台自身的升降机构将桩腿插入海底泥面以下的设计深度,平台升离海平面一定高度钻井作业的可移动装置。

03.0257 半潜式钻井平台 semi-submersible drilling rig

由平台甲板、立柱及潜没于水下的沉箱组成,用锚缆系泊于海上作业的便于移动的钻井装置。

03.0258 浮式钻井平台 floating drilling rig

具有自航能力,用锚缆或动力定位系统定位于海上作业的船型钻井装置。

03.0259 悬臂式钻井平台 cantilever drilling rig

平台就位于钻井导管架附近,并自升到海平面以上一定安全作业高度后,平台钻井悬臂梁能够滑动到导管架上的井口位置进行钻井作业的装置。

03.0260 张力腿平台 tension leg platform, TLP

利用绷紧状态下锚索产生的拉力与浮动平

台的剩余浮力相平衡的深海作业平台。

03.0261 立柱浮筒式平台 spar［platform］
由顶部模块、圆柱式壳体(包括上部浮力舱、带有垂荡板的空间桁架结构及底部软舱)、系泊系统所组成作业水深达2000m的深海作业平台。

03.0262 钻探船 drilling vessel
专用于对海底地质构造进行钻井作业的船只。

03.0263 海上钻井隔水管 offshore drilling riser
一种大口径的、采用快速接头连接的钢管,其底端采用钻入法或打桩法进入海底泥面以下一定深度,上端固定在钻井平台的井口甲板上,用于隔绝海水利于钻井作业的装置。

03.0264 海底基盘 seafloor template
安放在海床上的,有两个以上的井口槽,具有导向功能和在其上能安装海底井口系统和防喷系统或海底生产系统的钢质框架结构物。

03.0265 水下井口系统 subsea wellhead system
安装在海底基盘上的不同口径的井口套管头、海底防喷器或海底采油树以及各种控制系统的总称。

03.0266 海底防喷器系统 subsea blowout prevented system，BOP
安装在海底基盘井口头上的,对井下压力和流体进行有效控制,防止井喷或溢流发生,保护海洋环境和钻井作业安全的井口装置。

03.0267 海上定向井 offshore directional well
根据钻完井工程设计,使用井下动力钻具、井下测量仪器,按井眼轨迹设计要求的井眼方位和井斜角矢量参数钻达目标油气层,并进入设计规定的靶心半径范围内的钻井。

03.0268 海洋丛式井 offshore cluster wells
在海上钻井或在生产平台、海底基盘、海上人工岛上,根据海洋油田开发总体方案布局要求所钻的多口定向井的钻井。

03.0269 海上油气水处理系统 offshore oil-gas-water processing system
在海上石油生产平台上设置的油气计量、油气分离稳定、油气净化处理、轻质油回收、污水处理、注水系统、储油及外输系统等生产设备的总称。

03.0270 海上储油装置 offshore storage unit
为海上油田生产原油提供中转的储藏设施。

03.0271 海上装卸油系统 offshore loading and unloading oil system
又称"外海油码头"。由船舶的停靠设施、系泊设施、装卸油设施和装卸压舱水设施组成的海上装卸油各项设施的总称。

03.0272 水下采油系统 subsea production system
安装于海底的井口、采油阀组、油气水处理设施、增压装置及海底管道等的总称。

03.0273 海底完井 subsea well completion
海上钻井作业完成后,所进行的下套管、固井、射孔、下生产管柱、在海底安装井口装置等项作业的统称。

03.0274 多金属结核 polymetallic nodule
又称"锰结核(manganese nodule)"。生于海底的呈结核状的铁锰化合物,还富含铜、钴、镍等多种金属,是潜在的多金属矿产资源。

03.0275 水成型结核 hydrogenic nodule
主要由海洋底层水提供的成矿物质沉淀而形成的结核。

03.0276 成岩型结核 diagenetic nodule
主要由海底沉积物早期成岩作用过程中孔隙水提供的成矿物质沉淀而形成的结核。

03.0277 多金属结壳 polymetal crust
又称"钴结壳","富钴结壳(cobalt-rich crust)"。裸露生长在大洋底部海山上的壳状的铁锰化合物,还富含钴等多种金属。

03.0278 水成结壳 hydrogenic crust
主要由海洋底层水提供成矿物质而形成的结壳。

03.0279 热液型结壳 hydrothermal crust
主要由海底热液作用提供成矿物质而形成的结壳。

03.0280 海底锰结核带 undersea manganese nodule belt
分布在太平洋东北部克拉里昂断裂带和克利帕顿断裂带之间的大洋多金属结核富集区。

03.0281 连续链斗采矿系统 continuous line bucket mining system
将链斗按一定间隔系挂在化学纤维缆绳上,通过船上滑轮等设备在海水中连续地循环绕转来挖采和提升锰结核的装置。

03.0282 遥控穿梭自动采矿车 remotely piloted vehicle miner
由母船上遥控操纵的水下自行式采矿设备潜入海底,挖采多金属结核并返回海面的装置。

03.0283 气力提升采矿系统 air-lift mining system
通过管道内循环的高压空气的抽吸力,从海底吸扬锰结核的采矿装置。

03.0284 水力提升采矿系统 hydraulic lift mining system
通过船上的高压水泵的吸力,在采矿管道内抽吸海水形成连续的水流,把多金属结核吸扬到船上的采矿装置。

03.03 海水资源开发技术

03.0285 脱盐 desalination
又称"淡化"。海水或咸水经蒸馏或膜法等技术处理,脱除盐分生产淡水的技术。

03.0286 反渗透 reverse osmosis, RO
在压力驱动下使溶液中的溶剂(如水)以与自然渗透相反的方向通过半透膜进入膜的低压侧,从而达到有效分离的过程。

03.0287 纳滤 nanofiltration, NF
用表面孔径为纳米级的半透膜脱除以二价离子为主的盐类和相对分子质量 300 以上的大多数有机物的过程。

03.0288 反渗透膜 reverse osmosis membrane
反渗透过程所用的半透膜,只能透过水分子而不能透过盐分子。

03.0289 纳滤膜 nanofiltration membrane
对二价离子具有较高的脱除率而对一价离子脱除率较低的表面孔径为纳米级的分离膜。

03.0290 复合膜 composite membrane, thin-film composite
用两种不同的膜材料,分别制成具有分离功能的致密层和起支撑作用的多孔支撑层组成的膜。

03.0291 醋酸纤维素系列膜 cellulose acetate series membrane
由醋酸纤维素及其衍生物为主体材料制成的膜。

03.0292 非纤维素系列膜 non-cellulosic series membrane
由纤维以外的聚合物制成的膜,如交联芳香族聚酰胺膜等。

03.0293　致密层　dense layer
不对称膜或复合膜表面一层薄而致密的具有分离功能的脱盐层。

03.0294　多孔支撑层　microporous support
不对称膜或复合膜的表面层下起支撑致密层作用的多孔性底层。它与致密层的材料可以是同一种,也可以由不同材料制成。

03.0295　水通量　flux
单位时间通过单位膜面积的水的体积或质量。

03.0296　渗透系数　permeability
表征反渗透膜渗透性能的系数。

03.0297　盐透过率　salt passage
透过水的盐浓度与给水盐浓度之比,用百分率表示。

03.0298　水通量衰减率　flux decline factor
表示膜因受压变密或受污染而使水通量衰减的程度的系数。

03.0299　温度校正系数　temperature correction factor, TCF
膜或组件的产水量随水温度变化而变化,把不同温度下的产水量校正到以 25℃ 为基准的标称产水量所用的系数。

03.0300　脱盐率　salt rejection
电渗析、反渗透及纳滤等淡化过程中脱除给水盐量的能力。

03.0301　水回收率　recovery rate, conversion
淡化水量与给水总量之百分比。

03.0302　渗透　osmosis
当利用半透膜把两种不同浓度的溶液隔开时,浓度较低的溶液中的溶剂(如水)自动地透过半透膜流向浓度较高的溶液,直到化学位平衡为止的现象。

03.0303　渗透压　osmotic pressure
用半透膜把两种不同浓度的溶液隔开时发生渗透现象,到达平衡时半透膜两侧溶液产生的位能差。

03.0304　能量回收　energy recovery
反渗透海水淡化过程中采用能量回收技术(如透平机和压力交换器)把高压浓水的压力能量用于补给海水的增压,以降低能耗的过程。

03.0305　压力交换器　pressure exchanger
由正位移式的柱塞流机构组成的能量回收装置,能把高压浓水的能量传给补充海水以回收能量。

03.0306　电渗析　electrodialysis, ED
以直流电为动力,利用阴、阳离子交换膜对水溶液中阴、阳离子的选择透过性,使一个水体中的离子通过膜转移到另一水体中的分离过程。

03.0307　[频繁]倒极电渗析　electrodialysis reversal, EDR
短时间内自动转换电极极性和改变水流方向的电渗析。

03.0308　离子交换膜　ion exchange membrane, ion permselective membrane
对离子具有选择透过性的高分子材料制成的薄膜。

03.0309　阳离子交换膜　cation exchange membrane, cation permselective membrane
膜体固定基团带有负电荷离子,可选择透过阳离子的离子交换膜。

03.0310　阴离子交换膜　anion exchange membrane, anion permselective membrane
膜体固定基团带有正电荷离子,可选择透过阴离子的离子交换膜。

03.0311　异相[离子交换]膜　heterogeneous [ion exchange] membrane

膜体结构由含有活性基团的高分子材料(离子交换树脂)粉末和作为黏合材料的线型聚合物混炼而成的两种高分子材料间无关联的离子交换膜。

03.0312　均相[离子交换]膜　homogeneous [ion exchange] membrane
膜体结构由离子交换膜形成,除增强材料外,未混入其他黏结材料的离子交换膜。

03.0313　双极膜　bipolar membrane, BPM
由阴离子交换膜、阳离子交换膜和具有水解催化作用的中间过渡层所组成的三层结构的膜。

03.0314　离子交换容量　ion exchange capacity
离子交换膜中所含反离子的量,单位为摩尔/千克(mol/kg)。

03.0315　膜电位　membrane potential
由于膜两侧接触不同浓度电解质溶液而产生的电位差。

03.0316　电渗析器　electrodialyzer, electrodialysis unit
阴、阳离子交换膜,浓、淡水隔板以及电极板等按一定规则排列,用夹紧装置夹紧组装成的脱盐或浓缩设备。

03.0317　蒸馏法　distillation process
通过加热海水,使水汽化、冷凝而获得淡水的淡化方法。

03.0318　多级闪蒸　multi-stage flash distillation
经过加热的海水,依次通过多个温度、压力逐级降低的闪蒸室,进行蒸发冷凝的蒸馏淡化方法。

03.0319　多效蒸馏　multi-effect distillation
将几个蒸发器串联进行蒸发操作,以节省热量的蒸馏淡化方法。

03.0320　低温多效蒸馏　low temperature multi-effect distillaton
第 1 效的蒸发温度低于 70℃ 的特定多效蒸馏过程。

03.0321　压汽蒸馏　vapor compression distillation
将蒸发产生的二次蒸汽绝热压缩,再返回蒸发器作为加热蒸汽、同时冷凝成淡水,以提高热能利用率的淡化方法。

03.0322　造水比　gained output ratio, performance ratio
蒸馏装置生产的蒸馏水量与加热蒸汽量之比。

03.0323　水电联产　dual-purpose power and water plant
发电与海水淡化一体设计联合运行的系统,包括发电与蒸馏联合,发电与反渗透联合。

03.0324　单级闪蒸　single stage flash distillation
热海水经一个闪急蒸馏进行蒸发产生淡水的过程。

03.0325　竖管薄膜蒸发器　vertical tube thin film evaporator
蒸馏淡化中使用的一种竖直管蒸发器。

03.0326　水平管薄膜蒸发器　horizontal tube thin film evaporator
蒸馏淡化中使用的一种水平管蒸发器。

03.0327　热回收段　heat recovery section
多级闪蒸装置中,回收热量预热循环盐水各级的总称。

03.0328　排热段　heat rejection section
多级闪蒸装置中,用于排走不可利用的低位热能的最后几级的总称。

03.0329　蒸发系数　evaporation coefficient
闪蒸过程中,一次闪蒸所产生的蒸汽量与供

给的总盐水量之比。

03.0330 膜蒸馏 membrane distillation
以疏水微孔膜作介面的液体蒸馏过程,用于水的蒸馏淡化,对水溶液去除挥发性物质。

03.0331 冷冻脱盐 freezing desalination
利用海水结冰后,冰中含盐量很低的原理,将冰分离融化而得淡水的过程。包括人工冷冻脱盐和天然冷冻脱盐。

03.0332 风能脱盐 wind powered desalination
用风能发电以淡化海水或苦咸水的技术。

03.0333 核能淡化 nuclear energy desalination
以核电站的电能、低压蒸汽,或以核能系统直接提供的蒸汽,作为电力或热源进行淡化的技术。

03.0334 太阳能淡化 solar desalination
以太阳能发电或加热海水和苦咸水进行淡化的技术。

03.0335 水合物脱盐过程 hydrate desalting process
使低碳烃在一定条件下与海水中的水合成水合物,再从这种水合物中获取淡水的过程。

03.0336 海水直接利用 seawater direct utilization
以海水为原水,直接代替淡水作为工业用水或生活用水等的总称。如海水冷却、海水脱硫、海水冲厕(大生活用海水)、海水养殖等。

03.0337 海水冷却系统 seawater cooling system
以海水为冷却介质的冷却水系统。

03.0338 海水直流冷却系统 once-through seawater cooling system
以海水为冷却介质,经换热设备完成一次性冷却后,即直接排放的冷却水系统。

03.0339 海水循环冷却系统 recirculating seawater cooling system
以海水作为冷却介质循环运行的一种给水系统。即原海水经过换热设备后升温,经冷却塔冷却降温,循环使用的冷却水系统。

03.0340 海水腐蚀 seawater corrosion
海水对金属材料的腐蚀。主要影响因素为盐度、电导率、溶解物质、pH 值、温度、流速、海生物等。

03.0341 水处理剂 water treatment chemical
水处理过程中所使用的各种化学药品。循环冷却水系统常用的水处理剂包括缓蚀剂、阻垢分散剂、菌藻杀生剂等。

03.0342 补充海水 feed seawater
在海水循环冷却水系统运行过程中,为保持一定的浓缩倍数和系统容积所补充的海水量。包括蒸发损失、风吹损失、排污损失、渗漏损失等。

03.0343 药剂允许停留时间 permitted retention time of chemical
允许药剂在循环冷却水系统中的有效时间。

03.0344 混凝剂 coagulate flocculating agent
原水净化过程中加入的一类化学药剂,能够加速水中胶体微粒凝聚和絮凝成大颗粒。常用的混凝剂有无机盐类、无机盐聚合物、有机类化合物。

03.0345 腐蚀控制 corrosion control, corrosion prevention
又称"防蚀"。对腐蚀产生与发展的控制。循环冷却水系统腐蚀控制的方法主要为添加缓蚀剂、选用耐蚀材料、防腐涂层、电化学保护等。

03.0346 点蚀 pitting [corrosion]
介质中的金属材料大部分表面不发生腐蚀或腐蚀很轻微,但表面上个别的点或微小区域出现蚀孔或麻点,并不断向纵深方向发展,形成小孔状腐蚀坑的现象。

03.0347 污染海水腐蚀 polluted seawater corrosion

污染海水对金属的腐蚀。通常情况下,金属在污染海水中的腐蚀速率远大于清洁海水。

03.0348 溶解氧腐蚀 dissolved oxygen corrosion

金属的氧去极化腐蚀。是大多数工程金属材料(镁及其合金除外)在海水中腐蚀的电化学特征。

03.0349 残余氯腐蚀 residual chlorine corrosion

残余氯所引起的腐蚀。

03.0350 加速腐蚀实验 accelerated corrosion test

因实际工况条件下的腐蚀试验时间太长,因而在确保腐蚀机理与实际情况一致的前提下,采用与实际应用腐蚀介质不同的浓度、温度,或加入腐蚀加速剂等人造腐蚀环境条件以加速腐蚀过程的各种腐蚀实验方法的总称。

03.0351 全浸实验 total immersion test

试样完全浸入溶液的浸渍试验。从试样的重量变化、外观变化或溶液的浓度变化等判定腐蚀情况。

03.0352 缓蚀剂 corrosion inhibitor

一种当它以适当的浓度和形式存在于环境(介质)中时,可以防止或减缓工程材料腐蚀的化学物质或复合物质。

03.0353 电化学腐蚀 electrochemical corrosion

浸在电解质海水中的金属由于电极电位的不同,形成同时进行的阳极反应和阴极反应的腐蚀过程。

03.0354 电化学保护 electrochemical protec-tion, electrolytic protection

根据电化学原理,防止金属遭受电化学腐蚀的方法。可分为阳极保护和阴极保护两种。

03.0355 阳极保护 anodic protection

在某些电解质溶液中,将可钝化的被保护金属作为阳极,施加外部电流进行阳极极化到某一电位范围,使之生成钝化膜以减少或防止金属腐蚀的方法。

03.0356 阴极保护 cathodic protection

将被保护金属作为阴极,施加外部电流进行阴极极化,或用电化序低的易蚀金属做牺牲阳极,以减少或防止金属腐蚀的方法。

03.0357 电化学双防 anti-corrosion and anti-fouling by electrochemical method

利用电化学方法既能防止金属海水腐蚀又能防止海生物附着的技术。

03.0358 结垢控制 scale-control

防止各种水垢(如碳酸盐、磷酸盐和硅酸盐等)在结垢材料表面析出的方法。

03.0359 水垢 water scale

由水中难溶或微溶的无机盐组成,附着在结垢材料容器表面,降低其热交换能力和反应效率的物质。

03.0360 阻垢剂 scale inhibitor, deposit control inhibitor

能够防止水垢产生或抑制其沉积生长的化学药剂。主要有阻垢缓蚀剂和阻垢分散剂两种。

03.0361 微生物腐蚀 bacterial corrosion, microbial corrosion

由微生物引起的或受微生物影响的腐蚀。

03.0362 腐蚀微生物 corrosion-causing bacteria

能够引起金属腐蚀的微生物。可分为好气性微生物(如铁细菌)和厌气性微生物(如硫酸盐还原菌)两类。

03.0363 防污 anti-fouling

为防止海生物附着、污损而采取的措施。如电解防污、涂料防污、物理法防污、化学法防污等。

03.0364 电解海水防污 anti-fouling by electrolyzing seawater

电解海水释放出氯和次氯酸钠杀死海生物的防污技术。

03.0365 海藻腐蚀 seaweed corrosion

金属表面由于附着海藻而发生的腐蚀。以点蚀、垢下腐蚀等局部腐蚀形式为主。

03.0366 铁细菌腐蚀 iron bacteria corrosion

由铁细菌造成的腐蚀。铁细菌把 Fe^{2+} 氧化成 Fe^{3+},从而加速铁基金属的腐蚀,其分泌出来的氢氧化铁在周围形成大量的棕色黏泥,产生坑蚀。

03.0367 硫酸盐还原菌腐蚀 sulfate reducing bacteria corrosion

由硫酸盐还原细菌引起的腐蚀。这种菌还原生成的硫化氢会腐蚀钢铁,形成硫化亚铁的沉积物,又会引起垢下氧的浓差电池腐蚀,还会形成电偶腐蚀。

03.0368 生物黏泥 mud and microbiological accumulation, slime

由于水中溶解的营养盐引起细菌、霉菌、藻类等微生物群的繁殖,与泥砂、无机物和尘土等相混,形成附着的或堆积的软泥性沉积物。

03.0369 海水冷却塔 salt water cooling tower

敞开式循环冷却水系统中主要设备之一,用空气来冷却换热器中排出的热水。

03.0370 化学清洗 chemical cleaning, chemical picking

利用酸、碱、有机螯合剂、分散剂等化学药剂,将设备内附着的水垢、污泥等沉积物溶解、剥离的过程。

03.0371 自动加药系统 automatic chemical addition and control system

用循环水系统采集的某种特定信号(补充水量、药剂浓度等)自动控制加药量并注入系统的装置。

03.0372 大生活用海水技术 domestic seawater technology

将海水作为生活杂用水(主要用于冲厕)的一种海水直接利用技术。

03.0373 活性污泥法 activated sludge process

使活性污泥均匀分散、悬浮于反应器中,与废水充分接触,在有溶解氧的情况下,除去废水中的有机废物的方法。

03.0374 污水海洋处置技术 marine sewage disposal technology

合理利用海洋的环境容量,将经过处理(通常为一级处理)的污水通过海底管线输送到离岸一定距离处,由多孔扩散器排放的技术。

03.0375 大生活用海水水质标准 quality standard of domestic seawater

为确保大生活用海水的安全使用而制定的明确规定浊度、色度、悬浮性固体、氨氮、生化需氧量、溶解氧、合成洗涤剂、大肠杆菌等项目的监控值的水质指标。

03.0376 大生活用海水排海标准 outfall standard of domestic seawater

为确保大生活用海水海洋处置技术的安全、有效实施,合理利用海洋环境容量而制定的大生活用海水海洋排放水质指标、要求及规定。

03.0377 大生活用海水生态塘处理技术 treatment technology of domestic sea-

water by ecosystem pond
应用生态系统结构与功能的理论,利用生态塘中的各类水生生物净化污水、修复水质的大生活用海水净化技术。

03.0378 海水异味去除技术 deodorizing technology
为了防止大生活用海水系统中出现厌氧环境产生异味而采取的方法。

03.0379 膜生物反应器 membrane bioreactor
膜技术与生物技术结合的使系统出水水质和容积负荷都得到大幅提高的一种污水处理装置。

03.0380 浓缩池 concentrated pool
将海水放入,通过日晒蒸发其中水分所用的储水池。

03.0381 结晶池 crystal pool
将卤水置于池中使水蒸发,其中溶存的盐达到饱和而结晶的储水池。

03.0382 卤水 brine, bittern
矿化度大于 50g/L 的地下水和浓缩海水。常用以提取某些化学工业的原料。如食盐、碘、硼、溴、镁等。

03.0383 饱和卤 saturated bittern
氯化钠浓度达到饱和点的卤海水。

03.0384 未饱和卤 non-saturated bittern
氯化钠浓度未达到饱和点的卤海水。

03.0385 苦卤 acrid bittern
咸水(海水、盐湖水)经蒸发浓缩析出食盐(氯化钠)后所得的母液,味苦涩。主要含有氯化钾、氯化镁、硫酸镁和溴等。

03.0386 日晒法 solarization
用太阳曝晒使海水中的水蒸发制取食盐的方法。

03.0387 振动筛洗涤 oscillatory sieve wash
将物料置于摇动的平板形筛上,边筛析、边洗涤的过程。

03.0388 耙盐 harrowing salt
在盐池中,人工用耙子收集盐的过程。

03.0389 海盐 sea salt
食盐(氯化钠)的一种,由海水获得。

03.0390 盐化工 chemical industry of salt
利用晒盐后剩余苦卤制取氯化钾、氯化镁、硫酸镁、硫酸钠、溴等及利用食盐与上述产品作为原材料生产各种化工产品的化学工业。

03.0391 海水提钾 extraction of potassium from seawater
从海水中提取钾盐的技术,包括化学沉淀法、有机溶剂法、膜分离法、有机离子交换剂法、无机离子交换剂法等技术。

03.0392 海水提溴 extraction of bromine from seawater
从海水中提取溴的技术,主要工艺技术有空气吹出法、蒸馏树脂法、气态膜法等。

03.0393 空气吹出法 air blow-out method
一种自海水或卤水中提取溴或碘的工艺方法。海水或卤水经酸化、氧化,溴或碘由离子态被氧化为单质,再用空气吹出。

03.0394 气态膜法 gas membrane method
使气液混合物接触渗透膜,气相物质透过膜进入另一侧,使气液分离的方法。

03.0395 海水提镁 extraction of magnesium from seawater
从海水中提取镁砂(氧化镁)的技术,主要工艺是将海水加入石灰生成氢氧化镁,经轻烧、重烧生成高纯镁砂。

03.0396 海水提锂 extraction of lithium from seawater
利用吸附富集的方法将锂元素从海水中浓

缩一定倍数后制取的技术。

03.0397 海洋提铀 extraction of uranium from seawater

利用吸附富集的方法将铀元素从海水中浓缩一定倍数后制取的技术。

03.0398 海水提氘 extraction of deuterium from seawater

利用蒸馏法从海水中制取重水后,再由重水制取同位素氘的技术。

03.0399 浆式吸附 slurry adsorption

将吸附剂放入含有原料液的容器后,边垂直搅拌边吸附的过程。

03.0400 磁性分离 magnetism separation

经过磁性吸附剂吸附的原料液,用梯度磁性分离器分离吸附剂的过程。

03.04 海洋生物技术

03.0401 海洋生物基因工程 marine genetic engineering

又称"海洋生物遗传工程"。将遗传物质DNA分子的特定片段(基因)经过剪切、拼接后导入海洋生物受精卵、胚胎细胞或体细胞中,定向改变海洋生物遗传性状的技术。

03.0402 抗冻蛋白基因 antifreeze protein gene

生活在低温环境中的生物体内编码合成抗冻糖蛋白的特定DNA片段。

03.0403 抗冻蛋白 antifreeze protein

生活在低温环境中的生物体内合成的、能降低体液冰点的特殊糖蛋白。

03.0404 绿荧光蛋白基因 green fluorescent protein gene

肾海鳃、栉水母等动物体内编码合成绿荧光蛋白的DNA片段。

03.0405 绿荧光蛋白 green fluorescent protein

肾海鳃、栉水母等动物体内的一种发光蛋白,它接受荧光素的酶促氧化反应所产生的能量后会发出绿色荧光。

03.0406 藻胆蛋白基因 phycobiliprotein gene

编码合成藻类辅助光合色素藻胆蛋白的DNA片段。

03.0407 转基因生物 transgenic organism

已接受外源基因并得到表达的生物。

03.0408 转基因鱼 transgenic fish

外源基因通过显微注射等途径已进入鱼的受精卵或胚胎细胞,并得到表达的鱼。

03.0409 抗冻蛋白基因启动子 promoter of antifreeze protein gene

生活在低温环境中的海洋生物体内位于抗冻蛋白基因上游、能启动RNA聚合酶开始转录的一个DNA片段。

03.0410 虹鳟鱼生殖腺细胞系 rainbow trout gonad cell line, RTG

虹鳟鱼生殖腺细胞经过长时间培养、转化而成的永生性细胞系。

03.0411 牙鲆鳃细胞系 flounder gill cell line, FG

用牙鲆鱼鳃组织培养而成的永生性细胞系。

03.0412 鲈鱼心脏细胞系 sea perch heart cell line, SPH

用鲈鱼心脏组织培养而成的永生性细胞系。

03.0413 真鲷鳍细胞系 red seabream fin cell line, RSBF

用真鲷鳍组织培养而成的永生性细胞系。

03.0414 大鳞大麻哈鱼胚胎细胞系 chinook salmon embryo cell line，CHSE

用大鳞大麻哈鱼胚胎组织培养而成的永生性细胞系。

03.0415 石鲈鳍细胞系 grunt fin cell line，GF

用美洲石鲈鳍组织培养而成的永生性细胞系。

03.0416 克隆鱼 fish cloning

将供体鱼的体细胞核移植到受体鱼的去核卵子中，由此发育而来的后代为供体鱼的克隆，即无性繁殖系。

03.0417 单倍体 haploid

只含一组染色体的细胞或生物体。绝大部分动、植物的配子为单倍体，配子未经结合而直接发育起来的生物也是单倍体。

03.0418 二倍体 diploid

含有两组染色体的细胞或生物。雌、雄配子结合后发育而来的生物为二倍体。

03.0419 三倍体 triploid

含有三组染色体的细胞或生物。三倍体生物因难以进行减数分裂形成配子，故常不育。

03.0420 四倍体 tetraploid

含有四组染色体的细胞或生物。四倍体生物经减数分裂形成二倍体的配子。

03.0421 多倍体 polyploid

含有三组以上染色体的细胞或生物。如三倍体、四倍体等。

03.0422 单倍体育种技术 haploid breeding technique

采用孤雌生殖、雌核发育、雄核发育等方法获得单倍体生物以及用单倍体生物来培育后代的育种方法。

03.0423 单倍体综合征 haploid syndrome

单倍体生物在胚胎发育过程中出现畸形、不育、死亡的现象。

03.0424 孤雌生殖 parthenogenesis

又称"单性生殖"。卵子未受精而直接发育成个体的生殖方式。

03.0425 雌核发育技术 gynogenesis technique

用紫外线、X射线或γ射线破坏精子细胞核，并让该精子刺激卵子发育成个体的技术。

03.0426 异精雌核发育技术 allogynogenesis technique

用异种动物精子刺激卵子，使之发育成个体的技术。

03.0427 雄核发育技术 androgenesis technique

用X射线或γ射线破坏动物卵细胞核，然后让正常精子与它结合，使精核发育成个体的技术。

03.0428 三倍体育种技术 triploid breeding technique

采用各种方法使后代体细胞中具有三组染色体的技术。

03.0429 四倍体育种技术 tetraploid breeding technique

采用各种方法使后代体细胞中具有四组染色体的技术。

03.0430 多倍体育种技术 polyploid breeding technique

采用各种方法使后代体细胞中含有三组以上染色体的技术。

03.0431 冷休克 cold shock

阻止温水性鱼、贝受精卵释放极体或阻止第一次卵裂所用的低温刺激，所用温度为生理极限低温，通常为 0~5℃。

03.0432 热休克 heat shock
阻止冷水性鱼、贝受精卵释放极体或阻止第一次卵裂所用的高温刺激,所用温度为生理极限高温,因动物不同可在28~41℃之间。

03.0433 静水压休克 hydraulic pressure shock
阻止鱼、贝受精卵释放极体或阻止第一次卵裂所用的较高静水压强(如650kg/cm²)刺激。

03.0434 性别控制技术 sex control technique
采用遗传学或内分泌学方法,使动物后代具有预期性别的技术。利用此技术可获得全雌或全雄后代,以便进行单性养殖。

03.0435 单性鱼育种 monosex fish breeding
获得全雌或全雄鱼的育种方法。

03.0436 全雌鱼育种 all-female fish breeding
采用激素诱导、雌核发育等技术使全部鱼卵或仔鱼发育成雌鱼的育种方法。

03.0437 全雄鱼育种 all-male fish breeding
采用激素诱导、雄核发育等技术使全部鱼卵或仔鱼发育成雄鱼的育种方法。

03.0438 超雄鱼 super-male fish
在雌性同配鱼类中,性染色体为 YY 的鱼。

03.0439 单性鱼养殖 monosex fish culture
在同一水体中只养殖一种性别的鱼。

03.0440 生物污损 biofouling
又称"生物污着"。藻类、贝类等生物大量附着、生长于船底和水下建筑上,使其性能下降或损坏。

03.0441 海洋仿生学 marine bionics
模仿海洋生物的形态结构、行为特征或生理机能来设计或改进人造装备的学科。

03.0442 生物电 bioelectricity
在生命活动过程中在生物体内产生的各种电位或电流,包括细胞膜电位、动作电位、心电、脑电等。

03.0443 电鱼 electric fish
利用专门发电器官来发电的鱼,分强电鱼与弱电鱼两大类。

03.0444 发电器官 electric organ
电鱼用来发电的专门器官,常由特化了的肌肉细胞、神经细胞、腺体细胞组成。

03.0445 电觉鱼类 electroreceptive fish
有专门电觉器官、能感觉到极微弱电流的鱼。

03.0446 电觉器官 electroreceptive organ
鲨、鳐、海鲇等鱼类用于感受水中微弱电流的专门器官。

03.0447 电感受器 electroreceptor
电觉器官中用来感受微弱电流的感觉细胞。

03.0448 生物声呐 biosonar
动物发出超声波后,通过接收回声来判定目标位置和性质的系统。

03.0449 生物发光 bioluminescence
生物通过化学反应发光的现象。

03.0450 发光器 photophore
发光生物专门用于发光的器官。

03.0451 生物发光系统 bioluminescent system
引起生物发光的物质系统,通常由荧光素、荧光酶和氧气组成,有的还有发光蛋白参与。

03.0452 萤光素 luciferin
发光反应中最终产生萤光的有机物,它在萤光酶的催化下与氧结合(氧化)而发出萤光。

03.0453 萤光素酶 luciferase
在生物发光反应中,催化萤光素氧化的一种蛋白质。

03.0454　海洋药物　marine drug
以海洋生物或海产非生命物质为原料制成的药物,或以海洋生物活性分子为模板而人工合成的药物。

03.0455　海洋生物材料　marine biomaterial
能用来制作医疗、工业、农业用品的海洋生物大分子。

03.0456　海洋生物活性物质　marine bioactive substances
对人、动物、植物和微生物的生命活动有影响的海洋生物组分或代谢产物。

03.0457　藻酸双酯钠　polysaccharide sulfate, PSS
在褐藻酸钠分子的羟基和羧基上分别引入磺酰基和丙二醇基而成的治疗高脂血症的海洋药物。

03.0458　甘糖酯　propylene glycol mannurate sulfate, PGMS
降血脂、抗血栓的海洋药物聚甘露糖醛酸丙二醇酯硫酸酯。

03.0459　海力特　hailite
用海藻多糖硫酸酯制成的能抑制乙肝病毒,增强人体免疫力的药物。

03.0460　[褐]藻酸丙二醇酯　propylene glycol alginate
褐藻酸在高温、高压下与环氧丙烷结合而成的酯。

03.0461　褐藻酸　alginic acid
海带、巨藻等褐藻中,由吡喃古罗糖醛酸、吡喃甘露糖醛酸以 1,4-糖苷键连接而成的多糖醛酸。

03.0462　褐藻酸钠　sodium alginate
又称"褐藻胶"。褐藻酸与钠离子结合而成的盐。

03.0463　昆布多糖　laminarin
又称"褐藻多糖","海带多糖"。海带等褐藻中由吡喃葡萄糖以 1,3-糖苷键结合而成的多糖。

03.0464　岩藻多糖　fucoidin, fucan
又称"墨角藻多糖"。从岩藻(墨角藻)提取的、主要由 6-脱氧-L-半乳糖(岩藻糖)聚合而成的有抗凝血、降血脂作用的多糖。

03.0465　藻胶　phycocolloid
用各种海藻提取的多糖胶。

03.0466　琼脂　agar
又称"琼胶"。用石花菜提取的混合多糖,用作细菌培养基、食品凝胶剂和纺织业的浆料。

03.0467　琼脂糖　agarose
从琼脂中提取的、由不同类型吡喃半乳糖聚合而成的多糖。在生物化学和分子生物学研究中用于凝胶过滤、凝胶电泳和凝胶扩散实验。

03.0468　卡拉胶　carrageenan
又称"角叉菜胶"。用角叉菜等红藻提取的、由 1,3-β-D-吡喃半乳糖和 1,4-β-D-吡喃半乳糖相间结合而成的直链多糖硫酸酯,有抗凝血和降血脂作用。

03.0469　叉红藻胶　furcellaran
又称"丹麦琼脂(Danish agar)"。用叉红藻提取的一种多糖硫酸酯,结构与卡拉胶相似,凝胶强度介于琼脂与卡拉胶之间。

03.0470　甘露聚糖　mannan
又称"甘露糖胶"。在紫菜等植物细胞壁内以甘露糖为主聚合而成的一类多糖。

03.0471　甘露[糖]醇　mannitol
由甘露糖衍生而来的糖醇。

03.0472　海萝聚糖　funoran
又称"海萝胶"。用红藻海萝提取的黏性硫酸半乳聚糖。其结构和性质与琼脂相似,用作纺织和造纸业的浆料。

03.0473　鲸蜡　cetin, spermaceti wax
从抹香鲸鲸脑油中分离,主要由月桂酸、豆蔻酸、棕榈酸与鲸蜡醇结合而成的固体蜡酯。

03.0474　鲸蜡醇　cetol
又称"棕榈醇"。由鲸蜡皂化而得的十六烷醇。

03.0475　龙涎香醇　ambrein
又称"龙涎香精"。从抹香鲸肠道分泌物龙涎香中提取的蜡状物,为名贵香料。

03.0476　甲壳质　chitin
又称"壳多糖","几丁质"。由 N-乙酰基-D-吡喃葡糖胺聚合而成的直链多糖,是虾、蟹外壳的主要有机成分。

03.0477　脱乙酰甲壳质　chitosan
又称"脱乙酰壳多糖"。甲壳质在高温和浓碱作用下脱去大部分乙酰基后的产物,有抗霉菌、促愈合、抗凝血、降血脂作用。

03.0478　葡糖胺　glucosamine
又称"氨基葡糖"。为甲壳质水解后的产物,有抗衰老和增强免疫力的作用。

03.0479　刺参黏多糖　acidic mucopolysaccharide of *Apostichopus japonicus*
从刺参中分离的由氨基己糖、己糖醛酸、岩藻糖组成的多糖硫酸酯,有抗凝血、抗肿瘤作用。

03.0480　扇贝糖胺聚糖　glycosaminoglycan of pectinid
扇贝中由氨基己糖、己糖醛酸、葡萄糖、半乳糖、木糖、岩藻糖、鼠李糖等组成的酸性黏多糖,有抗凝血作用。

03.0481　硫酸软骨素　chondroitin salfate
鲨鱼等脊椎动物软骨中,由 N-乙酰基-D-半乳糖胺硫酸与 D-葡萄糖醛酸结合而成的化合物,有降血脂、抗凝血、预防动脉硬化的作用。

03.0482　血管形成抑制因子　angiogenesis inhibiting factors, AGIF
鲨鱼等脊椎动物软骨中,能阻止毛细血管向肿瘤内延伸、抑制肿瘤生长的一类物质。

03.0483　藻胆[蛋白]体　phycobilisome
藻类细胞内附着于类囊体膜上、主要由藻胆蛋白多聚体组成的一种小颗粒。它吸收阳光后,向叶绿素传递能量。

03.0484　藻胆蛋白　phycobiliprotein
蓝藻、红藻、隐藻和某些甲藻中的辅助光合色素,由色素基团藻胆素和载体蛋白共价结合而成。有增强人体免疫力、抗氧化和抗肿瘤作用,并可用作食品天然色素。

03.0485　藻胆素　phycobilin
藻胆蛋白中的色素基团,为直链四吡咯衍生物,分藻红胆素,藻蓝胆素,藻紫胆素和藻尿胆素四种。

03.0486　藻蓝蛋白　phycocyanin
又称"藻青蛋白"。蓝藻、红藻、隐藻中的一类辅助光合色素,分 C 型与 R 型两种。C 型由藻蓝胆素与蛋白质结合而成;R 型除藻蓝胆素外,还含藻红胆素。

03.0487　别藻蓝蛋白　allophycocyanin
又称"异藻蓝蛋白"。由藻蓝胆素与蛋白质结合而成,其吸收光谱和荧光发射光谱与藻蓝蛋白略有差别。

03.0488　藻红蛋白　phycoerythrin
紫菜、鸡毛菜、珊瑚藻等红藻中的辅助光合色素,由藻红胆素、藻尿胆素与蛋白质结合而成。

03.0489　藻红蓝蛋白　phycoerythrocyanin
鱼腥藻等蓝藻中的辅助光合色素,由藻红胆素、藻紫胆素与蛋白质结合而成。

03.0490 藻胆蛋白荧光探针 phycofluor probe

藻胆蛋白与抗体或抗抗体结合而成的复合物,可用来检测抗原和抗体。

03.0491 鱼精蛋白 protamine

从鱼类精巢中分离的碱性蛋白,为肝素中毒的解毒剂。与胰岛素结合可制成长效鱼精蛋白胰岛素锌。

03.0492 鱼油 fish oil

从小杂鱼或鱼类加工的废弃物中提取的脂肪。因富含多不饱和脂肪酸,故能预防动脉硬化和血栓形成。

03.0493 鱼肝油 fish liver oil

从鲨、鳕、鲭等鱼类肝脏中提取的脂肪。因富含维生素 A 和 D,故有预防夜盲症和软骨病的作用。

03.0494 二十碳五烯酸 eicosapentenoic acid, EPA

人体所必需的一种多不饱和脂肪酸,鱼油中含量较多。

03.0495 二十二碳六烯酸 docosahexenoic acid, DHA

人体所必需的一种多不饱和脂肪酸,鱼油中含量较多。

03.0496 鲨肝醇 batylalcohol

从鲨鱼肝脏中提取的十八烷基甘油醚,为升白细胞和抗辐射药物,用于各种原因引起的粒细胞减少症。

03.0497 [角]鲨烯 squalene

最初从角鲨肝脏中发现的一种多不饱和烯烃(三十碳六烯),参与人体胆固醇合成并能促进新陈代谢。

03.0498 鲨胆甾醇 scymnol

又称"鲨胆固醇"。从北极鲨(*Scymnus borealis*)胆汁中分离的甾醇。

03.0499 鲑降钙素 salcalcitonin

从鲑鱼甲状腺提取的降钙素,其活性比猪降钙素大,用于治疗骨质疏松和高血钙症。

03.0500 黏盲鳗素 eptatretin

又称"八目鳗鱼丁"。从黏盲鳗(*Eptatretus*)分离的芳香胺,能使心跳复苏。

03.0501 神经酰胺 ceramide

从海蛾鱼(*Pegasus laternarius*)和豆荚软珊瑚(*Lobophytum chevalieri*)提取的酰胺,有降心率和降血压作用。

03.0502 苔藓虫素 bryostatin

又称"草苔虫素"。从多室草苔虫(*Bugula neritina*)分离的 19 种大环内酯化合物,其中苔藓虫素 1 和 19 均有抗肿瘤作用。

03.0503 星芒海绵素 stelletin

从南海薄星芒海绵(*Stelletta tenuis*)分离的三萜色素,有抗白血病作用。

03.0504 矶海绵酮 renierone

从矶海绵(*Reniera*)分离的一种甲醇当归酸酯,有较强的抑菌作用。

03.0505 圆皮海绵内酯 discodermolide

从圆皮海绵(*Discodermia*)分离的多羟基内酯,有抗肿瘤作用。

03.0506 山海绵酰胺 mycalamide

从山海绵(*Mycale*)分离的酰胺,有抗病毒、抗白血病作用。

03.0507 海绵胸腺嘧啶 spongothymidine, ara-T

从荔枝海绵(*Tethya crypta*)中分离的呋喃核糖胸腺嘧啶,有抗病毒作用。

03.0508 海绵尿核苷 spongouridine, ara-U

从荔枝海绵分离的呋喃核糖尿嘧啶,有抗病毒作用。

03.0509 海绵核苷 spongosine

从荔枝海绵分离的呋喃核糖甲氧腺嘌呤,有抗病毒作用。

03.0510 冈田[软海绵]酸 okadaic acid

从冈田软海绵(*Halichondria okadai*)提取的三十八碳脂肪酸,能引起腹泻和促进肿瘤生长。

03.0511 软海绵素 halichondrin

从冈田软海绵(*Halichondria okadai*)分离的聚醚大环内酯化合物,有抗白血病和抗黑色素细胞瘤作用。

03.0512 膜海鞘素 didemnin

从膜海鞘(*Trididemnum solidum*)分离的三种环状缩肽,其中膜海鞘素 B 有抗病毒和抗肿瘤作用。

03.0513 蕈状海鞘素 eudistomin

从蕈状海鞘(*Eudistoma*)分离的 20 种含 β-咔啉母核的生物碱。其中蕈状海鞘素 L 能抗Ⅰ型单纯性疱疹病毒。

03.0514 海鞘素 743 ecteinascidin 743

从陀螺海鞘(*Ecteinascida turbinata*)分离的多环化合物,有抗皮肤癌、肺癌作用。

03.0515 多果海鞘品 polycarpine

从金黄多果海鞘(*Polycarpa aurata*)分离的含硫氨基咪唑环化物,有很强的抗肿瘤活性。

03.0516 三丙酮胺 triacetonamine

从鳞灯心柳珊瑚分离的由丙酮组成的胺,有抗心率失常、改善心肌供血、降血压、降血脂的作用。

03.0517 柳珊瑚甾醇 gorgosterol

从柳珊瑚(*Gorgonia ventilina*)分离的甾醇,有扩张血管、降血压、降心率和抗心率不齐的作用。

03.0518 丛柳珊瑚素乙酸酯 crassin acetate

从加勒比海丛柳珊瑚(*Plexaura crassa*)分离的二萜醇乙酸酯,有降血压、抗肿瘤作用。

03.0519 柳珊瑚酸 subergorgin

从南海柳珊瑚(*Subergorgia*)分离的倍半萜,有降血压、降心率、抗神经毒素和抑制胆碱酯酶的作用。

03.0520 海兔素 aplysin

从黑斑海兔(*Aplysia kurodai*)分离的一种溴代倍半萜。

03.0521 海兔醚 dactylene

又称"海兔烯"。从南海指纹海兔(*Aplysia dactylomela*)分离的化合物,有抑制中枢神经活动和抗肿瘤作用。

03.0522 尾海兔素 dolastatin

从尾海兔(*Dolabella auricularia*)分离的环肽类化合物,有抗真菌和抗肿瘤作用。

03.0523 蚶肽 arcamine

从蚶(*Arca zebra*)分离的二肽化合物,水解脱羧后形成牛磺酸和甘氨酸,能引起鱼类摄食反应。

03.0524 海星皂苷 asterosaponin

从多棘海盘车(*Asterias amurensis*)分离的甾体皂苷,能抑制动物排卵和使精子失活。

03.0525 虾青素 astaxanthin

又称"虾黄素"。从河螯虾(*Astacus gammarus*)外壳,牡蛎和鲑鱼中发现的一种红色类胡萝卜素,在体内可与蛋白质结合而呈青、蓝色。有抗氧化、抗衰老、抗肿瘤、预防心脑血管疾病作用。

03.0526 绿刺参苷 stichloroside

从绿刺参(*Stichopus chloronotus*)体壁分离的三萜寡糖苷,有抗真菌作用。

03.0527 棘辐肛参苷 echinoside

从棘辐肛参(*Actinopyga echinites*)体壁分离的一种皂苷,有抗真菌作用。

03.0528 蛤素 mercenene

从薪蛤(*Mercenaria mercenaria*)分离的大分子(相对分子质量 1000~2000)抗肿瘤物质。

03.0529 短指软珊瑚内酯 sinulariolide

从短指软珊瑚(*Sinularia flexibilis*)分离的二萜内酯,有抗白血病作用。

03.0530 鲍灵 paolin

从红鲍、凤螺、薪蛤、牡蛎、枪乌贼分离的三种有机物。鲍灵Ⅰ、Ⅱ、Ⅲ分别有抗菌、抗病毒和抗肿瘤作用。

03.0531 麝香蛸素 eledosin, moshatin

从麝香蛸(*Eledone moshata*)唾液腺分离的十一肽,能扩张血管、降低血压,对小动物有麻痹作用。

03.0532 马尾藻素 sarganin

从漂浮马尾藻(*Sargassum natans*)分离的含硫酚类化合物,有很强的抑菌作用。

03.0533 马鞭藻烯 multifidene

由地中海马鞭藻(*Cutleria multifida*)雌配子分泌的一种交配素,能吸引雄配子与之结合。

03.0534 牛磺酸 taurine

又称"牛胆碱"。从乌贼和章鱼提取的氨基磺酸,为保肝、利胆、解毒药。

03.0535 高牛磺酸 homotaurine

从舌状蜈蚣藻(*Grateloupia livida*)分离的氨基磺酸,有强心、降血压、抑制大脑皮层活动的作用。

03.0536 甘油牛磺酸 glyceryltaurine

从杉藻(*Gigartina leptorhynchos*)提取的一种藻类氨基酸。

03.0537 多甲藻素 peridinin

从多甲藻(*Peridinium*)中发现的甲藻所特有的去甲基类胡萝卜素。

03.0538 束丝藻叶黄素 aphanizophyll

从水华束丝藻(*Aphanizomenon flosaquae*)分离的紫色单鼠李糖苷型类胡萝卜素。

03.0539 硅甲藻黄素 diadinoxanthin

从硅藻、原甲藻、裸甲藻分离的一种类胡萝卜素。

03.0540 硅藻黄素 diatoxanthin

从舟形藻(*Navicula torguatum*)分离的硅藻类胡萝卜素。

03.0541 蓝藻叶黄素 myxoxanthophyll

又称"蓝溪藻黄素乙"。蓝藻所特有的一种紫色类胡萝卜素,在海底沉积物研究中用作蓝藻存在的指示剂。

03.0542 3-氨基-2-羟基丙磺酸 3-amino 2 hydroxypropanesulfonic acid

从舌状蜈蚣藻(*Grateloupia livida*)分离的一种氨基酸,有强心和降血压作用。

03.0543 岩藻甾醇 fucosterol

又称"墨角藻甾醇"。从岩藻分离的一种甾醇,有降胆固醇作用。

03.0544 7-α-羟基岩藻甾醇 7-α-hydroxyfucosterol

从大团扇藻(*Padina crass*)分离的甾醇,能使白血病病人的早幼粒细胞分化为正常细胞。

03.0545 软骨藻酸 domoic acid

从树枝软骨藻(*Chondria armata*)分离的一种藻类酸性氨基酸,微量能兴奋中枢神经系统,过量则引起记忆丧失性神经中毒。

03.0546 褐藻丹宁 phaeophycean tannin

又称"褐藻鞣质"。从褐藻中提取的间苯三酚及其衍生物,有杀菌、杀藻作用。

03.0547 昆布氨酸 laminine

又称"海带氨酸"。从海带提取的一种碱性氨基酸,有降血脂、降血压作用。

03.0548　微囊藻素　microsystin
从铜锈微囊藻(*Microsystis aeruginosa*)分离的环肽类物质,可引起动物肝中毒和肝坏死。

03.0549　伪枝藻素　scytophycin
从霍氏伪枝藻分离的五种大环内酯化合物,有抗霉菌和抗肿瘤作用。

03.0550　前沟藻内酯　amphidinolide
从前沟藻(*Amphidinium*)分离的大环内酯化合物,有抗肿瘤作用。

03.0551　鞘丝藻酰胺　malyngamide
从巨大鞘丝藻(*Lyngbya majuscula*)分离的一种酰胺,有抗肿瘤活性。

03.0552　念珠藻素　cryptophycin
从念珠藻(*Nostoc*)分离的一种多肽,有抗肿瘤作用。

03.0553　吲哚并咔唑　indolocarbazole
从圆球念珠藻(*Nostoc sphaericum*)分离的化合物,能抗单纯性疱疹病毒。

03.0554　红藻氨酸　kainic acid
又称"海人草酸"。从海人草(*Digenea simplex*)分离的有毒氨基酸,用于神经毒理学研究。

03.0555　海杧果苷　tanghinoside
又称"毒海果苷"。从红树海杧果中分离的甾类强心苷,其作用比洋地黄快,但持续时间短。

03.0556　海头红烯　plocamadiene
从红藻海头红(*Plocamium*)分离的含卤单萜、环状多卤单萜、含氧卤代单萜类化合物,有抗菌、杀虫作用。

03.0557　海乐萌　halomon
从红藻松香藻(*Poritieria honemannii*)分离的多卤单萜化合物,有抗肿瘤作用。

03.0558　耳壳藻酯　caulilide
从耳壳藻(*Peyssonnelia caulifera*)分离的高单萜酯,有抗肿瘤作用。

03.0559　凹顶藻酚　laurinterol
又称"劳藻酚"。从凹顶藻(*Laurencia*)分离的酚类化合物,能抗金黄葡萄球菌。

03.0560　亚精胺　spermidine
又称"精脒"。从软珊瑚(*Sinularia*)分离的低分子多胺类化合物,有抗肿瘤作用。

03.0561　海洋生物毒素　marine biotoxin
在海洋动物、植物和微生物中发现的对人和动物有毒的有机物。海洋动物中这些物质有的由本身合成,有的则通过食物链或共栖关系从其他生物(如单细胞藻类、细菌)获取。

03.0562　河鲀毒素　tetrodotoxin, TTX
某些鲀科鱼类(如东方鲀)体内所含的外源神经毒素,以血液和内脏器官的含量最多。小剂量有麻痹和镇痛作用,剂量稍大便可致死人命。

03.0563　雪卡毒素　ciguatoxin
又称"西加毒素","鱼肉毒素"。热带珊瑚礁鱼类因大量摄食具毒拟翼藻而在体内积累的大分子聚醚神经毒素。

03.0564　芋螺毒素　conotoxin, CTX
从芋螺(*Connus*)分离的由 10～40 个氨基残基组成多肽神经毒素,分 α、μ、ω 三种。

03.0565　海兔毒素　aplysiatoxin
从夏威夷长尾背肛海兔(*Stylocheilus longicauda*)中肠腺分离的酚类毒素,有抗肿瘤作用。

03.0566　水母毒素　physaliatoxin
僧帽水母等腔肠动物刺丝囊中所含的有毒多肽,被蜇后可引起皮肤红肿、肌肉疼痛、呕吐、呼吸困难以至死亡。

03.0567　海葵毒素　anemotoxin

地中海槽沟海葵(*Anemonia sulcata*)中的一类有毒多肽,可引起神经和心脏中毒,并可抑制蛋白水解酶活性。

03.0568　海葵素　anthopleurin
从黄海葵(*Anthopleura xanthotrammica*)分离的多肽神经毒素,有类似于地高辛的强心作用。

03.0569　岩沙海葵毒素　palytoxin
又称"沙群海葵毒素"。从沙群海葵科的岩沙海葵(*Palythoa*)分离的聚醚毒素,有缩血管、升血压作用。

03.0570　等指海葵毒素　equinatoxin
从等指海葵(*Actinia equina*)分离的由147个氨基残基组成的有毒多肽,有抗肿瘤和溶血作用。

03.0571　海参素　holothurin
从海参中提取的三萜皂苷与甾体苷,有强心、抗肿瘤、抗霉菌作用,大剂量可引起溶血和中毒。

03.0572　海参毒素　holotoxin
从刺参(*Stichopus japonicus*)提取的有毒三萜皂苷,有抗真菌活性的作用。

03.0573　沙蚕毒素　nereistoxin
从异足索沙蚕(*Lumbrineris heteropoda*)提取的碱性含硫神经毒素。以此为模板,已人工合成农用杀虫剂巴丹。

03.0574　骏河毒素　surugatoxin
从日本骏河湾的日本东风螺(*Babylonia japonica*)分离的含溴毒素,有扩瞳、麻醉和抗肿瘤作用。

03.0575　新骏河毒素　neosurugatoxin
骏河毒素的衍生物,其毒性比骏河毒素强100倍。

03.0576　章鱼毒素　cephalotoxin
从真蛸(*Octopus vulgaris*)、大章鱼(*O. macro-*

pus)和麝香蛸(*Eledone moshata*)唾液腺分离的蛋白质神经毒素,有提高冠脉血流量、改善心肌供血和防止血栓形成的作用。

03.0577　石房蛤毒素　saxitoxin
石房蛤(*Saxidomus giganteus*)因大量摄取有毒膝沟藻(*Gonyaulax catenella*)而在体内积累的聚醚神经毒素,有很强的麻醉作用。

03.0578　海绵毒素　halitoxin
从蜂海绵(*Haliclona*)分离的相对分子质量为500至25 000的有毒物质,有抗肿瘤、抗菌和溶血作用。

03.0579　贝[类]毒[素]　shellfish toxin
贝类动物因摄取有毒藻类而在体内积累的毒素。

03.0580　麻痹性贝毒　paralytic shellfish poison, PSP
贝类大量摄食膝沟藻、裸甲藻等毒藻而在体内积累的四氢嘌呤毒素。食后可引起肢体麻木,以至死亡。

03.0581　腹泻性贝毒　diarrhetic shellfish poison, DSP
贝类大量摄食鳍[甲]藻、原甲藻等毒藻而在体内积累的冈田酸之类的聚醚毒素,食后可引起呕吐、腹泻。

03.0582　记忆丧失性贝毒　amnesic shellfish poison, ASP
又称"健忘性贝毒"。贝类大量摄食伪菱形藻而在体内积累的有毒软骨藻酸。食后可引起暂时性记忆丧失,以至死亡。

03.0583　神经性贝毒　neurotoxic shellfish poison, NSP
贝类大量摄食短裸甲藻后在体内积累的短裸甲藻毒素。食后可引起神经中毒。

03.0584　短裸甲藻毒素　brevetoxin
从短裸甲藻(*Gymnodinium breve*)分离的一类

神经毒素,每千克体重 0.25mg 即可毒死小鼠。

03.0585 单歧藻毒素 tolytoxin

从单歧藻(*Tolypothrix conglutinata*)分离的有毒物质,有抗肿瘤作用。

03.0586 定鞭金藻毒素 prymnesin

从定鞭金藻(*Prymnesium parvum*)分离的由葡萄糖、半乳糖、甘露糖组成的多糖毒素,有抗肿瘤和镇痛作用。

03.0587 鱼腥藻毒素 a anatoxin-a

从水华鱼腥藻(*Anabaena flos-aquae*)分离的碱性杂环神经毒素。

03.0588 天神霉素 istamycin

又称"伊斯塔霉素"。从海洋链霉菌(*Streptomyces tenjimariensis*)分离的对革兰氏阳性和阴性菌均有很强的抑制作用的抗生素。

03.0589 5-碘杀结核菌素 5-iodotubercidin

从红藻沙菜(*Hypnea valetiae*)分离的腺苷类似物,能抑制腺苷激酶和杀灭肺结核菌。

03.0590 大环内酰亚胺 A macrolactin A

从深海细菌分离的抗枯草芽孢杆菌、金黄葡萄球菌和阻止艾滋病病毒复制的化合物。

03.0591 镁菌素 magnesidin

从海洋镁假单孢菌(*Pseudomonas magnesiorubra*)分离的一种抗生素。

03.0592 灭疟霉素 aplasmomycin

从海洋灰色链霉菌(*Streptomyces griseus*)分离的能抑制革兰氏阳性菌和杀灭疟原虫的抗生素。

03.0593 头孢菌素 cephalosporin

又称"先锋霉素"。最初从地中海沿岸的头孢霉菌(*Cephalosporium*)分离的甲基三萜类抗生素,能抑制多种革兰氏阳性和阴性菌。

03.0594 海洋生化工程 marine biochemical engineering

用生物学、化学、工程学原理规模生产从实验室获得的海洋生物活性物质的技术。

03.0595 海水养殖技术 mariculture technique

通过人工采苗、育苗,使海洋动物和海藻在天然或人为控制的海洋环境中生长、繁殖的技术。

03.0596 粗[放]养[殖] extensive culture

在天然海域投放贝类等海洋动物幼苗,依靠天然饵料或辅以人工饵料的半人工养殖技术。

03.0597 集约养殖 intensive culture

又称"精养"。采用先进仪器设备和管理技术,实施高密度、高产量、高经济效益的养殖方法。

03.0598 健康海水养殖 healthy mariculture

为防止严重传染病的发生,从苗种的生产和选择,饵料的营养和投放,养殖水体的消毒和管理等各方面都严格把关的养殖方法。

03.0599 工厂化养殖 industrial culture

在室内海水池中采用先进的机械和电子设备控制养殖水体的温度、光照、溶解氧、pH值、投饵量等因素,进行高密度、高产量的养殖方式。

03.0600 生态系养殖 ecosystem culture

模仿天然海域各种生物的相互依存关系,在同一水体中投放几种海洋生物,最大限度地利用水中的饵料,防止海水污染和减少疾病发生的养殖方法。

03.0601 封闭式循环水养殖 closed culture with circulating water

为防养殖池外海水中的病原体入侵,将养殖池水不断过滤、消毒、循环使用的养殖方法。

03.0602 网箱养殖 net cage culture, cage

culture

将网衣固定在支架上制成不同大小和形状的封闭式养殖设施,将养殖动物幼苗置于其中,沉入水中的养殖方式。

03.0603 池塘养殖 pond culture

在海滩附近挖建池塘,注入海水的养殖方式。

03.0604 港[垱]养[殖] marine pond extensive culture

利用天然港湾、河口通过人工开挖、筑堤、建闸,依靠涨潮时进水纳苗的粗放式养殖。

03.0605 滩涂养殖 tidal flat culture

利用潮间带的泥、沙海滩播撒贝类幼苗的养殖方式。

03.0606 网围养殖 net enclosure culture

在潮间带或潮下带以网、堤与海岸合围或以网栏合围部分水域的养殖方式。

03.0607 筏式养殖 raft culture

在浅海水面上利用浮子和绳索组成浮筏,并用缆绳固定于海底,使海藻(如海带、紫菜)和固着动物(如贻贝)幼苗固着在吊绳上,悬挂于浮筏的养殖方式。

03.0608 单养 monoculture

养殖水体中只放养一种海洋动物的养殖方式。

03.0609 混养 polyculture

同一水体中同时放养两种以上海洋动物的养殖方式。

03.0610 轮养 rotational culture

同一水体中在不同年份或同一年的不同时期轮流养殖不同海洋生物的养殖方式。

03.0611 鱼类病理学 fish pathology

研究鱼类疾病发生的原因、条件、症状以及防治方法的学科。

03.0612 鱼类免疫学 fish immunology

研究鱼类免疫器官的结构与功能、免疫反应及其机制的学科。

03.0613 鱼类药理学 fish pharmacology

研究鱼病防治药物的种类、性质、作用机理、剂量、防治效果、副作用等的学科。

03.0614 传染性胰脏坏死病 infectious pancreatic necrosis

由传染性胰脏坏死病病毒引起的鱼类传染病。主要危害鲑科鱼类的仔、幼鱼,死亡率达90%以上。

03.0615 传染性造血器官坏死病 infectious hematopoietic necrosis

由传染性造血器官坏死病病毒引起的鱼类传染病。主要危害鲑科鱼类的仔、幼鱼,死亡率达90%以上。

03.0616 病毒性出血败血症 viral hemorrhagic septicemia

由出血败血症病毒引起的鱼类传染病,危害鲑鱼、鳕鱼、鲈鱼、大菱鲆、狗鱼等,死亡率达90%以上。

03.0617 淋巴囊肿病 lymphocystis disease

由淋巴囊肿病病毒(lymphocystis virus)引起的鱼类皮肤传染病。病鱼皮肤呈水泡状突起,严重时像蟾蜍,主要危害牙鲆、鲈鱼、真鲷等。

03.0618 真鲷虹彩病毒病 iridoviral disease of red sea bream

由真鲷虹彩病毒(iridovirus of red sea bream)引起的鱼类传染病。主要危害真鲷幼鱼,可引起大批鱼死亡。

03.0619 日本鳗虹彩病毒病 iridoviral disease of Japanese eel

由日本鳗虹彩病毒(iridovirus of Japanese eel)引起的鱼类传染病。主要危害日本鳗,病鱼体色变浅、鳍充血、发病后不久便开始死亡。

03.0620 鲑疱疹病毒病 herpesvirus salmonis disease

由鲑疱疹病毒(herpesvirus salmonis)引起的鱼类传染病。主要危害虹鳟仔鱼,病鱼体色变黑、皮肤充血、眼球突出、腹部膨胀。

03.0621 病毒性上皮增生症 viral epidermal hyperplasia

由疱疹病毒(herpesvirus)引起的鱼类传染病。主要危害牙鲆仔、幼鱼,死亡率达80%~90%。

03.0622 银大麻哈鱼疱疹病毒病 herpesviral disease of coho salmon

由银大麻哈鱼疱疹病毒(herpesvirus of coho salmon)引起的传染病。病鱼发生皮肤溃疡、鳍糜烂,肝脏有白斑,死亡率在30%左右。

03.0623 牙鲆弹状病毒病 hirame rhabdoviral disease

由牙鲆弹状病毒(hirame rhabdovirus)引起的鱼类传染病。主要危害牙鲆、香鱼和黑鲷。

03.0624 病毒性红细胞坏死症 viral erythro-cytic necrosis

由鱼红细胞坏死病毒(piscine erythrocytic necrosis virus)引起的鱼类传染病。主要危害鳕鱼、鲥鱼、锯鲉等海水鱼。死亡率不高,但影响生长。

03.0625 病毒性神经坏死病 viral nervous necrosis

由野田病毒(nodavirus)引起的鱼类传染病。主要危害牙鲆、石斑鱼、红鳍东方鲀、条斑星鲽、尖吻鲈、鹦嘴鱼等仔、幼鱼,死亡率较高。

03.0626 对虾白斑[综合]症 white spot syndrome of prawn

由白斑综合征杆状病毒(white spot syndrome baculovirus)引起的对虾严重传染病。可危害多种养殖对虾。病毒主要侵害皮下和造血组织,故在头胸甲出现白斑。

03.0627 对虾红腿病 red appendages disease of prawn

由副溶血弧菌、鳗弧菌和溶藻弧菌引起的对虾急性传染病,病虾附肢变红,泳足尤为明显。主要危害成虾。

03.0628 DNA 探针 DNA probe

以病原微生物 DNA 或 RNA 的特异性片段为模板,人工合成的带有放射性或生物素标记的单链 DNA 片段,可用来快速检测病原体。

03.0629 酶联免疫吸附测定 enzyme-linked immunosorbent assay, ELISA

使抗体与酶连结,利用抗体与特定抗原相结合和酶的显色反应来快速检测病原体的技术。

03.0630 荧光抗体技术 fluorescent antibody technique

用荧光素标记抗体,利用抗体与特定抗原相结合的原理,在荧光显微镜下快速检测病原体的技术。

03.0631 益生菌 probiotics

对人和动物有益的细菌。在海水养殖中可用它来改良水质(如光合细菌)或预防疾病(如某些乳酸菌)。

03.0632 海洋捕捞 marine fishing

在海洋里捕获经济动物的生产活动。

03.0633 近海捕捞 inshore fishing

在 100m 等深线以内浅海区捕鱼虾等经济动物的生产活动。

03.0634 外海捕捞 offshore fishing

在 100m 等深线以外、200m 等深线以内海区捕鱼虾等经济动物的生产活动。

03.0635 远洋捕捞 distant fishing

在 200m 等深线以外大洋区捕鱼虾等经济动物的生产活动。

03.0636 瞄准捕捞 aimed fishing
利用各种探测设备查明鱼群位置后进行的精确捕捞。

03.0637 遥感探鱼 fish finding by remote sensing
利用人造卫星上的红外遥感器,根据水温、水色、水流等参数确定鱼群位置的技术。

03.0638 探鱼仪 fish finder
利用回声定位原理,用超声波来发现和确定鱼群位置的电子仪器。

03.0639 垂直探鱼仪 vertical fish finder
超声波由船底垂直向下发射的探鱼仪,可发现渔船下方的鱼群。

03.0640 水平探鱼仪 horizontal fish finder
超声波沿水平方向发射的探鱼仪,可发现中、上层鱼类。

03.0641 多频探鱼仪 multifrequency fish finder
能发射两种以上频率超声波的探鱼仪。

03.0642 光诱渔法 light fishing
利用鱼类的趋光原理,用强光吸引和聚集鱼群,然后用网具或鱼泵捕鱼的技术。

03.0643 音响渔法 acoustic fishing
利用声音吸引、驱赶鱼群,或根据捕捞对象发出的声音确定其方位的捕捞方法。

03.0644 电渔法 electric fishing
利用鱼类被动趋电的原理,用强电场将鱼群吸引到电场正极,然后用网具或鱼泵捕鱼的技术。

03.0645 标记重捕法 tagging recapture method
将捕获或人工培育的鱼虾等动物做好标记后放回海中,通过重捕观察其生长速度、活动范围和洄游路线。

03.0646 捕捞强度 fishing intensity
单位时间、单位面积水域内采捕某种经济海洋动物的能力。它取决于捕捞船只和网具的大小与数量,捕捞技术的高低。

03.0647 捕捞过度 overfishing
捕捞量超过捕捞对象的繁殖能力和生长速度,使渔获量减少、捕捞个体变小、经济效益下降。

03.0648 渔汛 fishing season
又称"渔期"。捕捞对象因索食、产卵、越冬等原因而群集,适于大规模捕捞的时期。

03.0649 人工鱼礁 artificial fish reef
有目的地向海底投放石块、混凝土块、废旧车船等物体而形成的暗礁。可吸引海洋生物来此繁衍生息,增加渔获量。

03.0650 浮鱼礁 floating fish reef
悬浮于水中的人工礁体。可供海洋生物繁衍生息,以增加渔获量。

03.0651 电栅拦鱼 blocking fish with electric screen
在开放式养鱼场的出入口,竖立2~3排带电的金属棒,阻止鱼类逃逸。用于放牧式鱼类养殖或阻止鱼类进入水电站等场地。

03.0652 盐生生物 halobiont
能在高含量可溶性盐(主要为氯化钠)环境中生存的生物的总称。包括盐生微生物、藻类、植物和动物等。

03.0653 盐沼生物 salt marsh organism
生存于盐沼环境中的生物。主要有以根生长在泥底中的显花植物,以及软体动物、甲壳动物、多毛类等海洋动物和陆生盐生昆虫等。

03.0654 盐生植物 halophyte
能在高含量可溶性盐(主要为氯化钠)的环境(包括土壤、沼泽、水域)中生长并完成其生活史的植物。

03.0655 盐土植物 salt plant
能在高含量可溶性盐(主要为氯化钠)的土壤中生长的植物。

03.0656 盐沼植物 salt marsh plant
能在含盐量高的沼泽中生长的植物。

03.0657 盐生植物耐盐性 halophyte salt-tolerance
生长在盐渍环境中的部分盐生植物,无法阻止或排出盐分,通过渗透调节、盐离子在细胞中的区域化作用等生理途径,抵消或降低盐分胁迫的作用,以维护其正常生理活动的抗盐性能。

03.0658 盐生植物避盐性 halophyte salt-avoidance
生长在盐渍环境中的部分盐生植物,能够在体内采取泌盐、稀盐、拒盐等方式,部分地阻止盐分进入体内或体内某一部分;或者在盐分进入植物体后,再以某种方式将盐分排出体外,以保证其正常的生理活动的抗盐性能。

03.0659 盐生植物泌盐性 halophyte salt-secretion
部分盐生植物通过其茎叶表皮细胞所发育分化成的盐腺和盐囊泡细胞,将从根系吸收到体内的盐分排出体外的避盐性能。

03.0660 盐生植物稀盐性 halophyte salt-dilution
部分盐生植物没有盐腺等排盐结构,但它们可以通过茎叶的肉质化大量吸收和存储水分,将吸入体内的盐分予以稀释的避盐性能。

03.0661 盐生植物拒盐性 halophyte salt-rejection
部分盐生植物由于根部细胞质膜和其他组织的渗透性小或不透性,拒绝或很少吸收外界盐分进入体内;即使进入体内也是大部分存留根部而不向上部茎叶输送的避盐性能。

03.0662 真盐生植物 euhalophyte
又称"常盐生植物","稀盐盐生植物(salt-dilution halophyte)"。一类体内能积聚盐分但可以通过特殊形态结构,如茎叶肉质化吸收大量水分来冲淡盐离子浓度;同时又通过渗透调节和细胞内的区域化作用等生理途径来适应盐离子胁迫,以免受伤害的盐生植物。

03.0663 泌盐盐生植物 secretohalophyte
一类依靠植物体内的泌盐结构即盐腺和盐囊泡等将体内过多盐分排出体外,以免受伤害的盐生植物。

03.0664 假盐生植物 pseudohalophyte
又称"拒盐盐生植物"。一类通过根部等器官拒绝或很少吸收盐离子,即使吸收进体内的,也是存储于根、茎基部而不向茎上部和叶端输送,以免受伤害的盐生植物。

03.0665 盐生植物生物学 halophyte biology
研究盐生植物的形态、分类、生理、生态、分布、发生、遗传、进化的科学。

03.0666 盐生植物生态学 halophyte ecology
研究盐生植物间及盐生植物同生存环境间相互关系的科学。盐生植物由于在某些形态、生理以至遗传上的某些差异,又分不同生态型。

03.0667 水生盐生植物 aquatic halophyte
生长在海洋浅水区域、海滨咸水与半咸水区域、内陆咸水湖与盐湖中的沉水盐生植物,以及生长在海滨滩涂与沼泽、内陆咸水湖与盐湖湖滨地带的挺水盐生植物。

03.0668 中生盐生植物 meso-halophyte
一类生长在土壤含水量中等但含盐量较高生境土壤中的盐生植物。

03.0669 红树林植被 mangrove vegetation
生活在热带、亚热带海滨泥滩上的常绿灌木和小乔木群落,主要是由红树科植物组成的盐生植物植被型。

03.0670 盐生灌丛 halophyte bush vegetation
生长于海滨沼泽和内陆盐渍土壤的耐盐落叶灌木植物群落所组成的盐生植物植被型。

03.0671 沉水盐生植被 immersed halophyte vegetation
植株茎叶沉浸水中且根生于水底泥中的盐生植物组成的植被型。

03.0672 盐生植物引种驯化 halophyte domestication
将具有一定经济价值又有相当抗盐能力的野生耐盐植物,经筛选、适应性培养、经济性状选择培养等手段,使之能够在盐渍环境中海水栽培中生长和发育并繁殖,以期获得盐生植物新品种的方法和过程。

03.0673 抗盐品种 salt-resistant breed
利用现有作物品种经咸水驯化,逐步淘汰、选择等培育步骤,得到的抗盐性能提高并稳定的作物品种。

03.0674 抗盐转基因作物 transgenic crop with salt-resistance
运用基因工程手段,将抗盐基因转移至非抗盐作物中所培育出的作物新品种。

03.0675 海水灌溉作物 seawater-irrigated crop
可以直接用海水浇灌种植的作物,其中包括经引种驯化、传统育种技术和现代生物技术培育成功的盐生或耐盐作物。

03.0676 海水农业 seawater agriculture
又称"海水灌溉农业(seawater irrigation agriculture)"。以经济盐生植物和盐生作物为生产对象,以土地为载体运用海水进行浇灌或以海水无土栽培方式进行生产的种植业,以及相关的林业、牧业、产品加工业等。

03.0677 食用盐生植物 halophytic food plant
用于食物和食物原料的盐生植物。

03.0678 药用盐生植物 halophytic medical plant
用于药材和药品原料的盐生植物。

03.0679 保健用盐生植物 halophytic health plant
用于防病抗病、延缓衰老等功能食品原料的盐生植物。

03.0680 饲用盐生植物 halophytic fodder plant
茎、叶等直接或经加工后用于饲喂家禽和牲畜,以及用于放牧的盐生植物。

03.0681 纤维用盐生植物 halophytic fiber plant
叶及茎秆中所含的纤维可用作纺织、造纸等原料的盐生植物。

03.05 海洋能开发技术

03.0682 海洋能 ocean energy
蕴藏在海洋中的可再生能源,包括潮汐能、波浪能、海洋温差能、海浪能、潮流能和海水盐差能,广义还包括海洋能农场。

03.0683 海洋能转换 ocean energy conversion
将表现为势能、动能、热能等形式的海洋能转换成电能或其他便于利用与传输的形式的能量转换技术。

03.0684 潮汐能 tidal energy
由月球和太阳对地球的引力及地球自转所致海水周期性涨落形成的势能和横向流动

形成的动能。

03.0685 潮汐电站 tidal power station
在潮汐能较丰富的海湾或河口建造拦水坝形成水库,安装水轮发电机组发电的电站。

03.0686 潮流能 tidal current energy
月球和太阳的引潮力使海水产生周期性的往复水平运动时形成的动能,集中在岸边、岛屿之间的水道或湾口。

03.0687 潮流发电 tidal current generation
利用潮流的动能发电的技术。一般无需筑坝,用水轮机组发电。

03.0688 波浪能 wave energy
海面波浪运动所蕴藏的能量。

03.0689 波浪能转换 wave energy conversion
利用固定或漂浮的装置将波能收集起来并转换为电能或其他便于利用与传输形式的能量转换技术。

03.0690 振荡水柱式波能转换装置 oscillating water column wave energy converter, OWC
由波浪运动驱动固定在岸边或半潜在海面的腔体内的水柱上下振荡,压迫空腔内的空气,产生往复气流,推动空气涡轮机发电的装置。

03.0691 聚波 wave focusing
在波能转换之前,利用海岸地形或人造的水道、装置使入射波浪的能流密度增大,以提高波能转换效率的方法。

03.0692 海洋热能 ocean thermal energy
又称"海水温差能"。由海洋表层温水与深层冷水之间的温差所蕴藏的能量。

03.0693 海洋热能转换 ocean thermal energy conversion, OTEC
又称"海水温差发电"。利用表层温海水使工质蒸发,深层冷海水使工质冷凝的海水温差发电技术。

03.0694 开式循环海水温差发电系统 open cycle OTEC
以海水为工质,排出冷凝淡水的海水温差发电系统。

03.0695 闭式循环海水温差发电系统 closed cycle OTEC
以低沸点物质作工质循环使用的海水温差发电系统。

03.0696 雾滴提升式循环海水温差发电系统 mist lift cycle OTEC
雾化部分表层海水,使蒸汽和雾沿提升管上升至顶部冷凝器,利用提升管底部和顶部形成的压差带动工质水推动水轮机的开式循环海水温差发电系统。

03.0697 海水盐差能 seawater salinity gradient energy
在江河入海口,由于淡水与海水之间所含盐分不同,在界面上产生巨大的渗透压所蕴藏的势能。

03.0698 海水盐差发电 seawater salinity gradient energy generation
在江河入海口建拦水坝、压水塔,并在淡水与海水的界面上安置半透膜,提升淡水水位,推动水轮发电机组发电的技术。

03.0699 海流能 ocean current energy
海洋中海流蕴藏的动能。

03.0700 海流发电 ocean current energy generation
在存在海流能的海域中安装水轮机,利用海流能发电的技术。

03.0701 海洋能农场 ocean energy farm
在海洋中人工大量栽培速生海藻,利用其生物能发电的场所。

03.06 海洋水下技术

03.0702 水下生理学 underwater physiology
研究机体在水下或高气压环境中异常外环境因素对机体作用及其变化规律的应用基础学科。

03.0703 潜水生理学 diving physiology
研究人体潜入水中时机体活动的内在规律、表象特征、水下环境条件对机体作用及其调控与代偿机理的学科。

03.0704 饱和 saturation
吸入气中的某种气体分压高于体内该气体的张力时,气体按压差梯度扩散入机体。当该气体溶入体液和组织中的张力达到最大值时的状态。

03.0705 惰性气体饱和 saturation of inert gas
当惰性气体在体内的溶解度达到最大程度,在同一时间内该气体溶入机体与离开机体的分子数目相等时的状态。

03.0706 过饱和安全系数 supersaturation safety coefficient
潜水减压时,体内的惰性气体呈现过饱和状态的一定限值。

03.0707 减压现象 decompression
潜水减压不当时,机体内溶解在血液或体液中的过饱和惰性气体析出形成气泡所产生的异常病理生理反应。

03.0708 吸氧排氮 oxygen inhalation and nitrogen output
呼吸氧气,加大机体组织内氮气张力与肺泡内其分压间的压差梯度,以加快体内氮气排除的过程与方式。

03.0709 氦语音 helium speech
人呼吸氦氧混合气时产生的一种畸变语音。其特征是:鼻音色彩,语音共振峰向高频位移,第1、2、3次谐波频率升高,可致潜水员语音可懂度下降,通话困难。

03.0710 氦震颤 helium tremor
人在水下或高气压环境中呼吸氦氧混合气时,机体出现频率为 5~8Hz 的节律性颤抖,是高压神经综合征的表现之一。

03.0711 氦昏厥 helium syncope
氦氧常规潜水过程中,当呼吸介质快速由空气转为氦氧混合气或氦氧混合气转为空气时,潜水人员偶尔发生的一过性头晕、心悸、眼发黑、无力,甚至呼吸困难、昏迷的现象。

03.0712 高压神经综合征 high pressure nervous syndrome
在深于 180m 的氦氧潜水中,因静水压和加压速度等因素作用,机体出现以神经功能障碍为主要表现的综合性病征。

03.0713 极限暴露 limiting exposure
在潜水或高气压暴露时,不引起机体损伤的最大深度(压力)与最长暴露时间的安全阈值,由极限暴露压力与暴露时程两因素组合而成。

03.0714 浸泡性低温 immersion hypothermia
机体浸入冰点以上冷水中而出现的身体中心温度的下降。

03.0715 生理应激 physiological stress
机体受到强烈意外刺激时,体内以交感神经兴奋和下丘脑–垂体–肾上腺皮质功能增强为主要特征的非特异性、全身性的适应性变化。

03.0716 水下视觉 underwater vision

潜水员在水中的视功能。表现为能见度低、视力差、视野小、空间视觉和色觉改变等。

03.0717 水下听觉 underwater audition
潜水员在水中的听功能。在水中因声能衰减小，振动阻尼大，致使人在水下听觉传音机制与听力和听觉辨别力均发生变化。

03.0718 加压试验 compression test
对潜水员和高气压暴露人员的咽鼓管通气功能与对高气压暴露适应能力的试验方法。

03.0719 水下医学 underwater medicine
研究和解决水下作业人员的保健和疾病防治的学科。

03.0720 潜水医学 diving medicine
研究和解决潜水作业过程中潜水员的保健和疾病防治的学科。

03.0721 潜水 diving
人从大气或常压环境进入水面以下或高压环境活动,最后再返回水面或常压环境的过程。

03.0722 空气潜水 air diving
潜水员以压缩空气为呼吸介质的潜水方式。潜水深度一般控制在60m以浅。

03.0723 氦氧潜水 helium-oxygen diving
潜水员以人工配制的氦氧混合气为呼吸介质的潜水方式,多用于深度超过60m的潜水。

03.0724 氮氧潜水 nitrogen-oxygen diving
潜水员以人工配制的氮氧混合气为呼吸介质的潜水方式,潜水深度一般不超过50m。

03.0725 常规潜水 conventional diving
潜水员在高压环境下暴露时间不长,体内各类组织尚未被呼吸气中的惰性气体所饱和的潜水方式。

03.0726 饱和潜水 saturation diving
潜水员在高压环境下长时间停留,其体内各类组织中所含呼吸气中的惰性气体成分达到完全饱和状态的潜水方式。

03.0727 重潜水 heavy gear diving
使用重型潜水装具进行的潜水方式(常指通风式潜水装具或喷射再生式潜水装具)。

03.0728 轻潜水 light weight diving
使用轻型潜水装具进行的潜水方式。

03.0729 屏气潜水 breath-hold diving
不用任何呼吸装具的一种潜水方式。在潜水时吸一口气,暂停呼吸动作,在水下做短暂停留后再回到水面。

03.0730 通风式潜水 ventilative diving
使用通风式潜水装具的潜水方式。由水面供给压缩气体,以通风的方式使潜水员呼吸的气体不断更新。

03.0731 模拟潜水 simulated diving
在各种载人压力舱内模拟水下高压环境进行的潜水。主要用于潜水员训练和进行潜水医学、生理学及水下作业的实验研究。

03.0732 反复潜水 repeated diving
又称"重复潜水"。潜水员在一次潜水后,12h内再进行的潜水。

03.0733 巡回潜水 excursion diving
在饱和潜水时,潜水员从饱和深度外出,在水中向下、向上或水平进行一定深度的潜水,最后返回饱和深度的潜水方式。

03.0734 不减压潜水 non-decompression diving
潜水员无需采用任何减压方案而直接上升出水的潜水。

03.0735 常压潜水 atmospheric diving
又称"抗压潜水"。借助常压潜水装具和潜器进行的潜水。

03.0736 入水 entering water
潜水员由水面下水,头部没入水中的状态。

03.0737 出水 arriving at surface
潜水员由水中向水面上浮,头部露出水面的状态。

03.0738 着底 arriving at bottom
潜水员下潜,脚触及水底或工作面的状态。

03.0739 潜水深度 diving depth
潜水时潜水员达到的最大深度。以海水水柱高度来计算。潜水员在高压舱内暴露于高气压环境时,则以压力相当于海水水柱高度作为潜水深度。

03.0740 水下工作时间 bottom time
潜水员从入水到潜水作业完毕开始上升为止的一段时间。

03.0741 潜水程序 diving procedure
潜水必须遵守顺次进行的步骤。包括潜水前准备、入水、下潜(加压)和着底、水底停留、离底、上升(减压)、出水、卸装、潜水后观察。

03.0742 潜水加减压程序 diving compression-decompression procedure
从事水下作业中,使潜水员所处环境从常压向高压,又从高压向常压移行的过程。

03.0743 潜水减压停留站 diving decompression stop
潜水员减压过程中为逐步排出体内的高张力惰性气体,必须在规定的中间深度停留一定时间的位置。

03.0744 潜水疾病 diving disease
潜水员在潜水作业过程中因水下特殊环境因素或意外情况而导致的病症或创伤。

03.0745 潜水减压病 diving decompression sickness
潜水员因所处环境气压降低过快或幅度过大而引起的以身体组织内溶解的惰性气体发生气泡为特异病因导致的疾病。

03.0746 氧中毒 oxygen toxicity
机体吸入高压氧,超过一定的压力和时程,引起一系列生理功能的紊乱或导致的病理现象。

03.0747 氮麻醉 nitrogen narcosis
机体吸入高分压氮,神经系统出现一系列的功能性病理状态,表现为欣快或忧虑,判断力和记忆力下降,甚至意识模糊。

03.0748 缺氧症 hypoxidosis
潜水中潜水员因吸入气中氧分压过低而引起的病症。其症状主要有头痛、眼花、耳鸣、恶心、呕吐、疲劳、反应迟钝等。

03.0749 二氧化碳中毒 carbon dioxide poisoning
潜水员在潜水过程中吸入高分压二氧化碳或机体产生的二氧化碳不能及时排出,造成体内二氧化碳潴留所引起的病症。

03.0750 水下生物伤害 underwater organisms injury
人体在水中遭受水中生物的伤害。

03.0751 水下爆炸伤 underwater blast injury
潜水员水下作业时因水下爆炸产生的机体损伤。

03.0752 潜水事故 diving accident
潜水活动中因主观或客观原因而发生的意外损害或灾祸。

03.0753 氧惊厥 oxygen convulsion
机体吸入的氧分压大于 0.3×10^6 Pa 时,出现在中枢神经系统类似癫痫大发作一样的痉挛、抽搐等。

03.0754 潜水员放漂 diver's blow-up
潜水员因浮力过大失去控制迅速漂浮到水面,或漂浮时被阻挂在障碍物上的一种严重的潜水事故。

03.0755　水下缠绕　underwater entanglement
潜水员潜水时信号绳或软管被某物缠住、绊挂、阻挡,导致活动受阻而不能上升出水,被迫在水下长时间停留的潜水事故。

03.0756　潜水员应急出水　going out of surface in emergency
潜水员在水下遇到意外情况时立即停止作业,离底上升出水的过程。

03.0757　溺水　drowning
潜水员在潜水及水下作业过程中,因水进入呼吸系统所发生的病理状态。

03.0758　潜水坠落　diving fall
潜水员在水中意外地从浅水处坠落到深水处的潜水事故。

03.0759　减压性骨坏死　dysbaric osteonecrosis
潜水员或高气压作业工人由于减压不当,形成气泡栓塞引起的骨组织坏死性损伤,多发生于长骨。

03.0760　加压治疗　compression therapy
将患者置于加压舱内,采用加压的方法使其体内的气泡得以消除的治疗方法。

03.0761　潜水员　diver
按规定经医学检查与选拔确认身体合格,经专业知识和技能训练获得资格证书的从事潜水工作的专业人员。

03.0762　潜水医学保障　diving medical security
潜水医师在潜水作业时负责的有关保障潜水员健康和安全的工作。

03.0763　潜水作业　plan of diving operation
人或机械在水下环境里进行的水下施工、海底采矿、水中养殖、水下营救和水下检查维修等工作。

03.0764　高压沉箱作业　high baric caisson operation
在沉箱内高气压环境下的作业。

03.0765　生命支持系统　life support system
为加压舱内的潜水员提供一个安全、舒适的生存环境,以保证其正常生命活动和工作能力的设备系统。

03.0766　加压系统　compression system
用于潜水作业、模拟潜水或加压治疗的成套设备。通常由加压舱、控制台、储气瓶、气体净化过滤装置和氧气瓶等组成。

03.0767　潜水减压　diving decompression
潜水员潜水或加压舱内高气压暴露后,按规定的程序和要求逐步返回水面或常压,使体内所溶解的惰性气体逐步排出体外的过程。

03.0768　潜水钟　diving bell
一种钟形的潜水装备。潜水员在钟内,可吊放至水下,然后出钟在一定的范围内作业,而后可随钟吊至水面。

03.0769　甲板减压舱　deck decompression chamber, DDC
放置在潜水母船甲板上的特制减压舱,设有与人员运载舱连接的接口。

03.0770　综合潜水系统　synthetical diving system
由潜水员转运舱、甲板减压舱、过渡舱、生命保障系统、控制台、潜水员转运舱脐带,以及操纵系统组成的潜水系统。

03.0771　潜水员应急转运系统　diver's emergent transfer system
应急情况下将潜水员送入水中或送出水面的系统,是深潜系统的主要装备之一。

03.0772　水下电击　underwater electrical shock
在水下使用电器从事水下作业时,因设备漏

电而使潜水员遭受的电击伤。

03.0773 潜水装具 diving's equipment
潜水员潜水时穿戴及佩挂的全部物件。其主要作用是解决潜水员在水下环境中的呼吸、保暖和作业等。

03.0774 潜水吊笼 diving skip
一种在水面和水下作业地点之间往返运送潜水员的轻构架的笼子。

03.0775 潜艇艇员水下救生 submarine rescue
潜艇失事时,使用高压救生艇或救生钟使艇员离艇脱险的方法。

03.0776 水下居住舱 underwater habitat
叮安放在潜水作业点附近的一种饱和潜水舱,供潜水员居住、休息和出水工作。

03.0777 高气压医学 hyperbaric medicine
直接和间接地研究和解决高气压作业过程中潜水员的保健和疾病防治的学科。

03.0778 高气压生理学 hyperbaric physiology
研究高气压作业过程中人体正常机能的学科。

03.0779 高压氧医学 hyperbaric oxygen medicine
研究人体吸入高压氧气时产生的反应及其对生理功能和病理过程影响的一门临床医学学科。

03.0780 高压氧舱 hyperbaric oxygen chamber
提供高气压环境的一种特殊和密封的设备。

03.0781 高压氧治疗 hyperbaric oxygen therapy
患者置身于高压氧舱内进行加压、吸氧,以达到治疗疾病的目的的方法。

03.0782 高压救生舱 hyperbaric lifeboat, HBL
用于援救失事潜艇的小型潜艇,有可与潜艇对接的舱门,藉此使失事潜艇艇员转入救生舱内。

03.0783 生活舱 living chamber
潜水压力舱的一种,舱壁有足够的强度,能承受预定的压力,备有生活设施,供潜水员居住。

03.0784 过渡舱 transfer chamber
潜水压力舱的一种,有足够空间的分隔舱室,供潜水人员调压进出生活舱或递送大件设备、装具、器材等。

03.0785 航海医学 nautical medicine
研究航海过程中,以及海洋、港口、岛屿等特殊环境条件对人体功能影响及其疾病防治规律的学科。

03.0786 船员体格条件 physical fitness of seaman
评定船员工作人员是否适合从事航海活动的身体素质、心理品质和健康状况的标准。

03.0787 晕船 seasickness
由于涌浪引起船体颠簸,使人体前庭平衡器官受到异常刺激而产生的植物性神经反应的症状和体征。

03.0788 卫生船舶 medical service vessels
承担水上救护、治疗和后送伤病员的专用船只。船舶上配备必要的医疗设备和卫生人员,可分为医院船、卫生运输船、救护艇等。

03.0789 海上抢险救生 peril prevention and life-saving at sea
对海上遇险船舶或飞机及其人员实施的综合援救措施与行动。

03.0790 船员适应性 seaman's adaptation
航海活动中环境保持相对稳定状态下,船员

机体内各种生理、心理、生化反应对环境条件变化的适应能力。

03.0791 航海医学心理学 nautical medical psychology

研究航海环境下,船员心理现象发生、发展的规律,揭示心理现象本质,使船员更好地适应海上生活,保持身心健康的学科。

03.0792 船舶居住性 ship habitability

船舶的居住条件或可供船员居住的能力,是决定船员生活和工作条件的船舶特性,衡量船舶性能优劣的一项重要指标。

03.0793 海港检疫 seaport quarantine

对各类船舶及其附属设施、船员、旅客、行李、货物等实施的医学和卫生检查,防止传染病和传播因素从国外传入或由国内传出。

03.0794 航海疾病 seafaring diseases

船员从事航海活动过程中,受周围特殊工作环境影响,引起身体某些器官或系统发生功能性、病理性改变出现的临床症状或体征。

03.0795 海水溺水 seawater drowning

人淹没于海水中,呼吸道被阻塞或因呛水反射引起喉头、气管痉挛,造成缺氧和二氧化碳潴留,引起急性窒息,严重者可导致呼吸心跳停止而死亡。

03.0796 海水浸泡 seawater immersion

人员落入海水中,身体长时间受海水刺激,海水的温度、盐分和水中微生物等因素对落水人员机体造成的功能与结构的影响或损害。

03.0797 海上远程医疗 telemedicine at sea

以计算机、卫星通信、遥感遥测、全息摄影等高新电子技术为基础,依托陆地或卫生船舶上的医疗技术优势,对缺少医疗技术支持的远航船舶或海岛提供以数据、图像传输为特征的医疗服务。

03.07 海洋观测技术

03.0798 海洋要素观测 observation of oceanographic elements

对物理海洋学研究的主要要素及其时空变化规律进行的观察和测量的过程。

03.0799 海洋调查技术 ocean survey technology

对海洋中的物理、化学、生物、地质、气象等海洋状况在船上进行现场观测和研究所用的技术。

03.0800 海洋环境监测技术 marine environment monitoring technology

为保护整治海洋环境,利用各种传感器和数据采集处理系统连续对海洋环境要素进行测量的技术。

03.0801 海洋污染监测技术 marine pollution monitoring technology

为保护整治海洋环境,在典型海区对引起海洋污染的主要参量连续进行测量的技术。

03.0802 海洋遥感观测 ocean remote sensing observation

利用装载于航天平台和航空平台上的微波、光学传感器对海洋进行的远距离、非接触性的观测。根据平台不同分为卫星遥感和航空遥感。

03.0803 水深测量 bathymetry

海面至海底的铅直距离的测量,主要有回声、压力、钢缆等测量方法。

03.0804 海冰观测 sea ice observation

对海冰的冰缘线、冰类型、冰厚、浮冰分布和流冰的物理特性等进行的观测。

03.0805 观测平台 observation platform
搭载海洋观测仪器、设备进行海洋观测的海上、空间载体,包括船舶、海洋工程建筑物、潜水器、浮标、航空器、航天器等。

03.0806 调查船 research vessel
用于海洋科学调查、考察、研究、测量或勘探的专用船舶和其他海洋运载工具,设有专用实验室及仪器、设备。

03.0807 连续观测 continuous observation
在预先设定的观测站上按一定时间间隔进行的持续一昼夜以上的海洋观测。

03.0808 定点观测 fixed oceanographic station
在观测海区内根据观测目的设定的有代表性的站位进行的持续一昼夜以上的海洋观测。

03.0809 断面观测 sectional observation
周期性地在观测海区内根据观测目的设定的有代表性的断面进行的海洋观测。

03.0810 路由调查 route investigation, route survey
铺设海底管线前对其经过海域进行的海洋地质、地球物理及水文要素的调查。

03.0811 顺路观测船计划 ship of opportunity program, SOOP
又称"随机观测船计划"。为广泛收集现场资料,按统一要求组织海上作业的非海洋观测专业船舶进行海洋观测的计划,其内容偏重于海洋水文。

03.0812 志愿观测船 voluntary observation ship, VOS
为广泛收集现场资料,按计划和统一要求进行海洋观测的海上作业的非海洋观测专业船舶,其内容偏重于海洋气象。

03.0813 海岸观测站 coastal observation station, observatory
建立在海岸线或近海岛屿上连续进行海洋环境要素观测的实验室或系统。

03.0814 锚泊资料浮标 moored data buoy
用锚缆系泊在海洋上的漂浮结构物,浮标体装有传感器,供长期观测海洋环境各种要素用,资料可存储,或经无线电传输。

03.0815 潜标 submerged buoy, moored subsurface buoy
系泊在海面以下的长期观测海洋环境要素的系统,有声释放器,可从海面按指令回收。

03.0816 海洋地球物理调查 marine geophysical survey
利用各种物理学方法和仪器,测量海底地球物理的性质及其变化特征,从而得出海底地质构造和矿产分布的调查方法。

03.0817 海洋地震调查 marine seismic survey
利用天然地震或人工激发所产生的地震波在不同介质中的传播规律,来探测海底地壳和地球内部结构的地球物理方法。

03.0818 海洋反射地震调查 marine reflection seismic survey
接收地震反射波,研究海底地质构造与沉积层特征的一种方法。

03.0819 海洋折射地震调查 marine refraction seismic survey
接收地震折射波,研究海底地质构造与沉积层的一种方法。

03.0820 海洋广角反射地震调查 marine wide-angle reflection seismic survey
接收地震广角反射波,研究地壳的深部结构和海底地质构造的一种方法。

03.0821 侧反射 lateral reflection
又称"侧波"。从测线两侧的海底障碍物或

海山反射或绕射回来的地震波。

03.0822 鸣震 ringing
地震波在浅水地区水层内短程多次反射互相叠加形成的一种干扰,在地震记录上表现为延续较长的正弦振动形态。

03.0823 交混回响 reverberation
地震波在水层中多次反射造成的一种干扰,在地震记录上以不同振幅多次出现。

03.0824 底波 bottom wave
人工震源接近海底或在海底激发时产生的与海底界面有关的面波。具有较低的频率和强烈的振幅,视速度很低。

03.0825 水层虚反射 water layer ghosting
地震波从爆炸点向上传播,遇到水面又向下反射,遇到海底或海底下的反射面又反射到水面的多次反射现象。

03.0826 羽状移动 feathering
又称"羽状漂移"。在海洋地震调查中,当海流方向与航行方向成一角度时,拖缆因受海流作用而偏转成羽状的移动。

03.0827 气泡效应 bubble effect
在海洋地震调查中,震源在水中形成的气泡受周围水介质的压力作用而产生多次膨胀和收缩的现象。

03.0828 海洋重力调查 marine gravity survey
在海洋上利用重力仪器测定海洋重力数值,进而研究海底地质构造、地壳结构和矿产资源分布规律的地球物理调查方法。

03.0829 海洋重力异常 marine gravity anomaly, marine gravity
海洋表面任意测点上的观测重力值在引入必要的校正后,同该点正常重力值(理论重力值)的偏差。

03.0830 干扰加速度 disturbing acceleration
船舶航行时受海浪与风的扰动影响产生附加的加速度,作用于船上的重力仪弹性系统,使测量重力值受到干扰。

03.0831 厄特沃什效应 Eötvös effect
科氏力对走航重力观测产生的影响。

03.0832 交叉耦合效应 cross-coupling effect
重力观测时具有相同频率的水平加速度和垂直加速度同时作用该系统的摆产生的效应。

03.0833 水层改正 water slab correction
海底重力观测中为消除仪器上方水层引力对测量的影响而进行的改正。

03.0834 潮汐改正 tidal correction
为消除潮汐对海洋重力观测影响而进行的改正。

03.0835 海洋地磁调查 marine geomagnetic survey
在海上用磁力仪测量地磁场强度,根据磁异常场特征了解海底地壳结构和构造、洋底生成和演化历史及矿产资源分布规律的地球物理调查方法。

03.0836 方位改正 azimuth correction
对海洋磁测中船舶拖曳核子旋进磁力仪探头处于不同方位时,船体对观测数据产生的不同影响所做的改正。

03.0837 海岸效应 effect of seaboard
海岸和岛屿对海洋大地电磁测量产生的影响。

03.0838 海洋地热流调查 marine heat flow survey
在调查船上用海底热流计测量海底地壳温度梯度与热导率,计算海底地壳热流量数值的地球物理调查方法。

03.0839 垂直地震剖面 vertical seismic profiles, VSP
震源在地面激发,将检波器放置于井中,测

量井中不同深度的检波器响应的地震调查方法。

03.0840 深拖声学地球物理系统 deep-tow acoustics/geophysics system，DTAGS
用于采集海底和海底以下高分辨率地震数据的多道地震系统，其震源与检波器拖体位于海底以上约300m处，采集最大水深可达6000m，能得到海底沉积物上层1000m沉积物的高分辨率信息。

03.0841 颠倒温度表 reversing thermometer
用把温度表颠倒使水银柱断开的方法测量海洋一定深度处海水温度的玻璃温度表，有开端和闭端两种，两者并用可测得海水温度及其所处深度。

03.0842 投弃式温深仪 expendable bathy-thermograph，XBT
测量海水温度随深度变化的船载或机载仪器，投出的探头使用后不回收。

03.0843 机载投弃式温深仪 aerial expenda-ble bathythermograph，AXBT
由航空器投放的投弃式温深仪。

03.0844 温度链 thermistor chain
又称"测温链"。由布放在不同深度的温度传感器组成的测量不同深度海水温度随时间变化的链状阵。

03.0845 温盐深测量仪 conductivity-temper-ature-depth system，CTD
用于自动测量海水温度、盐度(电导率)和深度的仪器。

03.0846 拖曳式温盐深测量仪 towed CTD
在船舶拖曳的有规律沉浮的拖体上装有传感器以测量温度、盐度的深度剖面的仪器。

03.0847 [实验室]盐度计 salinometer
在实验室内测量海水样品的盐度的仪器。

03.0848 海流计 current meter
测量海流的流速和流向的仪器，按工作原理区分，主要有转子式海流计、电磁海流计、声学海流计等。

03.0849 声学多普勒海流剖面仪 acoustical Doppler current profiler，ADCP
利用海水声学散射的多普勒原理同时测量海流的深度剖面的仪器。

03.0850 声学相关海流剖面仪 acoustical correlation current profiler，ACCP
利用海水声学散射的空间相关性同时测量海流的深度剖面的仪器。

03.0851 漂流浮标 drifting buoy
在海面或一定深度随海流漂动的浮标，用卫星或声学方法获得其位置信息，用拉格朗日法由浮标流动轨迹得到海流。

03.0852 剖面探测浮标 profiling float
能自动沉浮以获得海洋水文要素的剖面沿海流轨迹的分布的漂流浮标。

03.0853 测波仪 wave gauge
测量海面波浪的高度、周期、方向及其能谱的仪器。

03.0854 测波浮标 wave buoy
浮标体能随海面波浪运动的锚系数据浮标。由浮标体内装载的传感器测量结果可计算波浪高度、周期、方向。

03.0855 验潮仪 tide gauge
观测潮汐(海面水位)相对于潮汐观测基准面涨落的仪器。根据工作原理可分为浮子、压力、声学等。

03.0856 验潮井 tide gauge well
与验潮点最低水位相连通，滤去波浪影响，以备安装验潮仪的水井。

03.0857 水尺 tide staff
立于验潮点的标尺，可从标尺的标度上直接读数测量潮汐(水位)。

03.0858 海水透射率仪 seawater transmittance meter
测量海水对光波的透射率的仪器。

03.0859 海水浊度仪 seawater turbidity meter
测量海水浊度的仪器。

03.0860 海水光散射仪 seawater scatterance meter
测量海水对光波的散射特性的仪器。

03.0861 水下辐照度计 underwater irradiance meter
测量水中光辐照度的仪器。

03.0862 海水透明度盘 Secchi disk
漆成白色的直径为 30cm 的圆盘,它在海水中的最大可见深度定义为海水透明度。

03.0863 水下照相机 underwater camera
在水下借助人工光源进行摄影的装置。

03.0864 水下电视机 underwater TV
在水下借助人工光源进行电视摄像的系统。

03.0865 海水荧光计 sea water fluorometer
用于海水荧光分析的仪器,根据海水中某些物质被紫外光照射时发射的荧光强度来测定被测物质的含量。

03.0866 船用分光光度计 shipboard spectrophotometer
适合在船舶上使用的能进行海水水样定量比色分析,测定特定物质含量的仪器。

03.0867 水下声速仪 underwater sound velocimeter
测量声波在水中传播速度的仪器。

03.0868 声释放器 acoustic release
对应声指令脉冲信号,使水下仪器设备或其指示器与锚块脱离以便回收的装置。

03.0869 声应答器 acoustic transponder
对应声询问脉冲信号发出声回答脉冲信号的水下装置,供水下定位、传输信号用。

03.0870 水下声学定位 underwater acoustic positioning
用水声设备确定水下载体或设备方位、距离的技术。根据构成基阵的 3 个以上应答器接收到的声脉冲到达时间或相位定位。按基阵基线长度分成长基线定位(long baseline positioning)、短基线定位(short baseline positioning)、超短基线定位(ultrashort baseline positioning)。

03.0871 水下声学通信 underwater acoustic communication
用声学方法在水下传输信息的技术。

03.0872 海洋水质监测仪 multiparameter water quality probe
按一定技术要求用以定期或连续测定海水质量的仪器。监测要素主要有温度、电导率、溶解氧、酸度、化学耗氧量、生化需氧量、营养盐、浊度、叶绿素 a、氧化还原电位、有机碳、放射性物质、特殊离子等。

03.0873 海水酸度计 marine pH meter
现场测量海水酸度(pH)的仪器。

03.0874 海水溶解氧测定仪 dissolved oxygen meter for seawater
现场测定海水中溶解氧含量的仪器。

03.0875 营养盐现场自动分析仪 autonomous nutrient analyzer *in situ*, ANAIS
在水下自动分析海水中营养盐(硝酸盐、亚硝酸盐、磷酸盐、铵盐、硅酸盐等)含量的仪器。

03.0876 海水中悬浮物观测技术 observing technology of suspending material in sea water
观测海水中悬浮物(泥沙等)浓度与尺度的技术。主要有采水称重法、光电法、放射性同位素法和声散射法等。

03.0877　高频地波雷达　high frequency ground wave radar
用高频段电磁波地波散射反演海面大面积海流、风、波浪等要素的遥感系统。

03.0878　[回声]测深仪　echosounder
利用声波回声测距原理探测海底深度的仪器。

03.0879　多波束测深系统　multibeam bathymetric system
利用多个波束声波探测海底深度，经计算机运算得到航迹两旁带状区海底深度的系统。

03.0880　侧扫声呐　side-scan sonar
从船舶拖曳的拖体向航道两侧发射声脉冲，探测海床带状区内海底地貌和水下物体的仪器。

03.0881　海底地层剖面仪　subbottom profiler
利用声波在水中和水下沉积物内散射和反射的特性来探测海底地层的仪器。

03.0882　深拖系统　deep-towed system
由调查船在海盆深处定高拖曳装有声学、光学传感器进行深海调查、勘探的系统。

03.0883　合成孔径声呐　synthetic aperture sonar，SAS
用相干信号处理技术处理回波振幅和相位，得到较大观测孔径，供在海底精确探测目标用的声呐。

03.0884　爆炸震源　explosive energy source
用爆炸效应在海水中产生宽带、大功率脉冲震波的装置。

03.0885　气枪　air gun
利用高压空气在水中瞬间释放，产生震波的机械装置。

03.0886　电磁振荡震源　electromagnetic vibration exciter
利用电磁振荡元件间的脉冲作用力在海水中产生震波的装置。

03.0887　电火花震源　sparker
由高压电极放电效应产生火花在海水中产生震波的装置。

03.0888　海底地震仪　marine seismograph
设置在海底，用来进行自然或人工地震观测记录的仪器。

03.0889　海洋地震剖面仪　marine seismic profiler
观测记录分析人工地震波在海底深处产生的反射波或折射波剖面以进行地球物理勘探的仪器系统。

03.0890　海洋地震漂浮电缆　marine seismic streamer
海洋地球物理勘探船拖曳的带有海洋地震检波器的漂浮于海面的专用电缆。

03.0891　海洋重力仪　marine gravimeter
在船舶上或海底连续进行重力测量的仪器，按设计原理分主要有摆杆型、轴对称型等。

03.0892　海洋质子磁力仪　marine proton magnetometer
在船舶上测量氢质子在地球磁场中的旋进频率来求出磁场绝对值的仪器。

03.0893　海洋质子磁力梯度仪　marine proton magnetic gradiometer
测量海上地球磁场及其梯度值的海洋质子磁力仪。

03.0894　表层采泥器　bottom grab
又称"抓斗"。海底沉积物表层采样用的装置。

03.0895　箱式取样器　box snapper
用于从海洋底部沉积物表层取出方形未扰动样品及其上覆水的装置。

03.0896 重力取芯器 gravity drop corer
利用重物下落的冲击力插入海底沉积物取出圆柱状样品的装置。

03.0897 自返式沉积物取芯器 boomerang sediment corer
深海调查用的触底取芯后能自动上浮的采取圆柱状海底沉积物样品的装置。

03.0898 活塞取芯器 piston corer
用活塞的吸力采取海底沉积物圆柱状样品的装置。

03.0899 采水器 water sampler
在预定水层采取分析用水样,根据要求尽量减少金属元素及其化合物、烃类或微生物等的污染的装置。

03.0900 颠倒采水器 reversing water sampler, Nansen bottle
通过把采水圆筒颠倒的方法关闭活门在预定水层采取水样的装置。

03.0901 多瓶采水器 rosette water sampler
多个采水器同心配置,可在多个预定水层自动采取水样的装置。常与温盐深测量仪合用。

03.0902 海水痕量物质萃取器 seawater trace material extraction sample
用能富集海水中痕量物质的特殊材料芯采取样品以分析该痕量物质的装置。

03.0903 浮游生物网 plankton net
用于采集浮游生物样品的网具。可分为开放网、闭锁网和开闭网等种。

03.0904 浮游生物记录器 plankton recorder
船舶航行时连续采集浮游生物定性和定量分析样品的装置。

03.0905 浮游生物指示器 plankton indicator
计量单位体积海水中浮游生物总体积的圆柱形容器。

03.0906 浮游生物泵 plankton pump
采集浮游生物的离心泵,水样经筛绢过滤后可取得浮游生物样品。

03.0907 中层拖网 mid-water trawl
在海水中层采集生物样品的拖网。

03.0908 底拖网 bottom trawl, dredge
由船舶拖曳,定性采集海底底栖生物样品的网具。主要有阿氏拖网、桁拖网、三角形拖网、双刃拖网和板式拖网等种。

03.0909 弹簧采泥器 Smith-McIntyre mud sampler
用弹簧力将颚瓣插入底质内采集大型底栖生物样品的装置。

03.0910 沉积物捕获器 sediment trap
在海底采集海水中悬浮沉积物的装置。

03.0911 保压取芯器 pressure core sampler, PCS
用以采集保持在原位压力下的沉积物岩心样品研究天然气水合物等的钻孔取样器。

03.0912 保温保压取芯器 pressure-temperature core sampler, PTCS
用以采集保持在原位温度与压力下的沉积物岩心样品研究天然气水合物等的钻孔取样器。

03.08 海 洋 遥 感

03.0913 卫星海洋学 satellite oceanography
利用装载于人造卫星上的仪器用遥感方法研究海洋的学科。

03.0914 海洋观测卫星 ocean observation satellite

用于观测海洋现象的人造地球卫星。

03.0915 太阳同步轨道 sun synchronous orbit

卫星轨道平面东进角速度和太阳在黄道上运动的平均角速度相等的轨道。

03.0916 准太阳同步轨道 near sun synchronous orbit

卫星轨道平面东进角速度和太阳在黄道上运动的平均角速度基本相等的轨道。采用这种轨道,卫星过同一纬度地面点的地方时基本相同。

03.0917 极轨卫星 polar orbit satellite

轨道倾角等于90°,能飞经全球范围上空的卫星。

03.0918 卫星海洋遥感 satellite ocean remote sensing

用卫星作为平台安装不同种类遥感器探测海洋要素和监测海洋现象的技术。

03.0919 卫星海洋观测系统 satellite oceanic observation system

由卫星、地面系统组成的用于控制卫星,实现观测、分析和研究海洋要素时空变化的系统。

03.0920 海冰遥感 sea ice remote sensing

利用卫星上的可见光、红外和微波遥感器测量海冰要素的技术。如测量海冰的覆盖范围、外缘线、密集度、冰厚、冰温、冰类型等。

03.0921 遥感海洋测深 bathymetry using remote sensing

运用激光、可见光、微波等遥感器测量某一点自平均海平面至海底的垂直距离。

03.0922 海面风遥感 remote sensing of sea surface wind

利用微波散射计测量星下扫描带内的后向散射系数或微波辐射计的微波亮度温度估算海面风速风向。

03.0923 海面粗糙度遥感 remote sensing of sea surface roughness

利用微波辐射计、散射计和合成孔径雷达测量海面水平极化微波辐射率和亮[度]温[度]以测定海面粗糙度的技术。

03.0924 海洋水温遥感 ocean temperature remote sensing

利用红外和微波遥感器测量海面表层的水温。

03.0925 海水盐度遥感 seawater salinity remote sensing

根据亮度温度与盐度之间存在的关系,利用低频微波辐射计测定海水盐度的技术。

03.0926 有效波高遥感 remote sensing of significant wave height

用雷达高度计沿星下点路径测量海面有效波高的技术。

03.0927 海洋波浪遥感 remote sensing of ocean wave

利用遥感图像(如星载高度计数据与合成孔径雷达图像)导出海面波浪的波高、功率谱和波向谱的技术。

03.0928 水色遥感 ocean color remote sensing

利用紫外、可见、近红外光谱范围(380~900nm)的多个高灵敏窄波段探测水体光学特征(如:离水辐射率)以及水色要求(叶绿素、悬浮泥沙以及黄色物质等)的技术。

03.0929 海水透明度遥感 ocean transparence

通过遥感探测到的海洋水体光谱特征及水色要素反演透明度的技术。

03.0930 海洋叶绿素遥感 ocean chlorophyl remote sensing
用水色遥感水体光学特性信息,采用统计模式或分析模式,以及神经网络模型等模型反演水体中叶绿素浓度的技术。

03.0931 泥沙含量遥感 sediment content remote sensing
根据水色遥感信息,采用各种反演模型反演水体中悬浮泥沙浓度的技术。

03.0932 海流遥感 ocean current monitor by satellite
利用高度计、合成孔径雷达以及可见光、红外等航天、航空和地面遥感器测量海面流速和流向的技术。

03.0933 海洋中尺度涡遥感 satellite measurement of mesoscale eddies
利用卫星高度计遥感测探得到海平面高度,可见光和红外得到水色和水温等参数提取海洋中尺度涡的技术。

03.0934 赤潮遥感 red tide remote sensing
利用遥感探测海面水色水温的异常,结合赤潮引起的异常光谱特征,监测赤潮发生区域中心和范围。

03.0935 海平面高度遥感 sea surface height remote sensing
利用卫星载雷达高度计测卫星轨道高度,由其相对于基准椭球面的高度之差测定海平面高度的技术。

03.0936 海洋要素反演 inversion of oceanographic element, retrieval of oceanographic element, reduction of oceanographic element
用辐射传递方程结合物理和生化模式以及统计模式从卫星探测数据中提取所携带的海洋要素的信息提取过程。

03.0937 伪彩色 pseudocolor
为改善视觉效果,利用计算机图像增强技术对遥感图像的灰度赋予的不同假色彩。

03.0938 遥感器 remote sensor
安装在各种遥感平台上,远距离测地物辐射特性的传感器或仪器。按感测的波段,可分为紫外遥感器、可见光遥感器、红外遥感器、微波遥感器和激光遥感器等。

03.0939 主动式遥感器 active remote sensor
又称"有源遥感器"。主动向地物目标发射信号并接收来自地物目标的返回信号的遥感器。

03.0940 被动式遥感器 passive remote sensor
又称"无源遥感器"。被动地接收地物目标自然发出的信号的遥感器。

03.0941 红外遥感器 infrared remote sensor
谱段中心波长处于 $0.75 \sim 15\,\mu m$ 范围的遥感器,如红外辐射计等。

03.0942 微波遥感器 microwave remote sensor
谱段中心波长处于微波谱段,(通常由微米至米)的遥感器。如微波散射计,辐射计和雷达等。

03.0943 速高比 velocity to height ratio
遥感飞机航速与航高的比值,是决定扫描重叠率的一个参数。

03.0944 空间分辨率 spatial resolution
遥感图像每一个像素所覆盖地面的长和宽。

03.0945 光谱分辨率 spectral resolution
多光谱遥感器接收目标辐射信号时所能分辨的最小波长间隔。

03.0946 图像增强 image enhancement
应用计算机或光学设备通过对图像灰度等级的变换以达到改善图像视觉效果的处理技术。

03.0947 卫星地面[接收]站 satellite ground receive station
用于地面与卫星间通信,信号中继,监控卫星运转情况,接收遥感和遥测数据以及对信息进行处理、储存和分发的系统。

03.0948 卫星覆盖范围 satellite coverage
卫星遥感器所能观察到地面的区域大小,一般以该地区所对应的地心张角来表示。

03.0949 轨道高度 orbit height
卫星在太空绕地球运行的轨道距地球表面的高度。

03.0950 地面接收半径 ground receiving
以地面接收站为圆心,所能接收到某一颗卫星范围的圆周半径。

03.0951 数据传输分系统 data transmission subsystem
按给定数据格式将遥感和遥测等数据实时地或卫星接收信息经星上存储后延时向地面发送的分系统。

03.0952 自动跟踪 automatic tracking
地面接收系统的天线在接收范围内自动对准并随时跟随卫星的技术。

03.0953 程序跟踪 program tracking
根据预定设置的卫星、目标轨道驱动天线跟踪目标的方法。

03.0954 图像编码 picture encoding
用尽可能少的比特数表示图像的信源编码。用以压缩图像数据,传输图像和提取特征等。

03.0955 图像预处理 image preprocessing
对原始资料进行遥感器效应和几何及辐射效应等的应用前期处理。

03.0956 真实性检验 validation
通过现场观测来检验遥感数据、遥感产品和遥感算法的真实性的技术。

03.0957 激光高度计 laser altimeter
利用激光测量卫星距地面高度的仪器。

03.0958 海洋水色扫描仪 ocean color scanner
装载在航天、航空观测平台上,根据光机扫瞄原理实现水色探测的遥感器。

03.0959 红外辐射计 infrared radiometer
装载在航天、航空观测平台上,通过测量海面红外辐射能量来探测海面温度的仪器。

03.0960 海洋光学浮标 marine optic buoy
布设在典型海域测量海面以及水下光辐照度、光辐射率、光衰减等水光学特性的锚系数据浮标。

03.0961 海洋遥感照相机 ocean remote sensing camera
又称"多光谱照相机"。利用滤色片或光栅分光进行多光谱段探测的相机。

03.0962 CCD 相机 CCD camera
以电荷耦合器件(CCD)作为光敏感器和光电转换器的遥感用相机。

03.0963 微波散射计 microwave scatterometer
主要用于测量海面后向散射的微波遥感器。

03.0964 雷达高度计 radar altimeter
主要用于测量海面至卫星高度的微波遥感器。

03.0965 合成孔径雷达 synthetic aperture radar, SAR
用相干信号处理技术处理回波振幅和相位,得到较大观测孔径的一种微波成像雷达。

03.0966 微波辐射计 microwave radiometer
主要用于测量海面辐射强度的微波遥感器。

03.0967 船舶观测 ship observation
在调查船上进行的常规气象水文观测。

03.0968 海洋天气图 marine cynoptic chart, weather chart
填绘有海洋气象要素的数值、符号、等值线等，用以分析和研究大气状况和特征的综观图。

03.0969 海洋天气预报 marine weather forecast
为海上航行或作业所做的航线或海区未来的天气报告。

03.0970 海洋环境预报 marine environment forecast
针对一个或几个海域所做的未来的海洋水文、气象等要素的报告。

03.0971 海区天气预报 sea area weather forecast
针对一个或几个海区所做的未来的海上天气报告。

03.0972 海上作业点天气预报 marine weather forecast for working place
针对海上某一作业点所做的天气报告。

03.0973 海洋航线天气预报 weather forecast for shipping routes
根据预定航线和船舶航速制作的预定航线上的天气报告。

03.0974 热带气旋警报 tropical cyclone warning
气象部门发布的关于热带气旋的实况、警报、预报等内容的公众广播或电报。

03.0975 热带风暴警报 tropical storm warning
气象部门发布的关于热带风暴的实况、警报、预报等内容的公众广播或电报。

03.0976 强热带风暴警报 severe tropical storm warning
气象部门发布的关于强热带风暴的实况、警报、预报等内容的公众广播或电报。

03.0977 台风警报 typhoon warning
气象部门发布的关于台风的实况、警报、预报等内容的公众广播或电报。

03.0978 紧急台风警报 emergency typhoon warning
当台风24h内将侵袭某区域时（一般是陆地），气象部门发布的关于台风的实况、未来动向、影响范围和程度等内容的公众广播或电报。

03.0979 大风警报 gale warning
气象部门发布的某区域将出现8~9级以上风的警告性预报。

03.0980 大洋航线预报 ocean shipping routes forecast
根据海洋气象和海洋水文情报和预报所制作的大洋航线预报。

03.0981 海洋气象导航 marine meteorological navigation
根据气象和海况条件做出船舶最佳航线预报,引导船舶按安全、经济的优选航线航行。

03.0982 风暴潮 storm surge
由热带气旋、温带气旋、海上飑线等风暴过境所伴随的强风和气压骤变而引起叠加在天文潮位之上的海面振荡或非周期性异常升高。

03.0983 风暴增水过程最大值 peak surges of storm

风暴过程逐时实测潮位与对应的天文潮位的差值中的最大值。

03.0984 风暴潮警报 storm surge warning

当沿海地区受到灾害性天气系统影响,高潮位(总水位)接近、达到或超过警戒潮位时发布的警报。

03.0985 风暴潮预报 storm surge forecasting

当沿海地区受到灾害性天气系统影响,高潮位(总水位)接近、达到和超过警戒潮位时的发布的预报。

03.0986 温带风暴潮预报 extra-storm surge forecasting

受温带天气系统影响,预计在可预报时效内沿岸受影响区域内有代表性的验潮站将出现超过当地警戒潮位时发布的预报。

03.0987 温带风暴潮警报 extra-storm surge warning

受温带天气系统影响,预计未来沿岸受影响区域内,有代表性的验潮站将出现达到或超过当地警戒潮位的高潮位时,提前6h发布的警报。

03.0988 温带风暴潮紧急警报 extra-storm surge emergency warning

受温带天气系统影响,预计未来沿岸受影响区域内,有代表性的验潮站将出现达到或超过当地警戒潮位的高潮位,并预计将造成严重灾害时,提前6h发布的紧急警报。

03.0989 台风风暴潮预报 typhoon surge forecasting

受热带气旋(台风、强热带风暴、热带风暴、热带低压)影响,预计在可预报时效内沿岸受影响区域内有代表性的验潮站将出现超过当地警戒潮位时发布的预报。

03.0990 台风风暴潮警报 typhoon surge warning

受热带气旋影响,预计未来沿岸受影响区域内,有代表性的验潮站将出现达到或超过当地警戒潮位的高潮位时,提前12h发布的警报。

03.0991 台风风暴潮紧急警报 typhoon surge emergency warning

受热带气旋影响,预计未来沿岸受影响区域内,有代表性的验潮站将出现达到或超过当地警戒潮位的高潮位,并预计将造成严重灾害时,提前12h发布的紧急警报。

03.0992 非常规海浪观测 non-conventional wave observation

未列入海洋站和船舶日常业务的有特定目的和要求的海浪要素的观测。

03.0993 船舶海浪观测 ship wave observation

在船上进行的海浪要素的观测。

03.0994 定点海浪观测 fixed point wave observation

在固定点进行的海浪要素的观测。

03.0995 锚泊浮标海浪观测 fixed buoy wave observation

锚泊浮标进行的海浪要素的观测。

03.0996 自动测波站 automatic wave station

一种能自动定时观测、发报或记录的海浪观测站。

03.0997 海浪要素 wave element

表征一定海域和特定时间海浪状况的变量和现象。如波形、浪高、浪周期、涌高、涌向等。

03.0998 海浪反演 wave retrieval

将用微波高度计探测的海浪遥感原始数据,经一定变换、订正与计算,反求出所测海浪信息的演算过程。

03.0999　海浪预报　wave forecast
对未来某时段内一海区或部分海域可能出现的海浪状况所作的预测。

03.1000　海浪警报　wave warning
当海浪状况对某项海上活动有危险时所发布的警报。

03.1001　海浪统计预报　statistical wave forecast
根据统计学原理,用概率论和数理统计方法所做的海浪预报。

03.1002　海浪客观预报　objective wave forecast
应用动力学、热力学和统计学方法所做的海浪预报。

03.1003　海浪预报因子　wave predictor
海浪预报方案中与预报量建立统计关系的海洋水文、气象变量。

03.1004　海浪实况图　wave chart
表示海面观测到的海浪状况和海浪要素分布的海浪图。

03.1005　传真海浪图　facsimile wave chart
以传真方式传送的海浪图。

03.1006　海水温度预报　seawater temperature forecasting
用数学物理方法对未来海水温度场进行的预报。

03.1007　平均海面水温　mean sea surface temperature
某个时段内海面水温的平均值,常用的有旬平均海面水温和月平均海面水温。

03.1008　平均海面水温距平　mean sea surface temperature anomaly
某个时段内海面水温平均值相对于同时段海面水温多年平均值的偏离,常用的有旬平均海面水温距平值和月平均海面水温距平值。

03.1009　海水温度距平预报　sea surface temperature anomaly forecast
对某一时段内平均海面水温预报值对相应预报时段内多年平均值偏离的预报。

03.1010　海水温度预报图　sea surface temperature forecast pattern
根据海面水温预报值绘制的等温线图。

03.1011　海水温度距平预报图　sea surface temperature anomaly forecast pattern
根据海面水温预报距平值绘制的等温线图。

03.1012　初生冰　new ice
最初形成的冰的总称。包括冰针、油脂状冰、黏冰和海绵状冰等。

03.1013　冰针　frazil ice
悬浮在水中的针状或薄片状细小冰晶。

03.1014　油脂状冰　grease ice
由冰针凝结而成的冰层,反光微弱,冰面无光泽。

03.1015　黏冰　slush
在水中形成的与雪混合的黏糊冰层。

03.1016　海绵状冰　shuga
由油脂状冰或黏冰积聚而成的直径数厘米的白色松冰团。

03.1017　尼罗冰　nilas
有弹性薄冰壳层,表面无光泽,厚度 10cm 以内,波浪作用下易弯曲。

03.1018　冰皮　ice rind
平静海面直接冻结而成的易碎、有光泽、多出现在低盐海水中、厚度 5cm 左右的冰壳层。

03.1019　初期冰　young ice
厚度 10～30cm 的海冰。包括灰冰和灰白冰。

03.1020　灰冰　grey ice
厚度为 10~15cm 的初期冰。比尼罗冰弹性小,易被涌浪折断,受挤压时多发生重叠。

03.1021　灰白冰　grey-white ice
厚度为 15~30cm 的初期冰,受到挤压时大多形成冰脊。

03.1022　一年冰　first-year ice
由初期冰发展而成的,时间不超过一个冬季,厚度 30cm~2m 的海冰。

03.1023　莲叶冰　pancake ice
直径 30cm~3m、厚度 10cm 以内的圆形冰块,由于彼此互相碰撞而具有隆起的边缘。

03.1024　冰块　ice cake
直径小于 20m 比较平坦的海冰。

03.1025　指状重叠冰　finger rafted ice
重叠冰的一种型式,流冰彼此呈指状互相交错穿插在一起。

03.1026　冰脊　ridge
冰在外力作用下形成的一排山脊状冰。受压被迫向下挤到冰脊底部的浸水部分称为龙骨。

03.1027　搁浅冰　stranded ice
退潮时留在潮间带的浮冰。

03.1028　冰封　ice-bound
港口、海湾等处船舶没有破冰船的帮助无法航行的冰情。

03.1029　裂缝　fracture
由变形过程引起的海冰的断裂,其宽度从几米到若干公里不等。

03.1030　冰脚　ice foot
断裂后仍然与地面连接的冰。

03.1031　冰裂隙　crevasse
冰运动时遇到不平整的岩石而断裂,引起冰川表面出现的深隙。

03.1032　潮汐裂隙　tide crack
不动的冰脚与固定冰之间的裂缝,随潮汐而升降。

03.1033　断裂　flaw
流冰在大风或海流作用下沿固定冰边缘产生剪切运动时形成的狭窄分离带。

03.1034　岸边水道　shore lead
流冰与海岸之间的水道。

03.1035　碎冰　brash ice
直径小于 2m 的碎块形成的浮冰集聚。

03.1036　初冰期　freezing period
海冰生成和发展的时期。

03.1037　盛冰期　severe ice period
一年中冰情最严重且比较稳定的时期。

03.1038　终冰期　breakup period
海冰融化消失的时期。

03.1039　海冰预报　sea ice forecast
对海冰的生成、发展、消融日期,流冰范围、密集度和厚度,冰情变化等进行的预报。

03.1040　冰区外缘线　outer line of sea ice area
任意给定时刻冰区和区外开阔水域之间的分界线。

03.1041　[结]冰期　freezing ice period
初冰日到终冰日的结冰时段。

03.1042　冰情　sea ice condition
海上冰的数量、结冰范围、冰的厚度、密集度以及浮冰的分布和漂移等情况,根据冰情的轻、重程度可以分为轻冰年、偏轻冰年、常年、偏重冰年和重冰年。

03.1043　冰盘　floe
比较平坦的直径大于 20m 的海冰冰块。

03.1044　重叠冰　rafted ice

由一块冰重叠到另一块冰上形成的变形冰。

03.1045　冰量　sea ice amount
密集的海冰的面积与整个海面面积之比。

03.1046　密集度　concentrated degree of pack ice

海冰覆盖面积与海区总面积之比,以成表示。

03.1047　多年冰　multiyear ice
至少经过两个夏季而未融尽的海冰。

03.10　海洋信息技术

03.1048　海洋信息　marine information
海洋环境、海洋资源、海洋开发或其他与海洋有关的科学数据、资料、图件、文字等的总称。

03.1049　海洋基础信息　marine basic information
岸线、海底沉积、构造、地形、水深、海上人工设施、海底管线、沿海行政区划、海洋资源、环境场、社会经济、海洋产业等海洋信息的总称。

03.1050　海洋客观分析技术　marine objective analysis technique
利用海洋调查获取的实际资料及其内在的联系等特性推算出相邻点相应数值一种海洋资料质量控制方法。

03.1051　海量数据存储技术　mass data storage technique
采用全息存储、专用软件、专用芯片或编程数据处理器压缩存储大量海洋数据的方法。

03.1052　海量数据压缩技术　mass data compression technique
通过改变数据编码方法,在保证数据安全性和完整性前提下,最大限度地减少海洋数据存储空间的技术。

03.1053　海洋数据同化技术　marine data assimilation technology
根据一定的优化标准和方法,将不同空间、不同时间、不同观测手段获得的海洋数据与

数学模型有机结合,建立数据与模型相互协调的优化关系的过程。

03.1054　海洋数据融合技术　marine data fusion technique
多源、多时相、多波段卫星遥感同类数据的统一处理手段。

03.1055　海洋信息可视化技术　visualization technique of marine information
显示海洋环境要素变化过程和空间结构,揭示海洋过程及变化规律的计算机多维动画、多媒体技术及仿真和虚拟现实技术等的集成。

03.1056　海洋信息采集　marine information acquisition
运用航空遥感、卫星遥感、海洋调查船、海洋台站和海洋数据浮标、海床基自动观测等手段,将时间上或空间上分散的海洋信息集中起来的过程。

03.1057　海洋信息采集技术　technique of marine information acquisition
海洋信息采集的方法和手段。

03.1058　海洋信息提取　marine information retrieval
运用各种技术将各种载体获取的原始海洋信息进行加工、分析和处理的过程。

03.1059　海洋信息处理　marine information processing

利用计算机或其他手段对海洋信息进行提取、数字化、载体转换、记录格式变换、质量控制和标准化的过程。

03.1060　海洋信息处理技术　marine information processing technique

海洋信息处理的方法和手段。

03.1061　海洋资料排重　removal of duplication marine data

同一海洋数据集里面完全相同的数据删除的过程。

03.1062　海洋信息分类代码　marine information code

用数字或符号表示海洋信息的内容属性或特征的方法。

03.1063　海洋资料质量控制　marine data quality control

为保证海洋资料的质量采取的规范性资料处理过程。

03.1064　海洋标准层内插　marine interpretation of standard level

利用某种内插方法对各个水层的海洋调查资料进行运算,并获得各标准水层的相应数值的过程。

03.1065　海洋资料标准化处理　standard processing of marine data

对海洋资料进行载体、代码和记录格式转换,质量控制,合并、排序、排重,形成标准文件的过程。

03.1066　海洋数据应用文件　marine data application file

海洋调查资料经标准化处理后形成的可用于资料交换和资料产品制作的标准记录格式文件。

03.1067　海洋数据格式化　marine data formatting

按一定的规范化方式对海洋信息进行存储的过程。

03.1068　海洋数据转换　marine data conversion

使海洋数据从一种格式变成另一种格式的过程。

03.1069　海洋数据操作　marine data manipulation

海洋空间数据格式化、质量控制、转换等的总称。

03.1070　海洋数据变换　marine data transform

海洋空间数据比例尺缩放、平移、旋转、投影变换等的总称。

03.1071　海洋地理信息系统　marine geographic information system, MGIS

在计算机软、硬件支持下,能采集、储存、处理、检索、分析、显示和输出各类海洋时空数据的计算机化数据库管理系统。

03.1072　[海洋]数字化　[ocean] digitization

以数字形式表达海洋环境特性和海洋空间信息,或以计算机特定识别符号,将各类海洋地理图形以数字形式表达或表示出来的过程。

03.1073　数字海洋　digital ocean

利用数字化手段,将不同时间和空间尺度、不同分辨率的海洋信息处理,以整体表述各种海洋现象、海洋过程和海洋属性的方法。

03.1074　海洋数据　marine data

表示海洋特性的数值或状态的字符组,是构成海洋信息的基本单元。

03.1075　海洋空间数据　marine spatial data

表示海洋数据采集地点、方位、地理特性以及相互间拓扑关系的海洋信息。

03.1076　海洋实时数据　marine realtime data

数据采集时同步向用户分发的海洋数据。

03.1077 海洋非实时数据 non-realtime data
海洋数据采集之后,延时分发或储存的海洋数据。

03.1078 海洋环境要素数据 marine environmental parameter data
表示海洋环境状态或特征的海洋要素数据。

03.1079 海洋数据集 marine dataset
多种海洋数据的集合。

03.1080 海洋大气综合数据集 comprehensive ocean atmosphere dataset, COADS
由全球海洋随机船计划(SOOP)和志愿船观测计划(VOS)获取的海面观测资料形成的海洋数据集。

03.1081 数字化海洋数据集 digital oceanographic dataset
可用于计算机检索、统计、运算和管理的海洋数据集。

03.1082 海洋数据库 marine database
不同类型海洋数据,按海洋现象时空关系和海洋要素间逻辑关系的组织结构,存放在计算机中的大量海洋数据应用系统。

03.1083 海洋地理信息系统数据库 marine GIS database
以点、线、面积、像元、网格等形式予以录入,有关海洋地理要素空间位置、形状及其属性等海洋数据的存储系统。

03.1084 海洋元数据 marine metadata
又称"海洋信息元数据"。描述海洋数据集的名称、目录、内容、质量、位置等基本内容的数据。

03.1085 海洋数据文档 marine data archive
又称"海洋资料文档"。不同来源的或专题的海洋数据,按一定电子文件格式存储的海洋数据集。

03.1086 海洋数据文件 marine data file
不同海洋数据按一定格式予以储存而形成的数据集。

03.1087 海洋空间数据基础设施 marine spatial data infrastructure
海洋空间数据采集、处理、分发和有效利用所必需的仪器、设备、技术、政策法规和人力资源的总称。

03.1088 海洋空间数据框架 marine spatial data framework
描述海洋空间数据的技术体系。

03.1089 海洋元数据管理系统 management system of marine metadata
控制和管理海洋元数据的系统软件。

03.1090 海洋空间数据交换标准 standard for marine spatial data exchange
有关不同类型的多源海洋空间数据交换约定、格式、结构和内容的规定。

03.1091 海洋信息产品 marine information products
传递海洋信息的文字材料、图件、数据集、统计产品以及多媒体和应用软件等。

03.1092 海洋信息产品制作技术 manufacturing technique of marine information products
产生海洋信息产品的方法和手段。

03.1093 世界海洋图集 world ocean atlas, WOA
利用全球海洋调查资料进行统计分析并以图件的形式绘制成的海洋环境系列图。

03.1094 海图 chart
为航海需要专门绘制的一种地图。

03.1095 电子海图 electronic chart

利用计算机多媒体技术和海洋地理信息系统实时显示船舶航线或航道沿途自然环境及障碍物的图件。

03.1096 温跃层强度图 distribution of thermocline intensity

利用垂直方向上海水温度变化达到一定临界值的水层资料而绘制的等值线图。

03.1097 盐跃层强度图 distribution of halocline intensity

利用垂直方向上海水盐度变化达到一定临界值的水层的资料而绘制的等值线图。

03.1098 密跃层强度图 distribution of pycnocline intensity

利用垂直方向上海水密度变化达到一定临界值的水层资料而绘制的等值线图。

03.1099 温跃层上界深度图 thermocline upper-bounds depth chart

利用海水表层到温跃层强度临界值时的深度资料而绘制的等值线图。

03.1100 温跃层厚度图 thermocline thickness chart

利用温跃层强度临界值的下界深度与上界深度之差绘制的等值线图。

03.1101 波浪玫瑰图 wave rose diagram

用极坐标表示某海区某时段内各方位波浪(波高、周期)出现频率大小的统计图。

03.1102 潮流玫瑰图 tidal current rose

用极坐标表示各方向潮流出现频率或流速大小的图件。

03.1103 海洋断面分布图 distribution of marine sectional

反映沿某断面某要素垂直剖面上的分布状况的实测图。

03.1104 海洋要素垂直分布图 marine vertical distribution

反映某站点某要素在垂直方向上分布的实测图。

03.1105 潮汐表 tide table

能够显示出沿岸各港口逐时潮位,以及每次高、低潮出现的时间和潮高的表格。

03.1106 海洋等深线图 ocean depth curve map

海洋中水深相同的点连成的曲线图。

03.1107 海洋等温线图 ocean isothermal plot

表示特定海区海水温度等值线水平分布的曲线图。

03.1108 专题海图 thematic chart

表示海洋专题要素(海底地貌、海洋底质、海洋水文,海洋气象、海洋重力异常等)的图件。

03.1109 风玫瑰图 wind rose diagram

用极坐标表示某地某海区某时段内风向、风速分布的统计图。分风向玫瑰图和风速玫瑰图两种类型。

03.1110 海洋渔情预报图 plot of fish condition forecasting

又称"渔况图"。利用海洋遥感技术、常规调查观测获取的水文、气象等相关资料,表示某一海区鱼类集群、洄游路线、数量分布、渔场位置以及适于捕捞的时间、地点及相关环境资料的专用图。

03.1111 海洋浮游动物垂直分布图 plot of marine zooplanktion vertical distribution

表示浮游动物在不同海区、不同季节或不同水文条件下,不同深度水层中的分布的图件。

03.1112 海洋浮游生物量图 plot of marine plankton biomass

根据统计值绘制海洋浮游生物量及个别种

类生物量的平面分布图。

03.1113　潮位历时曲线　duration curve of tidal level

又称"潮位历时累积频率曲线"。反映潮位与其相对历时的关系曲线。

03.1114　海洋信息服务技术　technique of marine information service

提供各类海洋信息产品和服务的方法和手段。

03.1115　海洋资料清单　marine data inventories

海洋资料数据集主要内容的一种表达方式。

03.1116　世界海洋数据库　world ocean database, WOD

把全球海洋调查获取的资料集中起来,按一定的储存方式形成的数据集。

03.1117　海洋信息共享　marine information sharing

通过网络技术等手段,使海洋信息能为广大用户重复使用的过程。

03.1118　海洋信息服务　marine information service

向用户和社会各界提供各种经过加工的海洋信息产品、海洋信息处理软件和海洋信息咨询服务,与用户共享海洋信息资源的过程。

03.1119　海洋信息网络　marine information network

为各海洋信息存储机构之间进行海洋信息交流建立的通信系统。

03.1120　海洋信息检索　marine information retrieval

根据用户需求,从海洋信息数据集中提取相关信息的过程。

03.1121　海洋信息显示　marine information display

通过计算机把需要的海洋信息直观地表现出来的过程。

03.1122　海洋信息分发系统　dissemination system of marine information

传递海洋信息的计算机网络和其他通信手段的总称。

03.1123　海洋信息传输　marine information transmission

海洋信息从一信息源转到另一信息源的过程。

03.1124　国家海洋信息系统　National Marine Data and Information System

又称"中国海洋信息网","中海网"。通过国家公共数据通信网络,连接全国有关海洋部门和海洋用户的综合性海洋信息网。

03.11　海洋环境保护技术

03.1125　海洋环境背景值　marine environmental background value

未受污染的情况下,海洋环境要素的正常值。

03.1126　海洋环境影响　marine environmental impact

人类活动导致的海洋环境变化以及由此引起的对海洋生态系统和人类社会的效应。

03.1127　可恢复的海洋环境影响　reversible marine environmental impact

可逐渐恢复到未受污染的海洋环境特性和价值的影响。

03.1128　不可恢复的环境影响　irreversible marine environmental impact

不能恢复到未受污染的海洋环境特性和价值的影响。

03.1129 海洋环境承载能力 marine environmental carrying capacity

海洋环境状态和结构在不发生对人类生存发展有害变化的前提下,所能承受的人类社会作用在规模、强度和速度上的极限值。

03.1130 初步环境评估 initial environmental evaluation

项目在可行性研究阶段的环境影响评价工作。

03.1131 单因子环境质量指数 environmental quality index of single element

描述和评价某种环境要素受污染程度的单一指数。

03.1132 环境风险评价 environmental risk assessment

狭义:对有毒化学物质危害人体健康的可能程度的概率估计,提出减少环境风险的决策。广义:对人类活动和各种自然灾害引起的风险进行评估。

03.1133 富营养化指数 eutrophication index
评价海域富营养化程度的指标。

03.1134 海洋环境容量 marine environmental capacity

在充分利用海洋自净能力并且不造成海洋污染损害的前提下,某一海域所能接纳的污染物最大负荷量。

03.1135 海洋环境质量 marine environmental quality

人类从适宜生存和繁衍以及社会经济发展考虑,对海洋环境的总体或它的水质、底质以及生物等提出的优劣程度的要求。

03.1136 海洋环境监测 marine environmental monitoring

在设计好的时间和空间内,使用统一的、可比的采样和检测手段,获取海洋环境质量要素和陆源性入海物质资料,以阐明其时空分布、变化规律及其与海洋开发、利用和保护关系的全过程。

03.1137 海洋环境调查 oceanographic environmental survey

对海洋中的物理、化学、生物、地质、地貌、水文气象及其他一些性质的海洋状况的调查研究。

03.1138 海洋环境标准 marine environmental standard

国家根据人群健康、生态平衡和社会经济发展对海洋环境结构、状态的要求,在综合考虑本国自然环境特征、科学技术水平和经济条件的基础上,对海洋环境要素间的配比、布局和各海洋环境要素的组成所规定的技术规范。

03.1139 海洋环境基线[调查] marine environmental baseline [survey]

在对一个海域进行日常监测或以环境质量评价为目的进行首次系统监测调查时所获取的该海域各部分环境质量参数的现状实际值。

03.1140 海洋环境基准 marine environmental criteria

又称"海洋环境基础标准"。海洋环境中污染物对特定对象不产生不良或有害影响的最大剂量或浓度。

03.1141 海洋环境价值 marine environmental value

海洋环境能满足人类社会生存与发展需要的属性。包括海洋环境的利用价值、选择价值和存在价值。

03.1142 海洋环境目标 marine environmental objective

为了改善、管理、保护海洋环境而设定的、拟在一定期限内力求达到的环境质量水平与环境结构状态。

03.1143 海洋环境要素 marine environmental element

海洋环境系统的基本环节,海洋环境结构的基本单元。

03.1144 环境参数 environmental parameter

又称"环境状态参数"。刻画环境状态的基本参变量。包括环境质量指标体系参数和环境容量指标体系参数。

03.1145 环境质量参数 environmental quality parameter

根据环境的客观属性提出的,用以表现环境质量及其变化趋势的指示性变量。

03.1146 环境质量指数 environmental quality index

某一区域某一时段内的环境影响参数与该区域的环境基线的相应参数的比数。按类型可分为单一指数、单要素指数和综合指数等三类。

03.1147 环境回顾评价 assessment of the previous environment

对一个区域内人类活动曾经造成的环境质量变化重新进行的评定。

03.1148 生态风险评价 ecological risk assessment

评估污染物在一定范围和一定暴露量的情况下对人体或生态系统产生不利影响的可能性。

03.1149 海洋生态监测 marine ecological monitoring

对人类活动影响下海洋自然和人工生态系统的监测。

03.1150 生态[环境影响]评价 ecological assessment

在影响识别、现状调查与评价的基础上进行的主要包括开发建设项目的生态环境影响评价和区域性生态环境影响评价。

03.1151 生态危机 ecological crisis

生态系统崩溃的可能性。

03.1152 海洋污染生态效应 ecological effect of marine pollution

又称"海洋污染生物效应"。海洋环境污染引起生态系统结构变化与功能衰减的现象。

03.1153 水生生物指数 aquatic organisms index

某一水域某一时段内的生物种类、种群密度或生物量等与该水域环境基线的相应参数的比数。

03.1154 水质[数学]模型 water quality model

用于水体水质的预测、研究水体的污染与自净以及排污控制等的描述水体水质变化规律的数学表达式。

03.1155 水质评价 water quality evaluation

按照评价目标,选择相应的水质参数、水质标准和评价方法,对水体的质量、利用价值及水的处理要求所做的评定工作。

03.1156 污染物衰减 decay of pollutant

进入水体的污染物质随水流的时空变化,不断地与其他水体进行交换、并不断扩散而降低浓度或因污染物自身的衰减而加速浓度下降的现象。

03.1157 污染物转化 transformation of pollutant

污染物在环境中通过物理的、化学的或生物的作用改变其形态或转变为另一种物质和所处的环境条件的现象。

03.1158 废弃物预处理 pretreatment of the waste

为确保海洋倾废合理实施,倾倒前对废弃物进行有计划有成效地改善其性质,使不利因素尽可能向有利方面转化,以减少对环境产生不利影响所采取的各种技术措施。

03.1159 海洋倾倒技术 dumping skill at sea
在海洋倾倒过程中,对废弃物的预处理、装载、载运、倾倒方式方法等方面满足生态系统要求的技术方法。

03.1160 海洋自净能力 marine environmental self-purification capability
海洋环境通过其本身的物理、化学和生物作用,使污染物的浓度自然降低的能力。

03.1161 生物自净 biological self-purification
通过环境中的微生物和其他生物对有机污染物质的生物降解作用,使环境得到净化的过程。

03.1162 物理自净 physical self-purification
由稀释、混合、挥发、沉淀和搬运等自然界的物理作用,使环境中的污染物浓度降低或总量减少的过程。

03.1163 污染物总量控制 total amount control of pollutant
以环境质量目标为基本依据,对区域内各污染源的污染物的排放总量实施小于或等于允许排放总量的管理制度。

03.1164 船舶油污水处理方法 watercraft oil-contaminated water treatment
用机械物理的、物理化学的和化学药剂等手段处理船舶压舱水等污水的技术。

03.1165 放射性废弃物固化 solidification of the radioactive wastes
用特制水泥和沥青固化放射性废弃物的预处理方法。

03.1166 污染物达标排放 pollutant discharge under certain standard
国家对人为污染源排入环境的污染物的浓度或总量所作的限量规定。

03.1167 海域富营养化控制 control of eutrophication in the area
依法对海域营养盐的来源进行限制以控制富营养化产生的管理手段。

03.1168 生态恢复 ecological restoration
退化的生态系统复原的过程。

03.1169 环境恢复 environmental restoration
杜绝环境退化原因,解除过多人口对环境的压力,解除过度的自然资源开发和环境容量使用等,以恢复环境健康的措施。

03.1170 溢油治理技术 oil spill treatment
消除溢油污染影响的技术。有物理处理法,化学处理法和生物处理法。

03.1171 溢油物理处理技术 oil spill physical treatment
利用物理的方法和机械装置如围油栏、油回收船和磁性分离法等消除海面和海岸油污染的技术。

03.1172 溢油化学处理技术 oil spill chemical treatment
利用燃烧法和分散剂、凝胶剂、集油剂等化学方法消除海面和海岸油污染的技术。

03.1173 溢油生物处理技术 oil spill biological treatment
利用生物降解作用处理溢油的技术。

04. 其　他

04.01　海洋管理

04.0001　海洋综合管理　marine integrated management, integrated ocean management

国家通过各级政府对其管辖海域内的资源、环境和权益等进行的全面的、统筹协调的监控活动。

04.0002　海洋行业管理　marine trades management

涉海行业部门对其所管辖的海洋资源开发利用或环境保护等进行的计划、组织和控制活动。

04.0003　海洋权益管理　management of maritime rights and interests

国家根据国际和国内的海洋法律、法规以及国际惯例,运用政治、经济、军事等力量来维护本国管辖海域的主权和利益的全部活动。

04.0004　海洋资源管理　management of marine resources

国家对其管辖海域内的资源开发利用、保护等进行的组织、指导、协调、控制、监督和干预等活动。

04.0005　海洋环境管理　marine environmental management

政府为维持海洋环境的良好状态,运用行政、法律、经济和科学技术等手段,防止、减轻和控制海洋环境破坏、损害或退化的行政行为。

04.0006　海域使用管理　management on sea area use

国家为了保护海洋资源和生态环境,确保海域资源的科学、合理利用,而对持续使用特定海域三个月以上的排他性用海活动所采取的控制行为。

04.0007　海岸带管理　coastal zone management

在海陆交界这个特定区域内,政府实施的对其环境和资源的指导、协调、控制、监督和干预等活动。

04.0008　海岸带综合管理　integrated coastal zone management

国家对海岸带资源、环境、生态的开发和保护进行全面的、统筹协调的监控和管理活动。

04.0009　海洋战略　marine strategy

国家把海洋的开发、利用、保护等纳入整体发展规划而制定的关于海洋的全局计划和策略。

04.0010　海洋政策　marine policy

国家为实施其海洋战略、方针、发展规划和涉外关系而制定的行动准则。

04.0011　海洋开发规划　marine development planning

为指导和宏观调控海洋产业部门和地方各级政府的海洋开发利用活动,根据海洋资源状况和社会需求,对海洋资源开发活动做出的统筹安排。

04.0012　海洋功能区　marine functional zone

根据海域及其相邻陆域的自然资源条件、环境状况和地理区位,结合海洋开发利用现状和社会经济发展的需要,而划定的具有特定主导功能,有利于资源的合理开发利用,能够发挥最佳效益的区域。

04.0013 海洋功能区划 marine functional zoning

按照海洋功能区的标准,将海域划分为不同类型的海洋功能区,为海洋开发、保护和管理提供科学依据的基础性工作。

04.0014 海域使用权 right of sea area use

单位或个人以法定方式取得的对国家所有的特定海域的排他性支配权利。

04.0015 海域有偿使用制度 paid system of sea area use

国家作为海域的所有者,对经批准使用海域的单位或个人收取海域使用金的制度。

04.0016 海域使用证 licence of sea area use

对经申请批准获得海域使用权的单位或个人,由国家海洋行政主管部门发给的海域使用权证书。

04.0017 海洋空间利用 utilization of ocean space

将海面、海中和海底空间用作交通、生产、军事、居住和娱乐场所的海洋开发活动。

04.0018 海洋环境影响预测 marine environmental impact prediction

分析海洋环境因子在人类活动开展以后的某时段内,究竟会受到多大影响的研究。

04.0019 海洋环境评价 marine environmental assessment

根据不同的目的要求和环境标准,对某一海域的水质、底质和生态环境状况进行的分析、评价和预测。

04.0020 海洋环境评价制度 marine environmental assessment system

海洋开发、建设项目实施前,对可能给周围环境带来的影响,进行科学的预测和评估,制定防止或减少环境损害的措施,编写环境影响报告书或填写环境影响报告表,报经环境保护部门审批后再进行设计和建设的各项规定的机制。

04.0021 海洋环境影响评价 marine environmental impact assessment

对建设项目、海域开发计划及国家政策实施后可能对海洋环境造成的影响进行预测和估计的工作。

04.0022 海洋环境影响评价大纲 outline of marine environmental impact assessment

具体指导建设项目海洋环境影响评价的技术文件,是检查报告书内容和质量的主要判据。

04.0023 海洋环境影响报告书 marine environmental impact statement

建设单位就拟建设项目的海洋环境影响以表格形式向海洋环境保护主管部门提交的书面文件。

04.0024 海洋环境影响评价报告书 report on assessment for marine environmental impact

新建、改建、扩建海洋工程时向有关部门报送的对海洋环境产生影响的法定评价文书。

04.0025 海洋倾倒区 dumping area at sea

国家海洋行政主管部门按一定程序,以科学、合理、安全、经济的原则选划的并经国家批准公布的专门用于接受倾倒废弃物的特殊海区。

04.0026 海洋倾倒许可证制度 permit institution for the dumping at sea

依据《中华人民共和国海洋环境保护法》在进行海洋倾废活动中实行的申请许可制度。

04.0027 普通许可证 common permits

在海上申请倾倒三类废弃物,经批准后发给的证件。

04.0028 特别许可证 special permits
在海上申请倾倒二类废弃物,经批准后发给的证件。

04.0029 紧急许可证 urgent permits
在特殊情况下,在海上申请倾倒一类废弃物,经批准后发给的证件。

04.0030 废弃物分类 classification of wastes
根据废弃物中有害物质的含量、毒性及其对海洋环境影响程度而划定的类别。

04.0031 海上焚烧 incineration at sea
以热摧毁方式,在海上用焚烧设施,有目的地焚烧有害废弃物或其他物质的行为。

04.0032 防污染区 anti-pollution zone
沿海国为保护本国利益,防止外来污染物的污染而设立的专门管辖海域。

04.0033 陆源污染防治 land-based pollution prevention and treatment
为预防和控制过量的陆上废水、废气和废弃物进入海洋而采取的政策和措施。

04.0034 污染损害赔偿责任 liability and compensation for pollution damage
根据《中华人民共和国海洋环境保护法》,污染海洋环境并造成损害者应承担的经济赔偿及其他处罚责任。

04.0035 海洋环境保护法律制度 legislation system for marine environmental protection
调整海洋开发和环境保护的社会关系的法律、规章、规范等的总称。

04.0036 海洋自然保护区 marine natural reserves
以海洋自然环境和资源保护为目的,依法把包括保护对象在内的一定面积的海岸、河口、岛屿、湿地或海域划分出来,进行特殊保护和管理的区域。

04.0037 海洋特别保护区 special marine protected area
根据海洋的地理和生态环境条件、生物与非生物资源的特殊性,以及海洋开发利用对区域的特殊要求而划出的、经政府批准后加以特别保护的区域。

04.0038 海洋权益 marine rights and interests
国家在其管辖海域内所享有的领土主权、司法管辖权、海洋资源开发权、海洋空间利用权、海洋污染管辖权以及海洋科学研究权等权利和利益的总称。

04.0039 海洋权 right of the sea, marine right
国家在其管辖海域、公海和国际海底区域依法享有的一切权利。

04.0040 领海主权 sovereignty in the territorial sea
沿海国家在其领海范围内享有的主权权利。

04.0041 大陆架的主权权利 sovereign rights over continental shelf
沿海国对所辖的大陆架及其自然资源享有的专属权利。

04.0042 管辖海域 jurisdictional sea
沿海国管辖的内海、领海、毗连区、大陆架和专属经济区等海域的统称。

04.0043 海洋执法 marine law enforcement
根据海洋法律、法规,国家海洋执法机关运用船舶、飞机及其他执法装备,监视、监控和查处违法违规的行为。

04.0044 海洋监察 marine supervision
国家和地方海洋执法机构及其工作人员,使用执法装备,对海洋法律、法规执行的监督和纠察行为。

04.0045 群岛海道通过权 right of archipelagic sea lanes passage

外国船舶和飞机在群岛水域的指定海道和其上的空中航道过境时所享有的航行和飞越的权利。

04.0046　群岛水域通过制度　regime of archipelagic waters passage
外国船舶和飞行器通过群岛水域应遵守的法律制度。

04.0047　内海海峡　internal waters strait
位于沿海国领海基线向陆一侧的海峡。

04.0048　非领海海峡　non-territorial strait
依据有关法律划分的、宽度超过沿海国领海宽度1倍的海峡。

04.0049　过境通行　transit passage
船舶在经过用于国际航行的海峡时应遵守的制度。

04.0050　紧追权　right of hot pursuit
沿海国的军舰、军用飞机和经授权的政府船舶,对其管辖海域内违反有关法律和规章的外国船舶进行追逐、缉捕的权利。

04.0051　禁航区　prohibited navigation zone
为了国家安全,沿海国在其领海内设立的、限制外国船只航行的特定区域。

04.0052　公海　high sea
沿海国和群岛国管辖海域以外的全部海洋区域。

04.0053　公海干预　intervention on the high sea
沿海国在公海上采取必要措施,防止或减轻公海上发生严重污染事故对其海岸和水域污染损害的权利。

04.0054　国际海底区域勘探开发制度　system of exploration and exploitation in the international seabed area
对国家管辖范围以外的海床、洋底及其底土上的矿产资源进行勘探和开发需遵守的法律制度。

04.0055　登临权　right of visit
又称"临检权"。沿海国的船舶或飞机,经政府授权有在国家管辖海域和公海上对涉嫌违反沿海国法律法规或其他国际法行为的船舶进行检查的权利。

04.0056　海床　seabed
位于海底且在底土上面的沙、岩礁、淤泥或其他物质的上部表层。

04.0057　底土　subsoil, ocean floor
位于海床或深海洋底之下,所有的自然存在的物质。

04.0058　沿海国　coastal state
其陆地领土的一部分或全部邻接海洋的国家。

04.0059　群岛国　archipelagic state
由一个或多个群岛构成的国家。

04.0060　群岛原则　archipelagic doctrine
确定群岛国海洋法律制度的准则。

04.0061　群岛海道　archipelagic sea lane
群岛国的出入口两端连接公海或专属经济区的海上通道。

04.0062　国际运河　international canal
人工开凿的连接海洋的重要国际海上通道。

04.0063　海上走廊　sea corridor
又称"海道"。群岛国和用于国际航行海峡的沿岸国,为调节外国船舶和飞机通过其群岛水域和海峡而指定的海上航道和空中航道。

04.0064　无害通过　innocent passage
外国(或地区)船舶在不损害沿海国(或地区)的和平、安全和良好秩序的条件下,继续不停地迅速通过沿海国领海的航行。

04.0065　空中毗连区　contiguous airspace

zone

国家在毗连其领空的一定宽度的上空设立的特别管制区。

04.0066 海洋渔业资源 marine fishery resources

海洋中具有开发利用价值的动植物,包括海洋鱼类、头足类、甲壳类、贝类和大型藻类等。

04.0067 海洋生物资源养护 maintenance of marine living resources

通过限制海洋捕捞的强度、实行休渔制度、开展渔业增殖和建立各种海洋生物保护区来恢复和增殖各类海洋生物资源的行动。

04.0068 渔政管理 fishery administrative management

渔业行政主管部门执行和监督国家渔业政策和法律规定的行为。

04.0069 渔业保护区 conservation zone

政府为保护渔业资源而设置的特定水域。

04.0070 公海渔业 fishing on the high sea

在公海上自由捕鱼所形成的产业。

04.0071 海洋牧场 aquafarm, marine ranch

采取科学的人工管理方法,在选定的海区大面积放养和育肥经济鱼、虾、贝、藻类等的场所。

04.0072 海洋农场 marine farm

在海上用人工方法栽培植物,使其繁殖生长,达到稳定、高产和优质目的的种植场所。

04.0073 渔业养护权 fishing maintenance right

又称"生物资源保护权"。根据《联合国海洋法公约》规定,沿海国不仅在其专属经济区内,而且在公海都拥有通过正当的养护和管理措施来保护渔业资源的权利。

04.0074 专属渔区 exclusive fishing zone, exclusive fishery zone

沿海国为行使专属捕渔权或养护渔业资源,在毗邻领海外的一定宽度的海域内划定的,从测量领海的基线算起,最大宽度不得超过200n mile 的海域。

04.0075 渔场 fishing ground

鱼类和其他海洋经济动物集群的、适宜于捕捞的海域。

04.0076 禁渔期 closed〔fishing〕season

又称"休渔期"。为了保护渔业资源,在主要捕捞对象繁殖、生长季节规定禁捕的时期。

04.0077 禁渔区 closed fishing areas

为保护渔业资源和生态环境所划定的,禁止一切捕捞生产活动或某些渔具作业的水域。

04.0078 禁渔线 closed fishing lines

为防止机轮拖网破坏水产资源而划定的、禁止捕捞的界线。

04.0079 捕鱼许可制度 fishing licence system

国家根据本国渔业资源特点,为了保护和合理利用水产资源,控制捕捞强度,维护正常的渔业生产秩序所制定的原则、规章和办法的总称。

04.0080 海洋公益服务 marine public service

为认识海洋环境,减轻和预防海洋灾害,保障海上活动安全而为社会提供的公共服务。

04.0081 传统海疆线 traditional sea boundary

又称"断续疆界线","九段线"。在地图上,用国界符号在中国南海诸岛外围标绘的断续界线。

04.02 海洋法规

04.0082 海洋法 law of the sea

在海洋领域,由立法机关制定,国家(或国际)政府机构执行的规则。

04.0083 国际海洋法 international law of the sea

调整各国和国际组织在海域中从事各种活动的法律、法规和制度的总称。

04.0084 内水 internal waters

领海基线向陆一侧的全部水域。

04.0085 内海 internal sea

领海基线向陆一侧的全部海域。

04.0086 领海 territorial sea

邻接一国陆地领土和内水以外,或群岛水域以外,并处于该国主权管辖之下的一定宽度的海域。

04.0087 毗连区 contiguous zone

毗连沿海国领海,其宽度从测算领海宽度的基线量起不超过24n mile 的区域。

04.0088 大陆架 continental shelf

在地学上指的是,大陆向海自然延伸的平缓的浅海区。在法学上指的是,沿海国领海以外依其陆地领土的全部自然延伸,扩展到大陆边外缘的海底区域的海床和底土,如果从测算领海宽度的基线量起到大陆边外缘的距离不到200n mile,则扩展到200n mile 的距离;如果从测算领海宽度的基线量起到大陆边外缘的距离超过200n mile 的,以最外各点每一点上沉积岩厚度至少为从该点至大陆坡脚最短距离的1%,或以离大陆坡脚的距离不超过60n mile 的各点为准划定界线。

04.0089 专属经济区 exclusive economic zone

位于领海以外并邻接领海,其宽度自领海基线量起不应超过200n mile 的沿海国管辖海域。

04.0090 领海基点 territorial sea base point

采用直线基线法划定领海基线而形成的直线基线转折处的各点。

04.0091 领海基线 baseline of territorial sea

用一定方法给出的用以测算领海宽度的内边界线。

04.0092 正常基线 normal baseline

作为划定领海起始线的海岸的最低低潮线。

04.0093 直线基线 straight baseline

以大陆、外缘岛屿或岩礁上选定适当的点为基点,然后用直线将相邻各基点连接起来,形成一条由直线段构成的折线,作为划定领海的起始线。

04.0094 领海宽度 breadth of the territorial sea

沿海国领海基线与领海外部界限之间的最近距离,最宽不超过12n mile。

04.0095 群岛基线 archipelagic baseline

连接群岛最外缘各岛和干出礁的最外缘各点的直线。

04.0096 群岛水域 archipelagic water

群岛基线所包围的海域。

04.0097 海洋划界 marine boundaries delimitation

海岸相邻或相向国家之间划分领海、专属经济区和大陆架边界的行为。

04.0098 大陆架划界 delimitation of conti-

nental shelf
海岸相邻或相向的国家之间大陆架界限的划定。

04.0099 大陆架外部界限 outer limit of the continental shelf
沿海国可管辖的大陆架最外部的终止线。

04.0100 领海外部界限 outer limit of the territorial sea
又称"领海线"。每一点同领海基线最近点的距离等于领海宽度的线。

04.0101 自然延伸原则 natural prolongation principle
沿海国陆地领土向海的全部自然延伸属于沿海国是大陆架划界的一项基本准则。

04.0102 专属经济区划界 delimitation of the exclusive economic zone
海岸相邻或相向的沿海国家之间划定专属经济区外部界限的行为。

04.0103 分道通航制 traffic separation scheme
沿海国为了航行安全,对外国船舶通过领海或用于国际航行的海峡所设定的航行管理制度。

04.0104 公平原则 equitable principle
沿海国家在相互间划定大陆架界限时应遵守的基本原则。

04.0105 历史性海湾 historic bay
海湾两侧均属于同一国家,其湾口宽度虽超过 24n mile,但在历史上一向被承认为该沿海国内水的海湾。

04.0106 历史性权利 historical rights of titles
一国在很长的历史过程中经过长期实践、反复主张并得到国际社会默许的权利。

04.0107 历史性水域 historic waters
沿海国取得的具有历史性权利的水域。

04.0108 南极条约地区 Antarctic Treaty area
南纬 60°以南的全部区域。

04.0109 平行开发制 paneled system
《联合国海洋法公约》规定的、对国际海底区域资源进行勘探和开发应遵守的制度。

04.0110 人类共同继承遗产 common heritage of mankind
国家管辖范围以外属于全人类的海底区域及资源。

04.0111 先驱投资者 pioneer investor
《联合国海洋法公约》规定的、符合参予国际海底区域勘探开发的国家和其他实体。

04.0112 南极保护区 Antarctic Protected Area
《南极条约》所规定的为保护和保存南极地区的生物资源而专门指定的特定区域。

04.0113 中华人民共和国领海及毗连区法 Law of the People's Republic of China on the Territorial Sea and the Contiguous Zone
规范和调整在中国领海和毗连区从事一切活动的法律。

04.0114 中华人民共和国专属经济区和大陆架法 Law of the People's Republic of China on the Exclusive Economic Zone and the Continental Shelf
规范和调整在中国专属经济区和大陆架上从事一切活动的法律。

04.0115 中华人民共和国海域使用管理法 Law of the People's Republic of China on the Management of Sea Areas Use
规范在中国内海和领海的水面、水体、海床和底土从事排他性用海活动的综合性法律。

04.0116 中华人民共和国海洋环境保护法 Marine Environmental Protection Law of the People's Republic of China

中国为了保护海洋环境及资源,防止污染损害,保护生态平衡,保障人体健康,促进海洋事业发展而制定的法律。

04.0117 中华人民共和国海上交通安全法 Maritime Traffic Safety Law of the People's Republic of China

中国政府管理海上船舶航行、停泊和作业、安全保障、海难救助及海上交通事故等的法律。

04.0118 中华人民共和国渔业法 Fisheries Law of the People's Republic of China

调整人们在中国水域开发、利用、保护、增殖渔业资源过程中所产生的各种社会关系的基本法律。

04.0119 中华人民共和国涉外海洋科学研究管理规定 Regulations of the People's Republic of China on Management of the Foreign-related Marine Scientific Research

规范国际组织、外国的组织和个人在中国管辖海域内进行海洋科学研究活动的法规。

04.0120 联合国海洋法公约 United Nations Convention on the Law of the Sea

联合国主持制定的、全面规范世界海洋活动的国际条约。

04.0121 杜鲁门公告 Truman Proclamation

美国总统杜鲁门于1945年9月28日发表的《美国关于大陆架的底土和海床的天然资源的政策》,其中第一次对领海之外的大陆架及其自然资源提出权利主张。

04.0122 日内瓦公约 Geneva Conventions

1958年2月24日至4月27日于日内瓦召开的第一次联合国海洋法会议上制定的四

项公约(《领海及毗连区公约》、《公海公约》、《公海捕鱼和生物资源养护公约》、《大陆架公约》)。

04.0123 大陆架公约 Convention on the Continental Shelf

确立大陆架法律制度的国际公约。

04.0124 公海公约 Convention on the High Seas

确立公海法律制度的国际公约。

04.0125 领海与毗连区公约 Convention on the Territorial Sea and the Contiguous Zone

关于领海及毗连区法律制度的国际公约。

04.0126 公海捕鱼和生物资源养护公约 Convention on Fishing and Conservation of the Living Resources of the High Seas

规范各国在公海捕鱼和保护公海生物资源的国际公约。

04.0127 南极条约 Antarctic Treaty

保护南极生态系统,和平利用南极地区,冻结各国领土要求等方面的国际公约。

04.0128 防止倾倒废物和其他物质污染海洋的公约 Convention on the Prevention of Marine Pollution by Dumping of Wastes and Other Matter

又称"伦敦倾废公约(London Dumping Convention)","1972伦敦公约(1972 London Convention)"。为保护海洋环境、敦促世界各国共同防止由于倾倒废弃物而造成海洋环境污染的公约。

04.0129 海商法 maritime law

调整在航海贸易中与船舶有关的各种关系的国内法律。

04.03 海洋经济

04.0130 海洋资源 marine resources
海洋中可以被人类利用的物质、能量和空间。按其属性分为海洋生物资源、海底矿产资源、海水资源、海洋能源和海洋空间资源；按其有无生命分为海洋生物资源和海洋非生物资源；按其能否再生分为海洋可再生资源和海洋不可再生资源。

04.0131 海洋资源学 science of marine resources
研究海洋资源及其开发利用和人类关系的学科。

04.0132 海洋可再生资源 renewable marine resources
具有自我恢复原有特性，并可持续利用的一类海洋自然资源。

04.0133 海洋不可再生资源 non-renewable marine resources
人类开发利用后，其存量逐渐减少以致枯竭的那一类海洋自然资源。

04.0134 海洋生物资源 marine living resources
海洋中具有生命且能自行繁衍和不断更新的可以被人类利用的生物。

04.0135 海底矿产资源 submarine mineral resources
分布于海底表层沉积物和基岩中的可以被人类利用的矿物、岩石和沉积物。

04.0136 海水资源 resources of sea water
海水及海水中存在的可以被人类利用的物质。

04.0137 海洋空间资源 marine space resources
可供海洋开发利用的海岸、海上、海中和海底空间。

04.0138 港口资源 port resources
具有建港条件的岸段。

04.0139 海上运输 marine transportation
利用船舶在沿海各港口间运送旅客和货物的运输方式。

04.0140 海洋旅游资源 marine tourism resources
海滨、海岛和海中具有开展观光、游览、疗养、度假、娱乐和体育活动的景观。

04.0141 海底资源 submarine resources
分布在海洋底部的底栖生物资源和海底矿产资源的总称。

04.0142 海岸带资源 coastal zone resources
分布在海岸带地区，可以被人类利用的物质、能量和空间。

04.0143 海洋资源开发 marine resource exploitation
在一定的技术经济条件下，人类对海洋资源发现、勘探和开采的一切活动。

04.0144 海洋资源开发效益 benefit of marine resource exploitation
开发海洋资源所获得的经济效益以及所产生的生态环境效益和社会效益的总称。

04.0145 海洋资源开发成本 cost of marine resource exploitation
开发海洋资源过程中的物质资本投放、人力资本投入和自然资本耗用的费用或代价的总和。

04.0146 海洋资源开发布局 spatial arrangement of marine resource exploitation

资源管理者或开发者对海洋资源开发及其项目的空间有序安排。

04.0147 海洋资源利用 marine resource utilization

从人类生产和生活需要出发,将海洋资源的潜在价值转化为实用价值的一切活动。

04.0148 海洋资源综合利用 integrated use of marine resources

使用先进的技术和方法对海洋资源进行全面的、多层次的、多用途的开发利用的一切活动。

04.0149 海洋资源持续利用 sustainable utilization of marine resources

既能满足当代人的需求,又不会对后代人的需求构成危害的海洋资源利用方式。

04.0150 海洋资源经济评价 economic evaluation of marine resources

应用一定的理论和方法,对海洋资源的经济价值和开发利用效益进行以货币为计量单位的估价和评判。

04.0151 海洋资源经济评价指标 index of economic evaluation for marine resources

反映海洋资源经济价值和开发利用效益数量特征的数值。一般分为绝对指标和相对指标。

04.0152 海洋开发 ocean exploitation, marine development

人类为了生存和发展,利用一切技术手段、装备对海洋进行调查、勘探、开采、利用的全部活动。

04.0153 海洋经济学 marine economics

研究海洋资源合理配置、利用,使其获得最佳效益的学科。

04.0154 海洋产业 marine industry, ocean industry

人类开发、利用和保护海洋资源所形成的生产和服务部门。按其产业属性可分为海洋第一产业、海洋第二产业和海洋第三产业;按其形成的时间可分为传统海洋产业、新兴海洋产业和未来海洋产业。

04.0155 海洋第一产业 marine primary industry

海洋产品直接取自自然界的部门。包括海洋渔业、海涂种植业等。

04.0156 海洋第二产业 marine secondary industry

对海洋初级产品进行再加工的部门。包括海洋石油工业、海盐业、海盐化工业、海洋化工业、海滨采矿业、海水淡化业、海水直接利用业、海洋生物制药业等。

04.0157 海洋第三产业 marine tertiary industry

为海洋生产和消费提供服务的部门。包括海洋交通运输业、海洋旅游业、海洋服务业等。

04.0158 传统海洋产业 traditional marine industry

由海洋捕捞业、海盐业和海洋运输业等组成的生产和服务行业。

04.0159 新兴海洋产业 newly emerging marine industry

20世纪60年代以来发展起来的海洋生产和服务行业。如海洋油气业、海水养殖业、海洋旅游业、海滨采矿业和沿海造船业等。

04.0160 未来海洋产业 future marine industry

相对现有海洋产业,虽然目前还未形成生产规模,但已初见端倪,且具有良好发展前景的海洋生产和服务行业。如深海采矿业、海水直接利用业、海水淡化业、海洋能利用业和海洋生物制药业等。

04.0161 海洋渔业 marine fishery

海洋捕捞业、海水养殖业和海水增殖业的统称。

04.0162 海洋捕捞业 marine fishing industry

利用各种渔具、渔船及设备,在海洋中捕获天然的鱼类和其他水生经济动、植物而形成的生产行业。

04.0163 海水养殖业 mariculture industry

在海涂、浅海和港湾,人工控制下繁殖和养育鱼、虾、贝、藻类等动植物而形成的生产行业。

04.0164 海水增殖业 marine stock enhancement industry

在某一海域,应用增殖放流和移植放流的方法将生物种苗经过中间育成或人工驯化后放流入海,采用先进的鱼群控制技术和环境监控技术对其进行科学管理,使资源量增大,有计划高效率地进行渔获的生产行业。

04.0165 海洋水产品加工业 marine aquatic products processing

制造海水鱼类、虾蟹类、贝类、藻类的冷冻制品、干制品、熟制品等的生产行业。

04.0166 海洋生物制药业 marine biological pharmacy industry

从海洋生物中提取有效成分加工生产药品的行业。

04.0167 海洋交通运输业 marine communications and transportation industry

通过船舶在海上各港口间运送旅客、货物而形成的生产和服务行业。

04.0168 远洋运输业 ocean transportation industry

通过船舶在本国海港与其他国家(或地区)

海港间跨越大洋运送旅客和货物而形成的生产行业。

04.0169 沿海运输业 coastal transportation industry

通过船舶在本国沿海区域各港口间运送旅客和货物而形成的生产行业。

04.0170 沿海港口业 coastal port industry

通过船舶在沿海港口从事货物装卸、储存、港口管理等而形成的生产和服务行业。

04.0171 海洋船舶制造业 marine shipbuilding industry

生产远洋和沿海运输船舶及辅助船舶而形成的生产行业。

04.0172 海洋船舶修理业 marine shiprepairing industry

对受损的海洋船舶恢复其原有性能或形状的生产行业。

04.0173 海水制盐业 marine salt producing industry

从海水和海滨地下卤水中晒制海盐,或运用电渗析法、冷冻法生产海盐的行业。

04.0174 海盐化工业 marine salt chemical industry

从海盐苦卤和海水中提取钾、溴、镁、碘、无水硫酸钠等产品而形成的生产行业。

04.0175 海洋化工业 marine chemistry industry

以海水中提取的海盐、溴、钾、镁等化学物质为原料,加工生产烧碱、纯碱和钾肥等化工产品的生产行业。

04.0176 海水淡化业 seawater desalination industry

利用各种技术和工艺流程,除去海水中的盐分而获取淡水的生产行业。

04.0177 海水直接利用业 seawater direct

utilization industry

将海水直接应用于工业冷却水、部分城市大生活用水、消防水等而形成的生产行业。

04.0178　海洋采矿业　marine mining
开采海滨和海底矿产资源的生产行业。

04.0179　海洋石油工业　marine oil industry, offshore oil industry
在海滨和海底勘探、开采、输送、加工石油和天然气的生产行业。

04.0180　深海采矿业　deep sea mining
又称"大洋采矿业(ocean mining)"。勘探、开采和冶炼海底多金属结核、钴结壳、热液硫化物和天然气水合物等矿产资源的生产行业。

04.0181　海滨砂矿开采业　beach placer mining industry
开采海滨地带由河流、波浪、潮流和海流作用而形成的次生富集矿床的生产行业。

04.0182　海洋旅游业　marine tourism
开发利用海岸带、海岛及海洋各种自然景观、人文景观而形成的服务行业。

04.0183　海洋能发电业　ocean energy power generation industry
利用海洋中的潮汐能、波浪能、海流能、海洋温差能和盐差能等天然能源进行电力生产

的行业。

04.0184　海洋制造业　marine manufacturing industry
以海洋产品为原料加工产品,以及直接应用于海洋或海洋开发活动的产品的生产行业。

04.0185　海洋工程建筑业　ocean engineering construction industry
从事海港、航道、滨海电站、海岸、堤坝等海洋和海岸工程建筑活动的行业。

04.0186　海洋服务业　marine service industry
为海洋开发提供保障服务的新兴海洋产业。按其内容可分为:海洋信息服务、海洋技术服务和海洋社会服务;按其性质可分为:公益性或事业性服务、产业性或商业性服务。

04.0187　海洋产业布局　distribution of marine industries
海洋各产业部门在海洋空间中的有序安排。

04.0188　海洋社会从业人员　number of employees in the marine sector
从事海洋生产活动并取得劳动报酬或经营收入的成员。

04.0189　海洋产业总产值　gross output value of marine industries
各类海洋生产和服务部门以货币计算的价值总量。

04.04　海洋灾害

04.0190　风暴潮灾害　storm surge disaster
因海上风暴原因引起海面异常升降而造成的灾害,分为台风或飓风风暴潮灾害和温带风暴潮灾害两种。

04.0191　潮灾　damage by tide
因海水在天文潮和风暴潮共同作用下涌上陆地所造成的灾害。

04.0192　海啸灾害　tsunami disaster
海底地震、塌陷、滑坡、火山喷发等引起的特大海洋长波(海啸)袭击海岸地带所造成的灾害。

04.0193　假潮灾害　seiche disaster
由大气的、海洋的或者地震扰动力引起的封闭或半封闭水体的共振现象导致的水位急剧变化。

04.0194　海难事故　marine accident
海洋船舶或海上生产平台的机械设备、所载货物及人员因遭遇海上自然灾害或意外事故而造成的灾难。

04.0195　海损　sea damage
船舶或货物在航运中，因自然灾害或其他海难事故所遭受的直接和间接损失。

04.0196　海冰灾害　sea ice disaster
海水结冰造成的灾害。

04.0197　赤潮灾害　red tide disaster
因赤潮发生而造成海区生态系统失去平衡，海洋生物资源局部遭到毁灭或破坏的海洋生态灾害。

04.0198　溢油灾害　oil spill disaster
海上生产活动或事故造成的石油或其他油类大量泄漏，导致海上和岸边的环境和生态灾难。

04.0199　海平面上升灾害　sea level rise disaster
全球气候变暖导致的海平面上升（海平面绝对上升），以及沿海地壳运动导致的海平面相对变化所造成的缓发性灾害。

04.0200　海岸侵蚀灾害　coastal erosion disaster
在海岸和海洋动力作用下，使海岸后退所造成的灾害。

04.0201　海水入侵灾害　seawater intrusion disaster
海水或与海水有直接关系的地下咸水沿含水层向陆地方向扩展，使地下水资源遭到破坏所造成的灾害。

04.0202　土地盐渍化灾害　land salinization disaster
因海水入侵漫溢，以及其他原因所引起的沿海土地含盐量增多所造成的灾害。

04.0203　海洋生态灾害　marine ecological disaster
由自然变异和人为因素所造成的损害海洋和海岸生态系统的灾害。

04.0204　珊瑚白化　coral bleaching
由于全球气候变暖，海水温度升高，使为珊瑚虫提供营养的共生虫黄藻大量离去或死亡，而导致珊瑚的白化和死亡现象。

04.0205　海洋灾害基本要素　basic elements of marine disaster
表述海洋灾害基本情况的专业用语。

04.0206　海岸水利工程损毁　damage of coastal water conservancy project
海堤、防波堤、渠道、水电站、水闸等水利工程设施因灾害造成的部分破坏或完全破坏。

04.0207　渔业受灾　fishery damaged by disaster
水产捕捞、养殖和加工生产因灾害造成损失的现象。

04.0208　海洋灾害管理　management of marine disaster effect
对海洋灾害进行的灾情调查、评估，灾情统计报表和发布等工作。

04.0209　海洋减灾救灾管理　management of marine disaster reduction and relief
海洋减灾救灾各阶段的政策、行政决定和组织协调活动的集合体。包括发布信息和危险警报、防止和减少人员伤亡、减轻灾民痛苦、减少经济损失及灾后恢复重建等。

04.0210　海洋减灾　marine disaster reduction
采取有效措施减少海洋灾害和减轻海洋灾害造成的损失。包括海洋灾害的监测、预报、警报、防灾、抗灾、救灾及灾后恢复重建等。

04.0211　海洋灾害监测　monitoring and surveying of marine disaster

监测、监视海洋灾害发生、发展过程及各种相关因素动态变化的工作。

04.0212 海洋灾害预报和警报 marine disaster forecasting and warning

对可能发生的海洋灾害及其时间、地点、强度、影响范围、损失程度等进行预报或发布警报的工作。

04.0213 海洋防灾 marine disaster prevention

为减少、减轻海洋灾害造成的损失，在灾前采取的预防性措施。如建设防灾工程、制定防灾预案等。

04.0214 海洋减灾工程 marine disaster reduction engineering

为减少、减轻海洋灾害造成的损失所采取的海洋工程性措施。常用的有重力式建筑物、透空式建筑物和浮式结构物等。

04.0215 台风灾害 typhoon disaster

由台风引发的强风、巨浪、风暴潮和洪涝等造成的灾害。

04.0216 海浪灾害 wave disaster

由大风引起的海浪对海上船舶、平台和海岸工程及设施造成的损失。

04.0217 赤潮 red tide

海洋中一些微藻、原生动物或细菌在一定环境条件下爆发性增殖或聚集达到某一水平，引起水体变色或对海洋中其他生物产生危

害的一种生态异常现象。

04.0218 有害藻华 harmful algal blooms, HAB, harmful algal red tide

海洋中一种或几种有害藻类在一定环境条件下暴发性增殖或聚集达到某一水平的一种生态异常现象。

04.0219 赤潮生物 red tide organism

能够大量繁殖并引发赤潮的生物。包括浮游生物、原生动物和细菌等。

04.0220 无毒赤潮 non-toxic red tide

能够引起水体变色但本身不具毒性或不会分泌毒素的海洋生物所形成的赤潮。

04.0221 有毒赤潮 toxic red tide

赤潮生物通过分泌毒素毒害鱼类等海洋生物，并对人类健康产生危害的赤潮。

04.0222 藻毒素 algal toxin

由海洋微藻产生的能够毒害其他海洋生物活性物质的总称。

04.0223 赤潮监测 red tide monitoring

对赤潮发生、发展和消失过程进行赤潮生物种类、影响范围、当地海水的物理化学条件及其他有关的环境要素等的监测。

04.0224 赤潮治理 harnessing of red tide

对已发生的赤潮采用直接的化学、物理、生物手段，限制赤潮生物爆发性增殖的方法。

04.05 军 事 海 洋

04.0225 军事海洋学 military oceanology

研究海洋自然环境对军队建设、军事行动的影响和海洋学在军事上应用的学科。

04.0226 军事海洋技术 military ocean technology

有关海洋技术在军事上的应用及军事海洋

学所用技术的学科。

04.0227 军事海洋测绘学 military marine geodesy and cartography

为满足国防建设和军队作战训练需要，研究对海洋及其沿岸地带进行测量和制图的学科。

04.0228　海军测绘保障　naval survey and mapping support

为海军各级指挥机关和部队执行作战和其他任务提供海洋测绘信息的专业保障勤务。

04.0229　海道测量学　hydrography

又称"水道测量学"。为保证舰船战斗行动和航行安全的需要,而对海道及沿岸地带测量的学科。

04.0230　海洋航空气象　maritime aviation meteorology

研究海上大气环境和与之相关的水文现象对海军航空兵飞行和作战的影响及气象保障的理论和方法。

04.0231　海洋航空天气预报　maritime aviation weather forecast

为保障海军航空兵飞行和作战,对未来一定范围和时段内的海洋天气和与之相关的水文状况作出的预测和通报。

04.0232　军事航海气象学　military nautical meteorology

研究海洋气象条件和与之相关的水文条件对舰艇航行和作战行动影响的规律,以及实施军事气象保障的理论与方法的学科。

04.0233　海军工程技术　naval engineering technology

海军部队作战、训练、装备保障和科研试验所需设施的技术。

04.0234　海军系统工程技术　naval systems engineering technology

应用系统工程理论和电子计算机技术,以及有关科学的理论、方法、原则,对海军兵力编成、作战训练、装备发展、部队管理、人才建设等方面优化分析、统筹规划、组织实施、协调管理的技术。

04.0235　舰艇技术管理　ship technical management

舰艇从入列到退役过程中,对各项技术要素和技术活动实施科学管理的统称。

04.0236　军港　naval port

专供军用舰船使用的港口。通常建有码头、港池、进出港航道、锚地等设施。

04.0237　军港工程　naval port engineering

用于保证舰艇兵力停泊、驻屯并提供作战、技术和后勤等保障的海军工程。

04.0238　军港航道　channel of naval port

舰艇进出军港水域并与主航道连接的固定水道。

04.0239　军港疏浚　naval port dredge

挖掘和处理军港航道、港池水域的水底泥沙、礁石的施工工程。

04.0240　军港污染防治　naval port pollution control

预防和治理军港海洋环境污染的综合措施。

04.0241　海防工程　coast defense engineering

为防御外敌的海上入侵,在沿海地区构筑的各种军事工程和设施的统称。

04.0242　军事航海　military navigation

舰艇航行和战斗行动的航海。

04.0243　舰艇　naval ship

又称"军舰"。配有一定数量的人员、武器或专用装备,从事海上作战或勤务保障活动的海军船只。

04.0244　海军战略学　naval strategies

研究海军建设和海上战争规律的学科。

04.0245　海洋战区　ocean theater

为制定战略计划和执行战略任务而在海洋上划分的作战区域。

04.0246　海上战场　battlefield at sea

敌对双方开展海上作战行动的海洋空间。包括海洋水面、上空、水体、濒海地带和岛屿等。

04.0247 海军 navy
以舰艇部队为主体,主要在海洋进行作战任务的军种。

04.0248 海防 coast defense
国家为保卫主权、领土完整和安全,维护海洋权益,在沿海地区和海疆进行防卫和管理活动的统称。

04.0249 制海权 command of the sea

交战一方运用海上力量在预定时间内取得的对一定海洋区域的控制权。

04.0250 舰船豁免权 immunity of warships
军舰和政府公务船,在公海上享有不受船旗国以外任何国家管辖的权利。

04.0251 反潜识别区 submarine defense identification zone
为使敌对国家的核潜艇尽可能远离本国海岸,以确保安全而划定的水下特别管制区。

04.06 海 洋 旅 游

04.0252 海岸景观 coastal landscape
在海陆交界处具有观赏价值的自然景色和人工景物。

04.0253 海岛景观 island landscape
在海岛上具有观赏价值的自然景色和人工景物。

04.0254 海滨山岳景观 seashore mountain landscape
沿海的山地、植被与海洋辉映所形成的特色景观。

04.0255 海洋生态景观 ocean ecological landscape
在海滨地带或岛屿上具有观赏价值和科研价值的珍稀动植物生态系统及其遗迹。

04.0256 海洋历史文化景观 oceanic historical and cultural landscape
海岸带和海岛所具有的历史文化遗迹与名胜古迹。

04.0257 海滨浴场 seashore swimming ground, lido
在沿岸海滩上建成的可进行游泳、日光浴和其他海上运动的场所。

04.0258 海底观光 submarine view

借助潜水器或小潜艇在海中观赏海底景观的活动。

04.0259 海洋公园 ocean park
在海滨、海岛上建造的以海洋为主题的游乐场所。

04.0260 观潮 tidal bore watching
观看河口湾涌潮的活动。

04.0261 冲浪 surfing
海滨激浪带的滑水活动。

04.0262 旅游潜水 diving tourism
潜入海水中的游乐活动。

04.0263 海岛观光旅游 island tourism
利用海岛资源进行的游乐活动。

04.0264 海洋渔钓活动 marine fishing activity
在岛礁或海上开展钓鱼的游乐活动。

04.0265 珊瑚海洋旅游 coral sea tourism
在珊瑚礁海域开展的游乐活动。

04.0266 滨海旅游 coastal tourism
在海滨地区开展的观光、游览、休闲、娱乐和体育运动等游乐活动。

04.0267 近海旅游 nearshore tourism
在沿岸浅海区开展的观光、游览、娱乐等游乐活动。

04.0268 远洋旅游 ocean tourism
在大洋与洋岛上开展的游乐活动。

<h2 style="text-align:center">04.07 海 洋 文 化</h2>

04.0269 海洋文明 maritime civilization
人类历史上主要因特有的海洋文化而取得的社会文明状态。

04.0270 滨海城市 coastal city
又称"沿海城市"。濒临海洋,以海洋为生存背景的城市。

04.0271 海洋人文 maritime humanity
在人类与海洋打交道的互动过程中形成的各种精神文化现象。

04.0272 海洋民俗 maritime folklore
海洋社会在生产和生活中所形成的风俗习惯。

04.0273 海洋霸权 maritime superpower, oceanic supremacy
在国际关系中凭借强大的实力控制海洋,进而控制或影响他国的行为。

04.0274 海上丝绸之路 maritime silk route
历史时期,中国以传统名产为媒介与世界各民族之间进行友好往来,经中国海和印度洋到非洲所走的航路。

04.0275 地理大发现 great discoveries geography
以哥伦布发现美洲新大陆等事件为代表的 15～17 世纪欧洲国家进行的海上新航路的开辟和对其已知世界以外的地球上新的地理单元的发现。

04.0276 海洋考古 maritime archaeology
对人类海洋活动的物质遗存,如沉船、海底遗物等所做的科学考察与研究。

04.0277 海洋探险 maritime exploration, oceanic adventure
古代航海家到海洋的未知领域去探寻、考察的活动。

04.0278 郑和下西洋 Zheng He's Expedition
自明代永乐三年(1405 年)至宣德八年(1433 年),郑和受朝廷派遣,率领规模巨大的船队七次出海远航,最远到达非洲东海岸,同南洋、印度洋的 30 多个国家和地区进行的友好和平交流。

04.0279 海洋意识 maritime consciousness, maritime sense
又称"海洋观念"。海洋作为一种客观存在及其价值在人们头脑中的反映。

04.0280 海洋人文地理 maritime cultural geography
研究以沿海、环海和跨海为地缘结构的人类社会活动的学科。

04.0281 海洋历史地理 maritime historical geography
研究历史时期以沿海、环海和跨海为地缘结构的人类社会与自然环境空间的学科。一般分为海洋历史人文地理和海洋历史自然地理。

04.0282 海洋文化艺术遗产 maritime heritage of culture and art
人类社会在长期的涉海活动中所留存下来的文化与艺术遗产。

04.0283 海洋艺术 maritime arts
表现、再现海洋,以及与海洋相关的艺术创

作活动及其艺术作品。

04.0284 海洋信仰 maritime belief
人类由对海洋崇拜、禁忌的心理活动和精神感受所创造出来的神、灵形象，以及对这些神、灵形象的崇拜和禁忌仪式及其传承活动。

04.08 国际海洋组织和重大科学计划

04.0285 政府间海洋学委员会 Intergovernmental Oceanographic Commission, IOC
1960 年成立的联合国教科文组织负责政府间国际海洋科学技术事务的职能自治组织。

04.0286 国际海底管理局 International Seabed Authority, ISA
1994 年成立的管理国际海底区域及其资源勘探开发的组织。

04.0287 海洋资源工程委员会 Engineering Committee on Oceanic Resources, ECOR
1970 年成立的国际性非官方的海洋工程专业组织。

04.0288 海洋研究科学委员会 Scientific Committee on Oceanic Research, SCOR
1957 年成立的国际海洋科学研究的非官方组织。

04.0289 大陆架界限委员会 Commission on the Limits of the Continental Shelf, CLCS
根据《联合国海洋法公约》于 1997 年成立的负责 200n mile 以外大陆架外部界限划定的国际组织。

04.0290 国际海洋法法庭 International Tribunal for the Law of the Sea, ITLOS
根据《联合国海洋法公约》于 1996 年成立的专门审理海洋法案件的国际组织。

04.0291 国际海洋考察理事会 International Council for the Exploration of the Sea, ICES
1902 年成立的负责协调和促进海洋科学考察的国际组织。

04.0292 国际海洋学院 International Ocean Institute, IOI
1980 年成立的帮助发展中国家培训海洋开发管理人才，并促进海洋事务领域国际合作的非政府间国际组织。

04.0293 国际海事组织 International Maritime Organization, IMO
1948 年成立的负责推进各国在海运活动中航行安全的国际组织。

04.0294 南极条约组织 Antarctic Treaty Party, ATP
1959 年成立的负责检查《南极条约》执行情况，研究、讨论南极有关问题的政府间国际组织。

04.0295 南极研究科学委员会 Scientific Committee on Antarctic Research, SCAR
1960 年成立的国际科学联合会下属的、负责南极科学研究的国际组织。

04.0296 劳埃德船级社 Lloyd's Register of Shipping, LRS
1968 年成立的负责各国船舶的分级、核定和检验业务的专职国际组织。

04.0297 海洋学和气象学联合技术委员会 Joint Technical Commission for Oceanography and Marine Meteorology, JTCOMM
1999 年成立的负责国际业务化海洋和海洋气象观测、数据管理和服务的专家协调机构。

04.0298 国际海事卫星组织 International

Maritime Satellite Organization, IMSO
1979 年成立的负责组织新的海事通信网,促进海上船舶通信业务的发展,提高船舶航行安全与效率的国际组织。

04.0299 国际海啸警报中心 International Tsunami Warning Center, ITWC
1966 年成立的负责监测和发布海啸警报业务的国际海洋服务机构。

04.0300 大洋钻探计划 Ocean Drilling Project, ODP
1985～2003 年实施的通过钻探取得的岩心来研究大洋地壳的组成、结构,以及形成演化历史的国际科学合作钻探计划。

04.0301 综合大洋钻探计划 Integrated Ocean Drilling Program, IODP
2003 年开始实施、钻探范围扩大到全球所有洋区,领域从地球科学扩大到生命科学,手段从钻探扩大到海底深部观测网和井下试验的国际科学合作钻探计划。

04.0302 全球温盐剖面计划 Global Temperature and Salinity Profile Plan, GTSPP
从 1989 年开始实施的海洋温盐数据采集、管理和分发的国际合作计划。

04.0303 全球海洋观测系统计划 Global Ocean Observing System, GOOS
政府间海洋学委员会等国际组织 1992 年提出的,对全球沿海和大洋要素进行长期观测建立模型,分析海洋变化的大型国际海洋观测计划。

04.0304 世界海洋环流试验 World Ocean Circulation Experiment, WOCE
由政府间海洋学委员会发起的,在 1990～2002 年期间实施的大型国际合作海洋环流观测和研究计划。

04.0305 全球海洋生态系动力学研究计划 Global Ocean Ecosystem Dynamics,

GLOBEC
由海洋研究科学委员会和政府间海洋学委员会 1991 年发起的,研究全球变化对大洋生态系统主要种类的海洋种群丰度、多样性和生产力等影响的国际海洋科学研究计划。

04.0306 全球联合海洋通量研究 Joint Global Ocean Flux Study, JGOFS
1990～2004 年由海洋研究科学委员会主持的,研究大气、大洋表层和大洋内部区域,季度至年际碳通量及其对气候变化影响的国际海洋科学研究计划。

04.0307 国际海洋全球变化研究 International Marine Global Change Study, IMAGES
从 1993 年开始实施,研究海洋及冰雪圈过程的时间尺度上定量地确定海洋的气候和化学变化;确定海洋对内部和外部作用力的敏感性及其控制大气二氧化碳过程中的作用的国际合作计划。

04.0308 国际洋中脊研究计划 InterRidge Project
从 1992 年开始实施,研究洋中脊的物理、化学、生物、地质过程和热、物质通量等多学科的国际合作计划。

04.0309 洋中脊跨学科全球实验 Ridge Inter-Disciplinary Global Experiments, RIDGE
1990 年由美国科学基金会主持的研究洋中脊海底、海洋底层生态系统及其对地质过程影响的海洋科学研究计划。

04.0310 实时地转海洋学阵计划 Array for Real-time Geostrophic Oceanography, ARGO
1998 年 7 月由全球海洋数据同化实验、气候变异和可预测性研究专家提出的,在全球大洋投放数千个海洋温盐剖面浮标,配合 JASON 卫星高度计来测量世界大洋 2000m

水层温盐结构的国际海洋研究计划。

04.0311　海洋生物普查计划　Census of Marine Life, COML

20世纪90年代,由美国率先开展,并逐渐发展为45个国家和地区参加的,调查世界大洋海洋生物多样性、分布和丰度等的国际海洋研究十年计划。

04.0312　海洋信息技术计划　Ocean Information Technology Project, OITP

从2000年开始实施的海洋环境信息管理集成系统的工作计划。

04.0313　全球海洋表层走航数据计划　Global Ocean Surface Underway Data Project, GOSUD

2002年开始实施的通过大洋航线上的商船采集、处理、储存海洋层盐度和其他要素的海洋数据管理计划。

04.0314　国际海洋碳协调计划　International Ocean Carbon Coordination Project, IOCCP

由政府间海洋学委员会主持的,研究海洋碳循环科学,以及未来大气中二氧化碳含量变化的国际海洋研究计划。

04.0315　全球有害藻华的生态学与海洋学研究计划　Program on the Global Ecology and Oceanography of Harmful Algal Blooms, GEOHAB

2001年由海洋研究科学委员会领导和组织的有害藻华观测和预报合作研究的国际协调计划。

04.0316　海岸带陆海相互作用研究计划　Land-Ocean Interactions in the Coastal Zone, LOICZ

1995~2005年实施的研究海陆结合地带动力相互作用特征,地球系统各部分的变化对海岸带的影响,评价海岸带受人类影响而发生变化等的国际海洋研究计划。

04.0317　海洋气候声学测温计划　Acoustic Thermometry of Ocean Climate, ATOC

1995年开始实施的长期观测低频声波在大洋声道中超远距离传播的时间变化,反演声道轴上温度变化和全球气候变化的国际合作研究计划。

04.0318　海洋环境中浮游生物的反应性研究计划　Plankton Reactivity in the Marine Environment, PRIME

研究浮游生物在海洋生物地球化学通量中的作用及其对气候影响的国际海洋研究计划。

04.0319　海洋环境资料信息目录　marine environmental data and information referral system, MEDI

政府间海洋学委员会为促进海洋资料交流建立的一种计算机查询检索的海洋环境信息检索工具。

04.0320　国际海洋数据及信息交换　International Oceanographic Data and Information Exchange, IODE

促进政府间海洋学委员会(IOC)成员国之间海洋数据和信息交换,促进海洋研究、海洋勘探和开发的网络系统。

英 汉 索 引

A

AABW 南极底层水 02.1465

AAIW 南极中间水 02.1479

AAO 南极涛动 02.0527

AASW 南极表层水 02.1462

AAWW 南极冬季[残留]水 02.1466

abrasion platform 海蚀台[地] 02.1113

abrupt change of climate 气候突变 02.0543

absorptance 吸收率，*吸收比 02.0361

absorption coefficient 吸收系数 02.0364

abundance 丰度 02.0774

abyss 海渊 02.1379

abyssal circulation 深渊环流 02.0091

abyssal clay *远洋黏土 02.1210

abyssal fauna 深渊动物 02.0588

abyssal hill 深海丘陵 02.1179

abyssal plain 深海平原 02.1178

abyssal zone 深渊带 02.1085

abyssopelagic organism 大洋深渊水层生物 02.0583

abyssopelagic plankton 深渊浮游生物 02.0606

accelerated corrosion test 加速腐蚀实验 03.0350

accessory mark 副轮 02.0817

ACCP 声学相关海流剖面仪 03.0850

accretionary prism 增生楔，*增生棱柱 02.1389

accumulation 堆积作用 02.1224

accumulation species of marine pollution 海洋污染累积种 02.1545

acidic mucopolysaccharide of *Apostichopus japonicus* 刺参黏多糖 03.0479

acoustical correlation current profiler 声学相关海流剖面仪 03.0850

acoustical Doppler current profiler 声学多普勒海流剖面仪 03.0849

acoustical oceanography 声学海洋学 02.0346

acoustic fishing 音响渔法 03.0643

acoustic propagation anomaly 声传播异常 02.0318

acoustic release 声释放器 03.0868

acoustic remote sensing 声遥感 02.0338

Acoustic Thermometry of Ocean Climate 海洋气候声学测温计划 04.0317

acoustic transponder 声应答器 03.0869

acrid bittern 苦卤 03.0385

activated sludge process 活性污泥法 03.0373

active continental margin 主动大陆边缘 02.1354

active remote sensor 主动式遥感器，*有源遥感器 03.0939

activity coefficient of seawater 海水活度系数 02.0996

ADCP 声学多普勒海流剖面仪 03.0849

adolecent 亚成体，*次成体 02.0847

adult stage 成熟期，*成体期 02.0846

advection fog 平流雾 02.0485

aerial expendable bathythermograph 机载投弃式温深仪 03.0843

aerosol 气溶胶 02.0504

Africa Plate 非洲板块 02.1346

agar 琼脂，*琼胶 03.0466

agarose 琼脂糖 03.0467

aged seawater 陈海水 02.0904

AGIF 血管形成抑制因子 03.0482

ahermatypic coral 非造礁珊瑚 02.0650

aimed fishing 瞄准捕捞 03.0636

air blow-out method 空气吹出法 03.0393

air diving 空气潜水 03.0722

air gun 气枪 03.0885

air lifting 气举 03.0159

air-lift mining system 气力提升采矿系统 03.0283

air mass 气团 02.0431

air mass transformation 气团变性 02.0532

air-sea exchange 海气交换 02.0501

air-sea flux 海气通量 02.0498

air-sea interaction 海气相互作用 02.0514

air-sea interface 海气界面 02.0500

air-tight 气密 03.0160

Aleutian low 阿留申低压 02.0447

algal reef 藻礁 02.1183

algal toxin　藻毒素　04.0222

alginic acid　褐藻酸　03.0461

all-female fish breeding　全雌鱼育种　03.0436

all-male fish breeding　全雄鱼育种　03.0437

allogynogenesis technique　异精雌核发育技术　03.0426

allopatry　异域分布　02.0683

allophycocyanin　别藻蓝蛋白，*异藻蓝蛋白　03.0487

alternating current　往复流　02.0300

ambient noise of the sea　海洋环境噪声　02.0332

ambrein　龙涎香醇，*龙涎香精　03.0475

American Plate　美洲板块　02.1349

Amery Ice Shelf　埃默里冰架　02.1456

3-amino-2-hydroxypropanesulfonic acid　3-氨基-2-羟基丙磺酸　03.0542

amino-nitrogen in seawater　海水中氨氮　02.0934

amnesic shellfish poison　记忆丧失性贝毒，*健忘性贝毒　03.0582

amphi-boreal distribution　北方两洋分布　02.0684

amphidinolide　前沟藻内酯　03.0550

amphidrome　旋转潮波系统　02.0304

amphidromic point　*无潮点　02.0292

amphidromic region　无潮区　02.0292

amphidromic system　旋转潮波系统　02.0304

amphidromous migration　非生殖洄游　02.0834

anadromous fishes　溯河鱼类　02.0831

ANAIS　营养盐现场自动分析仪　03.0875

analytical chemistry of seawater　海水分析化学　02.0912

anatoxin-a　鱼腥藻毒素 a　03.0587

anchorage　锚［泊］地　03.0028

anchorage area　锚［泊］地　03.0028

anchored structure　锚泊结构　03.0114

andesite line　安山岩线，*马绍尔线　02.1360

androgenesis technique　雄核发育技术　03.0427

anemotoxin　海葵毒素　03.0567

angiogenesis inhibiting factors　血管形成抑制因子　03.0482

anion exchange membrane　阴离子交换膜　03.0310

anion permselective membrane　阴离子交换膜　03.0310

anodic protection　阳极保护　03.0355

anodic stripping voltammetry　阳极溶出伏安法　02.0923

anoxic event　缺氧事件　02.1241

anoxic water　缺氧水　02.1532

Antarctica　南极洲　02.1480

Antarctic aurora　南极光　02.1469

Antarctic Bottom Water　南极底层水　02.1465

Antarctic Circle　南极圈　02.1475

Antarctic Circumpolar Current　南极绕极流　02.1476

Antarctic climate　南极气候　02.0550

Antarctic coastal current　南极沿岸流　02.1478

Antarctic Continent　南极洲　02.1480

Antarctic Convergence　南极辐合带　02.1467

Antarctic Divergence　南极辐散带　02.1468

Antarctic front　南极锋　02.0469

Antarctic Ice Sheet　南极冰盖　02.1463

Antarctic Intermediate Water　南极中间水　02.1479

Antarctic krill　南极磷虾　02.1472

Antarctic lights　南极光　02.1469

Antarctic meteorites　南极洲陨石　02.1481

Antarctic Oscillation　南极涛动　02.0527

Antarctic ozone hole　南极臭氧洞　02.1464

Antarctic Peninsula　南极半岛　02.1461

Antarctic Plate　南极洲板块　02.1348

Antarctic Point　南极角　02.1471

Antarctic Polar Front　*南极［海洋］锋　02.1467

Antarctic Pole　南极　02.1460

Antarctic Protected Area　南极保护区　04.0112

Antarctic sea smoke　南极烟状海雾　02.1470

Antarctic Shelf Water　南极陆架水　02.1473

Antarctic slope front　南极陆坡锋　02.1474

Antarctic Surface Water　南极表层水　02.1462

Antarctic Treaty　南极条约　04.0127

Antarctic Treaty area　南极条约地区　04.0108

Antarctic Treaty Party　南极条约组织　04.0294

Antarctic Winter［Residual］Water　南极冬季［残留］水　02.1466

antecedent precipitation　先期沉淀　02.1265

anthopleurin　海葵素　03.0568

anti-corrosion and antifouling by electrochemical method　电化学双防　03.0357

anticyclone　反气旋　02.0450

anti El Niño　*反厄尔尼诺　02.0516

anti-fouling　防污　03.0363

anti-fouling by electrolyzing seawater　电解海水防污　03.0364

antifreeze protein　抗冻蛋白　03.0403

antifreeze protein gene　抗冻蛋白基因　03.0402

anti-pollution zone　防污染区　04.0032

AO　北极涛动　02.0526

aphanizophyll 束丝藻叶黄素 03.0538

aphotic zone 无光带，＊无光层 02.0723

aplasmomycin 灭疟霉素 03.0592

aplysiatoxin 海兔毒素 03.0565

aplysin 海兔素 03.0520

apparent optical properties 表观光学特性 02.0354

aquafarm 海洋牧场 04.0071

aquatic community 水生生物群落 02.0728

aquatic ecosystem 水生生态系统，＊水域生态系统 02.0711

aquatic halophyte 水生盐生植物 03.0667

aquatic macrophyte 水生大型植物，＊大型水生植物 02.0869

aquatic microphyte 水生微型植物，＊微型水生植物 02.0870

aquatic organisms index 水生生物指数 03.1153

aquatic plant 水生植物 02.0868

Arabian Sea 阿拉伯海 01.0045

ara-T 海绵胸腺嘧啶 03.0507

ara-U 海绵尿核苷 03.0508

arcamine 蚶肽 03.0523

archipelagic baseline 群岛基线 04.0095

archipelagic doctrine 群岛原则 04.0060

archipelagic sea lane 群岛海道 04.0061

archipelagic state 群岛国 04.0059

archipelagic water 群岛水域 04.0096

archipelago 群岛，＊列岛 02.1026

Arctic air mass 北冰洋气团 02.1409

Arctic archipelago region 北极群岛地区 02.1418

Arctic Circle 北极圈 02.1417

Arctic climate 北极气候 02.0551

Arctic cyclone 北极气旋 02.1416

Arctic front 北极锋 02.0468

Arctic haze 北极霾 02.1415

Arctic Ocean 北冰洋 01.0034

Arctic Ocean deep water 北冰洋深层水，＊北冰洋底层水 02.1411

Arctic Oscillation 北极涛动 02.0526

Arctic Pole 北极 02.1413

Arctic smoke 北冰洋烟状海雾 02.0489

Arctic surface water 北冰洋表层水 02.1410

Arctic Yellow River Station, China 中国北极黄河站 02.1433

ARGO 实时地转海洋学阵计划 04.0310

armor block 护面块体 03.0057

armor unit 护面块体 03.0057

Array for Real-time Geostrophic Oceanography 实时地转海洋学阵计划 04.0310

arriving at bottom 着底 03.0738

arriving at surface 出水 03.0737

artificial fish reef 人工鱼礁 03.0649

artificial island 人工岛 03.0096

artificial seawater 人工海水 02.0926

aseismic ridge 无震海岭 02.1369

ASP 记忆丧失性贝毒，＊健忘性贝毒 03.0582

assessment of the previous environment 环境回顾评价 03.1147

assimilation efficiency 同化效率 02.0786

assimilation number 同化数 02.0787

astaxanthin 虾青素，＊虾黄素 03.0525

asterosaponin 海星皂苷 03.0524

astronomical tide 天文潮 02.0263

Atlantic Equatorial Undercurrent 大西洋赤道潜流 02.0106

Atlantic Ocean 大西洋 01.0032

Atlantic-type coast 大西洋型海岸 02.1132

Atlantic-type continental margin ＊大西洋型大陆边缘 02.1355

atmosphere input 大气输入 02.1486

atmospheric diving 常压潜水，＊抗压潜水 03.0735

atmospheric tide 大气潮 02.0513

ATOC 海洋气候声学测温计划 04.0317

atoll 环礁，＊石塘 02.1122

atoll lagoon 礁湖 02.1123

atoll lake 礁湖 02.1123

ATP 南极条约组织 04.0294

attenuance 衰减率，＊衰减比 02.0363

auricularia larva 耳状幼体，＊短腕幼体 02.0653

Aurora borealis 北极光 02.1414

auroral electrojet 极光带电集流 02.1445

Australia-Antarctic Rise 澳大利亚-南极海隆 02.1368

authigenic carbonate[crust] 自生碳酸盐岩[壳] 02.1309

authigenic sediment 自生沉积[物] 02.1220

automatic chemical addition and control system 自动加药系统 03.0371

automatic tracking 自动跟踪 03.0952

automatic wave station 自动测波站 03.0996

autonomous nutrient analyzer *in situ* 营养盐现场自动分析仪 03.0875

autonomous underwater vehicle 自治式潜水器 03.0169

autotroph 自养生物 02.0796

AUV 自治式潜水器 03.0169

average cosine 平均余弦 02.0379

[average] height of highest one-tenth wave 1/10 大波[平均]波高 02.0164

[average] height of highest one-third wave 1/3 大波[平均]波高 02.0165

AXBT 机载投弃式温深仪 03.0843

azimuth correction 方位改正 03.0836

Azores high 亚速尔高压 02.0455

B

back-arc 弧后 02.1397

back-arc basin 弧后盆地 02.1381

back-arc spreading 弧后扩张 02.1399

backshore 后滨 02.1075

backward scatterance 后向散射率 02.0370

bacterial corrosion 微生物腐蚀 03.0361

Balintang Channel 巴林塘海峡 01.0062

Baltic Sea 波罗的海 01.0049

bank 浅滩 02.1127

barium sulfide nodule of the sea floor 海底硫酸钡结核 03.0183

barocline wave [in ocean] [海洋]斜压波 02.0190

baroclinic mode 斜压模[态] 02.0200

baroclinic ocean 斜压海洋 02.0142

barophilic bacteria 嗜压细菌 02.0900

barotropic mode 正压模[态] 02.0199

barotropic ocean 正压海洋 02.0141

barotropic wave [in ocean] [海洋]正压波 02.0191

barrier 沙坝 02.1101

barrier beach *障碍海滩 02.1102

barrier island 障壁岛 02.1103

barrier reef 堡礁,*离岸礁 02.1121

baseline of territorial sea 领海基线 04.0091

base of gas hydrate stability zone 天然气水合物稳定带底界 02.1294

Bashi Channel 巴士海峡 01.0061

basic elements of marine disaster 海洋灾害基本要素 04.0205

Bass Strait 巴士海峡 01.0061

bathyal fauna 深海动物 02.0587

bathyal zone 深海带 02.1084

bathymetry 水深测量 03.0803

bathymetry using remote sensing 遥感海洋测深 03.0921

bathypelagic organism 大洋深层生物 02.0582

bathypelagic plankton 深层浮游生物 02.0605

bathypelagic zone 深层,*下均匀层 02.0016

battlefield at sea 海上战场 04.0246

batylalcohol 鲨肝醇 03.0496

bay 海湾 01.0051

bay bar 湾坝 02.1107

Bay of Bengal 孟加拉湾 01.0053

bcach 海滩 02.1091

beach berm 滩肩 02.1092

beach cusp 滩角 02.1095

beach cycle 海滩旋回 02.1096

beach face 滩面 02.1093

beach metal placer 海滨金属砂矿 03.0180

beach mineral resource 滨海矿产资源 03.0178

beach nonmetal placer 海滨非金属砂矿 03.0181

beach nourishment 人工育滩 03.0011

beach placer 海滨砂矿 03.0179

beach placer exploitation 海滨砂矿开发 03.0192

beach placer exploration 海滨砂矿勘探 03.0191

beach placer mining industry 海滨砂矿开采业 04.0181

beach profile 海滩剖面 02.1090

beach protection by plantation 植物护滩 03.0010

beach protection by vegetation 植物护滩 03.0010

beach protection structure 保滩建筑物 03.0009

beach ridge 滩脊 02.1094

beach rock 海滩岩 02.1184

beam attenuation coefficient 光束衰减系数 02.0355

bedding 基床 03.0046

bed load 推移质 02.1197

bed sweeping 扫海 03.0084

Beibu Gulf 北部湾 01.0052

bench 岩滩 02.1111

benefit of marine resource exploitation 海洋资源开发效益 04.0144

Benioff zone　贝尼奥夫带　02.1388

benthic community　底栖生物群落，*底栖群落　02.0729

benthic division　海底区　02.1082

benthic microphyte　微型底栖植物　02.0872

benthic organism　底栖生物　02.0629

benthic-pelagic coupling　海底–水层耦合　02.0816

bentho-hyponeuston　底栖性表下漂浮生物　02.0626

benthology　底栖生物学　02.0570

benthophyte　底栖植物，*水底植物　02.0871

benthos　底栖生物　02.0629

Bering Sea　白令海　01.0043

berth　泊位　03.0038

BGHSZ　天然气水合物稳定带底界　02.1294

binary typhoons　双台风　02.0462

bin homogenize　面元均化　03.0250

bioaccumulation　生物累积　02.1557

bioadhesion　生物黏着　02.0677

bioassay　生物测定　02.0678

biochemical oxygen demand　生化需氧量　02.1534

biodegradation　生物降解　02.0679

biodiversity　生物多样性　02.0865

bioelectricity　生物电　03.0442

bioerosion　生物侵蚀　02.0861

biofouling　生物污损，*生物污着　03.0440

biogenic sediment　生物沉积[物]　02.1217

biogeochemical cycles　生物地球化学循环　02.0887

biological concentration　生物浓缩　02.1559

biological detritus　生物碎屑　02.0619

biological effects of marine pollution　海洋污染生物效应　02.1549

biological input　生物输入　02.1561

biological monitoring for marine pollution　海洋污染生物监测　02.1548

biological noise　生物噪声　02.0863

biological oceanography　生物海洋学　02.0562

biological pollutant　生物污染物　02.1509

biological pump　生物泵　02.0885

biological purification　生物净化　02.1556

biological scavenging　生物清除　02.1560

biological season　生物季节　02.0886

biological self-purification　生物自净　03.1161

bioluminescence　生物发光　03.0449

bioluminescent system　生物发光系统　03.0451

biomagnification　生物放大　02.1555

biomarker　生物标志物　02.1554

biomass　生物量　02.0775

biooptical algorithm　生物光学算法　02.0376

biooptical province　生物光学区域　02.0352

bioreclamation　*生物改良　02.1562

bioremediation　生物整治，*生物修复　02.1562

bio-sensitivity　生物敏感性　02.1558

biosonar　生物声呐　03.0448

biota　生物区系　02.0685

bioturbation　生物扰动　02.0862

biozone　生物带　02.0720

bipinnaria larva　羽腕幼体　02.0666

bipolar distribution　两极分布，*两极同源　02.0686

bipolarity　两极分布，*两极同源　02.0686

bipolar membrane　双极膜　03.0313

bird-foot delta　鸟足[形]三角洲　02.1066

bittern　卤水　03.0382

Black Sea　黑海　01.0048

black smoker　黑烟囱　02.1269

black smoker complex　黑烟囱复合体　02.1270

blocking fish with electric screen　电栅拦鱼　03.0651

BOD　生化需氧量　02.1534

Bohai Coastal Current　渤海沿岸流　02.0115

Bohai Sea　渤海　01.0037

Bohai Sea low　渤海低压　02.0443

Bohai Strait　渤海海峡　01.0058

boomerang sediment corer　自返式沉积物取芯器　03.0897

BOP　海底防喷器系统　03.0266

borer　钻孔生物，*钻蚀生物　02.0630

boring organism　钻孔生物，*钻蚀生物　02.0630

bottom frictional layer　底摩擦层，*底埃克曼层　02.0140

bottom grab　表层采泥器，*抓斗　03.0894

bottom reflection　海底声反射　02.0325

bottom scattering　海底声散射　02.0328

bottom time　水下工作时间　03.0740

bottom trawl　底拖网　03.0908

bottom wave　底波　03.0824

box snapper　箱式取样器　03.0895

BPM　双极膜　03.0313

brackish water species　半咸水种　02.0694

brash ice　碎冰　03.1035

brave west wind　咆哮西风带　02.0476

breadth of the territorial sea　领海宽度　04.0094

breaker　破碎波　02.0206

breaker height　破碎波高　02.0207

breaker zone　破碎波带　02.0208

breakup period　终冰期　03.1038

breakwater　防波堤　03.0048

breath-hold diving　屏气潜水　03.0729

breeding migration　产卵洄游，＊生殖洄游　02.0829

brevetoxin　短裸甲藻毒素　03.0584

brine　卤水　03.0382

brown clay　＊褐黏土　02.1210

bryostatin　苔藓虫素，＊草苔虫素　03.0502

bubble effect　气泡效应　03.0827

buffer capacity of seawater　海水缓冲容量　02.0974

buoyant apparatus　救生浮具　03.0153

buoyant mat　浮力沉垫　03.0105

burrowing organism　穴居生物　02.0631

C

cage culture　网箱养殖　03.0602

caisson　沉箱　03.0041

calcareous ooze　钙质软泥　02.1202

calcite compensation depth　方解石补偿深度　02.1236

calcite dissolution index　方解石溶解指数　02.1231

cantilever drilling rig　悬臂式钻井平台　03.0259

cape　岬角　02.1028

cape front　岬角锋　02.1037

capillary wave　毛细波，＊表面张力波　02.0171

carbon assimilation　碳同化作用　02.0788

carbonate cycle　碳酸盐旋回　02.1232

carbonate lysocline　碳酸盐溶跃面　02.1235

carbonate rise　碳酸盐岩隆　02.1307

carbon circulation　碳循环　02.1003

carbon dioxide poisoning　二氧化碳中毒　03.0749

carcinology　甲壳动物学　02.0567

Caribbean Sea　加勒比海　01.0047

carnivore　食肉动物　02.0806

carrageenan　卡拉胶，＊角叉菜胶　03.0468

case 1 water　一类水体　02.0400

case 2 water　二类水体　02.0401

catadromous migration　降河洄游，＊降海繁殖　02.0832

cathodic protection　阴极保护　03.0356

cation exchange membrane　阳离子交换膜　03.0309

cation permselective membrane　阳离子交换膜　03.0309

caulilide　耳壳藻酯　03.0558

CCD　方解石补偿深度　02.1236

CCD camera　CCD 相机　03.0962

CDW　绕极深层水　02.1477

cellar connection　井口装置　03.0125

cellulose acetate series membrane　醋酸纤维素系列膜　03.0291

Census of Marine Life　海洋生物普查计划　04.0311

Central Indian Ridge　印度洋中脊　02.1364

central rift　中央裂谷　02.1371

CEPEX　控制生态系统实验，＊围隔式生态系统实验　02.0714

cephalosporin　头孢菌素，＊先锋霉素　03.0593

cephalotoxin　章鱼毒素　03.0576

ceramide　神经酰胺　03.0501

cetin　鲸蜡　03.0473

cetol　鲸蜡醇，＊棕榈醇　03.0474

chain of volcano　火山链　02.1393

Changjiang Diluted Water　长江冲淡水　02.0078

Changjiang-Huaihe cyclone　江淮气旋　02.0442

Changjiang River Plume　长江冲淡水　02.0078

channel　海峡　01.0057

channel of naval port　军港航道　04.0238

characteristic species　特征种，＊代表种　02.0704

chart　海图　03.1094

chart datum　海图［水深］基准面　02.0236

chelates　螯合物　02.0990

chemical cleaning　化学清洗　03.0370

chemical equilibrium of marine chemistry　海洋化学的化学平衡　02.0999

chemical industry of salt　盐化工　03.0390

chemical model of seawater　海水化学模型　02.0957

chemical oceanography　化学海洋学　02.0908

chemical oxygen demand　化学需氧量　02.1529

chemical picking　化学清洗　03.0370

chemical pollutant in the sea　海洋化学污染物　02.1504

chemical substance forms in seawater　海水中物质形态　02.0962

chemoautotroph　化能自养生物　02.0798

chemoherm complexes　化学礁体系　02.1310

chemostatic culture　恒化培养　02.0680

chemotaxis　趋化性　02.0769

chemotaxy　趋化性　02.0769

chinook salmon embryo cell line　大鳞大麻哈鱼胚胎细胞系　03.0414

chitin　甲壳质，*壳多糖，*几丁质　03.0476

chitosan　脱乙酰甲壳质，*脱乙酰壳多糖　03.0477

chloride anomaly　氯离子浓度异常　02.1300

chlorinity　氯度　02.0024

chondroitin salfate　硫酸软骨素　03.0481

chronostratigraphy　年代地层学，*时间地层学　02.1215

CHSE　大鳞大麻哈鱼胚胎细胞系　03.0414

ciguatoxin　雪卡毒素，*西加毒素，*鱼肉毒素　03.0563

Circum-Pacific Island Arc　环太平洋岛弧　02.1392

Circum-Pacific Seismic Zone　环太平洋地震带　02.1395

Circum-Pacific Volcanic Belt　环太平洋火山带　02.1394

Circumpolar Deep Water　绕极深层水　02.1477

classification of wastes　废弃物分类　04.0030

clathrate　笼形包合物　02.1284

clathrate model of liquid water　液态水笼合体模型　02.0919

clay　黏土　02.1191

CLCS　大陆架界限委员会　04.0289

climate　气候　02.0533

climate feedback　气候反馈　02.0559

climatic analysis　气候分析　02.0539

climatic anomaly　气候异常　02.0544

climatic assessment　气候评价　02.0541

climatic belt　气候带　02.0534

climatic change　气候变化　02.0542

climatic diagnosis　气候诊断　02.0540

climatic factor　气候因子　02.0535

climatic index　气候指数　02.0538

climatic monitoring　气候监测　02.0537

climatic simulation　气候模拟　02.0545

climatic system　气候系统　02.0536

climatic zone　气候带　02.0534

closed culture with circulating water　封闭式循环水养殖　03.0601

closed cycle OTEC　闭式循环海水温差发电系统　03.0695

closed fishing areas　禁渔区　04.0077

closed fishing lines　禁渔线　04.0078

closed［fishing］season　禁渔期，*休渔期　04.0076

cluster model of liquid water　液态水簇团模型　02.0920

cnoidal wave　椭圆余弦波　02.0204

COADS　海洋大气综合数据集　03.1080

coagulate flocculating agent　混凝剂　03.0344

coast　海岸　02.1070

coastal city　滨海城市，*沿海城市　04.0270

coastal climate　滨海气候，*海岸带气候　02.0549

coastal current　沿岸流　02.0110

coastal defences　海岸防护工程　03.0002

coastal dune　海岸沙丘　02.1073

coastal dynamics　海岸动力学　02.1017

coastal engineering　海岸工程　03.0001

coastal erosion disaster　海岸侵蚀灾害　04.0200

coastal front　海岸锋　02.0512

coastal geomorphology　海岸地貌学　02.1018

coastal landscape　海岸景观　04.0252

coastal marsh　海岸沼泽　02.1153

coastal night fog　海岸夜雾　02.0511

coastal observation station　海岸观测站　03.0813

coastal ocean dynamics　近海海洋动力学　02.0005

coastal ocean science　海岸海洋科学　02.1015

coastal port industry　沿海港口业　04.0170

coastal state　沿海国　04.0058

coastal terrace　海岸阶地　02.1072

coastal tourism　滨海旅游　04.0266

coastal transportation industry　沿海运输业　04.0169

coastal water　沿岸水　02.0079

coastal zone　海岸带　02.1069

coastal zone management　海岸带管理　04.0007

coastal zone resources　海岸带资源　04.0142

coast defense　海防　04.0248

coast defense engineering　海防工程　04.0241

coast landslide　海岸滑坡　02.1160

coastline　海岸线　02.1071

coast of emergence　上升海岸　02.1143

coast of submergence　下沉海岸，*海侵海岸　02.1144

cobalt-rich crust　*富钴结壳　03.0277

coccolith ooze　颗石软泥，*白垩软泥　02.1205

COD　化学需氧量　02.1529

coefficient of maturity　性腺成熟系数　02.0822

cofferdam　围堰　03.0078

cold current　寒流　02.0129

cold eddy　冷涡　02.0056

cold shock 冷休克 03.0431

cold temperate species 冷温带种 02.0700

cold vent 冷喷口 02.1312

cold water species 冷水种 02.0695

cold water sphere 冷水圈，*冷水层 02.0062

cold water tongue 冷水舌 02.0023

cold wave 寒潮 02.0470

cold zone species 寒带种 02.0698

collision zone 碰撞带 02.1387

colloidal forms in seawater 海水中胶态 02.0965

colloidal nitrogen in seawater 海水中胶体氮 02.0939

colloidal phosphorus in seawater 海水中胶体磷 02.0942

colloidal species in seawater 海水中物质胶体存在形式 02.0961

color of the sea 海色 02.0397

combined development of offshore oil-gas field group 海上油气田群联合开发 03.0226

COML 海洋生物普查计划 04.0311

command of the sea 制海权 04.0249

commensalism 共栖 02.0741

commercial port 商港 03.0017

Commission on the Limits of the Continental Shelf 大陆架界限委员会 04.0289

common heritage of mankind 人类共同继承遗产 04.0110

common permits 普通许可证 04.0027

common species 习见种 02.0705

community 群落 02.0727

compensation current 补偿流 02.0097

compensation depth 补偿深度，*补偿层 02.0768

complexation 络合作用 02.0971

complex in seawater 海水中络合物，*海水中配位化合物 02.0970

compliant structure 顺应式结构 03.0111

composite breakwater 混合式防波堤 03.0055

composite membrane 复合膜 03.0290

compound shoreline 复合滨线 02.1135

comprehensive ocean atmosphere dataset 海洋大气综合数据集 03.1080

compression system 加压系统 03.0766

compression test 加压试验 03.0718

compression therapy 加压治疗 03.0760

concentrated degree of pack ice 密集度 03.1046

concentrated pool 浓缩池 03.0380

conchology *贝类学 02.0566

conductivity-temperature-depth system 温盐深测量仪 03.0845

conotoxin 芋螺毒素 03.0564

conservation zone 渔业保护区 04.0069

conservative behavior of chemical substance in estuary 河口化学物质保守行为 02.0981

conservative components in seawater *海水中保守元素 02.0927

constant principle of seawater major component 海水中常量元素恒比定律 02.0928

constituent day 分潮日 02.0272

constituent hour 分潮时 02.0273

constructive boundary *建设性板块边界 02.1357

consumer 消费者 02.0777

container ship 集装箱船 03.0059

contiguous airspace zone 空中毗连区 04.0065

contiguous zone 毗连区 04.0087

continental accretion 大陆增生 02.1353

continental drift hypothesis 大陆漂移说 02.1334

continental margin ［大］陆［边］缘 02.1164

continental rise 大陆隆 02.1167

continental shelf 大陆架 04.0088

continental shelf break 大陆架坡折 02.1165

continental slope 大陆坡 02.1166

continental terrace 大陆阶地 02.1168

continuous culture 连续培养 02.0795

continuous line bucket mining system 连续链斗采矿系统 03.0281

continuous observation 连续观测 03.0807

contour current 等深流 02.1237

contourite 等深流沉积［岩］ 02.1238

contrast in water 水中对比度 02.0402

contrast transmission in water 水中对比度传输 02.0403

controlled ecosystem experiment 控制生态系统实验，*围隔式生态系统实验 02.0714

control of eutrophication in the area 海域富营养化控制 03.1167

convective mixing 对流混合 02.0040

conventional diving 常规潜水 03.0725

Convention on Fishing and Conservation of the Living Resources of the High Seas 公海捕鱼和生物资源养护公约 04.0126

Convention on the Continental Shelf 大陆架公约 04.0123

Convention on the High Seas 公海公约 04.0124

Convention on the Prevention of Marine Pollution by Dumping of Wastes and Other Matter　防止倾倒废物和其他物质污染海洋的公约　04.0128

Convention on the Territorial Sea and the Contiguous Zone　领海与毗连区公约　04.0125

convergence zone　会聚区　02.0324

convergent boundary　会聚边界　02.1358

conversion　水回收率　03.0301

conversion efficiency　转换效率　02.0789

copepodid larva　桡足幼体　02.0658

copepodite　桡足幼体　02.0658

coprecipitation　共沉淀　02.0978

coral bleaching　珊瑚白化　04.0204

coral reef　珊瑚礁　02.1181

coral reef coast　珊瑚礁海岸　02.1151

coral reef community　珊瑚礁生物群落　02.0732

coral sea tourism　珊瑚海洋旅游　04.0265

corange line　等潮差线, *同潮差线　02.0310

corrosion-causing bacteria　腐蚀微生物　03.0362

corrosion control　腐蚀控制, *防蚀　03.0345

corrosion inhibitor　缓蚀剂　03.0352

corrosion prevention　腐蚀控制, *防蚀　03.0345

cosmogenous sediment　宇宙沉积[物]　02.1219

cosmopolitan species　广布种　02.0687

cost of marine resource exploitation　海洋资源开发成本　04.0145

cotidal line　等潮时线, *同潮时线　02.0311

countercurrent　逆流　02.0101

crassin acetate　丛柳珊瑚素乙酸酯　03.0518

crest line　波峰线　02.0192

crevasse　冰裂隙　03.1031

critical depth　临界深度　02.0725

critical species of marine pollution　海洋污染评价种　02.1546

Cromwell Current　*克伦威尔海流　02.0105

cross-coupling effect　交叉耦合效应　03.0832

cross-equatorial flow　越赤道气流　02.0519

crude oil pollution　原油污染　02.1520

cryptophycin　念珠藻素　03.0552

crystal pool　结晶池　03.0381

CTD　温盐深测量仪　03.0845

CTX　芋螺毒素　03.0564

current direction　流向　02.0082

current meter　海流计　03.0848

current shear front　流速切变锋　02.1036

current speed　流速　02.0083

current velocity　流速　02.0083

cuspate bar　尖角坝　02.1098

cuspate delta　尖[形]三角洲　02.1068

cyclone　气旋　02.0437

cyphonautes larva　苔藓虫幼体　02.0654

cypris larva　腺介幼体, *金星幼体　02.0655

D

dactylene　海兔醚, *海兔烯　03.0521

Dalmatian coast　达尔马提亚型海岸　02.1134

damage by tide　潮灾　04.0191

damage of coastal water conservancy project　海岸水利工程损毁　04.0206

Danish agar　*丹麦琼脂　03.0469

data transmission subsystem　数据传输分系统　03.0951

datum level　基准面　02.0235

DDC　甲板减压舱　03.0769

Debye-Hückel theory　德拜-休克尔理论　02.0997

decay of pollutant　污染物衰减　03.1156

deck decompression chamber　甲板减压舱　03.0769

deck unit　甲板装置, *平台上部结构　03.0124

decompression　减压现象　03.0707

deep clay　深海黏土　02.1210

deep layer　深层, *下均匀层　02.0016

deep scattering layer　深海声散射层　02.0330

deep sea acoustic propagation　深海声传播　02.0317

deep sea ecology　深海生态学　02.0573

deep sea ecosystem　深海生态系统　02.0717

deep sea engineering　深海工程　03.0135

deep sea fan　深海扇, *海底扇　02.1173

deep sea mining　深海采矿业　04.0180

deep sea sand　深海砂　02.1211

deep sea sediment　深海沉积[物]　02.1198

deep sea sound channel　深海声道　02.0321

deep-tow acoustics/geophysics system　深拖声学地球物理系统　03.0840

deep-towed system　深拖系统　03.0882

deepwater drilling　深海钻井　03.0253

deep water wave 深水波 02.0176

delimitation of continental shelf 大陆架划界 04.0098

delimitation of the exclusive economic zone 专属经济区划界 04.0102

delta 三角洲 02.1060

delta coast 三角洲海岸 02.1141

demersal egg 沉性卵 02.0839

demersal fish 底层鱼类 02.0618

dense layer 致密层 03.0293

density anomaly 密度超量 02.0034

density current 密度流 02.0095

density-dependent mortality 密度制约死亡率 02.0857

density excess 密度超量 02.0034

density in situ 现场密度 02.0032

deodorizing technology 海水异味去除技术 03.0378

deposit control inhibitor 阻垢剂 03.0360

deposit feeder 食底泥动物 02.0808

deposition 沉积作用 02.1225

desalination 脱盐，*淡化 03.0285

destructive boundary *破坏性板块边界 02.1358

detached breakwater 岛式防波堤 03.0052

detached wharf 岛式码头 03.0036

detection of red tide toxin 赤潮毒素检测 02.1522

detrainment［in ocean］ 卷出 02.0144

detritus feeder 食碎屑动物 02.0809

development block of offshore oil-gas field 海上油气田开发区块 03.0227

DHA 二十二碳六烯酸 03.0495

diadinoxanthin 硅甲藻黄素 03.0539

diagenetic nodule 成岩型结核 03.0276

diapause egg 休眠卵 02.0841

diarrhetic shellfish poison 腹泻性贝毒 03.0581

diatom ooze 硅藻软泥 02.1208

diatoxanthin 硅藻黄素 03.0540

dicycle 双周期 02.0746

didemnin 膜海鞘素 03.0512

diffuse attenuation coefficient 漫射衰减系数 02.0356

digital ocean 数字海洋 03.1073

digital oceanographic dataset 数字化海洋数据集 03.1081

dilution cycle 稀释旋回 02.1234

diploid 二倍体 03.0418

discodermolide 圆皮海绵内酯 03.0505

disseminated hydrate 浸染状天然气水合物 02.1296

disseminated sulfide 浸染状硫化物 02.1259

dissemination system of marine information 海洋信息分发系统 03.1122

dissolution cycle 溶解旋回 02.1233

dissolved carbon dioxide in seawater 海水中溶解二氧化碳 02.0955

dissolved forms in seawater 海水中溶解态 02.0964

dissolved greenhouse gas in seawater 海水中溶解温室气体 02.0956

dissolved nitrogen in seawater 海水中溶解氮 02.0932

dissolved nutrients in seawater 海水中溶解营养盐 02.0931

dissolved oxygen corrosion 溶解氧腐蚀 03.0348

dissolved oxygen meter for seawater 海水溶解氧测定仪 03.0874

dissolved oxygen saturation 溶解氧饱和度 02.1533

distant fishing 远洋捕捞 03.0635

distillation process 蒸馏法 03.0317

distribution of halocline intensity 盐跃层强度图 03.1097

distribution of marine industries 海洋产业布局 04.0187

distribution of marine sectional 海洋断面分布图 03.1103

distribution of pycnocline intensity 密跃层强度图 03.1098

distribution of thermocline intensity 温跃层强度图 03.1096

disturbing acceleration 干扰加速度 03.0830

diurnal inequality 日不等［现象］ 02.0257

diurnal tide ［正规］全日潮 02.0286

diurnal vertical migration 昼夜垂直移动 02.0748

diver 潜水员 03.0761

divergent boundary 离散边界 02.1357

diver's blow-up 潜水员放漂 03.0754

diver's emergent transfer system 潜水员应急转运系统 03.0771

diving 潜水 03.0721

diving accident 潜水事故 03.0752

diving bell 潜水钟 03.0768

diving compression-decompression procedure 潜水加减压程序 03.0742

diving decompression 潜水减压 03.0767

diving decompression sickness 潜水减压病 03.0745

diving decompression stop 潜水减压停留站 03.0743

diving depth 潜水深度 03.0739

diving disease 潜水疾病 03.0744

diving fall 潜水坠落 03.0758

diving medical security 潜水医学保障 03.0762

diving medicine 潜水医学 03.0720

diving physiology 潜水生理学 03.0703

diving procedure 潜水程序 03.0741

diving's equipment 潜水装具 03.0773

diving skip 潜水吊笼 03.0774

diving tourism 旅游潜水 04.0262

DNA probe DNA 探针 03.0628

dock 船坞 03.0066

docosahexaenoic acid 二十二碳六烯酸 03.0495

dolastatin 尾海兔素 03.0522

domestic seawater technology 大生活用海水技术
03.0372

domestic sewage 生活污水 02.1508

dominant flow 优势流 02.1052

dominant species 优势种 02.0706

domoic acid 软骨藻酸 03.0545

Donghai Coastal Current 东海沿岸流 02.0117

dormant egg 休眠卵 02.0841

double diffusion 双扩散 02.0039

double ebb 双低潮 02.0251

double flood 双高潮 02.0250

downward flow 下降流 02.0109

downward irradiance 下行辐照度 02.0386

downward vector irradiance *向下矢量辐照度 02.0390

downwelling 下降流 02.0109

downwelling irradiance 下行辐照度 02.0386

dredge 底拖网 03.0908

dredger 挖泥船 03.0082

dredging engineering 疏浚工程 03.0070

drift ice 流冰 02.0314

drifting buoy 漂流浮标 03.0851

drifting egg 漂流卵 02.0840

drifting weed 漂流藻，*漂流杂草 02.0873

drill conductor 隔水套管 03.0128

drilling vessel 钻探船 03.0262

drowning 溺水 03.0757

DSL 深海声散射层 02.0330

DSP 腹泻性贝毒 03.0581

DTAGS 深拖声学地球物理系统 03.0840

dual-purpose power and water plant 水电联产 03.0323

dumping area at sea 海洋倾倒区 04.0025

dumping skill at sea 海洋倾倒技术 03.1159

duration curve of tidal level 潮位历时曲线，*潮位历时
累积频率曲线 03.1113

dynamical oceanography 动力海洋学 02.0003

dynamic [computation] method 动力[计算]方法
02.0098

dynamic depth *动力深度 02.0100

dynamic positioning 动力定位 03.0107

dynamic topography *动力高度 02.0099

dysbaric osteonecrosis 减压性骨坏死 03.0759

dysphotic zone 弱光带，*弱光层 02.0722

E

early stage evaluation for offshore hydrocarbon reservoir 海
洋油气藏早期评价 03.0216

early stage evaluation of offshore oil-gas field 海上油气田
早期评价 03.0221

East Antarctica 东南极 02.1435

East Antarctic Craton 东南极克拉通 02.1439

East Antarctic Ice Sheet 东南极冰盖 02.1437

East Antarctic Shield 东南极地盾 02.1438

East Asia major trough 东亚大槽 02.0440

East Asian monsoon 东亚季风 02.0556

East China Sea 东海 01.0039

East China Sea cyclone 东海气旋 02.0444

easterly wave 东风波 02.0472

eastern boundary current 东边界流 02.0127

East China Sea Coastal Current 东海沿岸流 02.0117

East Pacific Rise 东太平洋海隆 02.1367

ebb 落潮 02.0245

ebb current 落潮流 02.0295

ebb tide 落潮 02.0245

ebb-tide current 落潮流 02.0295

EC_{50} 半数效应浓度 02.1536

echinopluteus larva 海胆幼体 02.0665

echinoside 棘辐肛参苷 03.0527

echo ranging 回声测距 02.0336

echosounder [回声]测深仪 03.0878

ecological assessment 生态[环境影响]评价 03.1150

ecological barrier　生态障碍　02.0688

ecological crisis　生态危机　03.1151

ecological effect of marine pollution　海洋污染生态效应，
* 海洋污染生物效应　03.1152

ecological restoration　生态恢复　03.1168

ecological risk assessment　生态风险评价　03.1148

ecology pressure　生态压力　02.1552

economic evaluation of marine resources　海洋资源经济评
价　04.0150

ECOR　海洋资源工程委员会　04.0287

ecosystem culture　生态系养殖　03.0600

ecotoxicology　生态毒理学　02.1551

ecteinascidin 743　海鞘素 743　03.0514

ED　电渗析　03.0306

eddy flux　* 涡动通量　02.0497

edge wave　边缘波　02.0194

EDR　［频繁］倒极电渗析　03.0307

effective radiation　有效辐射　02.0507

effect of seaboard　海岸效应　03.0837

egg laying　产卵　02.0835

eicosapentenoic acid　二十碳五烯酸　03.0494

Ekman depth　* 埃克曼深度　02.0135

Ekman drift current　* 埃克曼漂流　02.0089

Ekman layer　埃克曼层　02.0136

Ekman pumping　埃克曼抽吸　02.0139

Ekman spiral　埃克曼螺旋　02.0137

Ekman transport　埃克曼输送　02.0138

electric fish　电鱼　03.0443

electric fishing　电渔法　03.0644

electric organ　发电器官　03.0444

electrochemical corrosion　电化学腐蚀　03.0353

electrochemical protection　电化学保护　03.0354

electrodialysis　电渗析　03.0306

electrodialysis reversal　［频繁］倒极电渗析　03.0307

electrodialysis unit　电渗析器　03.0316

electrodialyzer　电渗析器　03.0316

electrolytic protection　电化学保护　03.0354

electromagnetic vibration exciter　电磁振荡震源　03.0886

electronic chart　电子海图　03.1095

electrophoresis of seawater　海水电泳　02.0921

electroreceptive fish　电觉鱼类　03.0445

electroreceptive organ　电觉器官　03.0446

electroreceptor　电感受器　03.0447

electro-striction　电缩作用　02.0922

eledosin　麝香蛸素　03.0531

elevated coast　上升海岸　02.1143

ELISA　酶联免疫吸附测定　03.0629

elliptical trochoidal wave　椭圆余摆线波　02.0205

El Niño　厄尔尼诺　02.0515

El Niño and southern oscillation　恩索　02.0518

embayed coast　港湾海岸，* 多湾海岸　02.1145

emergency typhoon warning　紧急台风警报　03.0978

endemic species　地方种　02.0690

endolithion　石内生物　02.0632

endopelos　泥内生物　02.0633

endopsammon　沙内生物　02.0634

energy recovery　能量回收　03.0304

Engineering Committee on Oceanic Resources　海洋资源
工程委员会　04.0287

engineering oceanography　海洋工程水文　03.0094

engineering oceanology　海洋工程水文　03.0094

English Channel　英吉利海峡　01.0065

ENSO　恩索　02.0518

entering water　入水　03.0736

entrainment　夹卷　02.0493

entrainment［in ocean］　卷入　02.0143

environmental chemistry of marine inorganic matter　海洋
无机物环境化学　02.1527

environmental chemistry of marine organic matter　海洋有
机物环境化学　02.1528

environmental oceanography　环境海洋学　01.0008

environmental parameter　环境参数，* 环境状态参数
03.1144

environmental quality index　环境质量指数　03.1146

environmental quality index of single element　单因子环境
质量指数　03.1131

environmental quality parameter　环境质量参数　03.1145

environmental restoration　环境恢复　03.1169

environmental risk assessment　环境风险评价　03.1132

enzyme-linked immunosorbent assay　酶联免疫吸附测定
03.0629

Eötvös effect　厄特沃什效应　03.0831

EPA　二十碳五烯酸　03.0494

ephyra larva　碟状幼体　02.0671

epifauna　底表动物　02.0638

epigenetic precipitation　后期沉淀　02.1266

epilithion　石面生物　02.0635

epineuston　表上漂浮生物　02.0622

epipelagic fish　上层鱼类　02.0616

epipelagic organism　大洋上层生物　02.0580

epipelagic plankton　大洋上层浮游生物　02.0603

epipelagic zone　上层　02.0014

epipelos　泥面生物　02.0636

epiphyte　附生植物　02.0749

epipsammon　沙面生物　02.0637

eptatretin　黏盲鳗素，＊八目鳗鱼丁　03.0500

equatorial air mass　赤道气团　02.0434

equatorial calms　赤道无风带　02.0475

equatorial convergence belt　＊赤道辐合带　02.0471

equatorial countercurrent　赤道逆流　02.0102

equatorial current　赤道流　02.0092

equatorial easterlies　赤道东风带　02.0473

equatorial undercurrent　赤道潜流　02.0104

equatorial wave guide　赤道波导　02.0529

equatorial westerlies　赤道西风带　02.0474

equilibrium profile　平衡剖面　02.1097

equilibrium tide　平衡潮　02.0230

equinatoxin　等指海葵毒素　03.0570

equipment quay　舾装码头　03.0067

equitable principle　公平原则　04.0104

equivalent duration　等效风时　02.0159

equivalent fetch　等效风区　02.0160

erosion　侵蚀　03.0019

estuarine biogeochemistry　河口生物地球化学　02.1023

estuarine biology　河口生物学　02.1022

estuarine chemistry　河口化学　02.0916

estuarine circulation　河口环流　02.1039

estuarine dynamics　河口动力学　02.1020

estuarine flux　河口通量　02.1047

estuarine front　河口锋　02.1033

estuarine interface　河口界面　02.1048

estuarine jet flow theory　河口射流理论　02.1043

estuarine plume front　河口羽状锋　02.1035

estuarine residual current　河口余流　02.1040

estuarine sand wave　河口沙波　02.1042

estuarine science　河口学　02.1019

estuarine sediment dynamics　河口沉积动力学　02.1021

estuarine sediment movement　河口泥沙运动　02.1041

estuarine upwelling　河口上升流　02.1059

estuary improvement　河口治理　03.0069

estuary　河口　02.1029

eudistomin　覃状海鞘素　03.0513

euhalophyte　真盐生植物，＊常盐生植物　03.0662

eunekton　真游泳生物　02.0615

euphotic zone　真光带，＊透光层　02.0721

Eurasian Plate　欧亚板块　02.1344

eurybaric organism　广压生物　02.0764

eurybathic organism　广深生物　02.0762

euryhaline species　广盐种　02.0753

euryphagous animal　广食性动物　02.0804

eurythermal species　广温种　02.0759

eustasy　水动型海平面变化　02.1157

eutrophication　富营养化　02.1493

eutrophication index　富营养化指数　03.1133

euxinic environment　静海环境　02.1239

evaporation coefficient　蒸发系数　03.0329

evaporation duct　蒸发波导　02.0494

evaporation fog　蒸发雾　02.0488

event deposit　事件沉积［物］　02.1222

exclusive economic zone　专属经济区　04.0089

exclusive fishery zone　专属渔区　04.0074

exclusive fishing zone　专属渔区　04.0074

excursion diving　巡回潜水　03.0733

expendable bathythermograph　投弃式温深仪　03.0842

experimental marine biology　实验海洋生物学　02.0575

explosive energy source　爆炸震源　03.0884

exposed waters　开阔海域　03.0025

extensive culture　粗［放］养［殖］　03.0596

extraction of bromine from seawater　海水提溴　03.0392

extraction of deuterium from seawater　海水提氘　03.0398

extraction of lithium from seawater　海水提锂　03.0396

extraction of magnesium from seawater　海水提镁　03.0395

extraction of potassium from seawater　海水提钾　03.0391

extraction of uranium from seawater　海洋提铀　03.0397

extra-storm surge emergency warning　温带风暴潮紧急警报　03.0988

extra-storm surge forecasting　温带风暴潮预报　03.0986

extra-storm surge warning　温带风暴潮警报　03.0987

extratropical cyclone　温带气旋　02.0441

F

facsimile wave chart 传真海浪图 03.1005

failure probability 破坏概率,＊危险率 03.0149

fan delta 扇形三角洲 02.1067

fan-shaped delta 扇形三角洲 02.1067

fast ice 固定冰 02.0313

fast spreading 快速扩张 02.1280

fatigue break 疲劳断裂 03.0150

fault coast 断层海岸 02.1146

feasibility study of offshore oil-gas field development 海上油气田开发可行性研究 03.0222

feathering 羽状移动,＊羽状漂移 03.0826

fecundity 生殖力,＊产卵量 02.0823

feeding migration 索饵洄游 02.0830

feed seawater 补充海水 03.0342

fetch 风区 02.0156

FG 牙鲆鳃细胞系 03.0411

filter feeder 滤食性动物 02.0810

fine and microstructure of ocean 海洋细微结构 02.0013

finger rafted ice 指状重叠冰 03.1025

first-year ice 一年冰 03.1022

fish age composition 鱼类年龄组成 02.0818

fish age determination 鱼类年龄鉴定 02.0820

fish brood amount 鱼怀卵量 02.0836

fish cloning 克隆鱼 03.0416

Fisheries Law of the People's Republic of China 中华人民共和国渔业法 04.0118

fishery administrative management 渔政管理 04.0068

fishery damaged by disaster 渔业受灾 04.0207

fishery port 渔港 03.0018

fish finder 探鱼仪 03.0638

fish finding by remote sensing 遥感探鱼 03.0637

fish immunology 鱼类免疫学 03.0612

fishing ground 渔场 04.0075

fishing harbor 渔港 03.0018

fishing intensity 捕捞强度 03.0646

fishing licence system 捕鱼许可制度 04.0079

fishing maintenance right 渔业养护权,＊生物资源保护权 04.0073

fishing on the high sea 公海渔业 04.0070

fishing season 渔汛,＊渔期 03.0648

fish length composition 鱼类体长组成 02.0819

fish liver oil 鱼肝油 03.0493

fish oil 鱼油 03.0492

fish pathology 鱼类病理学 03.0611

fish pharmacology 鱼类药理学 03.0613

fixed artificial island 固定式人工岛 03.0097

fixed buoy wave observation 锚泊浮标海浪观测 03.0995

fixed oceanographic station 定点观测 03.0808

fixed point wave observation 定点海浪观测 03.0994

fixed structure 固定式结构 03.0108

fjord 峡湾 02.1027

fjord coast 峡湾海岸 02.1142

flarc boom 火炬臂 03.0130

flat coast 低平海岸 02.1147

flaw 断裂 03.1033

FLNG 浮式天然气液化装置 03.0241

floating artificial island 浮动式人工岛 03.0098

floating breakwater 浮式防波堤 03.0056

floating crane craft 起重船,＊浮吊 03.0080

floating drilling rig 浮式钻井平台 03.0258

floating fish reef 浮鱼礁 03.0650

floating hose 浮式软管 03.0131

floating liquid natural gas unit 浮式天然气液化装置 03.0241

floating pier 浮式码头 03.0035

floating pile driver 打桩船 03.0081

floating production storage and offloading 海上浮式生产储油装置 03.0240

floating structure 浮式结构 03.0113

floating-type wharf 浮式码头 03.0035

flocculation 絮凝［作用］ 02.1057

floe 冰盘 03.1043

floe ice ＊浮冰 02.0314

flood 涨潮 02.0244

flood current 涨潮流 02.0294

flood tide 涨潮 02.0244

flounder gill cell line 牙鲆鳃细胞系 03.0411

fluctuation of transmitted sound 声传播起伏 02.0342

fluid mud 浮泥 02.1032

fluorescent antibody technique　荧光抗体技术　03.0630

flux　水通量　03.0295

flux decline factor　水通量衰减率　03.0298

flux in ocean　海洋中通量　02.1008

food chain　食物链，*营养链　02.0813

food organism　饵料生物　02.0812

food web　食物网　02.0814

foraminiferal ooze　有孔虫软泥　02.1203

forced wave　强制波　02.0146

fore-arc　弧前　02.1396

fore-arc basin　弧前盆地　02.1398

forerunner　先行涌　02.0217

foreshore　前滨　02.1076

forward scatterance　前向散射率　02.0369

fossil delta　古三角洲　02.1061

fouling organism　污损生物，*污着生物　02.0751

foundation bed　基床　03.0046

foundation capability　地基承载能力　03.0047

fracture　裂缝　03.1029

fracture zone　破裂带　02.1373

frazil ice　冰针　03.1013

free gas　游离气　02.1313

free wave　自由波　02.0147

freezing desalination　冷冻脱盐　03.0331

freezing ice period　[结]冰期　03.1041

freezing period　初冰期　03.1036

frictional depth　摩擦深度　02.0135

fringing reef　岸礁，*裙礁　02.1120

fucan　岩藻多糖，*墨角藻多糖　03.0464

fucoidin　岩藻多糖，*墨角藻多糖　03.0464

fucosterol　岩藻甾醇，*墨角藻甾醇　03.0543

full mixed estuary　垂向均匀河口　02.1055

fully developed sea　充分成长风浪　02.0216

funoran　海萝聚糖，*海萝胶　03.0472

furcellaran　叉红藻胶　03.0469

future marine industry　未来海洋产业　04.0160

G

gained output ratio　造水比　03.0322

gale warning　大风警报　03.0979

gas hydrate phase diagram　天然气水合物相图　02.1299

gas hydrate reservoir　天然气水合物储层　02.1292

gas hydrate　天然气水合物，*可燃冰　02.1285

gas hydrate stability zone　天然气水合物稳定带　02.1293

gas membrane method　气态膜法　03.0394

gas plume　气柱　02.1308

gelatinous plankton　胶质浮游生物　02.0608

genealogical tree　系统树　02.0888

general ocean circulation　海洋总环流，*海洋基本环流　02.0088

Geneva Conventions　日内瓦公约　04.0122

geofabric　土工织物　03.0013

geographical barrier　地理障碍　02.0689

GEOHAB　全球有害藻华的生态学与海洋学研究计划　04.0315

geostrophic current　地转流　02.0085

geostrophic flow　地转流　02.0085

geotextile　土工织物　03.0013

GF　石鲈鳍细胞系　03.0415

GHSZ　天然气水合物稳定带　02.1293

glacio-aqueous sediment　冰水沉积　02.1426

gliding motility　滑行运动　02.0905

Global Ocean Ecosystem Dynamics　全球海洋生态系动力学研究计划　04.0305

Global Ocean Observing System　全球海洋观测系统计划　04.0303

Global Ocean Surface Underway Data Project　全球海洋表层走航数据计划　04.0313

global positioning system　全球定位系统　03.0076

Global Temperature and Salinity Profile Plan　全球温盐剖面计划　04.0302

GLOBEC　全球海洋生态系动力学研究计划　04.0305

globigerina ooze　抱球虫软泥　02.1204

glucosamine　葡糖胺，*氨基葡糖　03.0478

gyceryltaurine　甘油牛磺酸　03.0536

glycosaminoglycan of pectinid　扇贝糖胺聚糖　03.0480

going out of surface in emergency　潜水员应急出水　03.0756

Gondwana　冈瓦纳古[大]陆，*南方古陆　02.1339

GOOS　全球海洋观测系统计划　04.0303

gorgosterol　柳珊瑚甾醇　03.0517

GOSUD　全球海洋表层走航数据计划　04.0313

GPS　全球定位系统　03.0076

gravel　砾石　02.1188

gravity drop corer　重力取芯器　03.0896

gravity platform　重力式平台　03.0110

gravity wave　重力波　02.0522

grease ice　油脂状冰　03.1014

great discoveries geography　地理大发现　04.0275

Great Wall Station　长城站　02.1431

green fluorescent protein　绿荧光蛋白　03.0405

green fluorescent protein gene　绿荧光蛋白基因　03.0404

greenhouse effect　温室效应　02.0561

greenhouse gas　温室气体　02.0560

grey ice　灰冰　03.1020

grey-white ice　灰白冰　03.1021

groin　丁坝　03.0005

gross output value of marine industries　海洋产业总产值　04.0189

gross volume of offshore hydrocarbon resource　海洋油气总

资源量　03.0215

ground ice　地下冰　02.1434

ground receiving　地面接收半径　03.0950

group of smoker　海底烟囱群　02.1262

group velocity　群速度　02.0214

growth efficiency　生长效率　02.0815

grunt fin cell line　石鲈鳍细胞系　03.0415

GTSPP　全球温盐剖面计划　04.0302

gulf　海湾　01.0051

Gulf of Mexico　墨西哥湾　01.0054

Gulf of Thailand　泰国湾　01.0056

Gulf Stream　湾流　02.0121

guyed-tower platform　拉索塔平台　03.0112

guyot　平顶海山，*海台　02.1177

gynogenesis technique　雌核发育技术　03.0425

gyre　流涡　02.0133

H

HAB　有害藻华　04.0218

hadal fauna　超深渊动物　02.0589

hadal zone　超深渊带　02.1086

hailite　海力特　03.0459

half-tide level　半潮面　02.0240

halichondrin　软海绵素　03.0511

halitoxin　海绵毒素　03.0578

halmyrolysis　海解作用，*海底风化作用　02.1230

halobiont　盐生生物　03.0652

halocline　盐跃层　02.0051

halomon　海乐萌　03.0557

halophile organism　适盐生物　02.0752

halophilic bacteria　嗜盐细菌　02.0901

halophyte　盐生植物　03.0654

halophyte biology　盐生植物生物学　03.0665

halophyte bush vegetation　盐生灌丛　03.0670

halophyte domestication　盐生植物引种驯化　03.0672

halophyte ecology　盐生植物生态学　03.0666

halophyte salt-avoidance　盐生植物避盐性　03.0658

halophyte salt-dilution　盐生植物稀盐性　03.0660

halophyte salt-rejection　盐生植物拒盐性　03.0661

halophyte salt-secretion　盐生植物泌盐性　03.0659

halophyte salt-tolerance　盐生植物耐盐性　03.0657

halophytic fiber plant　纤维用盐生植物　03.0681

halophytic fodder plant　饲用盐生植物　03.0680

halophytic food plant　食用盐生植物　03.0677

halophytic health plant　保健用盐生植物　03.0679

halophytic medical plant　药用盐生植物　03.0678

haploid　单倍体　03.0417

haploid breeding technique　单倍体育种技术　03.0422

haploid syndrome　单倍体综合征　03.0423

harbor　港口　03.0015

harbor accommodation　港口设施　03.0032

harbor boat　港作船　03.0058

harbor engineering　港口工程　03.0020

harbor hinterland　港口腹地　03.0030

harbor siltation　港口淤积　03.0031

harbor site　港址　03.0023

harmful algal blooms　有害藻华　04.0218

harmful algal red tide　有害藻华　04.0218

harmonic analysis of tide　潮汐调和分析　02.0231

harmonic constant of tide　潮汐调和常数　02.0232

harnessing of red tide　赤潮治理　04.0224

harrowing salt　耙盐　03.0388

hatchability　孵化率　02.0825

hatching　孵化　02.0824

HBL　高压救生舱　03.0782

headland　岬角　02.1028

healthy mariculture　健康海水养殖　03.0598

heat recovery section　热回收段　03.0327

heat rejection section　排热段　03.0328

heat shock　热休克　03.0432

heave　垂荡　03.0102

heavy gear diving　重潜水　03.0727

heavy metal circulation　重金属循环　02.1007

height of significant wave　*有效波波高　02.0165

Heinrich event　海因里希事件　02.1324

helium-oxygen diving　氦氧潜水　03.0723

helium speech　氦语音　03.0709

helium syncope　氦昏厥　03.0711

helium tremor　氦震颤　03.0710

hemipelagic deposit　半远洋沉积[物]　02.1200

herbivore　食植动物　02.0805

hermatypic coral　造礁珊瑚　02.0651

herpesviral disease of coho salmon　银大麻哈鱼疱疹病毒病　03.0622

herpesvirus salmonis disease　鲑疱疹病毒病　03.0620

heterogeneity　异质性　02.0866

heterogeneous [ion exchange] membrane　异相[离子交换]膜　03.0311

heterotroph　异养生物　02.0799

high baric caisson operation　高压沉箱作业　03.0764

higher high water　高高潮　02.0252

higher low water　高低潮　02.0253

highest astronomical tide　最高天文潮位　02.0264

high frequency ground wave radar　高频地波雷达　03.0877

high [pressure]　高[气]压　02.0451

high pressure nervous syndrome　高压神经综合征　03.0712

high sea　公海　04.0052

high water　高潮，*满潮　02.0242

hirame rhabdoviral disease　牙鲆弹状病毒病　03.0623

historical rights of titles　历史性权利　04.0106

historic bay　历史性海湾　04.0105

historic waters　历史性水域　04.0107

holophytic nutrition　全植型营养　02.0801

holoplankton　终生浮游生物，*永久性浮游生物　02.0598

holothurin　海参素　03.0571

holotoxin　海参毒素　03.0572

homogeneous [ion exchange] membrane　均相[离子交换]膜　03.0312

homogeneous layer　均匀层　02.0054

homotaurine　高牛磺酸　03.0535

horizontal distribution of chemical elements in ocean　海洋中化学元素水平分布　02.0951

horizontal fish finder　水平探鱼仪　03.0640

horizontal tube thin film evaporator　水平管薄膜蒸发器　03.0326

hot spot　热点　02.1406

Huanghai Coastal Current　黄海沿岸流　02.0116

Huanghai Cold Water Mass　黄海冷水团，*黄海底层冷水　02.0077

Huanghai Warm Current　黄海暖流　02.0122

hurricane　飓风　02.0466

hydrate　水合物　02.1282

hydrate desalting process　水合物脱盐过程　03.0335

hydrate mound　天然气水合物丘　02.1317

hydrate plugs　水合物栓塞　02.1291

hydration numbers　水合系数　02.1283

hydraulic lift mining system　水力提升采矿系统　03.0284

hydraulic pressure shock　静水压休克　03.0433

hydrobiology　水生生物学　02.0564

hydrobiont　水生生物　02.0590

hydrogenic crust　水成结壳　03.0278

hydrogenic nodule　水成型结核　03.0275

hydrography　海道测量学，*水道测量学　04.0229

hydrophone　水听器　02.0345

hydrophyte　水生植物　02.0868

hydrothermal alteration　热液蚀变　02.1279

hydrothermal brine　热卤　02.1276

hydrothermal circulation　[海底]热液循环　02.1244

hydrothermal crust　热液型结壳　03.0279

hydrothermal exchange　热液交换　02.1249

hydrothermal fluid　热液流体　02.1247

hydrothermal lens　热液透镜　02.1252

hydrothermal mineral　热液矿物　02.1277

hydrothermal mineralization　热液矿化作用　02.1255

hydrothermal mound　热液丘　02.1274

hydrothermal neck　热液颈　02.1251

hydrothermal nontronite　热液自生绿脱石　02.1278

hydrothermal plume　热液羽状流，*热液柱　02.1250

hydrothermal sediment　热液沉积物　02.1267

hydrothermal source　热液[来]源　02.1268

hydrothermal vent community　海底热液生物群落　02.0735

7-α-hydroxyfucosterol　7-α-羟基岩藻甾醇　03.0544

hyperbaric lifeboat　高压救生舱　03.0782

hyperbaric medicine　高气压医学　03.0777

hyperbaric oxygen chamber　高压氧舱　03.0780

hyperbaric oxygen medicine　高压氧医学　03.0779

hyperbaric oxygen therapy　高压氧治疗　03.0781

hyperbaric physiology　高气压生理学　03.0778

hyperhaline intrusion front　高盐水入侵锋，*基底锋
　02.1038

hyponeuston　表下漂浮生物　02.0623

hypoxidosis　缺氧症　03.0748

I

iceberg　冰山　02.0315

ice blink　冰映光　02.1428

ice-bound　冰封　03.1028

ice cake　冰块　03.1024

ice cap　冰盖　02.1420

ice core　冰心　02.1427

ice cover　冰盖　02.1420

ice edge　冰缘线　02.1419

ice fall　冰瀑布　02.1424

ice fog　冰雾　02.0484

ice foot　冰脚　03.1030

Icelandic low　冰岛低压　02.0448

ice rind　冰皮　03.1018

ICES　国际海洋考察理事会　04.0291

ice shelf　冰架，*陆缘冰　02.1421

ice shelf water　冰架水　02.1422

ichthyology　鱼类学　02.0568

image enhancement　图像增强　03.0946

image preprocessing　图像预处理　03.0955

IMAGES　国际海洋全球变化研究　04.0307

immature stage　幼期，*未成熟期　02.0845

immersed halophyte vegetation　沉水盐生植被　03.0671

immersion hypothermia　浸泡性低温　03.0714

immunity of warships　舰船豁免权　04.0250

IMO　国际海事组织　04.0293

IMSO　国际海事卫星组织　04.0298

incident wave　入射波　02.0182

incineration at sea　海上焚烧　04.0031

index of economic evaluation for marine resources　海洋资
　源经济评价指标　04.0151

Indian Equatorial Undercurrent　印度洋赤道潜流　02.0107

Indian Ocean　印度洋　01.0033

Indian Plate　印度洋板块，*印度-澳大利亚板块
　02.1345

indicator species　指示种　02.0707

indicator species of marine pollution　海洋污染指示种
　02.1550

indolocarbazole　吲哚并咔唑　03.0553

industrial culture　工厂化养殖　03.0599

industrial wastewater　工业废水　02.1494

inertia current　惯性流　02.0084

inertia gravitational wave [in ocean]　[海洋]惯性重力波
　02.0189

inertial current　惯性流　02.0084

inertia period　惯性周期　02.0188

infauna　底内动物　02.0639

infectious hematopoietic necrosis　传染性造血器官坏死病
　03.0615

infectious pancreatic necrosis　传染性胰脏坏死病
　03.0614

infrared radiometer　红外辐射计　03.0959

infrared remote sensor　红外遥感器　03.0941

inherent optical properties　固有光学特性　02.0353

initial environmental evaluation　初步环境评估　03.1130

innocent passage　无害通过　04.0064

inorganic colloid in seawater　海水中无机胶体　02.0967

inorganic pollution source　无机污染源　02.1512

inorganic species in seawater　海水中物质无机存在形式
　02.0959

insequent coast　斜向海岸　02.1137

inshore　内滨　02.1077

inshore fishing　近海捕捞　03.0633

instantaneous fishing mortality coefficient　瞬间捕捞死亡
　系数　02.0858

integrated coastal zone management　海岸带综合管理
　04.0008

Integrated Ocean Drilling Program　综合大洋钻探计划
　04.0301

integrated ocean management　海洋综合管理　04.0001

integrated use of marine resources　海洋资源综合利用
　04.0148

intensive culture　集约养殖，*精养　03.0597

interface in seawater 海洋界面 02.0979

interface reaction in seawater 海洋界面作用 02.0980

Intergovernmental Oceanographic Commission 政府间海洋学委员会 04.0285

internal sea 内海 04.0085

internal tide 内潮 02.0305

internal waters 内水 04.0084

internal waters strait 内海海峡 04.0047

international canal 国际运河 04.0062

International Council for the Exploration of the Sea 国际海洋考察理事会 04.0291

international law of the sea 国际海洋法 04.0083

International Marine Global Change Study 国际海洋全球变化研究 04.0307

International Maritime Organization 国际海事组织 04.0293

International Maritime Satellite Organization 国际海事卫星组织 04.0298

International Ocean Carbon Coordination Project 国际海洋碳协调计划 04.0314

International Ocean Institute 国际海洋学院 04.0292

International Oceanographic Data and Information Exchange 国际海洋数据及信息交换 04.0320

International Seabed Authority 国际海底管理局 04.0286

International Tribunal for the Law of the Sea 国际海洋法法庭 04.0290

International Tsunami Warning Center 国际海啸警报中心 04.0299

InterRidge Project 国际洋中脊研究计划 04.0308

interstitial water 孔隙水, *间隙水, *软泥水 02.1242

intertidal ecology 潮间带生态学 02.0572

intertidal zone 潮间带 02.1088

intertropical convergence zone 热带辐合带 02.0471

intervention on the high sea 公海干预 04.0053

inversion layer 逆置层 02.0053

inversion of oceanographic element 海洋要素反演 03.0936

IOC 政府间海洋学委员会 04.0285

IOCCP 国际海洋碳协调计划 04.0314

IODE 国际海洋数据及信息交换 04.0320

5-iodotubercidin 5-碘杀结核菌素 03.0589

IODP 综合大洋钻探计划 04.0301

IOI 国际海洋学院 04.0292

ion exchange capacity 离子交换容量 03.0314

ion exchange membrane 离子交换膜 03.0308

ion pair in seawater 海水中离子对 02.0969

ion permselective membrane 离子交换膜 03.0308

iridoviral disease of Japanese eel 日本鳗虹彩病毒病 03.0619

iridoviral disease of red sea bream 真鲷虹彩病毒病 03.0618

iron bacteria corrosion 铁细菌腐蚀 03.0366

irradiance 辐照度 02.0382

irradiance reflectance 辐照度比 02.0372

irregular diurnal tide 不正规全日潮 02.0288

irregular semi-diurnal tide 不正规半日潮 02.0287

irregular wave 不规则波 02.0179

irreversible marine environmental impact 不可恢复的环境影响 03.1128

ISA 国际海底管理局 04.0286

island [海]岛 02.1025

island arc 岛弧 02.1390

island landscape 海岛景观 04.0253

islands 群岛, *列岛 02.1026

island shelf 岛架 02.1169

island slope 岛坡 02.1170

island tourism 海岛观光旅游 04.0263

isobath 等深线 02.0028

isobathymetric line 等深线 02.0028

isohaline 等盐线 02.0027

isolated breakwater 岛式防波堤 03.0052

isotherm 等温线 02.0021

istamycin 天神霉素, *伊斯塔霉素 03.0588

ITCZ 热带辐合带 02.0471

ITLOS 国际海洋法法庭 04.0290

ITWC 国际海啸警报中心 04.0299

J

jacket pile-driven platform 导管架桩基平台 03.0109

jack-up drilling rig 自升式钻井平台 03.0256

Japan Sea 日本海 01.0041

jetty 导[流]堤 03.0050

JGOFS 全球联合海洋通量研究 04.0306

Joint Global Ocean Flux Study 全球联合海洋通量研究 04.0306

Joint Technical Commission for Oceanography and Marine Meteorology 海洋学和气象学联合技术委员会 04.0297

JTCOMM 海洋学和气象学联合技术委员会 04.0297

jurisdictional sea 管辖海域 04.0042

K

kainic acid 红藻氨酸，*海人草酸 03.0554

karst coast 喀斯特海岸 02.1138

K_1-component K_1分潮 02.0274

K_2-component K_2分潮 02.0275

K_1-constituent K_1分潮 02.0274

K_2-constituent K_2分潮 02.0275

kelp bed 海藻床 02.0878

Kelvin wave 开尔文波 02.0520

key species 关键种 02.0708

knuckle joint 万向接头 03.0120

Knudsen's table 克努森表 02.0929

Korea Strait 朝鲜海峡 01.0063

koto-plankton 嫌光浮游生物 02.0607

Kuroshio 黑潮 02.0120

L

lagoon 潟湖 02.1108

lamellibranchia larva 瓣鳃类幼体 02.0656

laminarin 昆布多糖，*褐藻多糖，*海带多糖 03.0463

laminine 昆布氨酸，*海带氨酸 03.0547

land-based pollution prevention and treatment 陆源污染防治 04.0033

land breeze 陆风 02.0479

land fabrication 陆上预制 03.0136

Land-Ocean Interactions in the Coastal Zone 海岸带陆海相互作用研究计划 04.0316

land salinization disaster 土地盐渍化灾害 04.0202

land-tied island 陆连岛，*陆系岛 02.1106

La Niña 拉尼娜 02.0516

large marine ecosystem 大海洋生态系统 02.0715

Larsen Ice Shelf 拉森冰架 02.1452

larva 幼体 02.0652

laser altimeter 激光高度计 03.0957

latent heat 潜热 02.0496

lateral reflection 侧反射，*侧波 03.0821

latitudinal coast *横向海岸 02.1132

launching 下水 03.0137

Laurasia 劳亚古[大]陆，*北方古陆 02.1340

laurinterol 凹顶藻酚，*劳藻酚 03.0559

law and regulation of sea 海洋法规 01.0027

Law of the People's Republic of China on the Exclusive Economic Zone and the Continental Shelf 中华人民共和国专属经济区和大陆架法 04.0114

Law of the People's Republic of China on the Management of Sea Areas Use 中华人民共和国海域使用管理法 04.0115

Law of the People's Republic of China on the Territorial Sea and the Contiguous Zone 中华人民共和国领海及毗连区法 04.0113

law of the sea 海洋法 04.0082

layered hydrate 层状水合物 02.1297

leaky mode 泄[能]波 02.0202

leaky wave 泄[能]波 02.0202

legislation system for marine environmental protection 海洋环境保护法律制度 04.0035

level bottom community 平底生物群落 02.0730

liability and compensation for pollution damage 污染损害赔偿责任 04.0034

licence of sea area use 海域使用证 04.0016

lido 海滨浴场 04.0257

life form 生活型 02.0884

life support system 生命支持系统 03.0765

light and dark bottle technique 黑白瓶法 02.0792

light fishing 光诱渔法 03.0642

light house 灯塔 03.0073

light saturation 光饱和 02.0767

light vessel 灯船 03.0074

light weight diving 轻潜水 03.0728

limiting exposure 极限暴露 03.0713

lionan coast 溺谷海岸 02.1140

liquid-solid interface ternary complex in seawater 海水中液−固界面三元络合物 02.0986

littoral benthos 沿岸底栖生物 02.0645

littoral fauna 沿岸动物 02.0585

littoral placer 海滨砂矿 03.0179

living chamber 生活舱 03.0783

Lloyd's Register of Shipping 劳埃德船级社 04.0296

LME 大海洋生态系统 02.0715

LOICZ 海岸带陆海相互作用研究计划 04.0316

Lomonosov Current *罗蒙诺索夫海流 02.0106

1972 London Convention *1972 伦敦公约 04.0128

London Dumping Convention *伦敦倾废公约 04.0128

long baseline positioning *长基线定位 03.0870

longitudinal coast *纵向海岸 02.1133

longitudinal dike 顺坝 03.0006

longshore current 顺岸流 02.0112

longshore drift 沿岸泥沙流 02.1156

long wave 长波 02.0187

low coast 低平海岸 02.1147

low-energy coast 低能海岸 02.1148

lowest astronomical tide 最低天文潮位 02.0265

low temperature multi-effect distillaton 低温多效蒸馏 03.0320

low temperature vent 低温溢口 02.1246

low water 低潮，*干潮 02.0243

LRS 劳埃德船级社 04.0296

luciferase 萤光素酶 03.0453

luciferin 萤光素 03.0452

luminous organism 发光生物 02.0765

lunar tide 太阴潮 02.0267

lunitidal interval 月潮间隙，*太阴潮间隙 02.0289

lymphocystis disease 淋巴囊肿病 03.0617

lysis 溶菌 02.0902

M

macroalgae 大型藻类 02.0874

macrobenthos 大型底栖生物 02.0640

macrolactin A 大环内酰亚胺 A 03.0590

macroplankton 大型浮游生物 02.0593

macrotidal estuary 强潮河口 02.1044

magma heat source 岩浆热源 02.1407

magnesidin 镁菌素 03.0591

magnetic quiet zone 磁平静带 02.1402

magnetism separation 磁性分离 03.0400

magnetometric offshore electrical sounding *磁测近岸电测深 02.0429

magnetometric resistivity method 磁电阻率法 02.0429

maintenance of marine living resources 海洋生物资源养护 04.0067

main thermocline 主温跃层 02.0045

major elements in seawater 海水中常量元素 02.0927

malacology 软体动物学 02.0566

malyngamide 鞘丝藻酰胺 03.0551

management of marine disaster effect 海洋灾害管理 04.0208

management of marine disaster reduction and relief 海洋减灾救灾管理 04.0209

management of marine resources 海洋资源管理 04.0004

management of maritime rights and interests 海洋权益管理 04.0003

management on sea area use 海域使用管理 04.0006

management system of marine metadata 海洋元数据管理系统 03.1089

manganese nodule *锰结核 03.0274

mangrove coast 红树林海岸 02.1150

mangrove community 红树林生物群落 02.0731

mangrove swamp 红树林沼泽 02.1154

mangrove vegetation 红树林植被 03.0669

manifold system 管汇系统 03.0126

mannan 甘露聚糖，*甘露糖胶 03.0470

manned submersible 载人潜水器 03.0168

mannitol 甘露[糖]醇 03.0471

mantle bulge 地幔隆起 02.1404

mantle convection 地幔对流 02.1403

mantle plume 地幔柱 02.1405

manufacturing technique of marine information products 海洋信息产品制作技术 03.1092

marginal basin 边缘盆地 02.1163

marginal ice zone 陆缘海冰带 02.1454

marginal sea 边缘海 02.1162

marginal-type wharf 顺岸码头 03.0034

mariculture industry 海水养殖业 04.0163

mariculture technique 海水养殖技术 03.0595

marine accident 海难事故 04.0194

marine acoustics 海洋声学 02.0347

marine air lift mining dredger 海上空气提升式采矿船 03.0196

marine air mass 海洋气团 02.0435

marine algae chemistry 海洋藻类化学 02.0917

marine aquaculture pollution 海水养殖污染 02.1503

marine aquatic products processing 海洋水产品加工业 04.0165

marine artificial port 海上港口 03.0170

marine bacteria 海洋细菌 02.0893

marine basic information 海洋基础信息 03.1049

marine bioacoustics 海洋生物声学 02.0340

marine bioactive substances 海洋生物活性物质 03.0456

marine biochemical engineering 海洋生化工程 03.0594

marine biogeochemistry 海洋生物地球化学 02.0910

marine biological noise 海洋生物噪声 02.0333

marine biological pharmacy industry 海洋生物制药业 04.0166

marine biology 海洋生物学 01.0006

marine biomaterial 海洋生物材料 03.0455

marine bionics 海洋仿生学 03.0441

marine biotechnology 海洋生物技术, *海洋生物工程 01.0018

marine biotoxin 海洋生物毒素 03.0561

marine boundaries delimitation 海洋划界 04.0097

marine chain-bucket mining dredger 海上链斗式采矿船 03.0194

marine chemistry 海洋化学 01.0007

marine chemistry industry 海洋化工业 04.0175

marine climate 海洋性气候 02.0547

marine climatology 海洋气候学 02.0546

marine communications and transportation industry 海洋交通运输业 04.0167

marine crane 海上起重 03.0146

marine cryology 海冰学 02.0007

marine cynoptic chart 海洋天气图 03.0968

marine data 海洋数据 03.1074

marine data application file 海洋数据应用文件 03.1066

marine data archive 海洋数据文档, *海洋资料文档 03.1085

marine data assimilation technology 海洋数据同化技术 03.1053

marine database 海洋数据库 03.1082

marine data conversion 海洋数据转换 03.1068

marine data file 海洋数据文件 03.1086

marine data formatting 海洋数据格式化 03.1067

marine data fusion technique 海洋数据融合技术 03.1054

marine data inventories 海洋资料清单 03.1115

marine data manipulation 海洋数据操作 03.1069

marine data quality control 海洋资料质量控制 03.1063

marine dataset 海洋数据集 03.1079

marine data transform 海洋数据变换 03.1070

marine DC resistivity method 海洋直流电阻率法 02.0427

marine development 海洋开发 04.0152

marine development planning 海洋开发规划 04.0011

marine disaster 海洋灾害 01.0029

marine disaster forecasting and warning 海洋灾害预报和警报 04.0212

marine disaster prevention 海洋防灾 04.0213

marine disaster reduction 海洋减灾 04.0210

marine disaster reduction engineering 海洋减灾工程 04.0214

marine drug 海洋药物 03.0454

marine ecological disaster 海洋生态灾害 04.0203

marine ecological monitoring 海洋生态监测 03.1149

marine ecology 海洋生态学 02.0563

marine economics 海洋经济学 04.0153

marine economy 海洋经济 01.0028

marine ecosystem 海洋生态系统 02.0712

marine ecosystem dynamics 海洋生态系统动力学 02.0576

marine ecosystem ecology 海洋生态系统生态学 02.0577

marine electromagnetic method 海洋电磁法 02.0423

marine elemental geochemistry ＊海洋元素地球化学 02.0909

marine engineering geology 海洋工程地质 03.0095

marine environment 海洋环境 02.1497

marine environmental assessment 海洋环境评价 04.0019

marine environmental assessment system 海洋环境评价制度 04.0020

marine environmental background value 海洋环境背景值 03.1125

marine environmental baseline［survey］ 海洋环境基线［调查］ 03.1139

marine environmental capacity 海洋环境容量 03.1134

marine environmental carrying capacity 海洋环境承载能力 03.1129

marine environmental contamination 海洋环境沾污 02.1498

marine environmental criteria 海洋环境基准，＊海洋环境基础标准 03.1140

marine environmental data and information referral system 海洋环境资料信息目录 04.0319

marine environmental element 海洋环境要素 03.1143

marine environmental forecasting and prediction 海洋环境预报预测 01.0023

marine environmental hydrodynamics 海洋环境流体动力学 02.0004

marine environmental impact 海洋环境影响 03.1126

marine environmental impact assessment 海洋环境影响评价 04.0021

marine environmental impact prediction 海洋环境影响预测 04.0018

marine environmental impact statement 海洋环境影响报告书 04.0023

marine environmental load 海洋环境荷载 03.0093

marine environmental management 海洋环境管理 04.0005

marine environmental monitoring 海洋环境监测 03.1136

marine environmental objective 海洋环境目标 03.1142

marine environmental parameter data 海洋环境要素数据 03.1078

Marine Environmental Protection Law of the People's Republic of China 中华人民共和国海洋环境保护法 04.0116

marine environmental protection technology 海洋环境保护技术 01.0025

marine environmental quality 海洋环境质量 03.1135

marine environmental science 海洋环境科学 02.1524

marine environmental self-purification capability 海洋自净能力 03.1160

marine environmental standard 海洋环境标准 03.1138

marine environmental value 海洋环境价值 03.1141

marine environment forecast 海洋环境预报 03.0970

marine environment monitoring technology 海洋环境监测技术 03.0800

marine erosion 海蚀作用 02.1114

marine farm 海洋农场 04.0072

marine fishery 海洋渔业 04.0161

marine fishery resources 海洋渔业资源 04.0066

marine fishing 海洋捕捞 03.0632

marine fishing activity 海洋渔钓活动 04.0264

marine fishing industry 海洋捕捞业 04.0162

marine functional zone 海洋功能区 04.0012

marine functional zoning 海洋功能区划 04.0013

marine gas hydrate 海洋天然气水合物 02.1287

marine genetic engineering 海洋生物基因工程，＊海洋生物遗传工程 03.0401

marine geochemistry 海洋地球化学 02.0909

marine geographic information system 海洋地理信息系统 03.1071

marine geography 海洋地理学 01.0011

marine geology 海洋地质学 01.0009

marine geomagnetic anomaly 海洋地磁异常 02.0419

marine geomagnetic survey 海洋地磁调查 03.0835

marine geomorphology 海洋地貌学 02.1011

marine geophysical survey 海洋地球物理调查 03.0816

marine geophysics 海洋地球物理学 01.0010

marine geotechnical test 海洋土工试验 03.0090

marine GIS database 海洋地理信息系统数据库 03.1083

marine gold dredger 海上采金船 03.0198

marine gravimeter 海洋重力仪 03.0891

marine gravity 海洋重力异常 03.0829

marine gravity anomaly 海洋重力异常 03.0829

marine gravity survey 海洋重力调查 03.0828

marine heat flow survey 海洋地热流调查 03.0838

marine heavy metal pollution 海洋重金属污染 02.1521

marine hydrodynamic noise 海洋流体动力噪声 02.0334

marine hydrography　海洋水文学　02.0001

marine hydrology　海洋水文学　02.0001

marine induced polarization method　海洋激发极化法　02.0428

marine industry　海洋产业　04.0154

marine information　海洋信息　03.1048

marine information acquisition　海洋信息采集　03.1056

marine information code　海洋信息分类代码　03.1062

marine information display　海洋信息显示　03.1121

marine information network　海洋信息网络　03.1119

marine information processing　海洋信息处理　03.1059

marine information processing technique　海洋信息处理技术　03.1060

marine information products　海洋信息产品　03.1091

marine information retrieval　海洋信息提取　03.1058，海洋信息检索　03.1120

marine information service　海洋信息服务　03.1118

marine information sharing　海洋信息共享　03.1117

marine information technology　海洋信息技术　01.0024

marine information transmission　海洋信息传输　03.1123

marine inorganic pollution　海洋无机污染　02.1511

marine installation　海上安装　03.0139

marine integrated management　海洋综合管理　04.0001

marine interfacial chemistry　海洋界面化学　02.0915

[marine] internal wave　[海洋]内波　02.0151

marine interpretation of standard level　海洋标准层内插　03.1064

marine iron ore sand dredger　海上铁矿砂开采船　03.0200

marine law enforcement　海洋执法　04.0043

marine living resources　海洋生物资源　04.0134

marine magnetotelluric sounding　海洋大地电磁测深　02.0425

marine manufacturing industry　海洋制造业　04.0184

marine metadata　海洋元数据，*海洋信息元数据　03.1084

marine meteorological element　海洋气象要素　02.0490

marine meteorological navigation　海洋气象导航　03.0981

marine meteorology　海洋气象学　01.0005

marine microbial ecology　海洋微生物生态学　02.0574

marine microbiology　海洋微生物学　02.0891

marine mining　海洋采矿业　04.0178

marine natural reserves　海洋自然保护区　04.0036

marine objective analysis technique　海洋客观分析技术　03.1050

marine [observational] section　海洋断面　02.0017

marine oil industry　海洋石油工业　04.0179

marine optic buoy　海洋光学浮标　03.0960

marine optics　海洋光学　02.0348

marine organic chemistry　海洋有机化学　02.0913

marine organic pollution　海洋有机污染　02.1515

marine pathogenic pollution　海洋病原体污染　02.1542

marine petroleum degrading microorganism　海洋石油降解微生物，*海洋烃类氧化菌　02.1544

marine petroleum pollution　海洋石油污染　02.1500

marine pH meter　海水酸度计　03.0873

marine phycology　海藻学　02.0565

marine physical chemistry　海洋物理化学　02.0914

marine physics　海洋物理学　01.0004

marine policy　海洋政策　04.0010

marine pollutant　海洋污染物　02.1502

marine pollution　海洋污染　02.1501

marine pollution chemistry　海洋污染化学　02.1525

marine pollution ecology　海洋污染生态学　02.1547

marine pollution monitoring technology　海洋污染监测技术　03.0801

marine pollution of pesticide　海洋农药污染　02.1506

marine pond extensive culture　港[塭]养[殖]　03.0604

marine positioning　海上定位　03.0145

marine primary industry　海洋第一产业　04.0155

marine proton magnetic gradiometer　海洋质子磁力梯度仪　03.0893

marine proton magnetometer　海洋质子磁力仪　03.0892

marine public service　海洋公益服务　04.0080

marine radioactive pollution　海洋放射性污染　02.1490

marine radioecology　海洋放射生态学　02.1543

marine ranch　海洋牧场　04.0071

marine realtime data　海洋实时数据　03.1076

marine reflection seismic survey　海洋反射地震调查　03.0818

marine refraction seismic survey　海洋折射地震调查　03.0819

marine resource chemistry　海洋资源化学　02.0911

marine resource exploitation　海洋资源开发　04.0143

marine resources　海洋资源　04.0130

marine resource utilization　海洋资源利用　04.0147

marine reverberation　海洋混响　02.0326

marine right 海洋权 04.0039

marine rights and interests 海洋权益 04.0038

marine salt chemical industry 海盐化工业 04.0174

marine salt producing industry 海水制盐业 04.0173

marine salvage 海难救助 03.0151

marine science 海洋科学 01.0001

marine secondary industry 海洋第二产业 04.0156

marine sedimentology 海洋沉积学 02.1012

marine seismic profiler 海洋地震剖面仪 03.0889

marine seismic streamer 海洋地震漂浮电缆 03.0890

marine seismic survey 海洋地震调查 03.0817

marine seismograph 海底地震仪 03.0888

marine self-potential method 海洋自然电位法 02.0426

marine service industry 海洋服务业 04.0186

marine sewage disposal technology 污水海洋处置技术 03.0374

marine shipbuilding industry 海洋船舶制造业 04.0171

marine shiprepairing industry 海洋船舶修理业 04.0172

marine space resources 海洋空间资源 04.0137

marine spatial data 海洋空间数据 03.1075

marine spatial data framework 海洋空间数据框架 03.1088

marine spatial data infrastructure 海洋空间数据基础设施 03.1087

marine stock enhancement industry 海水增殖业 04.0164

marine strategy 海洋战略 04.0009

marine stratigraphy 海洋地层学 02.1013

marine suction mining dredger 海上吸扬式采矿船 03.0195

marine supervision 海洋监察 04.0044

[marine] surface wave [海洋]表面波 02.0150

marine technology 海洋技术 01.0014

marine tertiary industry 海洋第三产业 04.0157

marine thermal pollution 海洋热污染 02.1507

marine thermodynamics 海洋热力学 02.0002

marine tin dredger 海上采锡船 03.0199

marine tourism 海洋旅游业 04.0182

marine tourism resources 海洋旅游资源 04.0140

marine towage 海上拖运 03.0138

marine trades management 海洋行业管理 04.0002

marine transect 海洋断面 02.0017

marine transportation 海上运输 04.0139

marine vertical distribution 海洋要素垂直分布图 03.1104

marine weather forecast 海洋天气预报 03.0969

marine weather forecast for working place 海上作业点天气预报 03.0972

marine wide-angle reflection seismic survey 海洋广角反射地震调查 03.0820

marine wire mining ship 海上钢索采矿船 03.0197

maritime archaeology 海洋考古 04.0276

maritime arts 海洋艺术 04.0283

maritime aviation meteorology 海洋航空气象 04.0230

maritime aviation weather forecast 海洋航空天气预报 04.0231

maritime belief 海洋信仰 04.0284

maritime bridge 海上桥梁 03.0174

maritime city 海上城市 03.0171

maritime civilization 海洋文明 04.0269

maritime consciousness 海洋意识,＊海洋观念 04.0279

maritime cultural geography 海洋人文地理 04.0280

maritime exploration 海洋探险 04.0277

maritime factory 海上工厂 03.0172

maritime folklore 海洋民俗 04.0272

maritime heritage of culture and art 海洋文化艺术遗产 04.0282

maritime historical geography 海洋历史地理 04.0281

maritime humanity 海洋人文 04.0271

maritime law 海商法 04.0129

maritime sense 海洋意识,＊海洋观念 04.0279

maritime silk route 海上丝绸之路 04.0274

maritime superpower 海洋霸权 04.0273

Maritime Traffic Safety Law of the People's Republic of China 中华人民共和国海上交通安全法 04.0117

mass data compression technique 海量数据压缩技术 03.1052

mass data storage technique 海量数据存储技术 03.1051

massive hydrate 块状天然气水合物 02.1295

massive sulfide 块状硫化物 02.1257

mature stage 成熟期,＊成体期 02.0846

M_2-component M_2 分潮 02.0276

M_6-component M_6 分潮 02.0283

M_2-constituent M_2 分潮 02.0276

M_6-constituent M_6 分潮 02.0283

mean high water interval 平均高潮间隙 02.0290

mean sea level　平均海平面　02.0238

mean sea surface temperature　平均海面水温　03.1007

mean sea surface temperature anomaly　平均海面水温距平　03.1008

MEDI　海洋环境资料信息目录　04.0319

median effective concentration　半数效应浓度　02.1536

median valley　中央裂谷　02.1371

medical service vessels　卫生船舶　03.0788

Mediterranean Sea　地中海　01.0046

megalopa larva　大眼幼体　02.0661

megaplankton　巨型浮游生物　02.0592

meiobenthos　小型底栖生物　02.0641

melange　混杂堆积　02.1212

membrane bioreactor　膜生物反应器　03.0379

membrane distillation　膜蒸馏　03.0330

membrane potential　膜电位　03.0315

mercenene　蛤素　03.0528

mero-hyponcuston　阶段性表下漂浮生物　02.0625

meroplankton　阶段浮游生物　02.0600

meso-halophyte　中生盐生植物　03.0668

mesopelagic fish　中层鱼类　02.0617

mesopelagic organism　大洋中层生物　02.0581

mesopelagic plankton　大洋中层浮游生物　02.0604

mesopelagic zone　中层　02.0015

mesophilic bacteria　嗜温细菌　02.0897

mesoplankton　中型浮游生物　02.0594

mesoscale eddy　中尺度涡　02.0132

mesotidal estuary　中潮河口　02.1045

metal complexing ligand concentration in seawater　海水中金属络合配位体浓度，*海水络合容量　02.0972

metal sulfide　*金属硫化物　02.1256

metamorphosis　变态　02.0844

metarelict sediment　变余沉积，*准残留沉积　02.1227

methane-carbon content　甲烷碳含量，*甲烷碳当量　02.1303

methane hydrate　甲烷水合物　02.1286

methane vent　甲烷喷口　02.1311

MGIS　海洋地理信息系统　03.1071

microalgae　小型藻类　02.0875

microbenthos　微型底栖生物　02.0642

microbial corrosion　微生物腐蚀　03.0361

microbial food loop　微食物环　02.0880

microbial food web　微食物网　02.0881

microbial-gas-generation model in situ　原地微生物生成模式　02.1314

microbial loop　微食物环　02.0880

microbial methane　微生物成因甲烷　02.1301

microcolony　小菌落　02.0903

microcontinent　微大陆，*微型大陆　02.1341

microecosystem　微生态系统　02.0713

micro-oceanography　微海洋学　02.0006

microphytobenthos　微型底栖植物　02.0872

microplankton　小型浮游生物　02.0595

microporous support　多孔支撑层　03.0294

microstratification　微层化　02.0012

microsystin　微囊藻素　03.0548

microtidal estuary　弱潮河口　02.1046

microwave radiometer　微波辐射计　03.0966

microwave remote sensor　微波遥感器　03.0942

microwave scatterometer　微波散射计　03.0963

Mid-Atlantic Ridge　大西洋中脊　02.1363

middle layer　中层　02.0015

mid-ocean ridge　洋中脊　02.1362

mid-ocean ridge basalt　[大]洋中脊玄武岩　02.1376

mid-water trawl　中层拖网　03.0907

migration　洄游　02.0826

migration route　洄游路线　02.0828

migratory fishes　洄游鱼类　02.0827

military marine geodesy and cartography　军事海洋测绘学　04.0227

military nautical meteorology　军事航海气象学　04.0232

military navigation　军事航海　04.0242

military oceanology　军事海洋学　04.0225

military ocean technology　军事海洋技术　04.0226

minimum duration　最小风时　02.0157

minimum fetch　最小风区　02.0158

minor elements in seawater　海水中微量元素　02.0946

mirage　蜃景，*海市蜃楼　02.0510

mist lift cycle OTEC　雾滴提升式循环海水温差发电系统　03.0696

mixed layer sound channel　混合层声道　02.0322

mixed tide　混合潮　02.0291

[mixing] caballing　[混合]增密　02.0043

mixing fog　混合雾　02.0487

mixotroph　混合营养生物　02.0800

module　模块　03.0129

mole　突堤　03.0051

monitoring and surveying of marine disaster　海洋灾害监

测 04.0211

monoculture 单养 03.0608

monocycle 单周期 02.0747

monophagy 单食性 02.0802

monosex fish breeding 单性鱼育种 03.0435

monosex fish culture 单性鱼养殖 03.0439

monsoon 季风 02.0553

monsoon burst 季风爆发 02.0557

monsoon climate 季风气候 02.0558

monsoon current 季风[海]流 02.0094

monsoon trough 季风槽 02.0439

moored data buoy 锚泊资料浮标 03.0814

moored subsurface buoy 潜标 03.0815

mooring facilities 系泊设施 03.0115

moraine 冰碛 02.1425

mortality 死亡率 02.0856

moshatin 麝香蛸素 03.0531

mound breakwater 斜坡式防波堤 03.0053

Mozambique Channel 莫桑比克海峡 01.0067

MS₄-component MS$_4$ 分潮 02.0284

MS₄-constituent MS$_4$ 分潮 02.0284

mud *泥 02.1191

mud and microbiological accumulation 生物黏泥 03.0368

mud diapir 泥底辟 02.1305

mud dumping area 抛泥区 03.0083

muddy coast [淤]泥质海岸 02.1149

mud volcano 泥火山 02.1306

multibeam bathymetric system 多波束测深系统 03.0879

multi-effect distillation 多效蒸馏 03.0319

multifidene 马鞭藻烯 03.0533

multifrequency fish finder 多频探鱼仪 03.0641

multilateral well 多底井,*分支井 03.0230

multiparameter water quality probe 海洋水质监测仪 03.0872

multipath effect 多途效应 02.0323

multipoint mooring 多点系泊 03.0117

multi-source and multi-streamer offshore sesmic acquisition 多源多缆海上地震采集 03.0248

multi-stage flash distillation 多级闪蒸 03.0318

multiyear ice 多年冰 03.1047

municipal sewage 城市污水 02.1484

mycalamide 山海绵酰胺 03.0506

mysis larva 糠虾期幼体 02.0662

myxoxanthophyll 蓝藻叶黄素,*蓝溪藻黄素乙 03.0541

N

Nanhai Coastal Current 南海沿岸流 02.0118

Nanhai Warm Current 南海暖流 02.0124

nannoplankton 微型浮游生物 02.0596

nanofiltration 纳滤 03.0287

nanofiltration membrane 纳滤膜 03.0289

nano-particle in seawater 海水中纳米粒子 02.0966

Nansen bottle 颠倒采水器 03.0900

NAO 北大西洋涛动 02.0523

National Marine Data and Information System 国家海洋信息系统,*中国海洋信息网,*中海网 03.1124

natural gas hydrate 天然气水合物,*可燃冰 02.1285

natural prolongation principle 自然延伸原则 04.0101

nauplius larva 无节幼体 02.0657

nautical medical psychology 航海医学心理学 03.0791

nautical medicine 航海医学 03.0785

naval engineering technology 海军工程技术 04.0233

naval port 军港 04.0236

naval port dredge 军港疏浚 04.0239

naval port engineering 军港工程 04.0237

naval port pollution control 军港污染防治 04.0240

naval ship 舰艇,*军舰 04.0243

naval strategies 海军战略学 04.0244

naval survey and mapping support 海军测绘保障 04.0228

naval systems engineering technology 海军系统工程技术 04.0234

navigation aid 航标 03.0072

navigation channel 航道 03.0027

navigation equipment 导航设备 03.0071

navy 海军 04.0247

N₂-component N$_2$ 分潮 02.0278

N₂-constituent N$_2$ 分潮 02.0278

neap rise 小潮升 02.0260

neap tide 小潮 02.0249

nearshore 近滨 02.1079

nearshore current system 近岸流系 02.0111

nearshore currents 近岸流系 02.0111

nearshore tourism 近海旅游 04.0267

nearshore zone 近海区 02.1080

near sun synchronous orbit 准太阳同步轨道 03.0916

nectochaeta larva 疣足幼体 02.0674

nektobenthos 游泳底栖生物 02.0643

nekton 游泳生物 02.0614

neosurugatoxin 新骏河毒素 03.0575

nereistoxin 沙蚕毒素 03.0573

neritic community 浅海生物群落 02.0733

neritic organism 近海生物 02.0578

neritic sediment 浅海沉积［物］ 02.1194

neritic zone 浅海带 02.1083

net cage culture 网箱养殖 03.0602

net enclosure culture 网围养殖 03.0606

net irradiance 净辐照度 02.0390

net plankton 网采浮游生物 02.0601

neurotoxic shellfish poison 神经性贝毒 03.0583

neuston 漂浮生物 02.0620

new ice 初生冰 03.1012

newly emerging marine industry 新兴海洋产业 04.0159

new productivity 新生产力 02.0889

NF 纳滤 03.0287

niche 生态位，＊小生境 02.0719

nilas 尼罗冰 03.1017

Ninety East Ridge 东经90°海岭 02.1365

nitrate in seawater 海水中硝酸盐 02.0933

nitric oxide in seawater 海水中一氧化氮 02.0935

nitrogen circulation 氮循环 02.1004

nitrogen fixing algae 固氮藻类 02.0877

nitrogen narcosis 氮麻醉 03.0747

nitrogen-oxygen diving 氮氧潜水 03.0724

nival climate 冰雪气候 02.0548

nodular hydrate 结核状水合物 02.1298

non-cellulosic series membrane 非纤维素系列膜 03.0292

non-conservation elements 非保守元素 02.0930

non-conservative behavior of chemical substance in estuary 河口化学物质非保守行为 02.0982

non-conventional wave observation 非常规海浪观测 03.0992

non-decompression diving 不减压潜水 03.0734

nonharmonic constant of tide 潮汐非调和常数 02.0233

non-point source pollution 非点源污染，＊面源污染 02.1492

non-realtime data 海洋非实时数据 03.1077

non-renewable marine resources 海洋不可再生资源 04.0133

non-saturated bittern 未饱和卤 03.0384

non-territorial strait 非领海海峡 04.0048

non-toxic red tide 无毒赤潮 04.0220

normal baseline 正常基线 04.0092

normalized water-leaving radiance 归一化离水辐亮度 02.0374

North American Plate 北美洲板块 02.1351

Northeast China low 东北低压 02.0446

Northern Atlantic Oscillation 北大西洋涛动 02.0523

Northern Pacific Oscillation 北太平洋涛动 02.0524

northern polar light 北极光 02.1414

North magnetic pole 北磁极，＊磁北极 02.1412

North Pole 北极 02.1413

North Sea 北海 01.0044

not fully developed sea 未充分成长风浪 02.0215

NPO 北太平洋涛动 02.0524

NSP 神经性贝毒 03.0583

nuclear energy desalination 核能淡化 03.0333

number of employees in the marine sector 海洋社会从业人员 04.0188

nursing ground 育幼场 02.0860

nutrient loading 营养负荷 02.1565

nutrient pollution 营养盐污染 02.1514

O

obduction 潜涌 02.0050

obduction plate 仰冲板块 02.1385

obduction zone 仰冲带 02.1383

objective wave forecast 海浪客观预报 03.1002

oblique haul 斜拖 02.0793

observation of oceanographic elements 海洋要素观测 03.0798

observation platform 观测平台 03.0805

observatory 海岸观测站 03.0813

observing technology of suspending material in sea water 海水中悬浮物观测技术 03.0876

ocean 洋 01.0030

ocean acoustics　海洋声学　02.0347

ocean acoustic tomography　海洋声层析技术　02.0339

ocean-atmosphere heat exchange　海气热交换　02.0502

ocean basin　洋盆　02.1171

ocean chlorophyl remote sensing　海洋叶绿素遥感
　03.0930

ocean circulation　大洋环流　02.0087

[ocean] cold water mass　[大洋]冷水团　02.0064

ocean color　水色　02.0398

ocean color remote sensing　水色遥感　03.0928

ocean color scanner　海洋水色扫描仪　03.0958

ocean current　洋流，*海流　02.0081

ocean current energy　海流能　03.0699

ocean current energy generation　海流发电　03.0700

ocean current monitor by satellite　海流遥感　03.0932

ocean depth curve map　海洋等深线图　03.1106

[ocean] digitization　[海洋]数字化　03.1072

Ocean Drilling Project　大洋钻探计划　04.0300

ocean dumping　海洋倾倒　02.1499

ocean ecological landscape　海洋生态景观　04.0255

ocean energy　海洋能　03.0682

ocean energy conversion　海洋能转换　03.0683

ocean energy farm　海洋能农场　03.0701

ocean energy power generation industry　海洋能发电业
　04.0183

ocean engineering　海洋工程　01.0015

ocean engineering construction industry　海洋工程建筑业
　04.0185

ocean engineering hybrid model　海洋工程复合模型
　03.0086

ocean engineering physical model　海洋工程物理模型
　03.0085

ocean exploitation　海洋开发　04.0152

ocean floor　底土　04.0057

oceanic adventure　海洋探险　04.0277

oceanic biooptics　海洋生物光学　02.0350

[oceanic] bottom water　[大洋]底层水　02.0070

[oceanic] central water　[大洋]中央水　02.0071

oceanic crust　大洋型地壳，*洋壳　02.1375

[oceanic] deep water　[大洋]深层水　02.0069

oceanic front　海洋锋　02.0073

oceanic historical and cultural landscape　海洋历史文化景
　观　04.0256

[oceanic] intermediate water　[大洋]中层水　02.0068

oceanic layer　大洋层　02.1332

oceanic plankton　大洋浮游生物　02.0602

oceanic plate　大洋板块　02.1343

[oceanic] subsurface water　[大洋]次表层水　02.0066

oceanic supremacy　海洋霸权　04.0273

[oceanic] surface water　[大洋]表层水　02.0065

oceanic tholeiite　大洋拉斑玄武岩　02.1223

oceanic troposphere　大洋对流层　02.0055

[oceanic] upper water　[大洋]上层水　02.0067

oceanic zone　大洋区　02.1081

ocean industry　海洋产业　04.0154

Ocean Information Technology Project　海洋信息技术计划
　04.0312

ocean isothermal plot　海洋等温线图　03.1107

oceanizational hypothesis　大洋化假说　02.1333

[ocean] Kelvin wave　[海洋]开尔文波，*边界开尔文
　波
　02.0196

ocean management　海洋管理　01.0026

ocean mining　*大洋采矿业　04.0180

ocean observation satellite　海洋观测卫星　03.0914

ocean observation technology　海洋观测技术　01.0021

oceanographic environmental survey　海洋环境调查
　03.1137

oceanography　海洋学　01.0002

oceanology　海洋学　01.0002

ocean optics　海洋光学　02.0348

ocean park　海洋公园　04.0259

ocean physics　海洋物理学　01.0004

ocean remote sensing　海洋遥感　01.0022

ocean remote sensing camera　海洋遥感照相机，*多光谱
　照相机　03.0961

ocean remote sensing observation　海洋遥感观测　03.0802

ocean response　海洋响应　02.0530

[ocean] Rossby wave　[海洋]罗斯贝波　02.0197

ocean science　海洋科学　01.0001

ocean shipping routes forecast　大洋航线预报　03.0980

ocean stratification　海洋层化　02.0011

ocean survey technology　海洋调查技术　03.0799

ocean technology　海洋技术　01.0014

ocean temperature remote sensing　海洋水温遥感
　03.0924

ocean theater　海洋战区　04.0245

ocean thermal energy　海洋热能，*海水温差能　03.0692

ocean thermal energy conversion 海洋热能转换，＊海水温差发电 03.0693

ocean thermodynamics 海洋热力学 02.0002

ocean tourism 远洋旅游 04.0268

ocean transparence 海水透明度遥感 03.0929

ocean transportation industry 远洋运输业 04.0168

ocean waves angular spreading 海浪的角散 02.0227

ocean waves dispersion 海浪的弥散 02.0226

ocean wave 海浪 02.0152

ocean wave spectrum 海浪[能]谱 02.0219

ochthium 泥滩群落 02.0736

O_1-component O_1 分潮 02.0279

O_4-component O_4 分潮 02.0282

O_1-constituent O_1 分潮 02.0279

O_4-constituent O_4 分潮 02.0282

ODP 大洋钻探计划 04.0300

offshore 外滨 02.1078

offshore appraisal well 海上评价井 03.0211

offshore bar 滨外坝 02.1099

offshore cluster wells 海洋丛式井 03.0268

offshore directional well 海上定向井 03.0267

offshore drilling 近海钻井 03.0252

offshore drilling rig 海上钻井平台 03.0254

offshore drilling riser 海上钻井隔水管 03.0263

offshore engineering 近海工程，＊离岸工程 03.0092

offshore exploration for oil and gas 海上油气勘探 03.0246

offshore fishing 外海捕捞 03.0634

offshore hydrocarbon reservoir evaluation 海洋油气藏评价 03.0212

offshore hydrocarbon resource 海洋油气资源 03.0214

offshore loading and unloading oil system 海上装卸油系统，＊外海油码头 03.0271

offshore oil-gas bearing basin 海洋油气盆地 03.0205

offshore oil-gas development well 海上油气开发井 03.0228

offshore oil-gas field 海上油气田 03.0224

offshore oil-gas field development 海上油气田开发 03.0220

offshore oil-gas horizontal well 海上油气水平井 03.0229

offshore oil-gas pool 海上油气藏 03.0223

offshore oil-gas recovery 海洋油气采收率 03.0231

offshore oil-gas resource evaluation 海洋油气资源评价 03.0213

offshore oil-gas ultimate recovery 海洋油气最终采收率 03.0232

offshore oil-gas-water processing plant 海上油气水处理设备 03.0242

offshore oil-gas-water processing system 海上油气水处理系统 03.0269

offshore oil industry 海洋石油工业 04.0179

offshore petroleum geophysical prospecting 海洋石油地球物理勘探 03.0245

offshore possible hydrocarbon reserve 海洋油气预测储量 03.0219

offshore probable hydrocarbon reserve 海洋油气控制储量 03.0218

offshore production 海上采油 03.0233

offshore production facilities 海上油田生产设施 03.0239

offshore production platform 海上采油平台 03.0236

offshore production system 全海式海上生产系统 03.0234

offshore production system with onshore terminal 半海半陆式海上生产系统 03.0235

offshore proved hydrocarbon reserve 海洋油气探明储量 03.0217

offshore single-source and single-streamer seismic acquisition 单源单缆海上地震采集 03.0247

offshore storage unit 海上储油装置 03.0270

offshore terminal 岛式码头 03.0036

offshore trap 海上圈闭 03.0209

offshore well logging 海洋测井 03.0251

offshore wildcat well 海上预探井 03.0210

offshore wind 离岸风 02.0482

oil pollution 油污染 02.1519

oil slick 海面油膜 02.1517

oil slick spread 油膜扩散 02.1518

oil spill 溢油 02.1513

oil spill biological treatment 溢油生物处理技术 03.1173

oil spill chemical treatment 溢油化学处理技术 03.1172

oil spill disaster 溢油灾害 04.0198

oil spill physical treatment 溢油物理处理技术 03.1171

oil spill treatment 溢油治理技术 03.1170

OITP 海洋信息技术计划 04.0312

okadaic acid 冈田[软海绵]酸 03.0510

Okhotsk high 鄂霍次克海高压 02.0454

oligohaline species 寡盐种 02.0754

oligostenohaline species 低狭盐种 02.0756

omnivore 杂食动物 02.0807

once-through seawater cooling system 海水直流冷却系统 03.0338

onshore current 向岸流 02.0114

on-shore wind 向岸风 02.0481

ooze 软泥 02.1201

open caisson 沉井 03.0042

open cycle OTEC 开式循环海水温差发电系统 03.0694

open waters 开阔海域 03.0025

ophiolite suite 蛇绿岩套 02.1336

ophiopluteus larva 蛇尾幼体 02.0664

opportunistic species 机会种 02.0709

optical depth 光学深度 02.0357

optically infinite-depth water 光学无限深水体 02.0394

optically shallow water 光学浅水体 02.0395

optically stratified water 光学分层水体 02.0396

optical oceanography 光学海洋学 02.0349

optical properties of sea water 海水光学特性 02.0351

optical water types 光学水型 02.0399

orbit height 轨道高度 03.0949

organic colloid in seawater 海水中有机胶体 02.0968

organic nitrogen in seawater 海水中有机氮 02.0937

organic phosphorus in seawater 海水中有机磷 02.0941

organic pollution source 有机污染源 02.1516

organic species in seawater 海水中物质有机存在形式 02.0960

oscillating water column wave energy converter 振荡水柱式波能转换装置 03.0690

oscillatory sieve wash 振动筛洗涤 03.0387

osmoregulation 渗透压调节 02.0773

osmosis 渗透 03.0302

osmotic pressure 渗透压 03.0303

OTEC 海洋热能转换，＊海水温差发电 03.0693

outer limit of the continental shelf 大陆架外部界限 04.0099

outer limit of the territorial sea 领海外部界限，＊领海线 04.0100

outer line of sea ice area 冰区外缘线 03.1040

outfall standard of domestic seawater 大生活用海水排海标准 03.0376

outline of marine environmental impact assessment 海洋环境影响评价大纲 04.0022

overall development plan of offshore oil-gas field 海上油气田开发方案 03.0225

overfishing 捕捞过度 03.0647

overwintering 越冬 02.0859

overwintering migration 越冬洄游，＊冬季洄游 02.0833

oviposition 产卵 02.0835

OWC 振荡水柱式波能转换装置 03.0690

oxidation-reduction reaction in seawater 海水中氧化-还原作用 02.0975

oxygen convulsion 氧惊厥 03.0753

oxygen inhalation and nitrogen output 吸氧排氮 03.0708

oxygen isotope stage 氧同位素期 02.1326

oxygen isotope stratigraphy 氧同位素地层学 02.1327

oxygen toxicity 氧中毒 03.0746

Oyashio 亲潮 02.0130

oyster reef 牡蛎礁 02.1182

P

Pacific decadal oscillation 太平洋十年际振荡 02.0525

Pacific Equatorial Undercurrent 太平洋赤道潜流 02.0105

Pacific high 太平洋高压 02.0453

Pacific Ocean 太平洋 01.0031

Pacific Plate 太平洋板块 02.1347

Pacific-type coast 太平洋型海岸 02.1133

Pacific-type continental margin ＊太平洋型大陆边缘 02.1354

pack ice zone 密集浮冰区 02.1457

paedogenesis 幼生生殖 02.0849

paid system of sea area use 海域有偿使用制度 04.0015

paleocurrent 古海流 02.1319

paleodepth 古深度 02.1318

paleomagnetic stratigraphy 古地磁地层学，＊磁性地层学 02.1328

paleoproductivity 古生产力 02.1322

paleosalinity 古盐度 02.1320

paleotemperature 古温度 02.1321

palimpsest sediment　变余沉积，*准残留沉积　02.1227

palytoxin　岩沙海葵毒素，*沙群海葵毒素　03.0569

pancake ice　莲叶冰　03.1023

paneled system　平行开发制　04.0109

pangaea　泛大陆，*联合古陆　02.1337

panthalassa　泛大洋　02.1338

paolin　鲍灵　03.0530

parallel dike　顺坝　03.0006

parallel wharf　顺岸码头　03.0034

paralytic shellfish poison　麻痹性贝毒　03.0580

parasitism　寄生　02.0743

parthenogenesis　孤雌生殖，*单性生殖　03.0424

partially mixed estuary　部分混合河口　02.1054

particulate forms in seawater　海水中颗粒态　02.0963

particulate nitrogen in seawater　海水中颗粒氮　02.0938

particulate sulfide　颗粒状硫化物　02.1261

passive continental margin　被动大陆边缘　02.1355

passive remote sensor　被动式遥感器，*无源遥感器　03.0940

patchiness　斑块分布　02.0726

patch reef　点礁　02.1119

P_1-component　P_1 分潮　02.0280

P_1-constituent　P_1 分潮　02.0280

PCS　保压取芯器　03.0911

PDO　太平洋十年际振荡　02.0525

peak surges of storm　风暴增水过程最大值　03.0983

pediveliger larva　具足面盘幼体　02.0667

pelagic deposit　远洋沉积［物］　02.1199

pelagic egg　浮性卵　02.0838

pelagic organism　大洋生物，*远海生物　02.0579

peninsula　半岛　02.1024

pE-pH figure of seawater　海水 pE-pH 图　02.0976

performance ratio　造水比　03.0322

peridinin　多甲藻素　03.0537

peril prevention and life-saving at sea　海上抢险救生　03.0789

period spectrum　周期谱　02.0221

periphyton　周丛生物，*水生附着生物　02.0648

permeability　渗透系数　03.0296

permit institution for the dumping at sea　海洋倾倒许可证制度　04.0026

permitted retention time of chemical　药剂允许停留时间　03.0343

Persian Gulf　波斯湾，*阿拉伯湾　01.0055

persistent organic pollutant　持久性有机污染物　02.1485

PGMS　甘糖酯　03.0458

phaeophycean tannin　褐藻丹宁，*褐藻鞣质　03.0546

phaeophytin　脱镁叶绿素　02.0791

phosphate circulation　磷循环　02.1005

phosphate in seawater　海水中磷酸盐　02.0940

phosphorite of the sea floor　海底磷灰石矿　03.0182

photoautotroph　光能自养生物　02.0797

photobacteria　发光细菌　02.0896

photophore　发光器　03.0450

photosynthetic bacteria　光合细菌　02.0895

phototaxis　趋光性　02.0766

phototaxy　趋光性　02.0766

phycobilin　藻胆素　03.0485

phycobiliprotein　藻胆蛋白　03.0484

phycobiliprotein gene　藻胆蛋白基因　03.0406

phycobilisome　藻胆［蛋白］体　03.0483

phycocolloid　藻胶　03.0465

phycocyanin　藻蓝蛋白，*藻青蛋白　03.0486

phycoerythrin　藻红蛋白　03.0488

phycoerythrocyanin　藻红蓝蛋白　03.0489

phycofluor probe　藻胆蛋白荧光探针　03.0490

phyllosoma larva　叶状幼体　02.0668

phylogenetic tree　系统树　02.0888

physaliatoxin　水母毒素　03.0566

physical fitness of seaman　船员体格条件　03.0786

physical oceanography　物理海洋学　01.0003

physical self-purification　物理自净　03.1162

physiological stress　生理应激　03.0715

phytobenthos　底栖植物，*水底植物　02.0871

phytoplankton　浮游植物　02.0610

phytoplankton bloom　浮游植物水华　02.1541

picoplankton　超微型浮游生物　02.0597

picture encoding　图像编码　03.0954

pier　码头　03.0033

pile group　群桩　03.0045

pilidium larva　帽状幼体　02.0669

pilot vessel　引航船　03.0061

pioneer investor　先驱投资者　04.0111

pipe-laying vessel　敷管船　03.0158

piston corer　活塞取芯器　03.0898

pitch　纵摇　03.0100

pitting ［corrosion］　点蚀　03.0346

Pitzer theory　皮策理论　02.0998

plain coast　平原海岸　02.1139

planktobacteria　浮游细菌　02.0894

planktobenthos　浮游性底栖生物　02.0646

plankto-hyponeuston　浮游性表下漂浮生物　02.0624

planktology　浮游生物学　02.0569

planktonology　浮游生物学　02.0569

plankton　浮游生物　02.0591

plankton equivalent　浮游生物当量　02.0790

planktonic algae　浮游藻类　02.0876

plankton indicator　浮游生物指示器　03.0905

plankton net　浮游生物网　03.0903

plankton pulse　浮游生物消长　02.0609

plankton pump　浮游生物泵　03.0906

Plankton Reactivity in the Marine Environment　海洋环境中浮游生物的反应性研究计划　04.0318

plankton recorder　浮游生物记录器　03.0904

plan of diving operation　潜水作业　03.0763

planula larva　浮浪幼体　02.0670

plate　板块　02.1342

plate boundary　板块边界　02.1356

plate collision　板块碰撞　02.1386

plate tectonics　板块构造学　02.1335

pleuston　水漂生物　02.0621

plocamadiene　海头红烯　03.0556

plot of fish condition forecasting　海洋渔情预报图，*渔况图　03.1110

plot of marine plankton biomass　海洋浮游生物量图　03.1112

plot of marine zooplanktion vertical distribution　海洋浮游动物垂直分布图　03.1111

plunging breaker　卷碎波　02.0211

pockmark　麻坑　02.1304

poikilotherm　变温动物，*冷血动物　02.0761

point source pollution　点源污染　02.1487

polar air mass　极地气团　02.0432

polar atmospheric science　极区大气科学　02.1447

polar cap　极盖［区］　02.1443

polar cap absorption　极盖吸收　02.1444

polar daytime　极昼　02.1450

polar front　极锋　02.0467

polar glacier　极地冰川　02.1442

polar glaciology　极区冰川学　02.1446

polar low　极［地］涡［旋］，*极地低压　02.1448

polar night　极夜　02.1449

polar orbit satellite　极轨卫星　03.0917

polar region　极地　02.1441

polar science　极地科学　01.0013

pollutant discharge under certain standard　污染物达标排放　03.1166

polluted seawater corrosion　污染海水腐蚀　03.0347

pollution index　污染指数，*环境质量综合指数　02.1564

pollution organism indicator　污染生物指标　02.1563

pollution source　污染源　02.1510

polochthium　泥滩群落　02.0736

polycarpine　多果海鞘品　03.0515

polyculture　混养　03.0609

polymetal crust　多金属结壳，*钴结壳　03.0277

polymetallic nodule　多金属结核　03.0274

polymetallic sulfide　多金属硫化物　02.1256

polymorphism　多态现象　02.0864

polynya　冰间湖　02.1423

polyphagy　多食性　02.0803

polyploid　多倍体　03.0421

polyploid breeding technique　多倍体育种技术　03.0430

polysaccharide sulfate　藻酸双酯钠　03.0457

polystenohaline species　高狭盐种　02.0757

pond culture　池塘养殖　03.0603

pontoon wharf　浮式码头　03.0035

POP　持久性有机污染物　02.1485

population　种群　02.0738

population dynamics　种群动态　02.0739

porcellana larva　磁蟹幼体　02.0663

pore-fluid model　孔隙–流体模式　02.1315

pore water　孔隙水，*间隙水，*软泥水　02.1242

port　港口　03.0015

port area　港区　03.0022

port back land　港口腹地　03.0030

port boundary　港界　03.0021

port engineering　港口工程　03.0020

port land area　港口陆域　03.0029

port limits　港界　03.0021

port resources　港口资源　04.0138

port terrain　港口陆域　03.0029

potential density　位密　02.0033

potential temperature　位温　02.0020

potential temperature of hydrothermal fluid　热液流体位

温，＊势温度　02.1248

potentional depth　位势深度　02.0100

potentional height　位势高度　02.0099

practical salinity scale of 1978　1978年实用盐标　02.0026

precipitation-dissolution reaction in seawater　海水中沉淀-溶解作用　02.0977

predation　捕食　02.0811

pressure core sampler　保压取芯器　03.0911

pressure exchanger　压力交换器　03.0305

pressure-temperature core sampler　保温保压取芯器　03.0912

pretreatment of the waste　废弃物预处理　03.1158

primary production　初级生产量　02.0779

primary productivity　初级生产力　02.0778

PRIME　海洋环境中浮游生物的反应性研究计划　04.0318

probability of photon survival　＊光子存活概率　02.0371

probiotics　益生菌　03.0631

producer　生产者　02.0776

production rate　生产率　02.0785

profiling float　剖面探测浮标　03.0852

progradation　进积作用　02.1228

Program on the Global Ecology and Oceanography of Harm-

ful Algal Blooms　全球有害藻华的生态学与海洋学研究计划　04.0315

program tracking　程序跟踪　03.0953

progressive wave　前进波　02.0180

prohibited navigation zone　禁航区　04.0051

promontory front　岬角锋　02.1037

promoter of antifreeze protein gene　抗冻蛋白基因启动子　03.0409

propylene glycol alginate　[褐]藻酸丙二醇酯　03.0460

propylene glycol mannurate sulfate　甘糖酯　03.0458

protamine　鱼精蛋白　03.0491

protozoea larva　原溞状幼体　02.0659

prymnesin　定鞭金藻毒素　03.0586

pseudocolor　伪彩色　03.0937

pseudohalophyte　假盐生植物，＊拒盐盐生植物　03.0664

PSP　麻痹性贝毒　03.0580

PSS　藻酸双酯钠　03.0457

psychrophilic bacteria　嗜冷细菌　02.0898

PTCS　保温保压取芯器　03.0912

pteropod ooze　翼足类软泥　02.1206

pycnocline　密度跃层　02.0052

pyramid of production rate　生产率金字塔　02.0883

Q

Q_1-component　Q_1分潮　02.0281

Q_1-constituent　Q_1分潮　02.0281

Q factor　Q因子　02.0378

Qiantang River tidal bore　钱塘江涌潮　02.0308

Qiongzhou Strait　琼州海峡　01.0060

quality standard of domestic seawater　大生活用海水水质标准　03.0375

quasi-geostrophic current　准地转流　02.0086

quasi-geostrophic flow　准地转流　02.0086

quay　码头　03.0033

R

radar altimeter　雷达高度计　03.0964

radiance　辐亮度，＊辐射度　02.0384

radiant energy flux　＊辐射能通量　02.0380

radiant flux　辐射通量　02.0380

radiant intensity　辐射强度　02.0381

radiation balance　辐射平衡　02.0505

radiation budget　辐射收支，＊辐射差额　02.0506

radiation flux　辐射通量　02.0380

radiation fog　辐射雾　02.0486

radiation intensity　辐射强度　02.0381

radiative transfer equation for sea water　水下光辐射传输方程　02.0392

radioactive isotopes in ocean　海洋中放射性元素同位素　02.0949

radioactive pollutant　放射性污染物　02.1491

radioactive waste　放射性废物　02.1489

radiolarian ooze　放射虫软泥　02.1209

raft culture　筏式养殖　03.0607

rafted ice　重叠冰　03.1044

rainbow trout gonad cell line　虹鳟鱼生殖腺细胞系　03.0410

rare species　稀有种　02.0710

ratio of current distribution　分流比　02.1030

ratio of nitrogen to phosphorus in seawater　海水中氮磷比　02.0944

ratio of sediment distribution　分沙比　02.1031

recirculating seawater cooling system　海水循环冷却系统　03.0339

recovery rate　水回收率　03.0301

recruitment stock　补充群体　02.0854

rectilinear current　往复流　02.0300

red appendages disease of prawn　对虾红腿病　03.0627

red clay　＊红黏土　02.1210

Red Sea　红海　01.0050

red seabream fin cell line　真鲷鳍细胞系　03.0413

red tide　赤潮　04.0217

red tide disaster　赤潮灾害　04.0197

red tide monitoring　赤潮监测　04.0223

red tide organism　赤潮生物　04.0219

red tide remote sensing　赤潮遥感　03.0934

reduction of oceanographic element　海洋要素反演　03.0936

reef　礁　02.1180

reef flat　礁滩　02.1117

reef front　礁前　02.1118

reflectance　反射率　02.0360

reflected wave　反射波　02.0183

refracted wave　折射波　02.0184

regenerated productivity　再生生产力　02.0890

regime of archipelagic waters passage　群岛水域通过制度　04.0046

regional oceanography　区域海洋学　01.0012

regression　海退　02.1159

regular wave　规则波　02.0178

Regulations of the People's Republic of China on Management of the Foreign-related Marine Scientific Research　中华人民共和国涉外海洋科学研究管理规定　04.0119

relict sediment　残留沉积[物]　02.1226

relict smoker　残留烟囱　02.1264

remotely piloted vehicle miner　遥控穿梭自动采矿车　03.0282

remote-operated vehicle　遥控潜水器　03.0167

remote sensing of ocean wave　海洋波浪遥感　03.0927

remote sensing of sea surface roughness　海面粗糙度遥感　03.0923

remote sensing of sea surface wind　海面风遥感　03.0922

remote sensing of significant wave height　有效波高遥感　03.0926

remote-sensing reflectance　遥感反射率　02.0375

remote sensor　遥感器　03.0938

removal of duplication marine data　海洋资料排重　03.1061

renewable marine resources　海洋可再生资源　04.0132

renierone　矶海绵酮　03.0504

repairing quay　修船码头　03.0063

repeated diving　反复潜水，＊重复潜水　03.0732

report on assessment for marine environmental impact　海洋环境影响评价报告书　04.0024

research vessel　调查船　03.0806

residence time of elements in seawater　海洋中元素逗留时间　02.1009

residual chlorine corrosion　残余氯腐蚀　03.0349

residual current　余流　02.0131

residual level　残毒含量　02.1538

residue accumulation　残毒积累　02.1539

resources of sea water　海水资源　04.0136

resting cell　休眠孢子　02.0848

resting egg　休眠卵　02.0841

resting spore　休眠孢子　02.0848

resuspension　再悬浮　02.1195

retrieval of oceanographic element　海洋要素反演　03.0936

retrogradation　退积作用　02.1229

returning flow weather　回流天气　02.0477

return period　重现期　03.0091

reverberation　交混回响　03.0823

reverse osmosis membrane　反渗透膜　03.0288

reverse osmosis　反渗透　03.0286

reversible marine environmental impact　可恢复的海洋环境影响　03.1127

reversing thermometer　颠倒温度表　03.0841

reversing water sampler　颠倒采水器　03.0900

rheotaxis　趋流性　02.0771

Ria coast　里亚[型]海岸　02.1136

ridge　冰脊　03.1026

RIDGE　洋中脊跨学科全球实验　04.0309

Ridge Inter-Disciplinary Global Experiments　洋中脊跨学科全球实验　04.0309

rift system　裂谷系　02.1370

right of archipelagic sea lanes passage　群岛海道通过权　04.0045

right of hot pursuit　紧追权　04.0050

right of sea area use　海域使用权　04.0014

right of the sea　海洋权　04.0039

right of visit　登临权, *临检权　04.0055

ringing　鸣震　03.0822

rip channel　裂流水道　02.1124

rip current　裂流　02.0113

ripple　涟[漪]波　02.0172

rise　海隆　02.1366

riser　立管　03.0127

river-born substance　河源物质　02.1187

river-dominated delta　河控三角洲　02.1063

river mouth　河口　02.1029

river mouth bar　拦门沙　02.1056

river mouth shoal　拦门沙　02.1056

RO　反渗透　03.0286

roll　横摇　03.0099

Ronne Ice Shelf　龙尼冰架　02.1453

ro-on/ro-off ship　滚装船　03.0060

rosette water sampler　多瓶采水器　03.0901

Rossby wave　罗斯贝波　02.0521

Ross Ice Shelf　罗斯冰架　02.1455

rotary current　旋转流　02.0299

rotational culture　轮养　03.0610

route investigation　路由调查　03.0810

route survey　路由调查　03.0810

ROV　遥控潜水器　03.0167

RSBF　真鲷鳍细胞系　03.0413

RTG　虹鳟鱼生殖腺细胞系　03.0410

run-up　波浪爬高　02.0186

S

safe concentration　安全浓度, *容许浓度　02.1535

salcalcitonin　鲑降钙素　03.0499

saline water intrusion　盐水入侵界　02.1051

salinity　盐度　02.0025

salinity tongue　盐舌　02.0029

salinocline　盐跃层　02.0051

salinometer　[实验室]盐度计　03.0847

salt-dilution halophyte　*稀盐盐生植物　03.0662

salt finger　盐指　02.0030

salt marsh　盐沼　02.1155

salt marsh organism　盐沼生物　03.0653

salt marsh plant　盐沼植物　03.0656

salt passage　盐透过率　03.0297

salt plant　盐土植物　03.0655

salt rejection　脱盐率　03.0300

salt-resistant breed　抗盐品种　03.0673

salt water cooling tower　海水冷却塔　03.0369

salt water wedge　盐[水]楔　02.1161

salt wedge estuary　高度分层河口, *盐水楔河口　02.1053

salvage　打捞　03.0154

sand　砂　02.1189

sand bypassing　旁通输沙　03.0012

sand ripple　沙纹　02.1125

sand spit　沙嘴　02.1104

sand wave　沙波, *沙浪　02.1126

SAR　合成孔径雷达　03.0965

sarganin　马尾藻素　03.0532

SAS　合成孔径声呐　03.0883

satellite coverage　卫星覆盖范围　03.0948

satellite ground receive station　卫星地面[接收]站　03.0947

satellite measurement of mesoscale eddies　海洋中尺度涡遥感　03.0933

satellite navigation system　卫星导航系统　03.0075

satellite oceanic observation system　卫星海洋观测系统　03.0919

satellite oceanography　卫星海洋学　03.0913

satellite ocean remote sensing　卫星海洋遥感　03.0918

saturated bittern　饱和卤　03.0383

saturation　饱和　03.0704

saturation diving　饱和潜水　03.0726

saturation of inert gas　惰性气体饱和　03.0705

saxitoxin　石房蛤毒素　03.0577

scalar irradiance　标量辐照度　02.0388

scale-control　结垢控制　03.0358

scale inhibitor 阻垢剂 03.0360

SCAR 南极研究科学委员会 04.0295

scatterance 散射率,＊散射比 02.0362

scattering coefficient 散射系数 02.0366

scattering phase function 散射相函数 02.0368

scavenging action of element in seawater 海水中元素清除作用 02.1010

science of marine resources 海洋资源学 04.0131

Scientific Committee on Antarctic Research 南极研究科学委员会 04.0295

Scientific Committee on Oceanic Research 海洋研究科学委员会 04.0288

S_2-component S_2 分潮 02.0277

S_2-constituent S_2 分潮 02.0277

SCOR 海洋研究科学委员会 04.0288

Scott Glacier 斯科特冰川 02.1482

scymnol 鲨胆甾醇,＊鲨胆固醇 03.0498

scytophycin 伪枝藻素 03.0549

sea 海 01.0036

sea area 海域 02.0008

sea area weather forecast 海区天气预报 03.0971

sea bacteriology 海洋细菌学 02.0892

seabed 海床 04.0056

sea bed controlled source electromagnetic method 海底可控源电磁法 02.0424

sea bed electric field survey 海底电场测量 02.0422

sea bed magnetic survey 海底磁测 02.0421

seaborne magnetic survey 海上磁测 02.0420

sea breeze 海风 02.0478

sea cave 海蚀穴,＊海蚀洞 02.1115

sea cliff 海蚀崖 02.1112

seacoast 海岸 02.1070

sea condition 海况 02.0218

sea corridor 海上走廊,＊海道 04.0063

sea damage 海损 04.0195

sea dike 海堤 03.0004

seadrome 海上机场 03.0173

sea electric current 海洋电流 02.0411

sea electric field 海洋电场 02.0412

sea electromagnetic noise 海洋电磁噪声 02.0418

seafaring diseases 航海疾病 03.0794

sea flooding surface 海泛面 03.0206

seafloor spreading 海底扩张 02.1374

seafloor template 海底基盘 03.0264

sea fog 海雾 02.0483

sea grass bed 海草场 02.0879

sea harbor 海港 03.0016

sea ice 海冰 02.0312

sea ice amount 冰量 03.1045

sea ice condition 冰情 03.1042

sea ice disaster 海冰灾害 04.0196

sea ice forecast 海冰预报 03.1039

sea ice observation 海冰观测 03.0804

sea ice remote sensing 海冰遥感 03.0920

sea-land breeze 海陆风 02.0480

sea level change 海平面变化 02.0241

sea level rise disaster 海平面上升灾害 04.0199

sea magnetic field 海洋磁场 02.0413

seaman's adaptation 船员适应性 03.0790

seamount 海[底]山 02.1176

sea noise 海洋噪声 02.0331

sea notch ＊海蚀[壁]龛 02.1115

Sea of Okhotsk 鄂霍茨克海 01.0042

sea perch heart cell line 鲈鱼心脏细胞系 03.0412

sea plateau 海底高原 02.1175

seaport 海港 03.0016

seaport quarantine 海港检疫 03.0793

sea reclamation works 围海工程 03.0077

sea salt 海盐 03.0389

seashore 海滨 02.1074

seashore mountain landscape 海滨山岳景观 04.0254

seashore swimming ground 海滨浴场 04.0257

seasickness 晕船 03.0787

seasonal ice zone 季节性冰带 02.1451

seasonal thermocline 季节性温跃层 02.0046

seasonal variation 季节变化 02.0745

sea spray 海洋飞沫 02.0499

sea stack 海蚀柱 02.1116

sea state 海况 02.0218

sea surface albedo 海面反照率 02.0509

sea surface height remote sensing 海平面高度遥感 03.0935

sea surface irradiance 海面入射辐照度 02.0391

sea surface layer 近海面层 02.0492

sea surface radiation 海面辐射 02.0508

sea surface roughness 海面粗糙度 02.0503

sea surface temperature 海面水温 02.0019

sea surface temperature anomaly forecast 海水温度距平

预报 03.1009

sea surface temperature anomaly forecast pattern 海水温度距平预报图 03.1011

sea surface temperature forecast pattern 海水温度预报图 03.1010

seawall 海堤 03.0004

sea wave 海浪 02.0152

seawater 海水 02.0009

seawater agriculture 海水农业 03.0676

seawater alkalinity 海水碱度 02.0954

seawater-biology interface reaction 海水-生物界面作用 02.0985

seawater conductivity 海水电导率 02.0405

seawater cooling system 海水冷却系统 03.0337

seawater corrosion 海水腐蚀 03.0340

seawater density 海水密度 02.0031

seawater desalination industry 海水淡化业 04.0176

seawater direct utilization 海水直接利用 03.0336

seawater direct utilization industry 海水直接利用业 04.0177

seawater drowning 海水溺水 03.0795

seawater fluorometer 海水荧光计 03.0865

seawater immersion 海水浸泡 03.0796

seawater intrusion disaster 海水入侵灾害 04.0201

seawater-irrigated crop 海水灌溉作物 03.0675

seawater irrigation agriculture *海水灌溉农业 03.0676

seawater permeability 海水磁导率 02.0407

seawater pH 海水 pH 02.0953

seawater quality standard 海水水质标准 02.1523

seawater resistivity 海水电阻率 02.0406

seawater salinity gradient energy 海水盐差能 03.0697

seawater salinity gradient energy generation 海水盐差发电 03.0698

seawater salinity remote sensing 海水盐度遥感 03.0925

seawater scatterance meter 海水光散射仪 03.0860

seawater-sediment interface reaction 海水-沉积物界面作用 02.0983

seawater state equation 海水状态方程 02.0080

seawater-suspended particle interface reaction 海水-悬浮粒子界面作用 02.0984

seawater temperature forecasting 海水温度预报 03.1006

seawater trace material extraction sample 海水痕量物质萃取器 03.0902

seawater transmittance 海水透过率 02.0359

seawater transmittance meter 海水透射率仪 03.0858

seawater transparency 海水透明度 02.0358

seawater treatment system 海水处理系统 03.0243

seawater turbidity meter 海水浊度仪 03.0859

sea-weed bed 海藻床 02.0878

seaweed corrosion 海藻腐蚀 03.0365

Secchi disk 海水透明度盘 03.0862

secondary environment 次生环境 02.0882

secondary pollution 二次污染 02.1488

secondary production 次级生产量 02.0782

secondary productivity 次级生产力 02.0780

secretohalophyte 泌盐盐生植物 03.0663

sectional observation 断面观测 03.0809

sediment 沉积物 02.1185

sedimentary organism 沉积生物 02.0649

sedimentation 沉积作用 02.1225

sedimentation rate 沉积速率 02.1213

sediment barrier 防沙堤，*拦沙堤 03.0049

sediment content remote sensing 泥沙含量遥感 03.0931

sediment dynamics 沉积动力学 02.1014

sediment flux 沉积物通量 02.1214

sediment trap 沉积物捕获器 03.0910

seiche 假潮，*静振 02.0306

seiche disaster 假潮灾害 04.0193

semi-diurnal current 半日潮流 02.0297

semi-diurnal tide ［正规］半日潮 02.0285

semi-drain time for lives 生物半排出期 02.1553

semi-range 半潮差 02.0255

semi-submersible drilling rig 半潜式钻井平台 03.0257

sensible heat 感热 02.0495

sequence 层序 03.0208

sessile epifaunal community 底上固着生物群落 02.0734

sessile organism 固着生物 02.0750

severe ice period 盛冰期 03.1037

severe tropical storm 强热带风暴 02.0460

severe tropical storm warning 强热带风暴警报 03.0976

sex control technique 性别控制技术 03.0434

shallow sea sound channel 浅海声道 02.0320

shallow water acoustic propagation 浅海声传播 02.0316

shallow water component 浅海分潮 02.0271

shallow water fauna 浅海动物 02.0586

shallow water species 浅水种 02.0697

shallow water wave 浅水波 02.0174

sheet pile 板桩 03.0044

shelf ecosystem 陆架生态系统 02.0718

shelf fauna 陆架动物 02.0584

shelf wave ［大］陆架波 02.0195

shellfish contagious virus 贝类传染病毒 02.1537

shellfish toxin 贝［类］毒［素］ 03.0579

sheltered waters 掩护水域 03.0026

shimmering water 闪微光水 02.1275

shipboard spectrophotometer 船用分光光度计 03.0866

ship-building berth 船台 03.0064

ship habitability 船舶居住性 03.0792

ship model towing tank 拖曳船模试验池 03.0165

ship observation 船舶观测 03.0967

ship of opportunity program 顺路观测船计划，＊随机观测船计划 03.0811

ship technical management 舰艇技术管理 04.0235

ship wave 船行波 02.0148

ship wave observation 船舶海浪观测 03.0993

shipyard 船厂 03.0062

shoal 浅滩 02.1127

shoaling factor 浅水系数 02.0177

shore ＊滨 02.1074

shore barrier 滨外沙坝 02.1102

shore lead 岸边水道 03.1034

shore mining technology 海滨采矿技术 03.0204

shore protection engineering 护岸［工程］ 03.0003

shore reef 岸礁，＊裾礁 02.1120

short baseline positioning ＊短基线定位 03.0870

shuga 海绵状冰 03.1016

side-scan sonar 侧扫声呐 03.0880

side-slope protection work 护坡 03.0008

sighting range in water 水中视程 02.0404

sigma-t ＊条件密度 02.0034

silicate in seawater 海水中硅酸盐 02.0945

siliceous chimney 硅质烟囱 02.1273

siliceous ooze 硅质软泥 02.1207

sill 海槛 02.1174

silt 粉砂 02.1190

simulated diving 模拟潜水 03.0731

single anchor leg 单锚腿 03.0119

single-point mooring 单点系泊 03.0116

single scattering albedo 单次散射比 02.0371

single stage flash distillation 单级闪蒸 03.0324

sinking coast 下沉海岸，＊海侵海岸 02.1144

sinking well 沉井 03.0042

sinulariolide 短指软珊瑚内酯 03.0529

skirt plate 裙板 03.0134

slack 憩流 02.0302

slack water 憩流 02.0302

slide adhesion method 附生玻片法 02.0907

slime 生物黏泥 03.0368

slipway 滑道 03.0065

slope current 坡度流 02.0096

slope destabilized 陆坡失稳 02.1316

sloping breakwater 斜坡式防波堤 03.0053

slow spreading 慢速扩张 02.1281

slurry adsorption 浆式吸附 03.0399

slush 黏冰 03.1015

Smith-McIntyre mud sampler 弹簧采泥器 03.0909

smoker body 烟囱体 02.1263

SO 南方涛动 02.0517

sodium alginate 褐藻酸钠，＊褐藻胶 03.0462

SOFAR channel 深海声道 02.0321

solar desalination 太阳能淡化 03.0334

solar diurnal tide 太阳全日潮 02.0266

solarization 日晒法 03.0386

solar tide 太阳潮 02.0268

solidification of the radioactive wastes 放射性废弃物固化 03.1165

solid waste 固体废物 02.1495

solid waste pollution 固体废物污染 02.1496

solitary wave 孤立波 02.0173

sonar 声呐 02.0337

SOOP 顺路观测船计划，＊随机观测船计划 03.0811

sound absorption in sea water 海水声吸收 02.0341

sound channel 声道 02.0319

sound navigation and ranging 声呐 02.0337

South American Plate 南美洲板块 02.1350

South Atlantic Current 南大西洋海流 02.1459

South China Sea 南海 01.0040

South China Sea Coastal Current 南海沿岸流 02.0118

South China Sea depression 南海低压 02.0445

South China Sea Warm Current 南海暖流 02.0124

Southern Ocean 南大洋，＊南冰洋 01.0035

southern oscillation 南方涛动 02.0517

south magnetic pole 南磁极，＊磁南极 02.1458

South Pole 南极 02.1460

sovereign rights over continental shelf 大陆架的主权权利

04.0041

sovereignty in the territorial sea 领海主权 04.0040

sparker 电火花震源 03.0887

spar〔platform〕 立柱浮筒式平台 03.0261

spatial arrangement of marine resource exploitation 海洋资源开发布局 04.0146

spatial resolution 空间分辨率 03.0944

spawning migration 产卵洄游, *生殖洄游 02.0829

special marine protected area 海洋特别保护区 04.0037

special permits 特别许可证 04.0028

specific absorption 比吸收系数 02.0365

specificity 特异性 02.0867

specific volume anomaly 比容偏差 02.0036

specific volume in situ 现场比容 02.0035

spectral irradiance 光谱辐照度 02.0383

spectral radiance 光谱辐亮度 02.0385

spectral resolution 光谱分辨率 03.0945

spermaceti wax 鲸蜡 03.0473

spermidine 亚精胺, *精脒 03.0560

SPH 鲈鱼心脏细胞系 03.0412

spherical irradiance 球照度 02.0389

spilling breaker 崩碎波 02.0209

spit 沙嘴 02.1104

SPM 单点系泊 03.0116

spongosine 海绵核苷 03.0509

spongothymidine 海绵胸腺嘧啶 03.0507

spongouridine 海绵尿核苷 03.0508

spring range 大潮差 02.0256

spring rise 大潮升 02.0259

spring tidal current 大潮潮流 02.0296

spring tide 大潮 02.0248

squalene 〔角〕鲨烯 03.0497

stable isotopes in ocean 海洋中稳定同位素 02.0948

stagnant event 滞流事件 02.1240

standard for marine spatial data exchange 海洋空间数据交换标准 03.1090

standard mean ocean water 标准平均大洋水 02.0925

standard processing of marine data 海洋资料标准化处理 03.1065

standard seawater 标准海水 02.0924

standing crop 现存量 02.0821

standing stock 蕴藏量 02.0850

standing wave 驻波 02.0181

stand of tide 停潮 02.0246

statistical wave forecast 海浪统计预报 03.1001

steady state of marine chemistry 海洋稳态 02.1000

stelletin 星芒海绵素 03.0503

stenobathic organism 狭深生物 02.0763

stenohaline species 狭盐种 02.0755

stenothermal species 狭温种 02.0760

stenotopic species 狭分布种 02.0691

stichloroside 绿刺参苷 03.0526

still tide 平潮 02.0247

stock assessment 资源评估 02.0851

stock enhancement 资源增殖 02.0852

stock work sulfide 网状脉硫化物 02.1260

storage yard 港口堆场, *港区堆场 03.0039

storm center 风暴中心 02.0465

storm deposit 风暴沉积〔物〕 02.1193

storm of Bay of Bengal 孟加拉湾风暴 02.0464

storm surge 风暴潮 03.0982

storm surge disaster 风暴潮灾害 04.0190

storm surge forecasting 风暴潮预报 03.0985

storm surge warning 风暴潮警报 03.0984

straight baseline 直线基线 04.0093

strain 菌株 02.0681

strait 海峡 01.0057

Strait of Gibraltar 直布罗陀海峡 01.0068

Strait of Malacca 马六甲海峡 01.0066

stranded ice 搁浅冰 03.1027

stratified ocean 层化海洋 02.0010

stratiform sulfide 层状硫化物 02.1258

structure H hydrate H型结构水合物 02.1290

structure I hydrate I型结构水合物 02.1288

structure II hydrate II型结构水合物 02.1289

structure of liquid water 液态水结构 02.0918

structure of the biotic community 群落结构 02.0737

subadult 亚成体, *次成体 02.0847

subaqueous delta 水下三角洲 02.1062

subbottom profiler 海底地层剖面仪 03.0881

subbottom tunnel 海底隧道 03.0164

subcold zone species 亚寒带种 02.0699

subduction 潜沉 02.0049

subduction plate 俯冲板块 02.1384

subduction zone 俯冲带 02.1382

subergorgin 柳珊瑚酸 03.0519

submarine bar 水下坝 02.1100

submarine canyon 海底峡谷 02.1172

submarine defense identification zone 反潜识别区 04.0251

submarine deposit conductivity 海底沉积物电导率 02.0408

submarine deposit permeability 海底沉积物磁导率 02.0410

submarine deposit resistivity 海底沉积物电阻率 02.0409

submarine electric field 海底电场 02.0414

submarine hot spring 海底热泉，*洋底热泉 02.1243

submarine hydrothermal solution 海底热液 02.1245

submarine hydrothermal sulfide 海底热液硫化物 02.1253

submarine magnetic field 海底磁场 02.0415

submarine magnetotelluric field 海底大地电磁场 02.0417

submarine mineral resources 海底矿产资源 04.0135

submarine mining 海底采矿 03.0193

submarine plateau 海底高原 02.1175

submarine production control system 水下采油控制系统 03.0238

submarine rescue 潜艇艇员水下救生 03.0775

submarine resources 海底资源 04.0141

submarine self potential 海底自然电位 02.0416

submarine sulfur deposit 海底硫矿 03.0184

submarine sulfur mine 海底硫矿 03.0184

submarine sulfur mining 海底采硫 03.0202

submarine tectonics 海底构造学 02.1016

submarine valley 海[底]谷 02.1372

submarine view 海底观光 04.0258

submerged buoy 潜标 03.0815

submerged coast 下沉海岸，*海侵海岸 02.1144

submerged dike 潜堤 03.0007

submerged pipeline 海底管道 03.0121

submersible 潜水器 03.0166

submersible drilling platform 坐底式钻井平台 03.0255

sub-polar climate 副极地气候，*亚寒带气候 02.0552

subpopulation 亚种群，*种下群 02.0740

subsea beacon 水下信标 03.0106

subsea bedrock ore mining 海底基岩矿开采 03.0203

subsea blowout prevented system 海底防喷器系统 03.0266

subsea oil-gas pipeline 海底输油气管道 03.0244

subsea positioning system 水下定位系统 03.0249

subsea production 水下采油 03.0237

subsea production system 水下采油系统 03.0272

subsea storehouse 海底仓库 03.0175

subsea well completion 海底完井 03.0273

subsea wellhead system 水下井口系统 03.0265

subsoil 底土 04.0057

substance global biogeochemical circulation 物质全球生物地球化学循环 02.1001

substance species in seawater 海水中化学存在形式 02.0958

subtidal zone 潮下带 02.1089

subtropical anticyclone 副热带高压 02.0452

subtropical convergence zone 副热带辐合带 02.0074

subtropical high 副热带高压 02.0452

subtropical mode water 副热带模态水 02.0072

subtropical species 亚热带种 02.0702

succession 演替 02.0744

sulfate reducing bacteria corrosion 硫酸盐还原菌腐蚀 03.0367

sulfide deposit 硫化物堆积体 02.1254

sulfur circulation 硫循环 02.1006

sulphide community 海底热液生物群落 02.0735

summer egg 夏卵，*单性卵 02.0843

summer monsoon 夏季风 02.0554

sun synchronous orbit 太阳同步轨道 03.0915

super-male fish 超雄鱼 03.0438

supersaturation safety coefficient 过饱和安全系数 03.0706

supporting structure 支承结构 03.0123

supralittoral zone 潮上带 02.1087

supratidal zone 潮上带 02.1087

surface adsorption 表面吸附 02.0991

surface comphoteric ionigation 表面双性解离 02.0994

surface complex 表面络合物 02.0989

surface electric charge of colloid in seawater 海水中胶体表面电荷 02.0973

surface free energy 表面自由能 02.0993

surface ion exchange 表面离子交换 02.0992

surface microlayer model of seawater 海水微表层模型 02.0995

surface potential 表面电位 02.0988

surface scattering 海面声散射 02.0327

surfing 冲浪 04.0261

surge 纵荡 03.0104

surging breaker　激碎波　02.0210

surugatoxin　骏河毒素　03.0574

survival craft　救生载具　03.0152

survival rate　存活率　02.0855

suspended load　＊悬移质　02.1186

suspended matter　悬浮体　02.1186

sustainable utilization of marine resources　海洋资源持续利用　04.0149

suture zone　地缝合线　02.1400

swash　爬升波，＊上冲波　02.0185

swash height　波浪爬高　02.0186

sway　横荡　03.0103

swell　涌浪　02.0154

symbiosis　共生　02.0742

sympatry　同域分布　02.0682

synoptic system　天气系统　02.0430

synthetical diving system　综合潜水系统　03.0770

synthetic aperture radar　合成孔径雷达　03.0965

synthetic aperture sonar　合成孔径声呐　03.0883

system of exploration and exploitation in the international seabed area　国际海底区域勘探开发制度　04.0054

system tract　体系域　03.0207

syzygial tide　朔望潮　02.0269

T

tadpole larva　蝌蚪幼体　02.0676

tagging recapture method　标记重捕法　03.0645

Taiwan Strait　台湾海峡　01.0059

Taiwan Warm Current　台湾暖流　02.0123

tanghinoside　海杧果苷，＊毒海果苷　03.0555

tar ball　焦油球，＊沥青球　02.1505

taurine　牛磺酸，＊牛胆碱　03.0534

TCF　温度校正系数　03.0299

technique of marine information acquisition　海洋信息采集技术　03.1057

technique of marine information service　海洋信息服务技术　03.1114

technology of marine mineral resources exploitation　海洋矿产资源开发技术　01.0016

technology of ocean energy exploitation　海洋能开发技术　01.0019

technology of sea water resources exploitation　海水资源开发技术　01.0017

tectonostratigraphic terrane　地体，＊构造地层地体　02.1330

telemedicine at sea　海上远程医疗　03.0797

temperate species　温带种　02.0693

temperate zooplankton　温带浮游动物　02.0612

temperature correction factor　温度校正系数　03.0299

temperature in situ　现场温度　02.0018

temporal distribution of chemical elements in ocean　海洋中化学元素时间分布　02.0952

tension leg platform　张力腿平台　03.0260

terrigenous organic matter　陆源有机物　02.1531

terrigenous pollutant　陆源污染物　02.1530

terrigenous sediment　陆源沉积［物］　02.1216

territorial sea　领海　04.0086

territorial sea base point　领海基点　04.0090

test of marine organism toxicity　海洋生物毒性试验　02.1540

Tethys　特提斯海，＊古地中海　02.1401

tetraploid　四倍体　03.0420

tetraploid breeding technique　四倍体育种技术　03.0429

tetrodotoxin　河鲀毒素　03.0562

thematic chart　专题海图　03.1108

theory on electrical double layer in seawater　双电层理论　02.0987

thermal origin methane　热解成因甲烷　02.1302

thermistor chain　温度链，＊测温链　03.0844

thermocline　温跃层　02.0044

thermocline thickness chart　温跃层厚度图　03.1100

thermocline upper-bounds depth chart　温跃层上界深度图　03.1099

thermogenic methane　热解成因甲烷　02.1302

thermohaline circulation　热盐环流　02.0090

thermohaline convection　热盐对流　02.0041

thermophilic bacteria　嗜热细菌　02.0899

thermophilic organism　适温生物　02.0758

thermosteric anomaly　热比容偏差　02.0037

thermotaxis　趋温性　02.0770

thigmotaxis　趋触性　02.0772

thin-film composite　复合膜　03.0290

tidal age　潮龄　02.0234

tidal analysis 潮汐调和分析 02.0231

tidal bore 涌潮 02.0307

tidal bore watching 观潮 04.0260

tidal channel 潮汐通道 02.1128

tidal component 分潮 02.0270

tidal constituent 分潮 02.0270

tidal correction 潮汐改正 03.0834

tidal creek 潮沟 02.1131

tidal current 潮流 02.0293

tidal current energy 潮流能 03.0686

tidal current generation 潮流发电 03.0687

tidal current limit 潮流界 02.1050

tidal current rose 潮流玫瑰图 03.1102

tidal datum 潮汐基准面 02.0237

tidal ellipse 潮流椭圆 02.0298

tidal energy 潮汐能 03.0684

tidal flat 潮滩, *潮坪 02.1130

tidal flat culture 滩涂养殖 03.0605

tidal flat sediment 潮坪沉积物, *潮滩沉积 02.1192

tidal inlet 潮汐汊道 02.1129

tidal limit 潮区界, *感潮河段上界 02.1049

tidal mixing 潮混合 02.0042

tidal power station 潮汐电站 03.0685

tidal prism 潮棱体 02.1058

tidal residual current 潮[致]余流 02.0309

tidal wave 潮波 02.0303

tide 潮汐 02.0228

tide crack 潮汐裂隙 03.1032

tide-dominated delta 潮控三角洲 02.1065

tide gauge 验潮仪 03.0855

tide gauge well 验潮井 03.0856

tide-generating force 引潮力 02.0261

tide-induced residual current 潮[致]余流 02.0309

tide level 潮位 02.0239

tide potential 引潮[力]势 02.0262

tide-producing force 引潮力 02.0261

tide range 潮差 02.0254

tide rise 潮升 02.0258

tide sluice 挡潮闸 03.0014

tide staff 水尺 03.0857

tide table 潮汐表 03.1105

tidology 潮汐学 02.0229

TLP 张力腿平台 03.0260

tolytoxin 单歧藻毒素 03.0585

tombolo 连岛坝 02.1105

topographic Rossby wave 地形罗斯贝波 02.0198

total amount control of pollutant 污染物总量控制 03.1163

total immersion test 全浸实验 03.0351

total nitrogen in seawater 海水中总氮 02.0936

total phosphorus in seawater 海水中总磷 02.0943

total scattering coefficient *总散射系数 02.0366

towed CTD 拖曳式温盐深测量仪 03.0846

toxic red tide 有毒赤潮 04.0221

trace elements in seawater 海水中痕量元素 02.0947

trade wind current *信风海流 02.0092

traditional marine industry 传统海洋产业 04.0158

traditional sea boundary 传统海疆线, *断续疆界线, *九段线 04.0081

traffic separation scheme 分道通航制 04.0103

training mole 导[流]堤 03.0050

training works 整治工程 03.0068

Trans-Antarctic Mountains 横贯南极山脉, *南极横断山脉 02.1440

transfer chamber 过渡舱 03.0784

transfer function 转换函数 02.1323

transformation of pollutant 污染物转化 03.1157

transform boundary 转换边界 02.1359

transform fault 转换断层 02.1361

transgenic crop with salt-resistance 抗盐转基因作物 03.0674

transgenic fish 转基因鱼 03.0408

transgenic organism 转基因生物 03.0407

transgression 海侵, *海进 02.1158

transit passage 过境通行 04.0049

transport and fate of marine pollutant 海洋污染物的迁移转化 02.1526

transverse coast *横向海岸 02.1132

trapped mode 俘能波, *陷波 02.0201

trapped wave 俘能波, *陷波 02.0201

treatment technology of domestic seawater by ecosystem pond 大生活用海水生态塘处理技术 03.0377

trench 海沟 02.1378

trench-arc-basin system 沟弧盆系 02.1377

trestle 栈桥 03.0037

triacetonamine 三丙酮胺 03.0516

trilobite larva 三叶幼体 02.0672

triploid 三倍体 03.0419

triploid breeding technique 三倍体育种技术 03.0428

trochoidal wave 余摆线波 02.0203

trochophore larva 担轮幼体 02.0673

trophic level 营养级 02.0783

trophic structure 营养结构 02.0784

tropical air mass 热带气团 02.0433

tropical cyclone 热带气旋 02.0456

tropical cyclone warning 热带气旋警报 03.0974

tropical depression 热带低压 02.0458

tropical disturbance 热带扰动 02.0457

tropical marine air mass 热带海洋气团 02.0436

tropical species 热带种 02.0703

tropical storm 热带风暴 02.0459

tropical storm warning 热带风暴警报 03.0975

tropical submergence 热带沉降 02.0692

tropical waters 热带水域 02.0075

tropical zooplankton 热带浮游动物 02.0613

trough 海槽 02.1380

trough of low pressure 低压槽 02.0438

Truman Proclamation 杜鲁门公告 04.0121

T-S diagram 温-盐图解，*温-盐关系图，*T-S 关系图 02.0058

tsunami 海啸 02.0149

tsunami disaster 海啸灾害 04.0192

Tsushima Channel 对马海峡 01.0064

Tsushima Current 对马海流 02.0125

TTX 河鲀毒素 03.0562

tubicolous animal 管栖动物 02.0628

tubular element 管状构件 03.0132

tubular joint 管结点 03.0133

tubular pile 管柱 03.0043

tundra anticyclone 冰原反气旋 02.1429

tundra soil 冰沼土 02.1430

turbidite 浊积物 02.1221

turbidity current 浊流 02.1196

turbidity maximum 河口最大浑浊带，*河口最大浊度带 02.1034

turbulent flux 湍流通量 02.0497

turn of tidal current 转流 02.0301

turnover rate 周转率 02.0853

two-flow equation 二流方程，*双流方程 02.0393

tychoplankton 偶然浮游生物 02.0599

typhoon 台风 02.0461

typhoon disaster 台风灾害 04.0215

typhoon eye 台风眼 02.0463

typhoon surge emergency warning 台风风暴潮紧急警报 03.0991

typhoon surge forecasting 台风风暴潮预报 03.0989

typhoon surge warning 台风风暴潮警报 03.0990

typhoon warning 台风警报 03.0977

U

ultimate productivity 终级生产力，*三级生产力 02.0781

ultra-abyssal fauna 超深渊动物 02.0589

ultra-abyssal zone 超深渊带 02.1086

ultrafiltration membrane culture method 超滤膜萌发法 02.0906

ultrashort baseline positioning *超短基线定位 03.0870

undercurrent 潜流 02.0103

undersea barite mine 海底重晶石矿 03.0190

undersea coal field *海底煤田 03.0188

undersea coal mine 海底煤矿 03.0188

undersea electric cable 海底电缆 03.0162

undersea iron deposit 海底铁矿 03.0187

undersea iron mine 海底铁矿 03.0187

undersea leveling 海底平整 03.0147

undersea light cable 海底光缆 03.0163

undersea manganese nodule belt 海底锰结核带 03.0280

undersea military base 海底军事基地 03.0176

undersea pipeline 海底管道 03.0121

undersea potassium salt deposit 海底钾盐矿 03.0186

undersea potassium salt mine 海底钾盐矿 03.0186

undersea power station 海底电站 03.0177

undersea rock salt and potassium salt mining 海底岩盐和钾盐矿开采 03.0201

undersea rock salt deposit 海底岩盐矿 03.0185

undersea rock salt mine 海底岩盐矿 03.0185

undersea technology 海洋水下技术 01.0020

undersea teleoperator 水下机器人 03.0140

undersea tin mine 海底锡矿 03.0189

underwater acoustic communication 水下声学通信

03.0871

underwater acoustic positioning 水下声学定位 03.0870

underwater audition 水下听觉 03.0717

underwater blasting 水下爆破 03.0079

underwater blast injury 水下爆炸伤 03.0751

underwater camera 水下照相机 03.0863

underwater communication 水下通信 03.0141

underwater cutting 水下切割 03.0142

underwater electrical shock 水下电击 03.0772

underwater entanglement 水下缠绕 03.0755

underwater exploration 水下勘探 03.0148

underwater habitat 水下居住舱 03.0776

underwater irradiance meter 水下辐照度计 03.0861

underwater medicine 水下医学 03.0719

underwater organisms injury 水下生物伤害 03.0750

underwater physiology 水下生理学 03.0702

underwater pipeline laying 水下铺管 03.0144

underwater radiance distribution 水下光辐射分布 02.0377

underwater robot 水下机器人 03.0140

underwater sound projector 水声发射器 02.0344

underwater sound transducer 水声换能器 02.0343

underwater sound velocimeter 水下声速仪 03.0867

underwater structure 水下结构 03.0122

underwater TV 水下电视机 03.0864

underwater vision 水下视觉 03.0716

underwater welding 水下焊接 03.0143

United Nations Convention on the Law of the Sea 联合国海洋法公约 04.0120

upper layer 上层 02.0014

upright breakwater 直立式防波堤 03.0054

uprush 爬升波, *上冲波 02.0185

upward flow 上升流 02.0108

upward irradiance 上行辐照度 02.0387

upwelling ecosystem 上升流生态系统 02.0716

upwelling irradiance 上行辐照度 02.0387

upwelling 上升流 02.0108

urgent permits 紧急许可证 04.0029

utilization of ocean space 海洋空间利用 04.0017

V

vagile benthos 漫游底栖生物 02.0644

validation 真实性检验 03.0956

vapor compression distillation 压汽蒸馏 03.0321

veliger larva 面盘幼体 02.0675

velocity to height ratio 速高比 03.0943

ventilated thermocline 通风温跃层 02.0048

ventilation 通风 02.0047

ventilative diving 通风式潜水 03.0730

vertical distribution 垂直分布 02.0724

vertical distribution of chemical elements in ocean 海洋中化学元素垂直分布 02.0950

vertical fish finder 垂直探鱼仪 03.0639

vertical haul 垂直拖 02.0794

vertical seismic profiles 垂直地震剖面 03.0839

vertical stability 垂直稳定度 02.0038

vertical tube thin film evaporator 竖管薄膜蒸发器 03.0325

vertical-wall breakwater 直立式防波堤 03.0054

very shallow water wave 极浅水波 02.0175

Vine-Matthews hypothesis 瓦因-马修斯假说 02.1331

viral epidermal hyperplasia 病毒性上皮增生症 03.0621

viral erythrocytic necrosis 病毒性红细胞坏死症 03.0624

viral hemorrhagic septicemia 病毒性出血败血症 03.0616

viral nervous necrosis 病毒性神经坏死病 03.0625

viscid egg 黏性卵 02.0837

visibility 能见度 02.0491

visualization technique of marine information 海洋信息可视化技术 03.1055

volcanic arc 火山弧 02.1391

volcanic sediment 火山沉积[物] 02.1218

volume scattering 体积声散射 02.0329

volume scattering function 体散射函数 02.0367

voluntary observation ship 志愿观测船 03.0812

VOS 志愿观测船 03.0812

VSP 垂直地震剖面 03.0839

warehouse 港区仓库 03.0040

warm current 暖流 02.0119

warm eddy 暖涡 02.0057

warm pool 暖池 02.0076

warm temperate species 暖温带种 02.0701

warm water species 暖水种 02.0696

warm water sphere 暖水圈，*暖水层 02.0061

warm water tongue 暖水舌 02.0022

wash zone 冲刷带 02.1109

water circulation 水循环 02.1002

water color 水色 02.0398

watercraft oil-contaminated water treatment 船舶油污水处理方法 03.1164

water layer ghosting 水层虚反射 03.0825

water-leaving radiance 离水辐亮度 02.0373

water mass 水团 02.0060

water quality evaluation 水质评价 03.1155

water quality model 水质[数学]模型 03.1154

water-rock interaction zone 水-岩反应带 02.1408

water sampler 采水器 03.0899

water scale 水垢 03.0359

water slab correction 水层改正 03.0833

waters of port 港口水域 03.0024

waterspout 海龙卷 02.0449

water stand 停潮 02.0246

water system 水系 02.0063

water-tight 水密 03.0161

water treatment chemical 水处理剂 03.0341

water type 水型 02.0059

wave age 波龄 02.0169

wave base [波]浪基面 02.1110

wave basin 波浪水池 03.0089

wave buoy 测波浮标 03.0854

wave chart 海浪实况图 03.1004

wave climate 波候 02.0170

wave crest velocity 峰速 02.0193

wave diffraction 波[浪]衍射 02.0225

wave direction 波向 02.0163

wave disaster 海浪灾害 04.0216

wave-dominated delta 波控三角洲，*浪成三角洲 02.1064

wave element 海浪要素 03.0997

wave energy 波浪能 03.0688

wave energy conversion 波浪能转换 03.0689

wave flume 波浪水槽 03.0088

wave focusing 聚波 03.0691

wave forecast 海浪预报 03.0999

wave gauge 测波仪 03.0853

wave generator 造波机 03.0087

wave group 波群 02.0213

wave guide 波导 02.0528

wave height 波高 02.0162

wave-induced current 波致流 02.0145

wave length 波长 02.0166

wave maker 造波机 03.0087

wave period 波周期 02.0167

wave predictor 海浪预报因子 03.1003

wave profile 波剖面 02.0161

wave reflection 波[浪]反射 02.0222

wave refraction 波[浪]折射 02.0223

wave retrieval 海浪反演 03.0998

wave rose diagram 波浪玫瑰图 03.1101

wave scatter 波[浪]散射 02.0224

wave steepness 波陡 02.0168

wave tank 波浪水槽 03.0088

wave warning 海浪警报 03.1000

weather chart 海洋天气图 03.0968

weather forecast for shipping routes 海洋航线天气预报 03.0973

West Antarctica 西南极 02.1436

west burst 西风爆发 02.0531

western boundary current 西边界流 02.0126

westward intensification [of ocean circulation] [大洋环流]西岸强化 02.0128

west wind drifting current 西风漂流 02.0093

wet land 湿地 02.1152

wetland ecology 湿地生态学 02.0571

wharf 码头 03.0033

whitecap 白浪 02.0212

white smoker 白烟囱 02.1271

white smoker "snowball" 白烟"雪球" 02.1272

white spot syndrome of prawn 对虾白斑[综合]症 03.0626

Wilkes Subglacial Basin 威尔克斯冰下盆地 02.1483

Wilson cycle 威尔逊旋回 02.1329

wind-driven circulation 风生环流 02.0089

wind-driven current *风海流 02.0089

wind duration 风时 02.0155

wind-generated noise 风生海洋噪声 02.0335

wind powered desalination 风能脱盐 03.0332

wind rose diagram 风玫瑰图 03.1109

wind set-up 风增水 02.0134

wind wave 风浪 02.0153

wind-wave spectrum 风浪[能]谱 02.0220

winter egg 冬卵 02.0842

winter monsoon 冬季风 02.0555

WOA 世界海洋图集 03.1093

WOCE 世界海洋环流试验 04.0304

WOD 世界海洋数据库 03.1116

working craft 工程船 03.0157

world ocean atlas 世界海洋图集 03.1093

World Ocean Circulation Experiment 世界海洋环流试验 04.0304

world ocean database 世界海洋数据库 03.1116

wreck raising 沉船打捞 03.0156

wreck surveying 沉船勘测 03.0155

X

XBT 投弃式温深仪 03.0842

Y

yaw 艏摇 03.0101

YD event 新仙女木事件,*YD 事件 02.1325

Yellow Sea 黄海 01.0038

Yellow Sea Coastal Current 黄海沿岸流 02.0116

Yellow Sea Cold Water Mass 黄海冷水团,*黄海底层冷水 02.0077

yoke mooring system 叉臂系泊系统 03.0118

Younger Dryas event 新仙女木事件,*YD 事件 02.1325

young ice 初期冰 03.1019

young stage 幼期,*未成熟期 02.0845

Z

Zheng He's Expedition 郑和下西洋 04.0278

Zhongshan Station 中山站 02.1432

zoea larva 溞状幼体 02.0660

zoobenthos 底栖动物 02.0647

zooplankton 浮游动物 02.0611

zooxanthellae 虫黄藻 02.0627

汉 英 索 引

A

B

02.0523

*北方古陆 Laurasia 02.1340

北方两洋分布 amphi-boreal distribution 02.0684

北海 North Sea 01.0044

北极 North Pole, Arctic Pole 02.1413

北极锋 Arctic front 02.0468

北极光 Aurora borealis, northern polar light 02.1414

北极霾 Arctic haze 02.1415

北极气候 Arctic climate 02.0551

北极气旋 Arctic cyclone 02.1416

北极圈 Arctic Circle 02.1417

北极群岛地区 Arctic archipelago region 02.1418

北极涛动 Arctic Oscillation, AO 02.0526

北美洲板块 North American Plate 02.1351

北太平洋涛动 Northern Pacific Oscillation, NPO
  02.0524

贝类传染病毒 shellfish contagious virus 02.1537

贝［类］毒［素］ shellfish toxin 03.0579

*贝类学 conchology 02.0566

贝尼奥夫带 Benioff zone 02.1388

被动大陆边缘 passive continental margin 02.1355

被动式遥感器 passive remote sensor 03.0940

崩碎波 spilling breaker 02.0209

比容偏差 specific volume anomaly 02.0036

比吸收系数 specific adsorption 02.0365

闭式循环海水温差发电系统 closed cycle OTEC
  03.0695

*边界开尔文波 ［ocean］Kelvin wave 02.0196

边缘波 edge wave 02.0194

边缘海 marginal sea 02.1162

边缘盆地 marginal basin 02.1163

变态 metamorphosis 02.0844

变温动物 poikilotherm 02.0761

变余沉积 palimpsest sediment, metarelict sediment
  02.1227

标记重捕法 tagging recapture method 03.0645

标量辐照度 scalar irradiance 02.0388

标准海水 standard seawater 02.0924

标准平均大洋水 standard mean ocean water 02.0925

表层采泥器 bottom grab 03.0894

表观光学特性 apparent optical properties 02.0354

表面电位 surface potential 02.0988

表面离子交换 surface ion exchange 02.0992

表面络合物 surface complex 02.0989

表面双性解离 surface comphoteric ionigation 02.0994

表面吸附 surface adsorption 02.0991

*表面张力波 capillary wave 02.0171

表面自由能 surface free energy 02.0993

表上漂浮生物 epineuston 02.0622

表下漂浮生物 hyponeuston 02.0623

别藻蓝蛋白 allophycocyanin 03.0487

*滨 shore 02.1074

滨海城市 coastal city 04.0270

滨海矿产资源 beach mineral resource 03.0178

滨海旅游 coastal tourism 04.0266

滨海气候 coastal climate 02.0549

滨外坝 offshore bar 02.1099

滨外沙埂 shore barrier 02.1102

冰岛低压 Icelandic low 02.0448

冰封 ice-bound 03.1028

冰盖 ice cap, ice cover 02.1420

冰脊 ridge 03.1026

冰架 ice shelf 02.1421

冰架水 ice shelf water 02.1422

冰间湖 polynya 02.1423

冰脚 ice foot 03.1030

冰块 ice cake 03.1024

冰量 sea ice amount 03.1045

冰裂隙 crevasse 03.1031

冰盘 floe 03.1043

冰皮 ice rind 03.1018

冰瀑布 ice fall 02.1424

冰碛 moraine 02.1425

冰情 sea ice condition 03.1042

冰区外缘线 outer line of sea ice area 03.1040

冰山 iceberg 02.0315

冰水沉积 glacio-aqueous sediment 02.1426

冰雾 ice fog 02.0484

冰心 ice core 02.1427

冰雪气候 nival climate 02.0548

冰映光 ice blink 02.1428

冰原反气旋 tundra anticyclone 02.1429

冰缘线 ice edge 02.1419

冰沼土 tundra soil 02.1430

冰针 frazil ice 03.1013

病毒性出血败血症 viral hemorrhagic septicemia
  03.0616

病毒性红细胞坏死症 viral erythrocytic necrosis

03.0624

病毒性上皮增生症　viral epidermal hyperplasia 03.0621

病毒性神经坏死病　viral nervous necrosis　03.0625

波长　wave length　02.0166

波导　wave guide　02.0528

波陡　wave steepness　02.0168

波峰线　crest line　02.0192

波高　wave height　02.0162

波候　wave climate　02.0170

波控三角洲　wave-dominated delta　02.1064

波[浪]反射　wave reflection　02.0222

[波]浪基面　wave base　02.1110

波浪玫瑰图　wave rose diagram　03.1101

波浪能　wave energy　03.0688

波浪能转换　wave energy conversion　03.0689

波浪爬高　run-up, swash height　02.0186

波[浪]散射　wave scatter　02.0224

波浪水槽　wave flume, wave tank　03.0088

波浪水池　wave basin　03.0089

波[浪]衍射　wave diffraction　02.0225

波[浪]折射　wave refraction　02.0223

波龄　wave age　02.0169

波罗的海　Baltic Sea　01.0049

波剖面　wave profile　02.0161

波群　wave group　02.0213

波斯湾　Persian Gulf　01.0055

波向　wave direction　02.0163

波致流　wave-induced current　02.0145

波周期　wave period　02.0167

泊位　berth　03.0038

渤海　Bohai Sea　01.0037

渤海低压　Bohai Sea low　02.0443

渤海海峡　Bohai Strait　01.0058

渤海沿岸流　Bohai Coastal Current　02.0115

＊补偿层　compensation depth　02.0768

补偿流　compensation current　02.0097

补偿深度　compensation depth　02.0768

补充海水　feed seawater　03.0342

补充群体　recruitment stock　02.0854

捕捞过度　overfishing　03.0647

捕捞强度　fishing intensity　03.0646

捕食　predation　02.0811

捕鱼许可制度　fishing licence system　04.0079

不规则波　irregular wave　02.0179

不减压潜水　non-decompression diving　03.0734

不可恢复的环境影响　irreversible marine environmental impact　03.1128

不正规半日潮　irregular semi-diurnal tide　02.0287

不正规全日潮　irregular diurnal tide　02.0288

部分混合河口　partially mixed estuary　02.1054

C

采水器　water sampler　03.0899

残毒含量　residual level　02.1538

残毒积累　residue accumulation　02.1539

残留沉积[物]　relict sediment　02.1226

残留烟囱　relict smoker　02.1264

残余氯腐蚀　residual chlorine corrosion　03.0349

＊草苔虫素　bryostatin　03.0502

＊侧波　lateral reflection　03.0821

侧反射　lateral reflection　03.0821

侧扫声呐　side-scan sonar　03.0880

测波浮标　wave buoy　03.0854

测波仪　wave gauge　03.0853

＊测温链　thermistor chain　03.0844

层化海洋　stratified ocean　02.0010

层序　sequence　03.0208

层状硫化物　stratiform sulfide　02.1258

层状水合物　layered hydrate　02.1297

叉臂系泊系统　yoke mooring system　03.0118

叉红藻胶　furcellaran　03.0469

产卵　oviposition, egg laying　02.0835

产卵洄游　spawning migration, breeding migration 02.0829

＊产卵量　fecundity　02.0823

长波　long wave　02.0187

长城站　Great Wall Station　02.1431

＊长基线定位　long baseline positioning　03.0870

长江冲淡水　Changjiang Diluted Water, Changjiang River Plume　02.0078

常规潜水　conventional diving　03.0725

常压潜水　atmospheric diving　03.0735

* 常盐生植物 euhalophyte 03.0662

* 超短基线定位 ultrashort baseline positioning 03.0870

超滤膜萌发法 ultrafiltration membrane culture method 02.0906

超深渊带 hadal zone, ultra-abyssal zone 02.1086

超深渊动物 hadal fauna, ultra-abyssal fauna 02.0589

超微型浮游生物 picoplankton 02.0597

超雄鱼 super-male fish 03.0438

朝鲜海峡 Korea Strait 01.0063

潮波 tidal wave 02.0303

潮差 tide range 02.0254

潮沟 tidal creek 02.1131

潮混合 tidal mixing 02.0042

潮间带 intertidal zone 02.1088

潮间带生态学 intertidal ecology 02.0572

潮控三角洲 tide-dominated delta 02.1065

潮棱体 tidal prism 02.1058

潮龄 tidal age 02.0234

潮流 tidal current 02.0293

潮流发电 tidal current generation 03.0687

潮流界 tidal current limit 02.1050

潮流玫瑰图 tidal current rose 03.1102

潮流能 tidal current energy 03.0686

潮流椭圆 tidal ellipse 02.0298

* 潮坪 tidal flat 02.1130

潮坪沉积物 tidal flat sediment 02.1192

潮区界 tidal limit 02.1049

潮上带 supralittoral zone, supratidal zone 02.1087

潮升 tide rise 02.0258

潮滩 tidal flat 02.1130

* 潮滩沉积 tidal flat sediment 02.1192

潮位 tide level 02.0239

* 潮位历时累积频率曲线 duration curve of tidal level 03.1113

潮位历时曲线 duration curve of tidal level 03.1113

潮汐 tide 02.0228

潮汐表 tide table 03.1105

潮汐汊道 tidal inlet 02.1129

潮汐电站 tidal power station 03.0685

潮汐非调和常数 nonharmonic constant of tide 02.0233

潮汐改正 tidal correction 03.0834

潮汐基准面 tidal datum 02.0237

潮汐裂隙 tide crack 03.1032

潮汐能 tidal energy 03.0684

潮汐调和常数 harmonic constant of tide 02.0232

潮汐调和分析 harmonic analysis of tide, tidal analysis 02.0231

潮汐通道 tidal channel 02.1128

潮汐学 tidology 02.0229

潮下带 subtidal zone 02.1089

潮灾 damage by tide 04.0191

潮[致]余流 tidal residual current, tide-induced residual current 02.0309

沉船打捞 wreck raising 03.0156

沉船勘测 wreck surveying 03.0155

沉积动力学 sediment dynamics 02.1014

沉积生物 sedimentary organism 02.0649

沉积速率 sedimentation rate 02.1213

沉积物 sediment 02.1185

沉积物捕获器 sediment trap 03.0910

沉积物通量 sediment flux 02.1214

沉积作用 sedimentation, deposition 02.1225

沉井 sinking well, open caisson 03.0042

沉水盐生植被 immersed halophyte vegetation 03.0671

沉箱 caisson 03.0041

沉性卵 demersal egg 02.0839

陈海水 aged seawater 02.0904

成熟期 mature stage, adult stage 02.0846

* 成体期 mature stage, adult stage 02.0846

成岩型结核 diagenetic nodule 03.0276

城市污水 municipal sewage 02.1484

程序跟踪 program tracking 03.0953

池塘养殖 pond culture 03.0603

持久性有机污染物 persistent organic pollutant, POP 02.1485

赤潮 red tide 04.0217

赤潮毒素检测 detection of red tide toxin 02.1522

赤潮监测 red tide monitoring 04.0223

赤潮生物 red tide organism 04.0219

赤潮遥感 red tide remote sensing 03.0934

赤潮灾害 red tide disaster 04.0197

赤潮治理 harnessing of red tide 04.0224

赤道波导 equatorial wave guide 02.0529

赤道东风带 equatorial easterlies 02.0473

* 赤道辐合带 equatorial convergence belt 02.0471

赤道流 equatorial current 02.0092

赤道逆流 equatorial countercurrent 02.0102

赤道气团　equatorial air mass　02.0434

赤道潜流　equatorial undercurrent　02.0104

赤道无风带　equatorial calms　02.0475

赤道西风带　equatorial westerlies　02.0474

充分成长风浪　fully developed sea　02.0216

冲浪　surfing　04.0261

冲刷带　wash zone　02.1109

虫黄藻　zooxanthellae　02.0627

重叠冰　rafted ice　03.1044

*重复潜水　repeated diving　03.0732

重现期　return period　03.0091

出水　arriving at surface　03.0737

初冰期　freezing period　03.1036

初步环境评估　initial environmental evaluation　03.1130

初级生产力　primary productivity　02.0778

初级生产量　primary production　02.0779

初期冰　young ice　03.1019

初生冰　new ice　03.1012

传染性胰脏坏死病　infectious pancreatic necrosis
　03.0614

传染性造血器官坏死病　infectious hematopoietic necrosis
　03.0615

传统海疆线　traditional sea boundary　04.0081

传统海洋产业　traditional marine industry　04.0158

传真海浪图　facsimile wave chart　03.1005

船舶观测　ship observation　03.0967

船舶海浪观测　ship wave observation　03.0993

船舶居住性　ship habitability　03.0792

船舶油污水处理方法　watercraft oil-contaminated water
　treatment　03.1164

船厂　shipyard　03.0062

船台　ship-building berth　03.0064

船坞　dock　03.0066

船行波　ship wave　02.0148

船用分光光度计　shipboard spectrophotometer　03.0866

船员适应性　seaman's adaptation　03.0790

船员体格条件　physical fitness of seaman　03.0786

垂荡　heave　03.0102

垂向均匀河口　full mixed estuary　02.1055

垂直地震剖面　vertical seismic profiles, VSP　03.0839

垂直分布　vertical distribution　02.0724

垂直探鱼仪　vertical fish finder　03.0639

垂直拖　vertical haul　02.0794

垂直稳定度　vertical stability　02.0038

*磁北极　North magnetic pole　02.1412

*磁测近岸电测深　magnetometric offshore electrical
　sounding　02.0429

磁电阻率法　magnetometric resistivity method　02.0429

*磁南极　south magnetic pole　02.1458

磁平静带　magnetic quiet zone　02.1402

磁蟹幼体　porcellana larva　02.0663

*磁性地层学　paleomagnetic stratigraphy　02.1328

磁性分离　magnetism separation　03.0400

雌核发育技术　gynogenesis technique　03.0425

*次成体　subadult, adolecent　02.0847

次级生产力　secondary productivity　02.0780

次级生产量　secondary production　02.0782

次生环境　secondary environment　02.0882

刺参黏多糖　acidic mucopolysaccharide of *Apostichopus japonicus*　03.0479

丛柳珊瑚素乙酸酯　crassin acetate　03.0518

粗[放]养[殖]　extensive culture　03.0596

醋酸纤维素系列膜　cellulose acetate series membrane
　03.0291

存活率　survival rate　02.0855

D

达尔马提亚型海岸　Dalmatian coast　02.1134

打捞　salvage　03.0154

打桩船　floating pile driver　03.0081

1/10 大波[平均]波高　[average] height of highest one-tenth wave　02.0164

1/3 大波[平均]波高　[average] height of highest one-third wave　02.0165

大潮　spring tide　02.0248

大潮差　spring range　02.0256

大潮潮流　spring tidal current　02.0296

大潮升　spring rise　02.0259

大风警报　gale warning　03.0979

大海洋生态系统　large marine ecosystem, LME
　02.0715

大环内酰亚胺 A　macrolactin A　03.0590

大鳞大麻哈鱼胚胎细胞系　chinook salmon embryo cell

line, CHSE 03.0414

[大]陆[边]缘 continental margin 02.1164

大陆架 continental shelf 04.0088

[大]陆架波 shelf wave 02.0195

大陆架的主权权利 sovereign rights over continental shelf 04.0041

大陆架公约 Convention on the Continental Shelf 04.0123

大陆架划界 delimitation of continental shelf 04.0098

大陆架界限委员会 Commission on the Limits of the Continental Shelf, CLCS 04.0289

大陆架坡折 continental shelf break 02.1165

大陆架外部界限 outer limit of the continental shelf 04.0099

大陆阶地 continental terrace 02.1168

大陆隆 continental rise 02.1167

大陆漂移说 continental drift hypothesis 02.1334

大陆坡 continental slope 02.1166

大陆增生 continental accretion 02.1353

大气潮 atmospheric tide 02.0513

大气输入 atmosphere input 02.1486

大生活用海水技术 domestic seawater technology 03.0372

大生活用海水排海标准 outfall standard of domestic seawater 03.0376

大生活用海水生态塘处理技术 treatment technology of domestic seawater by ecosystem pond 03.0377

大生活用海水水质标准 quality standard of domestic seawater 03.0375

大西洋 Atlantic Ocean 01.0032

大西洋赤道潜流 Atlantic Equatorial Undercurrent 02.0106

*大西洋型大陆边缘 Atlantic-type continental margin 02.1355

大西洋型海岸 Atlantic-type coast 02.1132

大西洋中脊 Mid-Atlantic Ridge 02.1363

大型底栖生物 macrobenthos 02.0640

大型浮游生物 macroplankton 02.0593

*大型水生植物 aquatic macrophyte 02.0869

大型藻类 macroalgae 02.0874

大眼幼体 megalopa larva 02.0661

大洋板块 oceanic plate 02.1343

[大洋]表层水 [oceanic] surface water 02.0065

*大洋采矿业 ocean mining 04.0180

大洋层 oceanic layer 02.1332

[大洋]次表层水 [oceanic] subsurface water 02.0066

[大洋]底层水 [oceanic] bottom water 02.0070

大洋对流层 oceanic troposphere 02.0055

大洋浮游生物 oceanic plankton 02.0602

大洋航线预报 ocean shipping routes forecast 03.0980

大洋化假说 oceanizational hypothesis 02.1333

大洋环流 ocean circulation 02.0087

[大洋环流]西岸强化 westward intensification [of ocean circulation] 02.0128

大洋拉斑玄武岩 oceanic tholeiite 02.1223

[大洋]冷水团 [ocean] cold water mass 02.0064

大洋区 oceanic zone 02.1081

大洋上层浮游生物 epipelagic plankton 02.0603

大洋上层生物 epipelagic organism 02.0580

[大洋]上层水 [oceanic] upper water 02.0067

大洋深层生物 bathypelagic organism 02.0582

[大洋]深层水 [oceanic] deep water 02.0069

大洋深渊水层生物 abyssopelagic organism 02.0583

大洋生物 pelagic organism 02.0579

大洋型地壳 oceanic crust 02.1375

大洋中层浮游生物 mesopelagic plankton 02.0604

大洋中层生物 mesopelagic organism 02.0581

[大洋]中层水 [oceanic] intermediate water 02.0068

[大]洋中脊玄武岩 mid-ocean ridge basalt 02.1376

[大洋]中央水 [oceanic] central water 02.0071

大洋钻探计划 Ocean Drilling Project, ODP 04.0300

*代表种 characteristic species 02.0704

*丹麦琼脂 Danish agar 03.0469

单倍体 haploid 03.0417

单倍体育种技术 haploid breeding technique 03.0422

单倍体综合征 haploid syndrome 03.0423

单次散射比 single scattering albedo 02.0371

单点系泊 single-point mooring, SPM 03.0116

单级闪蒸 single stage flash distillation 03.0324

单锚腿 single anchor leg 03.0119

单歧藻毒素 tolytoxin 03.0585

单食性 monophagy 02.0802

*单性卵 summer egg 02.0843

*单性生殖 parthenogenesis 03.0424

单性鱼养殖 monosex fish culture 03.0439

单性鱼育种 monosex fish breeding 03.0435

单养 monoculture 03.0608

单因子环境质量指数 environmental quality index of single element 03.1131

单源单缆海上地震采集 offshore single-source and single-streamer seismic acquisition 03.0247

单周期 monocycle 02.0747

担轮幼体 trochophore larva 02.0673

*淡化 desalination 03.0285

氮麻醉 nitrogen narcosis 03.0747

氮循环 nitrogen circulation 02.1004

氮氧潜水 nitrogen-oxygen diving 03.0724

挡潮闸 tide sluice 03.0014

导管架桩基平台 jacket pile-driven platform 03.0109

导航设备 navigation equipment 03.0071

导[流]堤 jetty, training mole 03.0050

岛弧 island arc 02.1390

岛架 island shelf 02.1169

岛坡 island slope 02.1170

岛式防波堤 detached breakwater, isolated breakwater 03.0052

岛式码头 detached wharf, offshore terminal 03.0036

德拜–休克尔理论 Debye-Hückel theory 02.0997

灯船 light vessel 03.0074

灯塔 light house 03.0073

登临权 right of visit 04.0055

等潮差线 corange line 02.0310

等潮时线 cotidal line 02.0311

等深流 contour current 02.1237

等深流沉积[岩] contourite 02.1238

等深线 isobath, isobathymetric line 02.0028

等温线 isotherm 02.0021

等效风区 equivalent fetch 02.0160

等效风时 equivalent duration 02.0159

等盐线 isohaline 02.0027

等指海葵毒素 equinatoxin 03.0570

低潮 low water 02.0243

低能海岸 low-energy coast 02.1148

低平海岸 flat coast, low coast 02.1147

低温多效蒸馏 low temperature multi-effect distillaton 03.0320

低温溢口 low temperature vent 02.1246

低狭盐种 oligostenohaline species 02.0756

低压槽 trough of low pressure 02.0438

*底埃克曼层 bottom frictional layer 02.0140

底表动物 epifauna 02.0638

底波 bottom wave 03.0824

底层鱼类 demersal fish 02.0618

底摩擦层 bottom frictional layer 02.0140

底内动物 infauna 02.0639

底栖动物 zoobenthos 02.0647

*底栖群落 benthic community 02.0729

底栖生物 benthos, benthic organism 02.0629

底栖生物群落 benthic community 02.0729

底栖生物学 benthology 02.0570

底栖性表下漂浮生物 bentho-hyponeuston 02.0626

底栖植物 benthophyte, phytobenthos 02.0871

底上固着生物群落 sessile epifaunal community 02.0734

底土 subsoil, ocean floor 04.0057

底拖网 bottom trawl, dredge 03.0908

地方种 endemic species 02.0690

地缝合线 suture zone 02.1400

地基承载能力 foundation capability 03.0047

地理大发现 great discoveries geography 04.0275

地理障碍 geographical barrier 02.0689

地幔对流 mantle convection 02.1403

地幔隆起 mantle bulge 02.1404

地幔柱 mantle plume 02.1405

地面接收半径 ground receiving 03.0950

地体 tectonostratigraphic terrane 02.1330

地下冰 ground ice 02.1434

地形罗斯贝波 topographic Rossby wave 02.0198

地中海 Mediterranean Sea 01.0046

地转流 geostrophic current, geostrophic flow 02.0085

颠倒采水器 reversing water sampler, Nansen bottle 03.0900

颠倒温度表 reversing thermometer 03.0841

点礁 patch reef 02.1119

点蚀 pitting[corrosion] 03.0346

点源污染 point source pollution 02.1487

5–碘杀结核菌素 5-iodotubercidin 03.0589

电磁振荡震源 electromagnetic vibration exciter 03.0886

电感受器 electroreceptor 03.0447

电化学保护 electrochemical protection, electrolytic protection 03.0354

电化学腐蚀 electrochemical corrosion 03.0353

电化学双防 anti-corrosion and antifouling by electrochemical method 03.0357

电火花震源 sparker 03.0887

电解海水防污 anti-fouling by electrolyzing seawater 03.0364

电觉器官 electroreceptive organ 03.0446

电觉鱼类 electroreceptive fish 03.0445

电渗析 electrodialysis, ED 03.0306

电渗析器 electrodialyzer, electrodialysis unit 03.0316

电缩作用 electro-striction 02.0922

电鱼 electric fish 03.0443

电渔法 electric fishing 03.0644

电栅拦鱼 blocking fish with electric screen 03.0651

电子海图 electronic chart 03.1095

调查船 research vessel 03.0806

碟状幼体 ephyra larva 02.0671

丁坝 groin 03.0005

定鞭金藻毒素 prymnesin 03.0586

定点观测 fixed oceanographic station 03.0808

定点海浪观测 fixed point wave observation 03.0994

东北低压 Northeast China low 02.0446

东边界流 eastern boundary current 02.0127

东风波 easterly wave 02.0472

东海 East China Sea 01.0039

东海气旋 East China Sea cyclone 02.0444

东海沿岸流 Donghai Coastal Current, East China Sea Coastal Current 02.0117

东经90°海岭 Ninety East Ridge 02.1365

东南极 East Antarctica 02.1435

东南极冰盖 East Antarctic Ice Sheet 02.1437

东南极地盾 East Antarctic Shield 02.1438

东南极克拉通 East Antarctic Craton 02.1439

东太平洋海隆 East Pacific Rise 02.1367

东亚大槽 East Asia major trough 02.0440

东亚季风 East Asian monsoon 02.0556

冬季风 winter monsoon 02.0555

*冬季洄游 overwintering migration 02.0833

冬卵 winter egg 02.0842

动力定位 dynamic positioning 03.0107

*动力高度 dynamic topography 02.0099

动力海洋学 dynamical oceanography 02.0003

动力[计算]方法 dynamic [computation] method 02.0098

*动力深度 dynamic depth 02.0100

*毒海果苷 tanghinoside 03.0555

杜鲁门公告 Truman Proclamation 04.0121

*短基线定位 short baseline positioning 03.0870

短裸甲藻毒素 brevetoxin 03.0584

*短腕幼体 auricularia larva 02.0653

短指软珊瑚内酯 sinulariolide 03.0529

断层海岸 fault coast 02.1146

断裂 flaw 03.1033

断面观测 sectional observation 03.0809

*断续疆界线 traditional sea boundary 04.0081

堆积作用 accumulation 02.1224

对流混合 convective mixing 02.0040

对马海流 Tsushima Current 02.0125

对马海峡 Tsushima Channel 01.0064

对虾白斑[综合]症 white spot syndrome of prawn 03.0626

对虾红腿病 red appendages disease of prawn 03.0627

多倍体 polyploid 03.0421

多倍体育种技术 polyploid breeding technique 03.0430

多波束测深系统 multibeam bathymetric system 03.0879

多底井 multilateral well 03.0230

多点系泊 multipoint mooring 03.0117

*多光谱照相机 ocean remote sensing camera 03.0961

多果海鞘品 polycarpine 03.0515

多级闪蒸 multi-stage flash distillation 03.0318

多甲藻素 peridinin 03.0537

多金属结核 polymetallic nodule 03.0274

多金属结壳 polymetal crust 03.0277

多金属硫化物 polymetallic sulfide 02.1256

多孔支撑层 microporous support 03.0294

多年冰 multiyear ice 03.1047

多频探鱼仪 multifrequency fish finder 03.0641

多瓶采水器 rosette water sampler 03.0901

多食性 polyphagy 02.0803

多态现象 polymorphism 02.0864

多途效应 multipath effect 02.0323

*多湾海岸 embayed coast 02.1145

多效蒸馏 multi-effect distillation 03.0319

多源多缆海上地震采集 multi-source and multi-streamer offshore sesmic acquisition 03.0248

惰性气体饱和 saturation of inert gas 03.0705

E

厄尔尼诺　El Niño　02.0515
厄特沃什效应　Eötvös effect　03.0831
鄂霍茨克海　Sea of Okhotsk　01.0042
鄂霍次克海高压　Okhotsk high　02.0454
恩索　El Niño and southern oscillation, ENSO　02.0518
耳壳藻酯　caulilide　03.0558
耳状幼体　auricularia larva　02.0653
饵料生物　food organism　02.0812

二倍体　diploid　03.0418
二次污染　secondary pollution　02.1488
二类水体　case 2 water　02.0401
二流方程　two-flow equation　02.0393
二十二碳六烯酸　docosahexenoic acid, DHA　03.0495
二十碳五烯酸　eicosapentenoic acid, EPA　03.0494
二氧化碳中毒　carbon dioxide poisoning　03.0749

F

发电器官　electric organ　03.0444
发光器　photophore　03.0450
发光生物　luminous organism　02.0765
发光细菌　photobacteria　02.0896
筏式养殖　raft culture　03.0607
*反厄尔尼诺　anti El Niño　02.0516
反复潜水　repeated diving　03.0732
反气旋　anticyclone　02.0450
反潜识别区　submarine defense identification zone　04.0251
反射波　reflected wave　02.0183
反射率　reflectance　02.0360
反渗透　reverse osmosis, RO　03.0286
反渗透膜　reverse osmosis membrane　03.0288
泛大陆　pangaea　02.1337
泛大洋　panthalassa　02.1338
方解石补偿深度　calcite compensation depth, CCD　02.1236
方解石溶解指数　calcite dissolution index　02.1231
方位改正　azimuth correction　03.0836
防波堤　breakwater　03.0048
防沙堤　sediment barrier　03.0049
*防蚀　corrosion control, corrosion prevention　03.0345
防污　anti-fouling　03.0363
防污染区　anti-pollution zone　04.0032
防止倾倒废物和其他物质污染海洋的公约　Convention on the Prevention of Marine Pollution by Dumping of Wastes and Other Matter　04.0128
放射虫软泥　radiolarian ooze　02.1209

放射性废弃物固化　solidification of the radioactive wastes　03.1165
放射性废物　radioactive waste　02.1489
放射性污染物　radioactive pollutant　02.1491
非保守元素　non-conservation elements　02.0930
非常规海浪观测　non-conventional wave observation　03.0992
非点源污染　non-point source pollution　02.1492
非领海海峡　non-territorial strait　04.0048
非生殖洄游　amphidromous migration　02.0834
非纤维素系列膜　non-cellulosic series membrane　03.0292
非造礁珊瑚　ahermatypic coral　02.0650
非洲板块　Africa Plate　02.1346
废弃物分类　classification of wastes　04.0030
废弃物预处理　pretreatment of the waste　03.1158
分潮　tidal component, tidal constituent　02.0270
K_1 分潮　K_1-component, K_1-constituent　02.0274
K_2 分潮　K_2-component, K_2-constituent　02.0275
M_2 分潮　M_2-component, M_2-constituent　02.0276
M_6 分潮　M_6-component, M_6-constituent　02.0283
MS_4 分潮　MS_4-component, MS_4-constituent　02.0284
N_2 分潮　N_2-component, N_2-constituent　02.0278
O_1 分潮　O_1-component, O_1-constituent　02.0279
O_4 分潮　O_4-component, O_4-constituent　02.0282
P_1 分潮　P_1-component, P_1-constituent　02.0280
Q_1 分潮　Q_1-component, Q_1-constituent　02.0281
S_2 分潮　S_2-component, S_2-constituent　02.0277
分潮日　constituent day　02.0272

分潮时　constituent hour　02.0273

分道通航制　traffic separation scheme　04.0103

分流比　ratio of current distribution　02.1030

分沙比　ratio of sediment distribution　02.1031

*分支井　multilateral well　03.0230

粉砂　silt　02.1190

丰度　abundance　02.0774

风暴潮　storm surge　03.0982

风暴潮警报　storm surge warning　03.0984

风暴潮预报　storm surge forecasting　03.0985

风暴潮灾害　storm surge disaster　04.0190

风暴沉积[物]　storm deposit　02.1193

风暴增水过程最大值　peak surges of storm　03.0983

风暴中心　storm center　02.0465

*风海流　wind-driven current　02.0089

风浪　wind wave　02.0153

风浪[能]谱　wind-wave spectrum　02.0220

风玫瑰图　wind rose diagram　03.1109

风能脱盐　wind powered desalination　03.0332

风区　fetch　02.0156

风生海洋噪声　wind-generated noise　02.0335

风生环流　wind-driven circulation　02.0089

风时　wind duration　02.0155

风增水　wind set-up　02.0134

封闭式循环水养殖　closed culture with circulating water　03.0601

峰速　wave crest velocity　02.0193

孵化　hatching　02.0824

孵化率　hatchability　02.0825

敷管船　pipe-laying vessel　03.0158

俘能波　trapped wave, trapped mode　02.0201

*浮冰　floe ice　02.0314

*浮吊　floating crane craft　03.0080

浮动式人工岛　floating artificial island　03.0098

浮浪幼体　planula larva　02.0670

浮力沉垫　buoyant mat　03.0105

浮泥　fluid mud　02.1032

浮式防波堤　floating breakwater　03.0056

浮式结构　floating structure　03.0113

浮式码头　floating-type wharf, floating pier, pontoon wharf　03.0035

浮式软管　floating hose　03.0131

浮式天然气液化装置　floating liquid natural gas unit, FLNG　03.0241

浮式钻井平台　floating drilling rig　03.0258

浮性卵　pelagic egg　02.0838

浮游动物　zooplankton　02.0611

浮游生物　plankton　02.0591

浮游生物泵　plankton pump　03.0906

浮游生物当量　plankton equivalent　02.0790

浮游生物记录器　plankton recorder　03.0904

浮游生物网　plankton net　03.0903

浮游生物消长　plankton pulse　02.0609

浮游生物学　planktology, planktonology　02.0569

浮游生物指示器　plankton indicator　03.0905

浮游细菌　planktobacteria　02.0894

浮游性表下漂浮生物　plankto-hyponeuston　02.0624

浮游性底栖生物　planktobenthos　02.0646

浮游藻类　planktonic algae　02.0876

浮游植物　phytoplankton　02.0610

浮游植物水华　phytoplankton bloom　02.1541

浮鱼礁　floating fish reef　03.0650

辐亮度　radiance　02.0384

*辐射差额　radiation budget　02.0506

*辐射度　radiance　02.0384

*辐射能通量　radiant energy flux　02.0380

辐射平衡　radiation balance　02.0505

辐射强度　radiation intensity, radiant intensity　02.0381

辐射收支　radiation budget　02.0506

辐射通量　radiation flux, radiant flux　02.0380

辐射雾　radiation fog　02.0486

辐照度　irradiance　02.0382

辐照度比　irradiance reflectance　02.0372

俯冲板块　subduction plate　02.1384

俯冲带　subduction zone　02.1382

腐蚀控制　corrosion control, corrosion prevention　03.0345

腐蚀微生物　corrosion-causing bacteria　03.0362

附生玻片法　slide adhesion method　02.0907

附生植物　epiphyte　02.0749

复合滨线　compound shoreline　02.1135

复合膜　composite membrane, thin-film composite　03.0290

副极地气候　sub-polar climate　02.0552

副轮　accessory mark　02.0817

副热带辐合带　subtropical convergence zone　02.0074

副热带高压　subtropical high, subtropical anticyclone　02.0452

副热带模态水 subtropical mode water 02.0072
* 富钴结壳 cobalt-rich crust 03.0277
富营养化 eutrophication 02.1493

富营养化指数 eutrophication index 03.1133
腹泻性贝毒 diarrhetic shellfish poison, DSP 03.0581

G

钙质软泥 calcareous ooze 02.1202
* 干潮 low water 02.0243
干扰加速度 disturbing acceleration 03.0830
甘露聚糖 mannan 03.0470
甘露[糖]醇 mannitol 03.0471
* 甘露糖胶 mannan 03.0470
甘糖酯 propylene glycol mannurate sulfate, PGMS 03.0458
甘油牛磺酸 gleryltaurine 03.0536
* 感潮河段上界 tidal limit 02.1049
感热 sensible heat 02.0495
冈田[软海绵]酸 okadaic acid 03.0510
冈瓦纳古[大]陆 Gondwana 02.1339
港界 port boundary, port limits 03.0021
港口 port, harbor 03.0015
港口堆场 storage yard 03.0039
港口腹地 harbor hinterland, port back land 03.0030
港口工程 port engineering, harbor engineering 03.0020
港口陆域 port land area, port terrain 03.0029
港口设施 harbor accommodation 03.0032
港口水域 waters of port 03.0024
港口淤积 harbor siltation 03.0031
港口资源 port resources 04.0138
港区 port area 03.0022
港区仓库 warehouse 03.0040
* 港区堆场 storage yard 03.0039
港湾海岸 embayed coast 02.1145
港[塭]养[殖] marine pond extensive culture 03.0604
港址 harbor site 03.0023
港作船 harbor boat 03.0058
高潮 high water 02.0242
高低潮 higher low water 02.0253
高度分层河口 salt wedge estuary 02.1053
高高潮 higher high water 02.0252
高牛磺酸 homotaurine 03.0535
高频地波雷达 high frequency ground wave radar 03.0877
高[气]压 high [pressure] 02.0451

高气压生理学 hyperbaric physiology 03.0778
高气压医学 hyperbaric medicine 03.0777
高狭盐种 polystenohaline species 02.0757
高压沉箱作业 high baric caisson operation 03.0764
高压救生舱 hyperbaric lifeboat, HBL 03.0782
高压神经综合征 high pressure nervous syndrome 03.0712
高压氧舱 hyperbaric oxygen chamber 03.0780
高压氧医学 hyperbaric oxygen medicine 03.0779
高压氧治疗 hyperbaric oxygen therapy 03.0781
高盐水入侵锋 hyperhaline intrusion front 02.1038
搁浅冰 stranded ice 03.1027
蛤素 mercenene 03.0528
隔水套管 drill conductor 03.0128
工厂化养殖 industrial culture 03.0599
工程船 working craft 03.0157
工业废水 industrial wastewater 02.1494
公海 high sea 04.0052
公海捕鱼和生物资源养护公约 Convention on Fishing and Conservation of the Living Resources of the High Seas 04.0126
公海干预 intervention on the high sea 04.0053
公海公约 Convention on the High Seas 04.0124
公海渔业 fishing on the high sea 04.0070
公平原则 equitable principle 04.0104
共沉淀 coprecipitation 02.0978
共栖 commensalism 02.0741
共生 symbiosis 02.0742
沟弧盆系 trench-arc-basin system 02.1377
* 构造地层地体 tectonostratigraphic terrane 02.1330
孤雌生殖 parthenogenesis 03.0424
孤立波 solitary wave 02.0173
古地磁地层学 paleomagnetic stratigraphy 02.1328
* 古地中海 Tethys 02.1401
古海流 paleocurrent 02.1319
古三角洲 fossil delta 02.1061
古深度 paleodepth 02.1318
古生产力 paleoproductivity 02.1322

古温度　paleotemperature　02.1321

古盐度　paleosalinity　02.1320

＊钴结壳　polymetal crust　03.0277

固氮藻类　nitrogen fixing algae　02.0877

固定冰　fast ice　02.0313

固定式结构　fixed structure　03.0108

固定式人工岛　fixed artificial island　03.0097

固体废物　solid waste　02.1495

固体废物污染　solid waste pollution　02.1496

固有光学特性　inherent optical properties　02.0353

固着生物　sessile organism　02.0750

寡盐种　oligohaline species　02.0754

关键种　key species　02.0708

＊T-S 关系图　T-S diagram　02.0058

观测平台　observation platform　03.0805

观潮　tidal bore watching　04.0260

管汇系统　manifold system　03.0126

管结点　tubular joint　03.0133

管栖动物　tubicolous animal　02.0628

管辖海域　jurisdictional sea　04.0042

管柱　tubular pile　03.0043

管状构件　tubular element　03.0132

惯性流　inertia current, inertial current　02.0084

惯性周期　inertia period　02.0188

光饱和　light saturation　02.0767

光合细菌　photosynthetic bacteria　02.0895

光能自养生物　photoautotroph　02.0797

光谱分辨率　spectral resolution　03.0945

光谱辐亮度　spectral radiance　02.0385

光谱辐照度　spectral irradiance　02.0383

光束衰减系数　beam attenuation coefficient　02.0355

光学分层水体　optically stratified water　02.0396

光学海洋学　optical oceanography　02.0349

光学浅水体　optically shallow water　02.0395

光学深度　optical depth　02.0357

光学水型　optical water types　02.0399

光学无限深水体　optically infinite-depth water　02.0394

光诱渔法　light fishing　03.0642

＊光子存活概率　probability of photon survival　02.0371

广布种　cosmopolitan species　02.0687

广深生物　eurybathic organism　02.0762

广食性动物　euryphagous animal　02.0804

广温种　eurythermal species　02.0759

广压生物　eurybaric organism　02.0764

广盐种　euryhaline species　02.0753

归一化离水辐亮度　normalized water-leaving radiance　02.0374

规则波　regular wave　02.0178

硅甲藻黄素　diadinoxanthin　03.0539

硅藻黄素　diatoxanthin　03.0540

硅藻软泥　diatom ooze　02.1208

硅质软泥　siliceous ooze　02.1207

硅质烟囱　siliceous chimney　02.1273

鲑降钙素　salcalcitonin　03.0499

鲑疱疹病毒病　herpesvirus salmonis disease　03.0620

轨道高度　orbit height　03.0949

滚装船　ro-on/ro-off ship　03.0060

国际海底管理局　International Seabed Authority, ISA　04.0286

国际海底区域勘探开发制度　system of exploration and exploitation in the international seabed area　04.0054

国际海事卫星组织　International Maritime Satellite Organization, IMSO　04.0298

国际海事组织　International Maritime Organization, IMO　04.0293

国际海啸警报中心　International Tsunami Warning Center, ITWC　04.0299

国际海洋法　international law of the sea　04.0083

国际海洋法法庭　International Tribunal for the Law of the Sea, ITLOS　04.0290

国际海洋考察理事会　International Council for the Exploration of the Sea, ICES　04.0291

国际海洋全球变化研究　International Marine Global Change Study, IMAGES　04.0307

国际海洋数据及信息交换　International Oceanographic Data and Information Exchange, IODE　04.0320

国际海洋碳协调计划　International Ocean Carbon Coordination Project, IOCCP　04.0314

国际海洋学院　International Ocean Institute, IOI　04.0292

国际洋中脊研究计划　InterRidge Project　04.0308

国际运河　international canal　04.0062

国家海洋信息系统　National Marine Data and Information System　03.1124

过饱和安全系数　supersaturation safety coefficient　03.0706

过渡舱　transfer chamber　03.0784

过境通行　transit passage　04.0049

H

海 sea 01.0036

海岸 seacoast, coast 02.1070

海岸带 coastal zone 02.1069

海岸带管理 coastal zone management 04.0007

海岸带陆海相互作用研究计划 Land-Ocean Interactions in the Coastal Zone, LOICZ 04.0316

*海岸带气候 coastal climate 02.0549

海岸带资源 coastal zone resources 04.0142

海岸带综合管理 integrated coastal zone management 04.0008

海岸地貌学 coastal geomorphology 02.1018

海岸动力学 coastal dynamics 02.1017

海岸防护工程 coastal defences 03.0002

海岸锋 coastal front 02.0512

海岸工程 coastal engineering 03.0001

海岸观测站 coastal observation station, observatory 03.0813

海岸海洋科学 coastal ocean science 02.1015

海岸滑坡 coast landslide 02.1160

海岸阶地 coastal terrace 02.1072

海岸景观 coastal landscape 04.0252

海岸侵蚀灾害 coastal erosion disaster 04.0200

海岸沙丘 coastal dune 02.1073

海岸水利工程损毁 damage of coastal water conservancy project 04.0206

海岸线 coastline 02.1071

海岸效应 effect of seaboard 03.0837

海岸夜雾 coastal night fog 02.0511

海岸沼泽 coastal marsh 02.1153

海滨 seashore 02.1074

海滨采矿技术 shore mining technology 03.0204

海滨非金属砂矿 beach nonmetal placer 03.0181

海滨金属砂矿 beach metal placer 03.0180

海滨砂矿 beach placer, littoral placer 03.0179

海滨砂矿开采业 beach placer mining industry 04.0181

海滨砂矿开发 beach placer exploitation 03.0192

海滨砂矿勘探 beach placer exploration 03.0191

海滨山岳景观 seashore mountain landscape 04.0254

海滨浴场 seashore swimming ground, lido 04.0257

海冰 sea ice 02.0312

海冰观测 sea ice observation 03.0804

海冰学 marine cryology 02.0007

海冰遥感 sea ice remote sensing 03.0920

海冰预报 sea ice forecast 03.1039

海冰灾害 sea ice disaster 04.0196

海槽 trough 02.1380

海草场 sea grass bed 02.0879

海床 seabed 04.0056

*海带氨酸 laminine 03.0547

*海带多糖 laminarin 03.0463

海胆幼体 echinopluteus larva 02.0665

[海]岛 island 02.1025

海岛观光旅游 island tourism 04.0263

海岛景观 island landscape 04.0253

*海道 sea corridor 04.0063

海道测量学 hydrography 04.0229

海堤 seawall, sea dike 03.0004

海底采矿 submarine mining 03.0193

海底采硫 submarine sulfur mining 03.0202

海底仓库 subsea storehouse 03.0175

海底沉积物磁导率 submarine deposit permeability 02.0410

海底沉积物电导率 submarine deposit conductivity 02.0408

海底沉积物电阻率 submarine deposit resistivity 02.0409

海底磁测 sea bed magnetic survey 02.0421

海底磁场 submarine magnetic field 02.0415

海底大地电磁场 submarine magnetotelluric field 02.0417

海底地层剖面仪 subbottom profiler 03.0881

海底地震仪 marine seismograph 03.0888

海底电场 submarine electric field 02.0414

海底电场测量 sea bed electric field survey 02.0422

海底电缆 undersea electric cable 03.0162

海底电站 undersea power station 03.0177

海底防喷器系统 subsea blowout prevented system, BOP 03.0266

*海底风化作用 halmyrolysis 02.1230

海底高原 sea plateau, submarine plateau 02.1175

海底构造学 submarine tectonics 02.1016

海[底]谷 submarine valley 02.1372

海底观光　submarine view　04.0258

海底管道　submerged pipeline, undersea pipeline　03.0121

海底光缆　undersea light cable　03.0163

海底基盘　seafloor template　03.0264

海底基岩矿开采　subsea bedrock ore mining　03.0203

海底钾盐矿　undersea potassium salt mine, undersea potassium salt deposit　03.0186

海底军事基地　undersea military base　03.0176

海底可控源电磁法　sea bed controlled source electromagnetic method　02.0424

海底矿产资源　submarine mineral resources　04.0135

海底扩张　seafloor spreading　02.1374

海底磷灰石矿　phosphorite of the sea floor　03.0182

海底硫矿　submarine sulfur mine, submarine sulfur deposit　03.0184

海底硫酸钡结核　barium sulfide nodule of the sea floor　03.0183

海底煤矿　undersea coal mine　03.0188

*海底煤田　undersea coal field　03.0188

海底锰结核带　undersea manganese nodule belt　03.0280

海底平整　undersea leveling　03.0147

海底区　benthic division　02.1082

海底热泉　submarine hot spring　02.1243

海底热液　submarine hydrothermal solution　02.1245

海底热液硫化物　submarine hydrothermal sulfide　02.1253

海底热液生物群落　hydrothermal vent community, sulphide community　02.0735

[海底]热液循环　hydrothermal circulation　02.1244

海[底]山　seamount　02.1176

*海底扇　deep sea fan　02.1173

海底声反射　bottom reflection　02.0325

海底声散射　bottom scattering　02.0328

海底输油气管道　subsea oil-gas pipeline　03.0244

海底–水层耦合　benthic-pelagic coupling　02.0816

海底隧道　subbottom tunnel　03.0164

海底铁矿　undersea iron mine, undersea iron deposit　03.0187

海底完井　subsea well completion　03.0273

海底锡矿　undersea tin mine　03.0189

海底峡谷　submarine canyon　02.1172

海底烟囱群　group of smoker　02.1262

海底岩盐和钾盐矿开采　undersea rock salt and potassium salt mining　03.0201

海底岩盐矿　undersea rock salt mine, undersea rock salt deposit　03.0185

海底重晶石矿　undersea barite mine　03.0190

海底资源　submarine resources　04.0141

海底自然电位　submarine self potential　02.0416

海泛面　sea flooding surface　03.0206

海防　coast defense　04.0248

海防工程　coast defense engineering　04.0241

海风　sea breeze　02.0478

海港　seaport, sea harbor　03.0016

海港检疫　seaport quarantine　03.0793

海沟　trench　02.1378

海杧果苷　tanghinoside　03.0555

海槛　sill　02.1174

海解作用　halmyrolysis　02.1230

*海进　transgression　02.1158

海军　navy　04.0247

海军测绘保障　naval survey and mapping support　04.0228

海军工程技术　naval engineering technology　04.0233

海军系统工程技术　naval systems engineering technology　04.0234

海军战略学　naval strategies　04.0244

海况　sea state, sea condition　02.0218

海葵毒素　anemotoxin　03.0567

海葵素　anthopleurin　03.0568

海浪　ocean wave, sea wave　02.0152

海浪的角散　ocean waves angular spreading　02.0227

海浪的弥散　ocean waves dispersion　02.0226

海浪反演　wave retrieval　03.0998

海浪警报　wave warning　03.1000

海浪客观预报　objective wave forecast　03.1002

海浪[能]谱　ocean wave spectrum　02.0219

海浪实况图　wave chart　03.1004

海浪统计预报　statistical wave forecast　03.1001

海浪要素　wave element　03.0997

海浪预报　wave forecast　03.0999

海浪预报因子　wave predictor　03.1003

海浪灾害　wave disaster　04.0216

海乐萌　halomon　03.0557

海力特　hailite　03.0459

海量数据存储技术　mass data storage technique　03.1051

海量数据压缩技术　mass data compression technique 03.1052

＊海流　ocean current 02.0081

海流发电　ocean current energy generation 03.0700

海流计　current meter 03.0848

海流能　ocean current energy 03.0699

海流遥感　ocean current monitor by satellite 03.0932

海龙卷　waterspout 02.0449

海隆　rise 02.1366

海陆风　sea-land breeze 02.0480

＊海萝胶　funoran 03.0472

海萝聚糖　funoran 03.0472

海绵毒素　halitoxin 03.0578

海绵核苷　spongosine 03.0509

海绵尿核苷　spongouridine, ara-U 03.0508

海绵胸腺嘧啶　spongothymidine, ara-T 03.0507

海绵状冰　shuga 03.1016

海面粗糙度　sea surface roughness 02.0503

海面粗糙度遥感　remote sensing of sea surface roughness 03.0923

海面反照率　sea surface albedo 02.0509

海面风遥感　remote sensing of sea surface wind 03.0922

海面辐射　sea surface radiation 02.0508

海面入射辐照度　sea surface irradiance 02.0391

海面声散射　surface scattering 02.0327

海面水温　sea surface temperature 02.0019

海面油膜　oil slick 02.1517

海难救助　marine salvage 03.0151

海难事故　marine accident 04.0194

海平面变化　sea level change 02.0241

海平面高度遥感　sea surface height remote sensing 03.0935

海平面上升灾害　sea level rise disaster 04.0199

海气交换　air-sea exchange 02.0501

海气界面　air-sea interface 02.0500

海气热交换　ocean-atmosphere heat exchange 02.0502

海气通量　air-sea flux 02.0498

海气相互作用　air-sea interaction 02.0514

海鞘素 743　ecteinascidin 743 03.0514

海侵　transgression 02.1158

＊海侵海岸　coast of submergence, sinking coast, submerged coast 02.1144

海区天气预报　sea area weather forecast 03.0971

＊海人草酸　kainic acid 03.0554

海色　color of the sea 02.0397

海商法　maritime law 04.0129

海上安装　marine installation 03.0139

海上采金船　marine gold dredger 03.0198

海上采锡船　marine tin dredger 03.0199

海上采油　offshore production 03.0233

海上采油平台　offshore production platform 03.0236

海上城市　maritime city 03.0171

海上储油装置　offshore storage unit 03.0270

海上磁测　seaborne magnetic survey 02.0420

海上定位　marine positioning 03.0145

海上定向井　offshore directional well 03.0267

海上焚烧　incineration at sea 04.0031

海上浮式生产储油装置　floating production storage and offloading 03.0240

海上钢索采矿船　marine wire mining ship 03.0197

海上港口　marine artificial port 03.0170

海上工厂　maritime factory 03.0172

海上机场　seadrome 03.0173

海上空气提升式采矿船　marine air lift mining dredger 03.0196

海上链斗式采矿船　marine chain-bucket mining dredger 03.0194

海上评价井　offshore appraisal well 03.0211

海上起重　marine crane 03.0146

海上抢险救生　peril prevention and life-saving at sea 03.0789

海上桥梁　maritime bridge 03.0174

海上圈闭　offshore trap 03.0209

海上丝绸之路　maritime silk route 04.0274

海上铁矿砂开采船　marine iron ore sand dredger 03.0200

海上拖运　marine towage 03.0138

海上吸扬式采矿船　marine suction mining dredger 03.0195

海上油气藏　offshore oil-gas pool 03.0223

海上油气开发井　offshore oil-gas development well 03.0228

海上油气勘探　offshore exploration for oil and gas 03.0246

海上油气水处理设备　offshore oil-gas-water processing plant 03.0242

海上油气水处理系统　offshore oil-gas-water processing system 03.0269

海上油气水平井　offshore oil-gas horizontal well　03.0229

海上油气田　offshore oil-gas field　03.0224

海上油气田开发　offshore oil-gas field development　03.0220

海上油气田开发方案　overall development plan of offshore oil-gas field　03.0225

海上油气田开发可行性研究　feasibility study of offshore oil-gas field development　03.0222

海上油气田开发区块　development block of offshore oil-gas field　03.0227

海上油气田群联合开发　combined development of offshore oil-gas field group　03.0226

海上油气田早期评价　early stage evaluation of offshore oil-gas field　03.0221

海上油田生产设施　offshore production facilities　03.0239

海上预探井　offshore wildcat well　03.0210

海上远程医疗　telemedicine at sea　03.0797

海上运输　marine transportation　04.0139

海上战场　battlefield at sea　04.0246

海上装卸油系统　offshore loading and unloading oil system　03.0271

海上走廊　sea corridor　04.0063

海上钻井隔水管　offshore drilling riser　03.0263

海上钻井平台　offshore drilling rig　03.0254

海上作业点天气预报　marine weather forecast for working place　03.0972

海参毒素　holotoxin　03.0572

海参素　holothurin　03.0571

*海蚀[壁]龛　sea notch　02.1115

*海蚀洞　sea notch　02.1115

海蚀台[地]　abrasion platform　02.1113

海蚀穴　sea cave　02.1115

海蚀崖　sea cliff　02.1112

海蚀柱　sea stack　02.1116

海蚀作用　marine erosion　02.1114

*海市蜃楼　mirage　02.0510

海水　seawater　02.0009

海水 pH　seawater pH　02.0953

海水–沉积物界面作用　seawater-sediment interface reaction　02.0983

海水处理系统　seawater treatment system　03.0243

海水磁导率　seawater permeability　02.0407

海水淡化业　seawater desalination industry　04.0176

海水电导率　seawater conductivity　02.0405

海水电泳　electrophoresis of seawater　02.0921

海水电阻率　seawater resistivity　02.0406

海水分析化学　analytical chemistry of seawater　02.0912

海水腐蚀　seawater corrosion　03.0340

*海水灌溉农业　seawater irrigation agriculture　03.0676

海水灌溉作物　seawater-irrigated crop　03.0675

海水光散射仪　seawater scatterance meter　03.0860

海水光学特性　optical properties of sea water　02.0351

海水痕量物质萃取器　seawater trace material extraction sample　03.0902

海水化学模型　chemical model of seawater　02.0957

海水缓冲容量　buffer capacity of seawater　02.0974

海水活度系数　activity coefficient of seawater　02.0996

海水碱度　seawater alkalinity　02.0954

海水浸泡　seawater immersion　03.0796

海水冷却塔　salt water cooling tower　03.0369

海水冷却系统　seawater cooling system　03.0337

*海水络合容量　metal complexing ligand concentration in seawater　02.0972

海水密度　seawater density　02.0031

海水溺水　seawater drowning　03.0795

海水农业　seawater agriculture　03.0676

海水溶解氧测定仪　dissolved oxygen meter for seawater　03.0874

海水入侵灾害　seawater intrusion disaster　04.0201

海水–生物界面作用　seawater-biology interface reaction　02.0985

海水声吸收　sound absorption in seawater　02.0341

海水水质标准　seawater quality standard　02.1523

海水酸度计　marine pH meter　03.0873

海水提氘　extraction of deuterium from seawater　03.0398

海水提钾　extraction of potassium from seawater　03.0391

海水提锂　extraction of lithium from seawater　03.0396

海水提镁　extraction of magnesium from seawater　03.0395

海水提溴　extraction of bromine from seawater　03.0392

海水透过率　seawater transmittance　02.0359

海水透明度　seawater transparency　02.0358

海水透明度盘　Secchi disk　03.0862

海水透明度遥感　ocean transparence　03.0929

海水透射率仪　seawater transmittance meter　03.0858

海水 pE-pH 图　pE-pH figure of seawater　02.0976

海水微表层模型　surface microlayer model of seawater　02.0995

*海水温差发电　ocean thermal energy conversion, OTEC　03.0693

*海水温差能　ocean thermal energy　03.0692

海水温度距平预报　sea surface temperature anomaly forecast　03.1009

海水温度距平预报图　sea surface temperature anomaly forecast pattern　03.1011

海水温度预报　seawater temperature forecasting　03.1006

海水温度预报图　sea surface temperature forecast pattern　03.1010

海水–悬浮粒子界面作用　seawater-suspended particle interface reaction　02.0984

海水循环冷却系统　recirculating seawater cooling system　03.0339

海水盐差发电　seawater salinity gradient energy generation　03.0698

海水盐差能　seawater salinity gradient energy　03.0697

海水盐度遥感　seawater salinity remote sensing　03.0925

海水养殖技术　mariculture technique　03.0595

海水养殖污染　marine aquaculture pollution　02.1503

海水养殖业　mariculture industry　04.0163

海水异味去除技术　deodorizing technology　03.0378

海水荧光计　seawater fluorometer　03.0865

海水增殖业　marine stock enhancement industry　04.0164

海水直接利用　seawater direct utilization　03.0336

海水直接利用业　seawater direct utilization industry　04.0177

海水直流冷却系统　once-through seawater cooling system　03.0338

海水制盐业　marine salt producing industry　04.0173

海水中氨氮　amino-nitrogen in seawater　02.0934

*海水中保守元素　conservative components in seawater　02.0927

海水中常量元素　major elements in seawater　02.0927

海水中常量元素恒比定律　constant principle of seawater major component　02.0928

海水中沉淀–溶解作用　precipitation-dissolution reaction in seawater　02.0977

海水中氮磷比　ratio of nitrogen to phosphorus in seawater　02.0944

海水中硅酸盐　silicate in seawater　02.0945

海水中痕量元素　trace elements in seawater　02.0947

海水中化学存在形式　substance species in seawater　02.0958

海水中胶态　colloidal forms in seawater　02.0965

海水中胶体表面电荷　surface electric charge of colloid in seawater　02.0973

海水中胶体氮　colloidal nitrogen in seawater　02.0939

海水中胶体磷　colloidal phosphorus in seawater　02.0942

海水中金属络合配位体浓度　metal complexing ligand concentration in seawater　02.0972

海水中颗粒氮　particulate nitrogen in seawater　02.0938

海水中颗粒态　particulate forms in seawater　02.0963

海水中离子对　ion pair in seawater　02.0969

海水中磷酸盐　phosphate in seawater　02.0940

海水中络合物　complex in seawater　02.0970

海水中纳米粒子　nano-particle in seawater　02.0966

*海水中配位化合物　complex in seawater　02.0970

海水中溶解氮　dissolved nitrogen in seawater　02.0932

海水中溶解二氧化碳　dissolved carbon dioxide in seawater　02.0955

海水中溶解态　dissolved forms in seawater　02.0964

海水中溶解温室气体　dissolved greenhouse gas in seawater　02.0956

海水中溶解营养盐　dissolved nutrients in seawater　02.0931

海水中微量元素　minor elements in seawater　02.0946

海水中无机胶体　inorganic colloid in seawater　02.0967

海水中物质胶体存在形式　colloidal species in seawater　02.0961

海水中物质无机存在形式　inorganic species in seawater　02.0959

海水中物质形态　chemical substance forms in seawater　02.0962

海水中物质有机存在形式　organic species in seawater　02.0960

海水中硝酸盐　nitrate in seawater　02.0933

海水中悬浮物观测技术　observing technology of suspending material in seawater　03.0876

海水中氧化–还原作用　oxidation-reduction reaction in

seawater 02.0975

海水中液-固界面三元络合物 liquid-solid interface ternary complex in seawater 02.0986

海水中一氧化氮 nitric oxide in seawater 02.0935

海水中有机氮 organic nitrogen in seawater 02.0937

海水中有机胶体 organic colloid in seawater 02.0968

海水中有机磷 organic phosphorus in seawater 02.0941

海水中元素清除作用 scavenging action of element in seawater 02.1010

海水中总氮 total nitrogen in seawater 02.0936

海水中总磷 total phosphorus in seawater 02.0943

海水状态方程 seawater state equation 02.0080

海水浊度仪 seawater turbidity meter 03.0859

海水资源 resources of seawater 04.0136

海水资源开发技术 technology of sea water resources exploitation 01.0017

海损 sea damage 04.0195

*海台 guyot 02.1177

海滩 beach 02.1091

海滩剖面 beach profile 02.1090

海滩旋回 beach cycle 02.1096

海滩岩 beach rock 02.1184

海头红烯 plocamadiene 03.0556

海图 chart 03.1094

海图[水深]基准面 chart datum 02.0236

海兔毒素 aplysiatoxin 03.0565

海兔醚 dactylene 03.0521

海兔素 aplysin 03.0520

*海兔烯 dactylene 03.0521

海退 regression 02.1159

海湾 bay, gulf 01.0051

海雾 sea fog 02.0483

海峡 strait, channel 01.0057

海啸 tsunami 02.0149

海啸灾害 tsunami disaster 04.0192

海星皂苷 asterosaponin 03.0524

海盐 sea salt 03.0389

海盐化工业 marine salt chemical industry 04.0174

海洋霸权 maritime superpower, oceanic supremacy 04.0273

海洋标准层内插 marine interpretation of standard level 03.1064

[海洋]表面波 [marine] surface wave 02.0150

海洋病原体污染 marine pathogenic pollution 02.1542

海洋波浪遥感 remote sensing of ocean wave 03.0927

海洋捕捞 marine fishing 03.0632

海洋捕捞业 marine fishing industry 04.0162

海洋不可再生资源 non-renewable marine resources 04.0133

海洋采矿业 marine mining 04.0178

海洋测井 offshore well logging 03.0251

海洋层化 ocean stratification 02.0011

海洋产业 marine industry, ocean industry 04.0154

海洋产业布局 distribution of marine industries 04.0187

海洋产业总产值 gross output value of marine industries 04.0189

海洋沉积学 marine sedimentology 02.1012

海洋船舶修理业 marine shiprepairing industry 04.0172

海洋船舶制造业 marine shipbuilding industry 04.0171

海洋磁场 sea magnetic field 02.0413

海洋丛式井 offshore cluster wells 03.0268

海洋大地电磁测深 marine magnetotelluric sounding 02.0425

海洋大气综合数据集 comprehensive ocean atmosphere dataset, COADS 03.1080

海洋等深线图 ocean depth curve map 03.1106

海洋等温线图 ocean isothermal plot 03.1107

海洋地层学 marine stratigraphy 02.1013

海洋地磁调查 marine geomagnetic survey 03.0835

海洋地磁异常 marine geomagnetic anomaly 02.0419

海洋地理信息系统 marine geographic information system, MGIS 03.1071

海洋地理信息系统数据库 marine GIS database 03.1083

海洋地理学 marine geography 01.0011

海洋地貌学 marine geomorphology 02.1011

海洋地球化学 marine geochemistry 02.0909

海洋地球物理调查 marine geophysical survey 03.0816

海洋地球物理学 marine geophysics 01.0010

海洋地热流调查 marine heat flow survey 03.0838

海洋地震调查 marine seismic survey 03.0817

海洋地震漂浮电缆 marine seismic streamer 03.0890

海洋地震剖面仪 marine seismic profiler 03.0889

海洋地质学 marine geology 01.0009

海洋第二产业 marine secondary industry 04.0156

海洋第三产业 marine tertiary industry 04.0157

海洋第一产业 marine primary industry 04.0155

海洋电场 sea electric field 02.0412

海洋电磁法　marine electromagnetic method　02.0423

海洋电磁噪声　sea electromagnetic noise　02.0418

海洋电流　sea electric current　02.0411

海洋调查技术　ocean survey technology　03.0799

海洋断面　marine［observational］section, marine transect　02.0017

海洋断面分布图　distribution of marine sectional　03.1103

海洋法　law of the sea　04.0082

海洋法规　law and regulation of sea　01.0027

海洋反射地震调查　marine reflection seismic survey　03.0818

海洋防灾　marine disaster prevention　04.0213

海洋仿生学　marine bionics　03.0441

海洋放射生态学　marine radioecology　02.1543

海洋放射性污染　marine radioactive pollution　02.1490

海洋飞沫　sea spray　02.0499

海洋非实时数据　non-realtime data　03.1077

海洋锋　oceanic front　02.0073

海洋服务业　marine service industry　04.0186

海洋浮游动物垂直分布图　plot of marine zooplanktion vertical distribution　03.1111

海洋浮游生物量图　plot of marine plankton biomass　03.1112

海洋工程　ocean engineering　01.0015

海洋工程地质　marine engineering geology　03.0095

海洋工程复合模型　ocean engineering hybrid model　03.0086

海洋工程建筑业　ocean engineering construction industry　04.0185

海洋工程水文　engineering oceanology, engineering oceanography　03.0094

海洋工程物理模型　ocean engineering physical model　03.0085

海洋公益服务　marine public service　04.0080

海洋公园　ocean park　04.0259

海洋功能区　marine functional zone　04.0012

海洋功能区划　marine functional zoning　04.0013

海洋观测技术　ocean observation technology　01.0021

海洋观测卫星　ocean observation satellite　03.0914

*海洋观念　maritime consciousness, maritime sense　04.0279

海洋管理　ocean management　01.0026

［海洋］惯性重力波　inertia gravitational wave［in ocean］02.0189

海洋光学　marine optics, ocean optics　02.0348

海洋光学浮标　marine optic buoy　03.0960

海洋广角反射地震调查　marine wide-angle reflection seismic survey　03.0820

海洋航空气象　maritime aviation meteorology　04.0230

海洋航空天气预报　maritime aviation weather forecast　04.0231

海洋航线天气预报　weather forecast for shipping routes　03.0973

海洋化工业　marine chemistry industry　04.0175

海洋化学　marine chemistry　01.0007

海洋化学的化学平衡　chemical equilibrium of marine chemistry　02.0999

海洋化学污染物　chemical pollutant in the sea　02.1504

海洋划界　marine boundaries delimitation　04.0097

海洋环境　marine environment　02.1497

海洋环境保护法律制度　legislation system for marine environmental protection　04.0035

海洋环境保护技术　marine environmental protection technology　01.0025

海洋环境背景值　marine environmental background value　03.1125

海洋环境标准　marine environmental standard　03.1138

海洋环境承载能力　marine environmental carrying capacity　03.1129

海洋环境调查　oceanographic environmental survey　03.1137

海洋环境管理　marine environmental management　04.0005

*海洋环境基础标准　marine environmental criteria　03.1140

海洋环境基线［调查］　marine environmental baseline［survey］03.1139

海洋环境基准　marine environmental criteria　03.1140

海洋环境价值　marine environmental value　03.1141

海洋环境监测　marine environmental monitoring　03.1136

海洋环境监测技术　marine environment monitoring technology　03.0800

海洋环境科学　marine environmental science　02.1524

海洋环境流体动力学　marine environmental hydrodynamics　02.0004

海洋环境目标　marine environmental objective　03.1142

海洋环境评价　marine environmental assessment　04.0019

海洋环境评价制度　marine environmental assessment system　04.0020

海洋环境容量　marine environmental capacity　03.1134

海洋环境要素　marine environmental element　03.1143

海洋环境要素数据　marine environmental parameter data　03.1078

海洋环境影响　marine environmental impact　03.1126

海洋环境影响报告书　marine environmental impact statement　04.0023

海洋环境影响评价　marine environmental impact assessment　04.0021

海洋环境影响评价报告书　report on assessment for marine environmental impact　04.0024

海洋环境影响评价大纲　outline of marine environmental impact assessment　04.0022

海洋环境影响预测　marine environmental impact prediction　04.0018

海洋环境预报　marine environment forecast　03.0970

海洋环境预报预测　marine environmental forecasting and prediction　01.0023

海洋环境噪声　ambient noise of the sea　02.0332

海洋环境沾污　marine environmental contamination　02.1498

海洋环境质量　marine environmental quality　03.1135

海洋环境中浮游生物的反应性研究计划　Plankton Reactivity in the Marine Environment, PRIME　04.0318

海洋环境资料信息目录　marine environmental data and information referral system, MEDI　04.0319

海洋混响　marine reverberation　02.0326

*海洋基本环流　general ocean circulation　02.0088

海洋基础信息　marine basic information　03.1049

海洋激发极化法　marine induced polarization method　02.0428

海洋技术　marine technology, ocean technology　01.0014

海洋监察　marine supervision　04.0044

海洋减灾　marine disaster reduction　04.0210

海洋减灾工程　marine disaster reduction engineering　04.0214

海洋减灾救灾管理　management of marine disaster reduction and relief　04.0209

海洋交通运输业　marine communications and transportation industry　04.0167

海洋界面　interface in seawater　02.0979

海洋界面化学　marine interfacial chemistry　02.0915

海洋界面作用　interface reaction in seawater　02.0980

海洋经济　marine economy　01.0028

海洋经济学　marine economics　04.0153

[海洋]开尔文波　[ocean] Kelvin wave　02.0196

海洋开发　ocean exploitation, marine development　04.0152

海洋开发规划　marine development planning　04.0011

海洋考古　maritime archaeology　04.0276

海洋科学　marine science, ocean science　01.0001

海洋可再生资源　renewable marine resources　04.0132

海洋客观分析技术　marine objective analysis technique　03.1050

海洋空间利用　utilization of ocean space　04.0017

海洋空间数据　marine spatial data　03.1075

海洋空间数据基础设施　marine spatial data infrastructure　03.1087

海洋空间数据交换标准　standard for marine spatial data exchange　03.1090

海洋空间数据框架　marine spatial data framework　03.1088

海洋空间资源　marine space resources　04.0137

海洋矿产资源开发技术　technology of marine mineral resources exploitation　01.0016

海洋历史地理　maritime historical geography　04.0281

海洋历史文化景观　oceanic historical and cultural landscape　04.0256

海洋流体动力噪声　marine hydrodynamic noise　02.0334

海洋旅游业　marine tourism　04.0182

海洋旅游资源　marine tourism resources　04.0140

[海洋]罗斯贝波　[ocean] Rossby wave　02.0197

海洋民俗　maritime folklore　04.0272

海洋牧场　aquafarm, marine ranch　04.0071

[海洋]内波　[marine] internal wave　02.0151

海洋能　ocean energy　03.0682

海洋能发电业　ocean energy power generation industry　04.0183

海洋能开发技术　technology of ocean energy exploitation　01.0019

海洋能农场　ocean energy farm　03.0701

海洋能转换　ocean energy conversion　03.0683

海洋农场　marine farm　04.0072

海洋农药污染　marine pollution of pesticide　02.1506

海洋气候声学测温计划　Acoustic Thermometry of Ocean Climate，ATOC　04.0317

海洋气候学　marine climatology　02.0546

海洋气团　marine air mass　02.0435

海洋气象导航　marine meteorological navigation　03.0981

海洋气象学　marine meteorology　01.0005

海洋气象要素　marine meteorological element　02.0490

海洋倾倒　ocean dumping　02.1499

海洋倾倒技术　dumping skill at sea　03.1159

海洋倾倒区　dumping area at sea　04.0025

海洋倾倒许可证制度　permit institution for the dumping at sea　04.0026

海洋权　right of the sea，marine right　04.0039

海洋权益　marine rights and interests　04.0038

海洋权益管理　management of maritime rights and interests　04.0003

海洋热力学　marine thermodynamics，ocean thermodynamics　02.0002

海洋热能　ocean thermal energy　03.0692

海洋热能转换　ocean thermal energy conversion，OTEC　03.0693

海洋热污染　marine thermal pollution　02.1507

海洋人文　maritime humanity　04.0271

海洋人文地理　maritime cultural geography　04.0280

海洋社会从业人员　number of employees in the marine sector　04.0188

海洋生化工程　marine biochemical engineering　03.0594

海洋生态监测　marine ecological monitoring　03.1149

海洋生态景观　ocean ecological landscape　04.0255

海洋生态系统　marine ecosystem　02.0712

海洋生态系统动力学　marine ecosystem dynamics　02.0576

海洋生态系统生态学　marine ecosystem ecology　02.0577

海洋生态学　marine ecology　02.0563

海洋生态灾害　marine ecological disaster　04.0203

海洋生物材料　marine biomaterial　03.0455

海洋生物地球化学　marine biogeochemistry　02.0910

海洋生物毒素　marine biotoxin　03.0561

海洋生物毒性试验　test of marine organism toxicity　02.1540

*海洋生物工程　marine biotechnology　01.0018

海洋生物光学　oceanic biooptics　02.0350

海洋生物活性物质　marine bioactive substances　03.0456

海洋生物基因工程　marine genetic engineering　03.0401

海洋生物技术　marine biotechnology　01.0018

海洋生物普查计划　Census of Marine Life，COML　04.0311

海洋生物声学　marine bioacoustics　02.0340

海洋生物学　marine biology　01.0006

*海洋生物遗传工程　marine genetic engineering　03.0401

海洋生物噪声　marine biological noise　02.0333

海洋生物制药业　marine biological pharmacy industry　04.0166

海洋生物资源　marine living resources　04.0134

海洋生物资源养护　maintenance of marine living resources　04.0067

海洋声层析技术　ocean acoustic tomography　02.0339

海洋声学　marine acoustics，ocean acoustics　02.0347

海洋石油地球物理勘探　offshore petroleum geophysical prospecting　03.0245

海洋石油工业　marine oil industry，offshore oil industry　04.0179

海洋石油降解微生物　marine petroleum degrading microorganism　02.1544

海洋石油污染　marine petroleum pollution　02.1500

海洋实时数据　marine realtime data　03.1076

海洋数据　marine data　03.1074

海洋数据变换　marine data transform　03.1070

海洋数据操作　marine data manipulation　03.1069

海洋数据格式化　marine data formatting　03.1067

海洋数据集　marine dataset　03.1079

海洋数据库　marine database　03.1082

海洋数据融合技术　marine data fusion technique　03.1054

海洋数据同化技术　marine data assimilation technology　03.1053

海洋数据文档　marine data archive　03.1085

海洋数据文件　marine data file　03.1086

海洋数据应用文件　marine data application file　03.1066

海洋数据转换　marine data conversion　03.1068

［海洋］数字化　［ocean］digitization　03.1072

海洋水产品加工业　marine aquatic products processing　04.0165

海洋水色扫描仪 ocean color scanner 03.0958

海洋水温遥感 ocean temperature remote sensing 03.0924

海洋水文学 marine hydrography, marine hydrology 02.0001

海洋水下技术 undersea technology 01.0020

海洋水质监测仪 multiparameter water quality probe 03.0872

海洋探险 maritime exploration, oceanic adventure 04.0277

海洋特别保护区 special marine protected area 04.0037

海洋提铀 extraction of uranium from seawater 03.0397

海洋天气图 marine cynoptic chart, weather chart 03.0968

海洋天气预报 marine weather forecast 03.0969

海洋天然气水合物 marine gas hydrate 02.1287

*海洋烃类氧化菌 marine petroleum degrading microorganism 02.1544

海洋土工试验 marine geotechnical test 03.0090

海洋微生物生态学 marine microbial ecology 02.0574

海洋微生物学 marine microbiology 02.0891

海洋文化艺术遗产 maritime heritage of culture and art 04.0282

海洋文明 maritime civilization 04.0269

海洋稳态 steady state of marine chemistry 02.1000

海洋污染 marine pollution 02.1501

海洋污染化学 marine pollution chemistry 02.1525

海洋污染监测技术 marine pollution monitoring technology 03.0801

海洋污染累积种 accumulation species of marine pollution 02.1545

海洋污染评价种 critical species of marine pollution 02.1546

海洋污染生态效应 ecological effect of marine pollution 03.1152

海洋污染生态学 marine pollution ecology 02.1547

海洋污染生物监测 biological monitoring for marine pollution 02.1548

海洋污染生物效应 biological effects of marine pollution 02.1549

*海洋污染生物效应 ecological effect of marine pollution 03.1152

海洋污染物 marine pollutant 02.1502

海洋污染物的迁移转化 transport and fate of marine pollutant 02.1526

海洋污染指示种 indicator species of marine pollution 02.1550

海洋无机污染 marine inorganic pollution 02.1511

海洋无机物环境化学 environmental chemistry of marine inorganic matter 02.1527

海洋物理化学 marine physical chemistry 02.0914

海洋物理学 marine physics, ocean physics 01.0004

海洋细菌 marine bacteria 02.0893

海洋细菌学 sea bacteriology 02.0892

海洋细微结构 fine and microstructure of ocean 02.0013

海洋响应 ocean response 02.0530

[海洋]斜压波 barocline wave [in ocean] 02.0190

海洋信息 marine information 03.1048

海洋信息采集 marine information acquisition 03.1056

海洋信息采集技术 technique of marine information acquisition 03.1057

海洋信息产品 marine information products 03.1091

海洋信息产品制作技术 manufacturing technique of marine information products 03.1092

海洋信息处理 marine information processing 03.1059

海洋信息处理技术 marine information processing technique 03.1060

海洋信息传输 marine information transmission 03.1123

海洋信息分发系统 dissemination system of marine information 03.1122

海洋信息分类代码 marine information code 03.1062

海洋信息服务 marine information service 03.1118

海洋信息服务技术 technique of marine information service 03.1114

海洋信息共享 marine information sharing 03.1117

海洋信息技术 marine information technology 01.0024

海洋信息技术计划 Ocean Information Technology Project, OITP 04.0312

海洋信息检索 marine information retrieval 03.1120

海洋信息可视化技术 visualization technique of marine information 03.1055

海洋信息提取 marine information retrieval 03.1058

海洋信息网络 marine information network 03.1119

海洋信息显示 marine information display 03.1121

*海洋信息元数据 marine metadata 03.1084

海洋信仰 maritime belief 04.0284

海洋行业管理 marine trades management 04.0002

海洋性气候　marine climate　02.0547

海洋学　oceanography, oceanology　01.0002

海洋学和气象学联合技术委员会　Joint Technical Commission for Oceanography and Marine Meteorology, JTCOMM　04.0297

海洋研究科学委员会　Scientific Committee on Oceanic Research, SCOR　04.0288

海洋遥感　ocean remote sensing　01.0022

海洋遥感观测　ocean remote sensing observation　03.0802

海洋遥感照相机　ocean remote sensing camera　03.0961

海洋药物　marine drug　03.0454

海洋要素垂直分布图　marine vertical distribution　03.1104

海洋要素反演　inversion of oceanographic element, retrieval of oceanographic element, reduction of oceanographic element　03.0936

海洋要素观测　observation of oceanographic elements　03.0798

海洋叶绿素遥感　ocean chlorophyl remote sensing　03.0930

海洋艺术　maritime arts　04.0283

海洋意识　maritime consciousness, maritime sense　04.0279

海洋油气采收率　offshore oil-gas recovery　03.0231

海洋油气藏评价　offshore hydrocarbon reservoir evaluation　03.0212

海洋油气藏早期评价　early stage evaluation for offshore hydrocarbon reservoir　03.0216

海洋油气控制储量　offshore probable hydrocarbon reserve　03.0218

海洋油气盆地　offshore oil-gas bearing basin　03.0205

海洋油气探明储量　offshore proved hydrocarbon reserve　03.0217

海洋油气预测储量　offshore possible hydrocarbon reserve　03.0219

海洋油气资源　offshore hydrocarbon resource　03.0214

海洋油气资源评价　offshore oil-gas resource evaluation　03.0213

海洋油气总资源量　gross volume of offshore hydrocarbon resource　03.0215

海洋油气最终采收率　offshore oil-gas ultimate recovery　03.0232

海洋有机化学　marine organic chemistry　02.0913

海洋有机污染　marine organic pollution　02.1515

海洋有机物环境化学　environmental chemistry of marine organic matter　02.1528

海洋渔钓活动　marine fishing activity　04.0264

海洋渔情预报图　plot of fish condition forecasting　03.1110

海洋渔业　marine fishery　04.0161

海洋渔业资源　marine fishery resources　04.0066

海洋元数据　marine metadata　03.1084

海洋元数据管理系统　management system of marine metadata　03.1089

*海洋元素地球化学　marine elemental geochemistry　02.0909

海洋灾害　marine disaster　01.0029

海洋灾害管理　management of marine disaster effect　04.0208

海洋灾害基本要素　basic elements of marine disaster　04.0205

海洋灾害监测　monitoring and surveying of marine disaster　04.0211

海洋灾害预报和警报　marine disaster forecasting and warning　04.0212

海洋藻类化学　marine algae chemistry　02.0917

海洋噪声　sea noise　02.0331

海洋战略　marine strategy　04.0009

海洋战区　ocean theater　04.0245

海洋折射地震调查　marine refraction seismic survey　03.0819

[海洋]正压波　barotropic wave [in ocean]　02.0191

海洋政策　marine policy　04.0010

海洋执法　marine law enforcement　04.0043

海洋直流电阻率法　marine DC resistivity method　02.0427

海洋制造业　marine manufacturing industry　04.0184

海洋质子磁力梯度仪　marine proton magnetic gradiometer　03.0893

海洋质子磁力仪　marine proton magnetometer　03.0892

海洋中尺度涡遥感　satellite measurement of mesoscale eddies　03.0933

海洋中放射性元素同位素　radioactive isotopes in ocean　02.0949

海洋中化学元素垂直分布　vertical distribution of chemical elements in ocean　02.0950

海洋中化学元素时间分布　temporal distribution of chemical elements in ocean　02.0952

海洋中化学元素水平分布　horizontal distribution of chemical elements in ocean　02.0951

海洋中通量　flux in ocean　02.1008

海洋中稳定同位素　stable isotopes in ocean　02.0948

海洋中元素逗留时间　residence time of elements in seawater　02.1009

海洋重金属污染　marine heavy metal pollution　02.1521

海洋重力调查　marine gravity survey　03.0828

海洋重力仪　marine gravimeter　03.0891

海洋重力异常　marine gravity anomaly, marine gravity　03.0829

海洋资料标准化处理　standard processing of marine data　03.1065

海洋资料排重　removal of duplication marine data　03.1061

海洋资料清单　marine data inventories　03.1115

*海洋资料文档　marine data archive　03.1085

海洋资料质量控制　marine data quality control　03.1063

海洋资源　marine resources　04.0130

海洋资源持续利用　sustainable utilization of marine resources　04.0149

海洋资源工程委员会　Engineering Committee on Oceanic Resources, ECOR　04.0287

海洋资源管理　management of marine resources　04.0004

海洋资源化学　marine resource chemistry　02.0911

海洋资源经济评价　economic evaluation of marine resources　04.0150

海洋资源经济评价指标　index of economic evaluation for marine resources　04.0151

海洋资源开发　marine resource exploitation　04.0143

海洋资源开发布局　spatial arrangement of marine resource exploitation　04.0146

海洋资源开发成本　cost of marine resource exploitation　04.0145

海洋资源开发效益　benefit of marine resource exploitation　04.0144

海洋资源利用　marine resource utilization　04.0147

海洋资源学　science of marine resources　04.0131

海洋资源综合利用　integrated use of marine resources　04.0148

海洋自净能力　marine environmental self-purification capability　03.1160

海洋自然保护区　marine natural reserves　04.0036

海洋自然电位法　marine self-potential method　02.0426

海洋综合管理　marine integrated management, integrated ocean management　04.0001

海洋总环流　general ocean circulation　02.0088

海因里希事件　Heinrich event　02.1324

海域　sea area　02.0008

海域富营养化控制　control of eutrophication in the area　03.1167

海域使用管理　management on sea area use　04.0006

海域使用权　right of sea area use　04.0014

海域使用证　licence of sea area use　04.0016

海域有偿使用制度　paid system of sea area use　04.0015

海渊　abyss　02.1379

海藻床　kelp bed, sea-weed bed　02.0878

海藻腐蚀　seaweed corrosion　03.0365

海藻学　marine phycology　02.0565

氦昏厥　helium syncope　03.0711

氦氧潜水　helium-oxygen diving　03.0723

氦语音　helium speech　03.0709

氦震颤　helium tremor　03.0710

蚶肽　arcamine　03.0523

寒潮　cold wave　02.0470

寒带种　cold zone species　02.0698

寒流　cold current　02.0129

航标　navigation aid　03.0072

航道　navigation channel　03.0027

航海疾病　seafaring diseases　03.0794

航海医学　nautical medicine　03.0785

航海医学心理学　nautical medical psychology　03.0791

合成孔径雷达　synthetic aperture radar, SAR　03.0965

合成孔径声呐　synthetic aperture sonar, SAS　03.0883

河控三角洲　river-dominated delta　02.1063

河口　estuary, river mouth　02.1029

河口沉积动力学　estuarine sediment dynamics　02.1021

河口动力学　estuarine dynamics　02.1020

河口锋　estuarine front　02.1033

河口化学　estuarine chemistry　02.0916

河口化学物质保守行为　conservative behavior of chemical substance in estuary　02.0981

河口化学物质非保守行为　non-conservative behavior of chemical substance in estuary　02.0982

河口环流　estuarine circulation　02.1039

河口界面　estuarine interface　02.1048

河口泥沙运动 estuarine sediment movement 02.1041

河口沙波 estuarine sand wave 02.1042

河口上升流 estuarine upwelling 02.1059

河口射流理论 estuarine jet flow theory 02.1043

河口生物地球化学 estuarine biogeochemistry 02.1023

河口生物学 estuarine biology 02.1022

河口通量 estuarine flux 02.1047

河口学 estuarine science 02.1019

河口余流 estuarine residual current 02.1040

河口羽状锋 estuarine plume front 02.1035

河口治理 estuary improvement 03.0069

河口最大浑浊带 turbidity maximum 02.1034

*河口最大浊度带 turbidity maximum 02.1034

河鲀毒素 tetrodotoxin, TTX 03.0562

河源物质 river-born substance 02.1187

核能淡化 nuclear energy desalination 03.0333

*褐黏土 brown clay 02.1210

褐藻丹宁 phaeophycean tannin 03.0546

*褐藻多糖 laminarin 03.0463

*褐藻胶 sodium alginate 03.0462

*褐藻鞣质 phaeophycean tannin 03.0546

褐藻酸 alginic acid 03.0461

[褐]藻酸丙二醇酯 propylene glycol alginate 03.0460

褐藻酸钠 sodium alginate 03.0462

黑白瓶法 light and dark bottle technique 02.0792

黑潮 Kuroshio 02.0120

黑海 Black Sea 01.0048

黑烟囱 black smoker 02.1269

黑烟囱复合体 black smoker complex 02.1270

恒化培养 chemostatic culture 02.0680

横荡 sway 03.0103

横贯南极山脉 Trans-Antarctic Mountains 02.1440

*横向海岸 latitudinal coast, transverse coast 02.1132

横摇 roll 03.0099

红海 Red Sea 01.0050

*红黏土 red clay 02.1210

红树林海岸 mangrove coast 02.1150

红树林生物群落 mangrove community 02.0731

红树林沼泽 mangrove swamp 02.1154

红树林植被 mangrove vegetation 03.0669

红外辐射计 infrared radiometer 03.0959

红外遥感器 infrared remote sensor 03.0941

红藻氨酸 kainic acid 03.0554

虹鳟鱼生殖腺细胞系 rainbow trout gonad cell line, RTG

03.0410

后滨 backshore 02.1075

后期沉淀 epigenetic precipitation 02.1266

后向散射率 backward scatterance 02.0370

弧后 back-arc 02.1397

弧后扩张 back-arc spreading 02.1399

弧后盆地 back-arc basin 02.1381

弧前 fore-arc 02.1396

弧前盆地 fore-arc basin 02.1398

护岸[工程] shore protection engineering 03.0003

护面块体 armor unit, armor block 03.0057

护坡 side-slope protection work 03.0008

滑道 slipway 03.0065

滑行运动 gliding motility 02.0905

化能自养生物 chemoautotroph 02.0798

化学海洋学 chemical oceanography 02.0908

化学礁体系 chemoherm complexes 02.1310

化学清洗 chemical cleaning, chemical picking 03.0370

化学需氧量 chemical oxygen demand, COD 02.1529

环礁 atoll 02.1122

环境参数 environmental parameter 03.1144

环境风险评价 environmental risk assessment 03.1132

环境海洋学 environmental oceanography 01.0008

环境恢复 environmental restoration 03.1169

环境回顾评价 assessment of the previous environment 03.1147

环境质量参数 environmental quality parameter 03.1145

环境质量指数 environmental quality index 03.1146

*环境质量综合指数 pollution index 02.1564

*环境状态参数 environmental parameter 03.1144

环太平洋岛弧 Circum-Pacific Island Arc 02.1392

环太平洋地震带 Circum-Pacific Seismic Zone 02.1395

环太平洋火山带 Circum-Pacific Volcanic Belt 02.1394

缓蚀剂 corrosion inhibitor 03.0352

黄海 Yellow Sea 01.0038

*黄海底层冷水 Huanghai Cold Water Mass, Yellow Sea Cold Water Mass 02.0077

黄海冷水团 Huanghai Cold Water Mass, Yellow Sea Cold Water Mass 02.0077

黄海暖流 Huanghai Warm Current 02.0122

黄海沿岸流 Huanghai Coastal Current, Yellow Sea Coastal Current 02.0116

灰白冰 grey-white ice 03.1021

灰冰　grey ice　03.1020
回流天气　returning flow weather　02.0477
回声测距　echo ranging　02.0336
[回声]测深仪　echosounder　03.0878
洄游　migration　02.0826
洄游路线　migration route　02.0828
洄游鱼类　migratory fishes　02.0827
会聚边界　convergent boundary　02.1358
会聚区　convergence zone　02.0324
混合层声道　mixed layer sound channel　02.0322
混合潮　mixed tide　02.0291
混合式防波堤　composite breakwater　03.0055

混合雾　mixing fog　02.0487
混合营养生物　mixotroph　02.0800
[混合]增密　[mixing] caballing　02.0043
混凝剂　coagulate flocculating agent　03.0344
混养　polyculture　03.0609
混杂堆积　melange　02.1212
活塞取芯器　piston corer　03.0898
活性污泥法　activated sludge process　03.0373
火炬臂　flare boom　03.0130
火山沉积[物]　volcanic sediment　02.1218
火山弧　volcanic arc　02.1391
火山链　chain of volcano　02.1393

J

机会种　opportunistic species　02.0709
机载投弃式温深仪　aerial expendable bathythermograph, AXBT　03.0843
矾海绵酮　renierone　03.0504
基床　foundation bed, bedding　03.0046
*基底锋　hyperhaline intrusion front　02.1038
基准面　datum level　02.0235
激光高度计　laser altimeter　03.0957
激碎波　surging breaker　02.0210
极地　polar region　02.1441
极地冰川　polar glacier　02.1442
*极地低压　polar low　02.1448
极地科学　polar science　01.0013
极地气团　polar air mass　02.0432
极[地]涡[旋]　polar low　02.1448
极锋　polar front　02.0467
极盖[区]　polar cap　02.1443
极盖吸收　polar cap absorption　02.1444
极光带电集流　auroral electrojet　02.1445
极轨卫星　polar orbit satellite　03.0917
极浅水波　very shallow water wave　02.0175
极区冰川学　polar glaciology　02.1446
极区大气科学　polar atmospheric science　02.1447
极限暴露　limiting exposure　03.0713
极夜　polar night　02.1449
极昼　polar daytime　02.1450
棘辐肛参苷　echinoside　03.0527
集约养殖　intensive culture　03.0597
集装箱船　container ship　03.0059

*几丁质　chitin　03.0476
记忆丧失性贝毒　amnesic shellfish poison, ASP　03.0582
季风　monsoon　02.0553
季风爆发　monsoon burst　02.0557
季风槽　monsoon trough　02.0439
季风[海]流　monsoon current　02.0094
季风气候　monsoon climate　02.0558
季节变化　seasonal variation　02.0745
季节性冰带　seasonal ice zone　02.1451
季节性温跃层　seasonal thermocline　02.0046
寄生　parasitism　02.0743
加勒比海　Caribbean Sea　01.0047
加速腐蚀实验　accelerated corrosion test　03.0350
加压试验　compression test　03.0718
加压系统　compression system　03.0766
加压治疗　compression therapy　03.0760
夹卷　entrainment　02.0493
岬角　headland, cape　02.1028
岬角锋　cape front, promontory front　02.1037
甲板减压舱　deck decompression chamber, DDC　03.0769
甲板装置　deck unit　03.0124
甲壳动物学　carcinology　02.0567
甲壳质　chitin　03.0476
甲烷喷口　methane vent　02.1311
甲烷水合物　methane hydrate　02.1286
*甲烷碳当量　methane-carbon content　02.1303
甲烷碳含量　methane-carbon content　02.1303

假潮　seiche　02.0306

假潮灾害　seiche disaster　04.0193

假盐生植物　pseudohalophyte　03.0664

尖角坝　cuspate bar　02.1098

尖[形]三角洲　cuspate delta　02.1068

*间隙水　interstitial water, pore water　02.1242

减压现象　decompression　03.0707

减压性骨坏死　dysbaric osteonecrosis　03.0759

*建设性板块边界　constructive boundary　02.1357

健康海水养殖　healthy mariculture　03.0598

*健忘性贝毒　amnesic shellfish poison, ASP　03.0582

舰船豁免权　immunity of warships　04.0250

舰艇　naval ship　04.0243

舰艇技术管理　ship technical management　04.0235

江淮气旋　Changjiang-Huaihe cyclone　02.0442

浆式吸附　slurry adsorption　03.0399

*降海繁殖　catadromous migration　02.0832

降河洄游　catadromous migration　02.0832

交叉耦合效应　cross-coupling effect　03.0832

交混回响　reverberation　03.0823

胶质浮游生物　gelatinous plankton　02.0608

焦油球　tar ball　02.1505

礁　reef　02.1180

礁湖　atoll lake, atoll lagoon　02.1123

礁前　reef front　02.1118

礁滩　reef flat　02.1117

*角叉菜胶　carrageenan　03.0468

[角]鲨烯　squalene　03.0497

阶段浮游生物　meroplankton　02.0600

阶段性表下漂浮生物　mero-hyponeuston　02.0625

[结]冰期　freezing ice period　03.1041

结垢控制　scale-control　03.0358

结核状水合物　nodular hydrate　02.1298

结晶池　crystal pool　03.0381

*金星幼体　cypris larva　02.0655

*金属硫化物　metal sulfide　02.1256

紧急台风警报　emergency typhoon warning　03.0978

紧急许可证　urgent permits　04.0029

紧追权　right of hot pursuit　04.0050

近岸流系　nearshore current system, nearshore currents　02.0111

近滨　nearshore　02.1079

近海捕捞　inshore fishing　03.0633

近海工程　offshore engineering　03.0092

近海洋动力学　coastal ocean dynamics　02.0005

近海旅游　nearshore tourism　04.0267

近海面层　sea surface layer　02.0492

近海区　nearshore zone　02.1080

近海生物　neritic organism　02.0578

近海钻井　offshore drilling　03.0252

进积作用　progradation　02.1228

浸泡性低温　immersion hypothermia　03.0714

浸染状硫化物　disseminated sulfide　02.1259

浸染状天然气水合物　disseminated hydrate　02.1296

禁航区　prohibited navigation zone　04.0051

禁渔期　closed [fishing] season　04.0076

禁渔区　closed fishing areas　04.0077

禁渔线　closed fishing lines　04.0078

*精胜　spermidine　03.0560

*精养　intensive culture　03.0597

鲸蜡　cetin, spermaceti wax　03.0473

鲸蜡醇　cetol　03.0474

井口装置　cellar connection　03.0125

净辐照度　net irradiance　02.0390

静海环境　euxinic environment　02.1239

静水压休克　hydraulic pressure shock　03.0433

*静振　seiche　02.0306

*九段线　traditional sea boundary　04.0081

救生浮具　buoyant apparatus　03.0153

救生载具　survival craft　03.0152

*裙礁　fringing reef, shore reef　02.1120

巨型浮游生物　megaplankton　02.0592

*拒盐盐生植物　pseudohalophyte　03.0664

具足面盘幼体　pediveliger larva　02.0667

飓风　hurricane　02.0466

聚波　wave focusing　03.0691

卷出　detrainment [in ocean]　02.0144

卷入　entrainment [in ocean]　02.0143

卷碎波　plunging breaker　02.0211

军港　naval port　04.0236

军港工程　naval port engineering　04.0237

军港航道　channel of naval port　04.0238

军港疏浚　naval port dredge　04.0239

军港污染防治　naval port pollution control　04.0240

*军舰　naval ship　04.0243

军事海洋测绘学　military marine geodesy and cartography　04.0227

军事海洋技术　military ocean technology　04.0226

军事海洋学　military oceanology　04.0225
军事航海　military navigation　04.0242
军事航海气象学　military nautical meteorology　04.0232
均相[离子交换]膜　homogeneous [ion exchange] mem-
brane　03.0312
均匀层　homogeneous layer　02.0054
菌株　strain　02.0681
骏河毒素　surugatoxin　03.0574

K

喀斯特海岸　karst coast　02.1138
卡拉胶　carrageenan　03.0468
开尔文波　Kelvin wave　02.0520
开阔海域　exposed waters, open waters　03.0025
开式循环海水温差发电系统　open cycle OTEC　03.0694
糠虾期幼体　mysis larva　02.0662
抗冻蛋白　antifreeze protein　03.0403
抗冻蛋白基因　antifreeze protein gene　03.0402
抗冻蛋白基因启动子　promoter of antifreeze protein gene
　03.0409
*抗压潜水　atmospheric diving　03.0735
抗盐品种　salt-resistant breed　03.0673
抗盐转基因作物　transgenic crop with salt-resistance
　03.0674
颗粒状硫化物　particulate sulfide　02.1261
颗石软泥　coccolith ooze　02.1205
蝌蚪幼体　tadpole larva　02.0676
可恢复的海洋环境影响　reversible marine environmental
impact　03.1127

*可燃冰　natural gas hydrate, gas hydrate　02.1285
克隆鱼　fish cloning　03.0416
*克伦威尔海流　Cromwell Current　02.0105
克努森表　Knudsen's table　02.0929
空间分辨率　spatial resolution　03.0944
空气吹出法　air blow-out method　03.0393
空气潜水　air diving　03.0722
空中毗连区　contiguous airspace zone　04.0065
孔隙-流体模式　pore-fluid model　02.1315
孔隙水　interstitial water, pore water　02.1242
控制生态系统实验　controlled ecosystem experiment,
　CEPEX　02.0714
苦卤　acrid bittern　03.0385
块状硫化物　massive sulfide　02.1257
块状天然气水合物　massive hydrate　02.1295
快速扩张　fast spreading　02.1280
昆布氨酸　laminine　03.0547
昆布多糖　laminarin　03.0463

L

拉尼娜　La Niña　02.0516
拉森冰架　Larsen Ice Shelf　02.1452
拉索塔平台　guyed-tower platform　03.0112
拦门沙　river mouth bar, river mouth shoal　02.1056
*拦沙堤　sediment barrier　03.0049
*蓝溪藻黄素乙　myxoxanthophyll　03.0541
蓝藻叶黄素　myxoxanthophyll　03.0541
*浪成三角洲　wave-dominated delta　02.1064
劳埃德船级社　Lloyd's Register of Shipping, LRS
　04.0296
劳亚古[大]陆　Laurasia　02.1340
*劳藻酚　laurinterol　03.0559
雷达高度计　radar altimeter　03.0964
冷冻脱盐　freezing desalination　03.0331
冷喷口　cold vent　02.1312

*冷水层　cold water sphere　02.0062
冷水圈　cold water sphere　02.0062
冷水舌　cold water tongue　02.0023
冷水种　cold water species　02.0695
冷温带种　cold temperate species　02.0700
冷涡　cold eddy　02.0056
冷休克　cold shock　03.0431
*冷血动物　poikilotherm　02.0761
离岸风　offshore wind　02.0482
*离岸工程　offshore engineering　03.0092
*离岸礁　barrier reef　02.1121
离散边界　divergent boundary　02.1357
离水辐亮度　water-leaving radiance　02.0373
离子交换膜　ion exchange membrane, ion permselective
　membrane　03.0308

离子交换容量　ion exchange capacity　03.0314

里亚[型]海岸　Ria coast　02.1136

历史性海湾　historic bay　04.0105

历史性权利　historical rights of titles　04.0106

历史性水域　historic waters　04.0107

立管　riser　03.0127

立柱浮筒式平台　spar［platform］　03.0261

＊沥青球　tar ball　02.1505

砾石　gravel　02.1188

连岛坝　tombolo　02.1105

连续观测　continuous observation　03.0807

连续链斗采矿系统　continuous line bucket mining system　03.0281

连续培养　continuous culture　02.0795

涟[漪]波　ripple　02.0172

莲叶冰　pancake ice　03.1023

＊联合古陆　pangaea　02.1337

联合国海洋法公约　United Nations Convention on the Law of the Sea　04.0120

两极分布　bipolarity, bipolar distribution　02.0686

＊两极同源　bipolarity, bipolar distribution　02.0686

＊列岛　archipelago, islands　02.1026

裂缝　fracture　03.1029

裂谷系　rift system　02.1370

裂流　rip current　02.0113

裂流水道　rip channel　02.1124

＊临检权　right of visit　04.0055

临界深度　critical depth　02.0725

淋巴囊肿病　lymphocystis disease　03.0617

磷循环　phosphate circulation　02.1005

领海　territorial sea　04.0086

领海基点　territorial sea base point　04.0090

领海基线　baseline of territorial sea　04.0091

领海宽度　breadth of the territorial sea　04.0094

领海外部界限　outer limit of the territorial sea　04.0100

＊领海线　outer limit of the territorial sea　04.0100

领海与毗连区公约　Convention on the Territorial Sea and the Contiguous Zone　04.0125

领海主权　sovereignty in the territorial sea　04.0040

流冰　drift ice　02.0314

流速　current speed, current velocity　02.0083

流速切变锋　current shear front　02.1036

流涡　gyre　02.0133

流向　current direction　02.0082

硫化物堆积体　sulfide deposit　02.1254

硫酸软骨素　chondroitin salfate　03.0481

硫酸盐还原菌腐蚀　sulfate reducing bacteria corrosion　03.0367

硫循环　sulfur circulation　02.1006

柳珊瑚酸　subergorgin　03.0519

柳珊瑚甾醇　gorgosterol　03.0517

龙尼冰架　Ronne Ice Shelf　02.1453

龙涎香醇　ambrein　03.0475

＊龙涎香精　ambrein　03.0475

笼形包合物　clathrate　02.1284

鲈鱼心脏细胞系　sea perch heart cell line, SPH　03.0412

卤水　brine, bittern　03.0382

陆风　land breeze　02.0479

陆架动物　shelf fauna　02.0584

陆架生态系统　shelf ecosystem　02.0718

陆连岛　land-tied island　02.1106

陆坡失稳　slope destabilized　02.1316

陆上预制　land fabrication　03.0136

＊陆系岛　land-tied island　02.1106

＊陆缘冰　ice shelf　02.1421

陆缘海冰带　marginal ice zone　02.1454

陆源沉积[物]　terrigenous sediment　02.1216

陆源污染防治　land-based pollution prevention and treatment　04.0033

陆源污染物　terrigenous pollutant　02.1530

陆源有机物　terrigenous organic matter　02.1531

滤食性动物　filter feeder　02.0810

路由调查　route investigation, route survey　03.0810

旅游潜水　diving tourism　04.0262

绿刺参苷　stichloroside　03.0526

绿荧光蛋白　green fluorescent protein　03.0405

绿荧光蛋白基因　green fluorescent protein gene　03.0404

氯度　chlorinity　02.0024

氯离子浓度异常　chloride anomaly　02.1300

＊1972 伦敦公约　1972 London Convention　04.0128

＊伦敦倾废公约　London Dumping Convention　04.0128

轮养　rotational culture　03.0610

＊罗蒙诺索夫海流　Lomonosov Current　02.0106

罗斯贝波　Rossby wave　02.0521

罗斯冰架　Ross Ice Shelf　02.1455

络合作用　complexation　02.0971

落潮　ebb, ebb tide　02.0245

落潮流 ebb current, ebb-tide current 02.0295

M

麻痹性贝毒 paralytic shellfish poison, PSP 03.0580

麻坑 pockmark 02.1304

马鞭藻烯 multifidene 03.0533

马六甲海峡 Strait of Malacca 01.0066

*马绍尔线 andesite line 02.1360

马尾藻素 sarganin 03.0532

码头 wharf, pier, quay 03.0033

*满潮 high water 02.0242

慢速扩张 slow spreading 02.1281

漫射衰减系数 diffuse attenuation coefficient 02.0356

漫游底栖生物 vagile benthos 02.0644

毛细波 capillary wave 02.0171

锚[泊]地 anchorage area, anchorage 03.0028

锚泊浮标海浪观测 fixed buoy wave observation 03.0995

锚泊结构 anchored structure 03.0114

锚泊资料浮标 moored data buoy 03.0814

帽状幼体 pilidium larva 02.0669

酶联免疫吸附测定 enzyme-linked immunosorbent assay, ELISA 03.0629

美洲板块 American Plate 02.1349

镁菌素 magnesidin 03.0591

*锰结核 manganese nodule 03.0274

孟加拉湾 Bay of Bengal 01.0053

孟加拉湾风暴 storm of Bay of Bengal 02.0464

泌盐盐生植物 secretohalophyte 03.0663

密度超量 density excess, density anomaly 02.0034

密度流 density current 02.0095

密度跃层 pycnocline 02.0052

密度制约死亡率 density-dependent mortality 02.0857

密集度 concentrated degree of pack ice 03.1046

密集浮冰区 pack ice zone 02.1457

密跃层强度图 distribution of pycnocline intensity 03.1098

面盘幼体 veliger larva 02.0675

面元均化 bin homogenize 03.0250

*面源污染 non-point source pollution 02.1492

瞄准捕捞 aimed fishing 03.0636

灭疟霉素 aplasmomycin 03.0592

鸣震 ringing 03.0822

模块 module 03.0129

模拟潜水 simulated diving 03.0731

膜电位 membrane potential 03.0315

膜海鞘素 didemnin 03.0512

膜生物反应器 membrane bioreactor 03.0379

膜蒸馏 membrane distillation 03.0330

摩擦深度 frictional depth 02.0135

莫桑比克海峡 Mozambique Channel 01.0067

*墨角藻多糖 fucoidin, fucan 03.0464

*墨角藻甾醇 fucosterol 03.0543

墨西哥湾 Gulf of Mexico 01.0054

牡蛎礁 oyster reef 02.1182

N

纳滤 nanofiltration, NF 03.0287

纳滤膜 nanofiltration membrane 03.0289

*南冰洋 Southern Ocean 01.0035

南磁极 south magnetic pole 02.1458

南大西洋海流 South Atlantic Current 02.1459

南大洋 Southern Ocean 01.0035

*南方古陆 Gondwana 02.1339

南方涛动 southern oscillation, SO 02.0517

南海 South China Sea 01.0040

南海低压 South China Sea depression 02.0445

南海暖流 Nanhai Warm Current, South China Sea Warm Current 02.0124

南海沿岸流 Nanhai Coastal Current, South China Sea Coastal Current 02.0118

南极 South Pole, Antarctic Pole 02.1460

南极半岛 Antarctic Peninsula 02.1461

南极保护区 Antarctic Protected Area 04.0112

南极表层水 Antarctic Surface Water, AASW 02.1462

南极冰盖 Antarctic Ice Sheet 02.1463

南极臭氧洞 Antarctic ozone hole 02.1464

南极底层水 Antarctic Bottom Water, AABW 02.1465

南极冬季[残留]水 Antarctic Winter [Residual] Water,

AAWW 02.1466

南极锋 Antarctic front 02.0469

南极辐合带 Antarctic Convergence 02.1467

南极辐散带 Antarctic Divergence 02.1468

南极光 Antarctic aurora, Antarctic lights 02.1469

*南极[海洋]锋 Antarctic Polar Front 02.1467

*南极横断山脉 Trans-Antarctic Mountains 02.1440

南极角 Antarctic Point 02.1471

南极磷虾 Antarctic krill 02.1472

南极陆架水 Antarctic Shelf Water 02.1473

南极陆坡锋 Antarctic slope front 02.1474

南极气候 Antarctic climate 02.0550

南极圈 Antarctic Circle 02.1475

南极绕极流 Antarctic Circumpolar Current 02.1476

南极涛动 Antarctic Oscillation, AAO 02.0527

南极条约 Antarctic Treaty 04.0127

南极条约地区 Antarctic Treaty area 04.0108

南极条约组织 Antarctic Treaty Party, ATP 04.0294

南极烟状海雾 Antarctic sea smoke 02.1470

南极沿岸流 Antarctic coastal current 02.1478

南极研究科学委员会 Scientific Committee on Antarctic Research, SCAR 04.0295

南极中间水 Antarctic Intermediate Water, AAIW 02.1479

南极洲 Antarctica, Antarctic Continent 02.1480

南极洲板块 Antarctic Plate 02.1348

南极洲陨石 Antarctic meteorites 02.1481

南美洲板块 South American Plate 02.1350

内滨 inshore 02.1077

内潮 internal tide 02.0305

内海 internal sea 04.0085

内海海峡 internal waters strait 04.0047

内水 internal waters 04.0084

能见度 visibility 02.0491

能量回收 energy recovery 03.0304

尼罗冰 nilas 03.1017

*泥 mud 02.1191

泥底辟 mud diapir 02.1305

泥火山 mud volcano 02.1306

泥面生物 epipelos 02.0636

泥内生物 endopelos 02.0633

泥沙含量遥感 sediment content remote sensing 03.0931

泥滩群落 ochthium, polochthium 02.0736

逆流 countercurrent 02.0101

逆置层 inversion layer 02.0053

溺谷海岸 lionan coast 02.1140

溺水 drowning 03.0757

年代地层学 chronostratigraphy 02.1215

1978年实用盐标 practical salinity scale of 1978 02.0026

黏冰 slush 03.1015

黏盲鳗素 eptatretin 03.0500

黏土 clay 02.1191

黏性卵 viscid egg 02.0837

念珠藻素 cryptophycin 03.0552

鸟足[形]三角洲 bird-foot delta 02.1066

*牛胆碱 taurine 03.0534

牛磺酸 taurine 03.0534

浓缩池 concentrated pool 03.0380

暖池 warm pool 02.0076

暖流 warm current 02.0119

*暖水层 warm water sphere 02.0061

暖水圈 warm water sphere 02.0061

暖水舌 warm water tongue 02.0022

暖水种 warm water species 02.0696

暖温带种 warm temperate species 02.0701

暖涡 warm eddy 02.0057

O

欧亚板块 Eurasian Plate 02.1344

偶然浮游生物 tychoplankton 02.0599

P

爬升波　uprush, swash　02.0185

耙盐　harrowing salt　03.0388

排热段　heat rejection section　03.0328

旁通输沙　sand bypassing　03.0012

抛泥区　mud dumping area　03.0083

咆哮西风带　brave west wind　02.0476

碰撞带　collision zone　02.1387

皮策理论　Pitzer theory　02.0998

毗连区　contiguous zone　04.0087

疲劳断裂　fatigue break　03.0150

漂浮生物　neuston　02.0620

漂流浮标　drifting buoy　03.0851

漂流卵　drifting egg　02.0840

＊漂流杂草　drifting weed　02.0873

漂流藻　drifting weed　02.0873

[频繁]倒极电渗析　electrodialysis reversal, EDR
　03.0307

平潮　still tide　02.0247

平底生物群落　level bottom community　02.0730

平顶海山　guyot　02.1177

平衡潮　equilibrium tide　02.0230

平衡剖面　equilibrium profile　02.1097

平均高潮间隙　mean high water interval　02.0290

平均海面水温　mean sea surface temperature　03.1007

平均海面水温距平　mean sea surface temperature anomaly　03.1008

平均海平面　mean sea level　02.0238

平均余弦　average cosine　02.0379

平流雾　advection fog　02.0485

＊平台上部结构　deck unit　03.0124

平行开发制　paneled system　04.0109

平原海岸　plain coast　02.1139

屏气潜水　breath-hold diving　03.0729

坡度流　slope current　02.0096

破坏概率　failure probability　03.0149

＊破坏性板块边界　destructive boundary　02.1358

破裂带　fracture zone　02.1373

破碎波　breaker　02.0206

破碎波带　breaker zone　02.0208

破碎波高　breaker height　02.0207

剖面探测浮标　profiling float　03.0852

葡糖胺　glucosamine　03.0478

普通许可证　common permits　04.0027

Q

起重船　floating crane craft　03.0080

气候　climate　02.0533

气候变化　climatic change　02.0542

气候带　climatic belt, climatic zone　02.0534

气候反馈　climate feedback　02.0559

气候分析　climatic analysis　02.0539

气候监测　climatic monitoring　02.0537

气候模拟　climatic simulation　02.0545

气候评价　climatic assessment　02.0541

气候突变　abrupt change of climate　02.0543

气候系统　climatic system　02.0536

气候异常　climatic anomaly　02.0544

气候因子　climatic factor　02.0535

气候诊断　climatic diagnosis　02.0540

气候指数　climatic index　02.0538

气举　air lifting　03.0159

气力提升采矿系统　air-lift mining system　03.0283

气密　air-tight　03.0160

气泡效应　bubble effect　03.0827

气枪　air gun　03.0885

气溶胶　aerosol　02.0504

气态膜法　gas membrane method　03.0394

气团　air mass　02.0431

气团变性　air mass transformation　02.0532

气旋　cyclone　02.0437

气柱　gas plume　02.1308

憩流　slack, slack water　02.0302

前滨　foreshore　02.1076

前沟藻内酯　amphidinolide　03.0550

前进波　progressive wave　02.0180

前向散射率　forward scatterance　02.0369

钱塘江涌潮　Qiantang River tidal bore　02.0308

潜标　submerged buoy, moored subsurface buoy　03.0815

潜沉　subduction　02.0049

潜堤　submerged dike　03.0007

潜流　undercurrent　02.0103

潜热　latent heat　02.0496

潜水　diving　03.0721

潜水程序　diving procedure　03.0741

潜水吊笼　diving skip　03.0774

潜水疾病　diving disease　03.0744

潜水加减压程序　diving compression-decompression procedure　03.0742

潜水减压　diving decompression　03.0767

潜水减压病　diving decompression sickness　03.0745

潜水减压停留站　diving decompression stop　03.0743

潜水器　submersible　03.0166

潜水深度　diving depth　03.0739

潜水生理学　diving physiology　03.0703

潜水事故　diving accident　03.0752

潜水医学　diving medicine　03.0720

潜水医学保障　diving medical security　03.0762

潜水员　diver　03.0761

潜水员放漂　diver's blow-up　03.0754

潜水员应急出水　going out of surface in emergency　03.0756

潜水员应急转运系统　diver's emergent transfer system　03.0771

潜水钟　diving bell　03.0768

潜水装具　diving's equipment　03.0773

潜水坠落　diving fall　03.0758

潜水作业　plan of diving operation　03.0763

潜艇艇员水下救生　submarine rescue　03.0775

潜涌　obduction　02.0050

浅海沉积[物]　neritic sediment　02.1194

浅海带　neritic zone　02.1083

浅海动物　shallow water fauna　02.0586

浅海分潮　shallow water component　02.0271

浅海生物群落　neritic community　02.0733

浅海声传播　shallow water acoustic propagation　02.0316

浅海声道　shallow sea sound channel　02.0320

浅水波　shallow water wave　02.0174

浅水系数　shoaling factor　02.0177

浅水种　shallow water species　02.0697

浅滩　shoal, bank　02.1127

强潮河口　macrotidal estuary　02.1044

强热带风暴　severe tropical storm　02.0460

强热带风暴警报　severe tropical storm warning　03.0976

强制波　forced wave　02.0146

7-α-羟基岩藻甾醇　7-α-hydroxyfucosterol　03.0544

*壳多糖　chitin　03.0476

鞘丝藻酰胺　malyngamide　03.0551

亲潮　Oyashio　02.0130

侵蚀　erosion　03.0019

轻潜水　light weight diving　03.0728

*琼胶　agar　03.0466

琼脂　agar　03.0466

琼脂糖　agarose　03.0467

琼州海峡　Qiongzhou Strait　01.0060

球照度　spherical irradiance　02.0389

区域海洋学　regional oceanography　01.0012

趋触性　thigmotaxis　02.0772

趋光性　phototaxis, phototaxy　02.0766

趋化性　chemotaxis, chemotaxy　02.0769

趋流性　rheotaxis　02.0771

趋温性　thermotaxis　02.0770

全雌鱼育种　all-female fish breeding　03.0436

全海式海上生产系统　offshore production system　03.0234

全浸实验　total immersion test　03.0351

全球定位系统　global positioning system, GPS　03.0076

全球海洋表层走航数据计划　Global Ocean Underway Data Project, GOSUD　04.0313

全球海洋观测系统计划　Global Ocean Observing System, GOOS　04.0303

全球海洋生态系动力学研究计划　Global Ocean Ecosystem Dynamics, GLOBEC　04.0305

全球联合海洋通量研究　Joint Global Ocean Flux Study, JGOFS　04.0306

全球温盐剖面计划　Global Temperature and Salinity Profile Plan, GTSPP　04.0302

全球有害藻华的生态学与海洋学研究计划　Program on the Global Ecology and Oceanography of Harmful Algal Blooms, GEOHAB　04.0315

全雄鱼育种　all-male fish breeding　03.0437

全植型营养　holophytic nutrition　02.0801

缺氧事件　anoxic event　02.1241

缺氧水　anoxic water　02.1532

缺氧症　hypoxidosis　03.0748

裙板　skirt plate　03.0134

群岛　archipelago, islands　02.1026

群岛国　archipelagic state　04.0059

群岛海道　archipelagic sea lane　04.0061

群岛海道通过权　right of archipelagic sea lanes passage
04.0045

群岛基线　archipelagic baseline　04.0095

群岛水域　archipelagic water　04.0096

群岛水域通过制度　regime of archipelagic waters passage
04.0046

群岛原则　archipelagic doctrine　04.0060

群落　community　02.0727

群落结构　structure of the biotic community　02.0737

群速度　group velocity　02.0214

群桩　pile group　03.0045

R

桡足幼体　copepodite, copepodid larva　02.0658

绕极深层水　Circumpolar Deep Water, CDW　02.1477

热比容偏差　thermosteric anomaly　02.0037

热带沉降　tropical submergence　02.0692

热带低压　tropical depression　02.0458

热带风暴　tropical storm　02.0459

热带风暴警报　tropical storm warning　03.0975

热带浮游动物　tropical zooplankton　02.0613

热带辐合带　intertropical convergence zone, ITCZ
02.0471

热带海洋气团　tropical marine air mass　02.0436

热带气团　tropical air mass　02.0433

热带气旋　tropical cyclone　02.0456

热带气旋警报　tropical cyclone warning　03.0974

热带扰动　tropical disturbance　02.0457

热带水域　tropical waters　02.0075

热带种　tropical species　02.0703

热点　hot spot　02.1406

热回收段　heat recovery section　03.0327

热解成因甲烷　thermal origin methane, thermogenic
methane　02.1302

热卤　hydrothermal brine　02.1276

热休克　heat shock　03.0432

热盐对流　thermohaline convection　02.0041

热盐环流　thermohaline circulation　02.0090

热液沉积物　hydrothermal sediment　02.1267

热液交换　hydrothermal exchange　02.1249

热液颈　hydrothermal neck　02.1251

热液矿化作用　hydrothermal mineralization　02.1255

热液矿物　hydrothermal mineral　02.1277

热液[来]源　hydrothermal source　02.1268

热液流体　hydrothermal fluid　02.1247

热液流体位温　potential temperature of hydrothermal fluid
02.1248

热液丘　hydrothermal mound　02.1274

热液蚀变　hydrothermal alteration　02.1279

热液透镜　hydrothermal lens　02.1252

热液型结壳　hydrothermal crust　03.0279

热液羽状流　hydrothermal plume　02.1250

*热液柱　hydrothermal plume　02.1250

热液自生绿脱石　hydrothermal nontronite　02.1278

人工岛　artificial island　03.0096

人工海水　artificial seawater　02.0926

人工鱼礁　artificial fish reef　03.0649

人工育滩　beach nourishment　03.0011

人类共同继承遗产　common heritage of mankind
04.0110

日本海　Japan Sea　01.0041

日本鳗虹彩病毒病　iridoviral disease of Japanese eel
03.0619

日不等[现象]　diurnal inequality　02.0257

日内瓦公约　Geneva Conventions　04.0122

日晒法　solarization　03.0386

*容许浓度　safe concentration　02.1535

溶解旋回　dissolution cycle　02.1233

溶解氧饱和度　dissolved oxygen saturation　02.1533

溶解氧腐蚀　dissolved oxygen corrosion　03.0348

溶菌　lysis　02.0902

入射波　incident wave　02.0182

入水　entering water　03.0736

软骨藻酸　domoic acid　03.0545

软海绵素　halichondrin　03.0511

软泥　ooze　02.1201

*软泥水　interstitial water, pore water　02.1242

软体动物学　malacology　02.0566

弱潮河口　microtidal estuary　02.1046

生产率　production rate　02.0785
生产率金字塔　pyramid of production rate　02.0883
生产者　producer　02.0776
生长效率　growth efficiency　02.0815
生化需氧量　biochemical oxygen demand, BOD　02.1534
生活舱　living chamber　03.0783
生活污水　domestic sewage　02.1508
生活型　life form　02.0884
生理应激　physiological stress　03.0715
生命支持系统　life support system　03.0765
生态毒理学　ecotoxicology　02.1551
生态风险评价　ecological risk assessment　03.1148
生态[环境影响]评价　ecological assessment　03.1150
生态恢复　ecological restoration　03.1168
生态危机　ecological crisis　03.1151
生态位　niche　02.0719
生态系养殖　ecosystem culture　03.0600
生态压力　ecology pressure　02.1552
生态障碍　ecological barrier　02.0688
生物半排出期　semi-drain time for lives　02.1553
生物泵　biological pump　02.0885
生物标志物　biomarker　02.1554
生物测定　bioassay　02.0678
生物沉积[物]　biogenic sediment　02.1217
生物带　biozone　02.0720
生物地球化学循环　biogeochemical cycles　02.0887
生物电　bioelectricity　03.0442
生物多样性　biodiversity　02.0865
生物发光　bioluminescence　03.0449
生物发光系统　bioluminescent system　03.0451
生物放大　biomagnification　02.1555
*生物改良　bioreclamation　02.1562
生物光学区域　biooptical province　02.0352
生物光学算法　biooptical algorithm　02.0376
生物海洋学　biological oceanography　02.0562
生物季节　biological season　02.0886
生物降解　biodegradation　02.0679
生物净化　biological purification　02.1556
生物累积　bioaccumulation　02.1557
生物量　biomass　02.0775
生物敏感性　bio-sensitivity　02.1558
生物黏泥　mud and microbiological accumulation, slime　03.0368
生物黏着　bioadhesion　02.0677

生物浓缩　biological concentration　02.1559
生物侵蚀　bioerosion　02.0861
生物清除　biological scavenging　02.1560
生物区系　biota　02.0685
生物扰动　bioturbation　02.0862
生物声呐　biosonar　03.0448
生物输入　biological input　02.1561
生物碎屑　biological detritus　02.0619
生物污染物　biological pollutant　02.1509
生物污损　biofouling　03.0440
*生物污着　biofouling　03.0440
*生物修复　bioremediation　02.1562
生物噪声　biological noise　02.0863
生物整治　bioremediation　02.1562
*生物资源保护权　fishing maintenance right　04.0073
生物自净　biological self-purification　03.1161
*生殖洄游　spawning migration, breeding migration　02.0829
生殖力　fecundity　02.0823
声传播起伏　fluctuation of transmitted sound　02.0342
声传播异常　acoustic propagation anomaly　02.0318
声道　sound channel　02.0319
声呐　sonar, sound navigation and ranging　02.0337
声释放器　acoustic release　03.0868
声学多普勒海流剖面仪　acoustical Doppler current profiler, ADCP　03.0849
声学海洋学　acoustical oceanography　02.0346
声学相关海流剖面仪　acoustical correlation current profiler, ACCP　03.0850
声遥感　acoustic remote sensing　02.0338
声应答器　acoustic transponder　03.0869
盛冰期　severe ice period　03.1037
湿地　wet land　02.1152
湿地生态学　wetland ecology　02.0571
石房蛤毒素　saxitoxin　03.0577
石鲈鳍细胞系　grunt fin cell line, GF　03.0415
石面生物　epilithion　02.0635
石内生物　endolithion　02.0632
*时间地层学　chronostratigraphy　02.1215
实时地转海洋学阵计划　Array for Real-time Geostrophic Oceanography, ARGO　04.0310
实验海洋生物学　experimental marine biology　02.0575
[实验室]盐度计　salinometer　03.0847
食底泥动物　deposit feeder　02.0808

食肉动物　carnivore　02.0806

食碎屑动物　detritus feeder　02.0809

食物链　food chain　02.0813

食物网　food web　02.0814

食用盐生植物　halophytic food plant　03.0677

食植动物　herbivore　02.0805

世界海洋环流试验　World Ocean Circulation Experiment，WOCE　04.0304

世界海洋数据库　world ocean database，WOD　03.1116

世界海洋图集　world ocean atlas，WOA　03.1093

＊YD事件　Younger Dryas event，YD event　02.1325

事件沉积［物］　event deposit　02.1222

＊势温度　potential temperature of hydrothermal fluid　02.1248

适温生物　thermophilic organism　02.0758

适盐生物　halophile organism　02.0752

嗜冷细菌　psychrophilic bacteria　02.0898

嗜热细菌　thermophilic bacteria　02.0899

嗜温细菌　mesophilic bacteria　02.0897

嗜压细菌　barophilic bacteria　02.0900

嗜盐细菌　halophilic bacteria　02.0901

艏摇　yaw　03.0101

疏浚工程　dredging engineering　03.0070

束丝藻叶黄素　aphanizophyll　03.0538

竖管薄膜蒸发器　vertical tube thin film evaporator　03.0325

数据传输分系统　data transmission subsystem　03.0951

数字海洋　digital ocean　03.1073

数字化海洋数据集　digital oceanographic dataset　03.1081

＊衰减比　attenuance　02.0363

衰减率　attenuance　02.0363

双低潮　double ebb　02.0251

双电层理论　theory on electrical double layer in seawater　02.0987

双高潮　double flood　02.0250

双极膜　bipolar membrane，BPM　03.0313

双扩散　double diffusion　02.0039

＊双流方程　two-flow equation　02.0393

双台风　binary typhoons　02.0462

双周期　dicycle　02.0746

水层改正　water slab correction　03.0833

水层虚反射　water layer ghosting　03.0825

水成结壳　hydrogenic crust　03.0278

水成型结核　hydrogenic nodule　03.0275

水尺　tide staff　03.0857

水处理剂　water treatment chemical　03.0341

＊水道测量学　hydrography　04.0229

＊水底植物　benthophyte，phytobenthos　02.0871

水电联产　dual-purpose power and water plant　03.0323

水动型海平面变化　eustasy　02.1157

水垢　water scale　03.0359

水合物　hydrate　02.1282

水合物栓塞　hydrate plugs　02.1291

水合物脱盐过程　hydrate desalting process　03.0335

水合系数　hydration numbers　02.1283

水回收率　recovery rate，conversion　03.0301

水力提升采矿系统　hydraulic lift mining system　03.0284

水密　water-tight　03.0161

水母毒素　physaliatoxin　03.0566

水漂生物　pleuston　02.0621

水平管薄膜蒸发器　horizontal tube thin film evaporator　03.0326

水平探鱼仪　horizontal fish finder　03.0640

水色　ocean color，water color　02.0398

水色遥感　ocean color remote sensing　03.0928

水深测量　bathymetry　03.0803

水生大型植物　aquatic macrophyte　02.0869

＊水生附着生物　periphyton　02.0648

水生生态系统　aquatic ecosystem　02.0711

水生生物　hydrobiont　02.0590

水生生物群落　aquatic community　02.0728

水生生物学　hydrobiology　02.0564

水生生物指数　aquatic organisms index　03.1153

水生微型植物　aquatic microphyte　02.0870

水生盐生植物　aquatic halophyte　03.0667

水生植物　hydrophyte，aquatic plant　02.0868

水声发射器　underwater sound projector　02.0344

水声换能器　underwater sound transducer　02.0343

水听器　hydrophone　02.0345

水通量　flux　03.0295

水通量衰减率　flux decline factor　03.0298

水团　water mass　02.0060

水系　water system　02.0063

水下坝　submarine bar　02.1100

水下爆破　underwater blasting　03.0079

水下爆炸伤　underwater blast injury　03.0751

水下采油　subsea production　03.0237

水下采油控制系统　submarine production control system 03.0238

水下采油系统　subsea production system　03.0272

水下缠绕　underwater entanglement　03.0755

水下电击　underwater electrical shock　03.0772

水下电视机　underwater TV　03.0864

水下定位系统　subsea positioning system　03.0249

水下辐照度计　underwater irradiance meter　03.0861

水下工作时间　bottom time　03.0740

水下光辐射传输方程　radiative transfer equation for sea water　02.0392

水下光辐射分布　underwater radiance distribution 02.0377

水下焊接　underwater welding　03.0143

水下机器人　undersea teleoperator, underwater robot 03.0140

水下结构　underwater structure　03.0122

水下井口系统　subsea wellhead system　03.0265

水下居住舱　underwater habitat　03.0776

水下勘探　underwater exploration　03.0148

水下铺管　underwater pipeline laying　03.0144

水下切割　underwater cutting　03.0142

水下三角洲　subaqueous delta　02.1062

水下生理学　underwater physiology　03.0702

水下生物伤害　underwater organisms injury　03.0750

水下声速仪　underwater sound velocimeter　03.0867

水下声学定位　underwater acoustic positioning　03.0870

水下声学通信　underwater acoustic communication 03.0871

水下视觉　underwater vision　03.0716

水下听觉　underwater audition　03.0717

水下通信　underwater communication　03.0141

水下信标　subsea beacon　03.0106

水下医学　underwater medicine　03.0719

水下照相机　underwater camera　03.0863

水型　water type　02.0059

水循环　water circulation　02.1002

水-岩反应带　water-rock interaction zone　02.1408

*水域生态系统　aquatic ecosystem　02.0711

水质评价　water quality evaluation　03.1155

水质[数学]模型　water quality model　03.1154

水中对比度　contrast in water　02.0402

水中对比度传输　contrast transmission in water　02.0403

水中视程　sighting range in water　02.0404

顺岸流　longshore current　02.0112

顺岸码头　parallel wharf, marginal-type wharf　03.0034

顺坝　longitudinal dike, parallel dike　03.0006

顺路观测船计划　ship of opportunity program, SOOP 03.0811

顺应式结构　compliant structure　03.0111

瞬间捕捞死亡系数　instantaneous fishing mortality coefficient　02.0858

朔望潮　syzygial tide　02.0269

斯科特冰川　Scott Glacier　02.1482

死亡率　mortality　02.0856

四倍体　tetraploid　03.0420

四倍体育种技术　tetraploid breeding technique　03.0429

饲用盐生植物　halophytic fodder plant　03.0680

速高比　velocity to height ratio　03.0943

溯河鱼类　anadromous fishes　02.0831

*随机观测船计划　ship of opportunity program, SOOP 03.0811

碎冰　brash ice　03.1035

索饵洄游　feeding migration　02.0830

T

台风　typhoon　02.0461

台风风暴潮紧急警报　typhoon surge emergency warning 03.0991

台风风暴潮警报　typhoon surge warning　03.0990

台风风暴潮预报　typhoon surge forecasting　03.0989

台风警报　typhoon warning　03.0977

台风眼　typhoon eye　02.0463

台风灾害　typhoon disaster　04.0215

台湾海峡　Taiwan Strait　01.0059

台湾暖流　Taiwan Warm Current　02.0123

苔藓虫素　bryostatin　03.0502

苔藓虫幼体　cyphonautes larva　02.0654

太平洋　Pacific Ocean　01.0031

太平洋板块　Pacific Plate　02.1347

太平洋赤道潜流　Pacific Equatorial Undercurrent 02.0105

太平洋高压　Pacific high　02.0453

太平洋十年际振荡　Pacific decadal oscillation, PDO

02.0525

*太平洋型大陆边缘 Pacific-type continental margin 02.1354

太平洋型海岸 Pacific-type coast 02.1133

太阳潮 solar tide 02.0268

太阳能淡化 solar desalination 03.0334

太阳全日潮 solar diurnal tide 02.0266

太阳同步轨道 sun synchronous orbit 03.0915

太阴潮 lunar tide 02.0267

*太阴潮间隙 lunitidal interval 02.0289

泰国湾 Gulf of Thailand 01.0056

滩脊 beach ridge 02.1094

滩肩 beach berm 02.1092

滩角 beach cusp 02.1095

滩面 beach face 02.1093

滩涂养殖 tidal flat culture 03.0605

弹簧采泥器 Smith-McIntyre mud sampler 03.0909

探鱼仪 fish finder 03.0638

DNA探针 DNA probe 03.0628

碳酸盐溶跃面 carbonate lysocline 02.1235

碳酸盐旋回 carbonate cycle 02.1232

碳酸盐岩隆 carbonate rise 02.1307

碳同化作用 carbon assimilation 02.0788

碳循环 carbon circulation 02.1003

特别许可证 special permits 04.0028

特提斯海 Tethys 02.1401

特异性 specificity 02.0867

特征种 characteristic species 02.0704

体积声散射 volume scattering 02.0329

体散射函数 volume scattering function 02.0367

体系域 system tract 03.0207

天气系统 synoptic system 02.0430

天然气水合物 natural gas hydrate, gas hydrate 02.1285

天然气水合物储层 gas hydrate reservoir 02.1292

天然气水合物丘 hydrate mound 02.1317

天然气水合物稳定带 gas hydrate stability zone, GHSZ 02.1293

天然气水合物稳定带底界 base of gas hydrate stability zone, BGHSZ 02.1294

天然气水合物相图 gas hydrate phase diagram 02.1299

天神霉素 istamycin 03.0588

天文潮 astronomical tide 02.0263

*条件密度 sigma-t 02.0034

铁细菌腐蚀 iron bacteria corrosion 03.0366

停潮 stand of tide, water stand 02.0246

通风 ventilation 02.0047

通风式潜水 ventilative diving 03.0730

通风温跃层 ventilated thermocline 02.0048

*同潮差线 corange line 02.0310

*同潮时线 cotidal line 02.0311

同化数 assimilation number 02.0787

同化效率 assimilation efficiency 02.0786

同域分布 sympatry 02.0682

头孢菌素 cephalosporin 03.0593

投弃式温深仪 expendable bathythermograph, XBT 03.0842

*透光层 euphotic zone 02.0721

突堤 mole 03.0051

图像编码 picture encoding 03.0954

图像预处理 image preprocessing 03.0955

图像增强 image enhancement 03.0946

土地盐渍化灾害 land salinization disaster 04.0202

土工织物 geotextile, geofabric 03.0013

湍流通量 turbulent flux 02.0497

推移质 bed load 02.1197

退积作用 retrogradation 02.1229

拖曳船模试验池 ship model towing tank 03.0165

拖曳式温盐深测量仪 towed CTD 03.0846

脱镁叶绿素 phaeophytin 02.0791

脱盐 desalination 03.0285

脱盐率 salt rejection 03.0300

脱乙酰甲壳质 chitosan 03.0477

*脱乙酰壳多糖 chitosan 03.0477

椭圆余摆线波 elliptical trochoidal wave 02.0205

椭圆余弦波 cnoidal wave 02.0204

W

挖泥船　dredger　03.0082

瓦因–马修斯假说　Vine-Matthews hypothesis　02.1331

外滨　offshore　02.1078

外海捕捞　offshore fishing　03.0634

*外海油码头　offshore loading and unloading oil system　03.0271

湾坝　bay bar　02.1107

湾流　Gulf Stream　02.0121

万向接头　knuckle joint　03.0120

网采浮游生物　net plankton　02.0601

网围养殖　net enclosure culture　03.0606

网箱养殖　net cage culture, cage culture　03.0602

网状脉硫化物　stock work sulfide　02.1260

往复流　alternating current, rectilinear current　02.0300

*危险率　failure probability　03.0149

威尔克斯冰下盆地　Wilkes Subglacial Basin　02.1483

威尔逊旋回　Wilson cycle　02.1329

微波辐射计　microwave radiometer　03.0966

微波散射计　microwave scatterometer　03.0963

微波遥感器　microwave remote sensor　03.0942

微层化　microstratification　02.0012

微大陆　microcontinent　02.1341

微海洋学　micro-oceanography　02.0006

微囊藻素　microsystin　03.0548

微生态系统　microecosystem　02.0713

微生物成因甲烷　microbial methane　02.1301

微生物腐蚀　bacterial corrosion, microbial corrosion　03.0361

微食物环　microbial food loop, microbial loop　02.0880

微食物网　microbial food web　02.0881

*微型大陆　microcontinent　02.1341

微型底栖生物　microbenthos　02.0642

微型底栖植物　microphytobenthos, benthic microphyte　02.0872

微型浮游生物　nannoplankton　02.0596

*微型水生植物　aquatic microphyte　02.0870

*围隔式生态系统实验　controlled ecosystem experiment, CEPEX　02.0714

围海工程　sea reclamation works　03.0077

围堰　cofferdam　03.0078

伪彩色　pseudocolor　03.0937

伪枝藻素　scytophycin　03.0549

尾海兔素　dolastatin　03.0522

卫生船舶　medical service vessels　03.0788

卫星导航系统　satellite navigation system　03.0075

卫星地面[接收]站　satellite ground receive station　03.0947

卫星覆盖范围　satellite coverage　03.0948

卫星海洋观测系统　satellite oceanic observation system　03.0919

卫星海洋学　satellite oceanography　03.0913

卫星海洋遥感　satellite ocean remote sensing　03.0918

未饱和卤　non-saturated bittern　03.0384

*未成熟期　young stage, immature stage　02.0845

未充分成长风浪　not fully developed sea　02.0215

未来海洋产业　future marine industry　04.0160

位密　potential density　02.0033

位势高度　potentional height　02.0099

位势深度　potentional depth　02.0100

位温　potential temperature　02.0020

温带风暴潮紧急警报　extra-storm surge emergency warning　03.0988

温带风暴潮警报　extra-storm surge warning　03.0987

温带风暴潮预报　extra-storm surge forecasting　03.0986

温带浮游动物　temperate zooplankton　02.0612

温带气旋　extratropical cyclone　02.0441

温带种　temperate species　02.0693

温度链　thermistor chain　03.0844

温度校正系数　temperature correction factor, TCF　03.0299

温室气体　greenhouse gas　02.0560

温室效应　greenhouse effect　02.0561

*温–盐关系图　T-S diagram　02.0058

温盐深测量仪　conductivity-temperature-depth system, CTD　03.0845

温–盐图解　T-S diagram　02.0058

温跃层　thermocline　02.0044

温跃层厚度图　thermocline thickness chart　03.1100

温跃层强度图　distribution of thermocline intensity　03.1096

温跃层上界深度图　thermocline upper-bounds depth chart　03.1099

＊涡动通量　eddy flux　02.0497

污染海水腐蚀　polluted seawater corrosion　03.0347

污染生物指标　pollution organism indicator　02.1563

污染损害赔偿责任　liability and compensation for pollution damage　04.0034

污染物达标排放　pollutant discharge under certain standard　03.1166

污染物衰减　decay of pollutant　03.1156

污染物转化　transformation of pollutant　03.1157

污染物总量控制　total amount control of pollutant　03.1163

污染源　pollution source　02.1510

污染指数　pollution index　02.1564

污水海洋处置技术　marine sewage disposal technology　03.0374

污损生物　fouling organism　02.0751

＊污着生物　fouling organism　02.0751

＊无潮点　amphidromic point　02.0292

无潮区　amphidromic region　02.0292

无毒赤潮　non-toxic red tide　04.0220

＊无光层　aphotic zone　02.0723

无光带　aphotic zone　02.0723

无害通过　innocent passage　04.0064

无机污染源　inorganic pollution source　02.1512

无节幼体　nauplius larva　02.0657

＊无源遥感器　passive remote sensor　03.0940

无震海岭　aseismic ridge　02.1369

物理海洋学　physical oceanography　01.0003

物理自净　physical self-purification　03.1162

物质全球生物地球化学循环　substance global biogeochemical circulation　02.1001

雾滴提升式循环海水温差发电系统　mist lift cycle OTEC　03.0696

X

西边界流　western boundary current　02.0126

西风爆发　west burst　02.0531

西风漂流　west wind drifting current　02.0093

＊西加毒素　ciguatoxin　03.0563

西南极　West Antarctica　02.1436

＊吸收比　absorptance　02.0361

吸收率　absorptance　02.0361

吸收系数　absorption coefficient　02.0364

吸氧排氮　oxygen inhalation and nitrogen output　03.0708

稀释旋回　dilution cycle　02.1234

＊稀盐盐生植物　salt-dilution halophyte　03.0662

稀有种　rare species　02.0710

舾装码头　equipment quay　03.0067

习见种　common species　02.0705

系泊设施　mooring facilities　03.0115

系统树　genealogical tree, phylogenetic tree　02.0888

潟湖　lagoon　02.1108

＊虾黄素　astaxanthin　03.0525

虾青素　astaxanthin　03.0525

峡湾　fjord　02.1027

峡湾海岸　fjord coast　02.1142

狭分布种　stenotopic species　02.0691

狭深生物　stenobathic organism　02.0763

狭温种　stenothermal species　02.0760

狭盐种　stenohaline species　02.0755

下沉海岸　coast of submergence, sinking coast, submerged coast　02.1144

下降流　downwelling, downward flow　02.0109

＊下均匀层　deep layer, bathypelagic zone　02.0016

下水　launching　03.0137

下行辐照度　downwelling irradiance, downward irradiance　02.0386

夏季风　summer monsoon　02.0554

夏卵　summer egg　02.0843

＊先锋霉素　cephalosporin　03.0593

先期沉淀　antecedent precipitation　02.1265

先驱投资者　pioneer investor　04.0111

先行涌　forerunner　02.0217

纤维用盐生植物　halophytic fiber plant　03.0681

嫌光浮游生物　koto-plankton　02.0607

现场比容　specific volume in situ　02.0035

现场密度　density in situ　02.0032

现场温度　temperature in situ　02.0018

现存量　standing crop　02.0821

＊陷波　trapped wave, trapped mode　02.0201

腺介幼体　cypris larva　02.0655

CCD 相机　CCD camera　03.0962

箱式取样器　box snapper　03.0895

向岸风　on-shore wind　02.0481

向岸流　onshore current　02.0114

＊向下矢量辐照度　downward vector irradiance　02.0390

消费者　consumer　02.0777

小潮　neap tide　02.0249

小潮升　neap rise　02.0260

小菌落　microcolony　02.0903

＊小生境　niche　02.0719

小型底栖生物　meiobenthos　02.0641

小型浮游生物　microplankton　02.0595

小型藻类　microalgae　02.0875

斜坡式防波堤　sloping breakwater, mound breakwater　03.0053

斜拖　oblique haul　02.0793

斜向海岸　insequent coast　02.1137

斜压海洋　baroclinic ocean　02.0142

斜压模［态］　baroclinic mode　02.0200

泄［能］波　leaky wave, leaky mode　02.0202

新骏河毒素　neosurugatoxin　03.0575

新生产力　new productivity　02.0889

新仙女木事件　Younger Dryas event, YD event　02.1325

新兴海洋产业　newly emerging marine industry　04.0159

＊信风海流　trade wind current　02.0092

星芒海绵素　stelletin　03.0503

Ⅰ型结构水合物　structure Ⅰ hydrate　02.1288

Ⅱ型结构水合物　structure Ⅱ hydrate　02.1289

H 型结构水合物　structure H hydrate　02.1290

性别控制技术　sex control technique　03.0434

性腺成熟系数　coefficient of maturity　02.0822

雄核发育技术　androgenesis technique　03.0427

休眠孢子　resting spore, resting cell　02.0848

休眠卵　dormant egg, resting egg, diapause egg　02.0841

＊休渔期　closed［fishing］season　04.0076

修船码头　repairing quay　03.0063

絮凝［作用］　flocculation　02.1057

悬臂式钻井平台　cantilever drilling rig　03.0259

悬浮体　suspended matter　02.1186

＊悬移质　suspended load　02.1186

旋转潮波系统　amphidromic system, amphidrome　02.0304

旋转流　rotary current　02.0299

穴居生物　burrowing organism　02.0631

雪卡毒素　ciguatoxin　03.0563

血管形成抑制因子　angiogenesis inhibiting factors, AGIF　03.0482

巡回潜水　excursion diving　03.0733

覃状海鞘素　eudistomin　03.0513

Y

压力交换器　pressure exchanger　03.0305

压汽蒸馏　vapor compression distillation　03.0321

牙鲆弹状病毒病　hirame rhabdoviral disease　03.0623

牙鲆鳃细胞系　flounder gill cell line, FG　03.0411

亚成体　subadult, adolecent　02.0847

＊亚寒带气候　sub-polar climate　02.0552

亚寒带种　subcold zone species　02.0699

亚精胺　spermidine　03.0560

亚热带种　subtropical species　02.0702

亚速尔高压　Azores high　02.0455

亚种群　subpopulation　02.0740

烟囱体　smoker body　02.1263

岩浆热源　magma heat source　02.1407

岩沙海葵毒素　palytoxin　03.0569

岩滩　bench　02.1111

岩藻多糖　fucoidin, fucan　03.0464

岩藻甾醇　fucosterol　03.0543

沿岸底栖生物　littoral benthos　02.0645

沿岸动物　littoral fauna　02.0585

沿岸流　coastal current　02.0110

沿岸泥沙流　longshore drift　02.1156

沿岸水　coastal water　02.0079

＊沿海城市　coastal city　04.0270

沿海港口业　coastal port industry　04.0170

沿海国　coastal state　04.0058

沿海运输业　coastal transportation industry　04.0169

盐度　salinity　02.0025

盐化工　chemical industry of salt　03.0390

盐舌　salinity tongue　02.0029

盐生灌丛　halophyte bush vegetation　03.0670

盐生生物　halobiont　03.0652

盐生植物　halophyte　03.0654

盐生植物避盐性　halophyte salt-avoidance　03.0658

盐生植物拒盐性　halophyte salt-rejection　03.0661

盐生植物泌盐性　halophyte salt-secretion　03.0659

盐生植物耐盐性　halophyte salt-tolerance　03.0657

盐生植物生态学　halophyte ecology　03.0666

盐生植物生物学　halophyte biology　03.0665

盐生植物稀盐性　halophyte salt-dilution　03.0660

盐生植物引种驯化　halophyte domestication　03.0672

盐水入侵界　saline water intrusion　02.1051

盐［水］楔　salt water wedge　02.1161

＊盐水楔河口　salt wedge estuary　02.1053

盐透过率　salt passage　03.0297

盐土植物　salt plant　03.0655

盐跃层　halocline, salinocline　02.0051

盐跃层强度图　distribution of halocline intensity　03.1097

盐沼　salt marsh　02.1155

盐沼生物　salt marsh organism　03.0653

盐沼植物　salt marsh plant　03.0656

盐指　salt finger　02.0030

掩护水域　sheltered waters　03.0026

演替　succession　02.0744

验潮井　tide gauge well　03.0856

验潮仪　tide gauge　03.0855

阳极保护　anodic protection　03.0355

阳极溶出伏安法　anodic stripping voltammetry　02.0923

阳离子交换膜　cation exchange membrane, cation perms-elective membrane　03.0309

洋　ocean　01.0030

＊洋底热泉　submarine hot spring　02.1243

洋流　ocean current　02.0081

洋盆　ocean basin　02.1171

＊洋壳　oceanic crust　02.1375

洋中脊　mid-ocean ridge　02.1362

洋中脊跨学科全球实验　Ridge Inter-Disciplinary Global Experiments, RIDGE　04.0309

仰冲板块　obduction plate　02.1385

仰冲带　obduction zone　02.1383

氧惊厥　oxygen convulsion　03.0753

氧同位素地层学　oxygen isotope stratigraphy　02.1327

氧同位素期　oxygen isotope stage　02.1326

氧中毒　oxygen toxicity　03.0746

遥感反射率　remote-sensing reflectance　02.0375

遥感海洋测深　bathymetry using remote sensing　03.0921

遥感器　remote sensor　03.0938

遥感探鱼　fish finding by remote sensing　03.0637

遥控穿梭自动采矿车　remotely piloted vehicle miner　03.0282

遥控潜水器　remote-operated vehicle, ROV　03.0167

药剂允许停留时间　permitted retention time of chemical　03.0343

药用盐生植物　halophytic medical plant　03.0678

叶状幼体　phyllosoma larva　02.0668

液态水簇团模型　cluster model of liquid water　02.0920

液态水结构　structure of liquid water　02.0918

液态水笼合体模型　clathrate model of liquid water　02.0919

一类水体　case 1 water　02.0400

年冰　first year ice　03.1022

＊伊斯塔霉素　istamycin　03.0588

异精雌核发育技术　allogynogenesis technique　03.0426

异相［离子交换］膜　heterogeneous［ion exchange］membrane　03.0311

异养生物　heterotroph　02.0799

异域分布　allopatry　02.0683

＊异藻蓝蛋白　allophycocyanin　03.0487

异质性　heterogeneity　02.0866

益生菌　probiotics　03.0631

溢油　oil spill　02.1513

溢油化学处理技术　oil spill chemical treatment　03.1172

溢油生物处理技术　oil spill biological treatment　03.1173

溢油物理处理技术　oil spill physical treatment　03.1171

溢油灾害　oil spill disaster　04.0198

溢油治理技术　oil spill treatment　03.1170

翼足类软泥　pteropod ooze　02.1206

Q 因子　Q factor　02.0378

阴极保护　cathodic protection　03.0356

阴离子交换膜　anion exchange membrane, anion permse-lective membrane　03.0310

音响渔法　acoustic fishing　03.0643

银大麻哈鱼疱疹病毒病　herpesviral disease of coho salmon　03.0622

引潮力　tide-generating force, tide-producing force

02.0261

引潮[力]势　tide potential　02.0262

引航船　pilot vessel　03.0061

吲哚并咔唑　indolocarbazole　03.0553

*印度–澳大利亚板块　Indian Plate　02.1345

印度洋　Indian Ocean　01.0033

印度洋板块　Indian Plate　02.1345

印度洋赤道潜流　Indian Equatorial Undercurrent
　02.0107

印度洋中脊　Central Indian Ridge　02.1364

英吉利海峡　English Channel　01.0065

荧光抗体技术　fluorescent antibody technique　03.0630

萤光素　luciferin　03.0452

萤光素酶　luciferase　03.0453

营养负荷　nutrient loading　02.1565

营养级　trophic level　02.0783

营养结构　trophic structure　02.0784

*营养链　food chain　02.0813

营养盐污染　nutrient pollution　02.1514

营养盐现场自动分析仪　autonomous nutrient analyzer *in
　situ*, ANAIS　03.0875

*永久性浮游生物　holoplankton　02.0598

涌潮　tidal bore　02.0307

涌浪　swell　02.0154

优势流　dominant flow　02.1052

优势种　dominant species　02.0706

油膜扩散　oil slick spread　02.1518

油污染　oil pollution　02.1519

油脂状冰　grease ice　03.1014

疣足幼体　nectochaeta larva　02.0674

游离气　free gas　02.1313

游泳底栖生物　nektobenthos　02.0643

游泳生物　nekton　02.0614

有毒赤潮　toxic red tide　04.0221

有害藻华　harmful algal blooms, HAB, harmful algal red
　tide　04.0218

有机污染源　organic pollution source　02.1516

有孔虫软泥　foraminiferal ooze　02.1203

*有效波波高　height of significant wave　02.0165

有效波高遥感　remote sensing of significant wave height
　03.0926

有效辐射　effective radiation　02.0507

*有源遥感器　active remote sensor　03.0939

幼期　young stage, immature stage　02.0845

幼生生殖　paedogenesis　02.0849

幼体　larva　02.0652

[淤]泥质海岸　muddy coast　02.1149

余摆线波　trochoidal wave　02.0203

余流　residual current　02.0131

鱼肝油　fish liver oil　03.0493

鱼怀卵量　fish brood amount　02.0836

鱼精蛋白　protamine　03.0491

鱼类病理学　fish pathology　03.0611

鱼类免疫学　fish immunology　03.0612

鱼类年龄鉴定　fish age determination　02.0820

鱼类年龄组成　fish age composition　02.0818

鱼类体长组成　fish length composition　02.0819

鱼类学　ichthyology　02.0568

鱼类药理学　fish pharmacology　03.0613

*鱼肉毒素　ciguatoxin　03.0563

鱼腥藻毒素 a　anatoxin-a　03.0587

鱼油　fish oil　03.0492

渔场　fishing ground　04.0075

渔港　fishery port, fishing harbor　03.0018

*渔况图　plot of fish condition forecasting　03.1110

*渔期　fishing season　03.0648

渔汛　fishing season　03.0648

渔业保护区　conservation zone　04.0069

渔业受灾　fishery damaged by disaster　04.0207

渔业养护权　fishing maintenance right　04.0073

渔政管理　fishery administrative management　04.0068

宇宙沉积[物]　cosmogenous sediment　02.1219

羽腕幼体　bipinnaria larva　02.0666

*羽状漂移　feathering　03.0826

羽状移动　feathering　03.0826

芋螺毒素　conotoxin, CTX　03.0564

育幼场　nursing ground　02.0860

原地微生物生成模式　microbial-gas-generation model *in
　situ*　02.1314

原油污染　crude oil pollution　02.1520

原溞状幼体　protozoea larva　02.0659

圆皮海绵内酯　discodermolide　03.0505

*远海生物　pelagic organism　02.0579

远洋捕捞　distant fishing　03.0635

远洋沉积[物]　pelagic deposit　02.1199

远洋旅游　ocean tourism　04.0268

*远洋黏土　abyssal clay　02.1210

远洋运输业　ocean transportation industry　04.0168

月潮间隙　lunitidal interval　02.0289

越赤道气流　cross-equatorial flow　02.0519

越冬　overwintering　02.0859

越冬洄游　overwintering migration　02.0833

晕船　seasickness　03.0787

蕴藏量　standing stock　02.0850

Z

杂食动物　omnivore　02.0807

载人潜水器　manned submersible　03.0168

再生生产力　regenerated productivity　02.0890

再悬浮　resuspension　02.1195

溞状幼体　zoea larva　02.0660

藻胆蛋白　phycobiliprotein　03.0484

藻胆蛋白基因　phycobiliprotein gene　03.0406

藻胆［蛋白］体　phycobilisome　03.0483

藻胆蛋白荧光探针　phycofluor probe　03.0490

藻胆素　phycobilin　03.0485

藻毒素　algal toxin　04.0222

藻红蛋白　phycoerythrin　03.0488

藻红蓝蛋白　phycoerythrocyanin　03.0489

藻胶　phycocolloid　03.0465

藻礁　algal reef　02.1183

藻蓝蛋白　phycocyanin　03.0486

＊藻青蛋白　phycocyanin　03.0486

藻酸双酯钠　polysaccharide sulfate, PSS　03.0457

造波机　wave generator, wave maker　03.0087

造礁珊瑚　hermatypic coral　02.0651

造水比　gained output ratio, performance ratio　03.0322

＊增生棱柱　accretionary prism　02.1389

增生楔　accretionary prism　02.1389

栈桥　trestle　03.0037

张力腿平台　tension leg platform, TLP　03.0260

章鱼毒素　cephalotoxin　03.0576

涨潮　flood, flood tide　02.0244

涨潮流　flood current　02.0294

＊障碍海滩　barrier beach　02.1102

障壁岛　barrier island　02.1103

折射波　refracted wave　02.0184

真鲷虹彩病毒病　iridoviral disease of red sea bream　03.0618

真鲷鳍细胞系　red seabream fin cell line, RSBF　03.0413

真光带　euphotic zone　02.0721

真实性检验　validation　03.0956

真盐生植物　euhalophyte　03.0662

真游泳生物　eunekton　02.0615

振荡水柱式波能转换装置　oscillating water column wave energy converter, OWC　03.0690

振动筛洗涤　oscillatory sieve wash　03.0387

蒸发波导　evaporation duct　02.0494

蒸发雾　evaporation fog　02.0488

蒸发系数　evaporation coefficient　03.0329

蒸馏法　distillation process　03.0317

整治工程　training works　03.0068

正常基线　normal baseline　04.0092

［正规］半日潮　semi-diurnal tide　02.0285

［正规］全日潮　diurnal tide　02.0286

正压海洋　barotropic ocean　02.0141

正压模［态］　barotropic mode　02.0199

郑和下西洋　Zheng He's Expedition　04.0278

政府间海洋学委员会　Intergovernmental Oceanographic Commission, IOC　04.0285

支承结构　supporting structure　03.0123

直布罗陀海峡　Strait of Gibraltar　01.0068

直立式防波堤　vertical-wall breakwater, upright breakwater　03.0054

直线基线　straight baseline　04.0093

植物护滩　beach protection by plantation, beach protection by vegetation　03.0010

指示种　indicator species　02.0707

指状重叠冰　finger rafted ice　03.1025

志愿观测船　voluntary observation ship, VOS　03.0812

制海权　command of the sea　04.0249

致密层　dense layer　03.0293

滞流事件　stagnant event　02.1240

中层　middle layer, mesopelagic zone　02.0015

中层拖网　mid-water trawl　03.0907

中层鱼类　mesopelagic fish　02.0617

中潮河口　mesotidal estuary　02.1045

中尺度涡　mesoscale eddy　02.0132

中国北极黄河站　Arctic Yellow River Station, China　02.1433

＊中国海洋信息网　National Marine Data and Information

System 03.1124

*中海网 National Marine Data and Information System 03.1124

中华人民共和国海上交通安全法 Maritime Traffic Safety Law of the People's Republic of China 04.0117

中华人民共和国海洋环境保护法 Marine Environmental Protection Law of the People's Republic of China 04.0116

中华人民共和国海域使用管理法 Law of the People's Republic of China on the Management of Sea Areas Use 04.0115

中华人民共和国领海及毗连区法 Law of the People's Republic of China on the Territorial Sea and the Contiguous Zone 04.0113

中华人民共和国涉外海洋科学研究管理规定 Regulations of the People's Republic of China on Management of the Foreign-related Marine Scientific Research 04.0119

中华人民共和国渔业法 Fisheries Law of the People's Republic of China 04.0118

中华人民共和国专属经济区和大陆架法 Law of the People's Republic of China on the Exclusive Economic Zone and the Continental Shelf 04.0114

中山站 Zhongshan Station 02.1432

中生盐生植物 meso-halophyte 03.0668

中型浮游生物 mesoplankton 02.0594

中央裂谷 central rift, median valley 02.1371

终冰期 breakup period 03.1038

终级生产力 ultimate productivity 02.0781

终生浮游生物 holoplankton 02.0598

种群 population 02.0738

种群动态 population dynamics 02.0739

*种下群 subpopulation 02.0740

重金属循环 heavy metal circulation 02.1007

重力波 gravity wave 02.0522

重力取芯器 gravity drop corer 03.0896

重力式平台 gravity platform 03.0110

重潜水 heavy gear diving 03.0727

周丛生物 periphyton 02.0648

周期谱 period spectrum 02.0221

周转率 turnover rate 02.0853

昼夜垂直移动 diurnal vertical migration 02.0748

主动大陆边缘 active continental margin 02.1354

主动式遥感器 active remote sensor 03.0939

主温跃层 main thermocline 02.0045

驻波 standing wave 02.0181

*抓斗 bottom grab 03.0894

专属经济区 exclusive economic zone 04.0089

专属经济区划界 delimitation of the exclusive economic zone 04.0102

专属渔区 exclusive fishing zone, exclusive fishery zone 04.0074

专题海图 thematic chart 03.1108

转换边界 transform boundary 02.1359

转换断层 transform fault 02.1361

转换函数 transfer function 02.1323

转换效率 conversion efficiency 02.0789

转基因生物 transgenic organism 03.0407

转基因鱼 transgenic fish 03.0408

转流 turn of tidal current 02.0301

*准残留沉积 palimpsest sediment, metarelict sediment 02.1227

准地转流 quasi-geostrophic current, quasi-geostrophic flow 02.0086

准太阳同步轨道 near sun synchronous orbit 03.0916

浊积物 turbidite 02.1221

浊流 turbidity current 02.1196

着底 arriving at bottom 03.0738

资源评估 stock assessment 02.0851

资源增殖 stock enhancement 02.0852

自动测波站 automatic wave station 03.0996

自动跟踪 automatic tracking 03.0952

自动加药系统 automatic chemical addition and control system 03.0371

自返式沉积物取芯器 boomerang sediment corer 03.0897

自然延伸原则 natural prolongation principle 04.0101

自升式钻井平台 jack-up drilling rig 03.0256

自生沉积[物] authigenic sediment 02.1220

自生碳酸盐岩[壳] authigenic carbonate[crust] 02.1309

自养生物 autotroph 02.0796

自由波 free wave 02.0147

自治式潜水器 autonomous underwater vehicle, AUV 03.0169

综合大洋钻探计划 Integrated Ocean Drilling Program, IODP 04.0301

综合潜水系统 synthetical diving system 03.0770

*棕榈醇 cetol 03.0474

＊总散射系数　total scattering coefficient　02.0366

纵荡　surge　03.0104

＊纵向海岸　longitudinal coast　02.1133

纵摇　pitch　03.0100

阻垢剂　scale inhibitor, deposit control inhibitor　03.0360

钻孔生物　borer, boring organism　02.0630

＊钻蚀生物　borer, boring organism　02.0630

钻探船　drilling vessel　03.0262

最低天文潮位　lowest astronomical tide　02.0265

最高天文潮位　highest astronomical tide　02.0264

最小风区　minimum fetch　02.0158

最小风时　minimum duration　02.0157

坐底式钻井平台　submersible drilling platform　03.0255